바디워커를 위한
아로마테라피

Aromatherapy *for* Bodyworkers

Jade Shutes, B.A., Diploma AT
Christina Weaver, LMT, NCTMB

영 문 출 판 사

■옮긴이(가나다 순)

권혜영 국제대학교 뷰티디자인계열 교수
김수미 경복대학교 미용예술학부 교수
김영주 오산대학교 피부미용학과 교수
김효철 원광디지털대학교 한방미용예술학과 교수
송다해 경복대학교 의료미용과 교수

Aromatherapy for Bodyworkers

by Jade Shutes and Christina Weaver

바디워커를 위한

아로마테라피

2012년 1월 10일 초판인쇄
2012년 1월 17일 초판발행

지은이 : Jade Shutes & Christina Weaver
옮긴이 : 김 수 미 외
발행인 : 박 병 조
발행처 : 도서출판 영문출판사
등 록 : 1987년 12월 21일 제 2-419호
주 소 : 서울시 강남구 삼성동 69-1
전 화 : (02)514-5590, 776-5590
팩 스 : (02)756-8943
e-mail : yeongmunsa@empal.com
정 가 : 33,000원
ISBN 978-89-7224-277-2 93510

• 파본은 교환해 드립니다.

헌사 (Dedication)

아들과 아버지, 그리고 남편에게... 날 진심으로 이해해주고, 응원해주고, 사랑해줘서 감사합니다. 고맙습니다. (크리스티나 위버)

아로마테라피에 종사하며 다른 이들과 향기로운 길을 공유하는 모든 학생들, 시술자들, 그리고 선생님들에게 이 책을 마칩니다. (제이드 슈츠)

목차 요약 / BRIEF CONTENTS

제 1 장 아로마테라피 1

제 1 부 아로마테라피란 무엇인가? 19

제 2 장 식물과 에센셜 오일 19
제 3 장 에센셜 오일의 기초 37
제 4 장 에센셜 오일의 기초 화학 6 1

제 2 부 블렌딩 81

제 5 장 아로마 블렌딩 81

제 3 부 인체와의 연결 통로 103

제 6 장 아로마테라피와 피부 103
제 7 장 후각의 본질 131

제 4 부 바디워크와의 통합 159

제 8 장 아로마 적용과 기술 159
제 9 장 물과 소금의 치유 효능 185
제 10 장 핵심 치료법 : 아로마테라피를 이용한 마사지 테라피 211
제 11 장 실질적인 아로마테라피 : 특수한 집단과 환경 245
제 12 장 아로마테라피 비즈니스 267

제 5 부 에센셜 오일 데이터 시트 281

제 13 장 48개의 에센셜 오일 281

부록 1: 치료 효능과 핵심 에센셜 오일 351
부록 2: 재료 안전 보건 자료 견본 353
부록 3: 공급처 355
부록 4: 교육기관, 협회 및 출판사 357

목차 / CONTENTS

서문 xvii
감사의 글 xxi
저자 소개 xxiii

제 1 장 아로마테라피 1

개요 2
아로마테라피의 정의 2
아로마 식물 사용 역사 2
아로마테라피의 현대적 발전 3
아로마테라피의 공동 창시자들 3
아로마테라피의 현대적 시술 6
아로마테라피, 바디워크, 마사지 테라피 7
실제 임상적용 사례 연구 1.1 : 근육통/ 감정적 지원 8
아로마 용어들 9
전인적 프레임워크 11
요약 14
새 용어들 14
참고문헌 15
복습 문제와 질문 16

제 1 부 아로마테라피란 무엇인가? 19

제 2 장 식물과 에센셜 오일 19

개요 20
식물이란 무엇인가? 20
약용 식물들 22
식물에 함유되어 있는 에센셜 오일의 생물학적 역할 22
식물에 에센셜 오일이 저장되어 있는 장소 23
외분비 구조 23
내분비 구조 24
추출 방법 25
증류법 26
식물 재료의 준비 26
증류 과정 27
삼출 또는 수분 확산법 27
압착법 28

앱솔루트와 CO_2추출을 위한 추출 기술 29
냉침법 29
용매 추출법 29
CO_2초임계 추출법 30
현대의 에센셜 오일들 31
요약 31
새 용어들 32
참고문헌 32
워크시트: 분비 구조를 위한 실험 연습 34
복습 문제와 질문 35

제 3 장 에센셜 오일의 기초 37

개요 38
에센셜 오일 정보 38
로즈마리 ct. 1,8 시네올 41
로즈마리 ct. 버베논 41
저장 정보 42
에센셜 오일의 일반적 특징 43
품질 보증 45
일반적인 불량 에센셜 오일 45
실제 임상적용 3.1: 불량품이라는 증거 45
기본적인 순도 테스트 46
화학적 분석 47
안전과 에센셜 오일 48
일어날 수 있는 피부 반응 48
기타 안전 고려사항 53
일반적인 안전 예방책 54
안전 조치 54
요약 55
새 용어들 55
참고문헌 56
워크시트 : 후각 훈련 57
두 가지 오일 비교 57
기본적인 순도 테스트 57
복습 문제와 질문 58

제 4 장 에센셜 오일의 기초 화학 61

개요 62
유기 화학 62
에센셜 오일에서 발견되는 유기 혼합물 62
유기 혼합물의 물리적 특징 63
일반적인 치료 작용 64

탄화수소 64
모노테르펜 64
세스키테르펜 66
산화 탄화수소: 작용기 67
알코올 67
모노테르펜 알코올 67
세스키테르펜 알코올 68
페놀 68
페닐프로파노이드 69
에스테르 70
알데하이드 71
케톤 72
산화물 73
세스키테르펜 락톤 74
푸라노쿠마린 74
실제 임상적용: 사례 연구 4.1 : 응용 화학 75
요약 76
새 용어들 76
참고문헌 77
워크시트: 화학 78
복습 문제와 질문 79

제 2 부 블렌딩 81

제 5 장 아로마 블렌딩 81

개요 82
1단계: 상담 (진단) 82
표준 상담 양식 82
기본적인 대화의 기술 83
응대 기술 84
2단계: 트리트먼트 구조 개발 85
생리적 접근 85
감정적/정신적/영적 접근 86
전인적(결합) 접근 86
3단계: 아로마 블렌드 개발 87
1단계: 시너지 디자인 87
2단계: 캐리어 오일과 기타 전달 체계 선택 88
3단계: 첨가: 어느 정도 희석할 것인가? 88
실제 임상적용 5.1 : 소량 투여 논쟁 90
측정과 희석 차트 90
4단계: 블렌딩 요소 91
5단계: 마사지 실시 94
블렌딩 관찰 96
실제 임상적용 5.2: 유리 혹은 플라스틱: 주요 논쟁들 96

실제 임상적용 5.3: 흔들 것인가? 흔들지 않을 것인가? 97
요약 97
새 용어들 98
참고문헌 98
워크시트: 블렌딩 실습 과목 99
복습 문제와 질문 100

제 3 부 인체와의 연결 통로 103

제 6 장 아로마테라피와 피부 103

개요 104
피부의 해부학과 생리 기능 104
표피 104
진피 106
피하 107
피부: 인체와의 연결 통로 108
임상에서의 식물성 오일 111
식물성 오일에서 발견되는 지용성 비타민과 영양소 111
식물성 오일에서 발견되는 핵심 지방산 112
일반적인 캐리어 오일 113
허브 오일 116
기타 원재료 118
실제 임상적용 6.1: 꿀의 사용 119
피부를 위한 아로마 적용 119
피부 타입 119
일반적인 피부 상태 121
흉터의 종류 122
실제 임상적용: 사례 연구 6.2 : 만성 습진과 스트레스 124
요약 124
새 용어들 125
참고문헌 125
워크시트: 아로마테라피와 피부 127
복습 문제와 질문 129

제 7 장 후각의 본질 131

개요 132
후각: 냄새를 맡는 감각 기관 132
후각 아로마테라피의 잠재적 효능 132
후각의 해부학과 생리 기능 133
후각 상피 세포 134
수용기와 냄새 구분 135

냄새의 신경 전달 136
변연계 136
편도 136
시상하부 137
해마상 융기(해마옆이랑) 138
아로마 기억에 기초한 반응 139
1단계: 초기 경험 139
2단계: 열쇠와 자물쇠 구조 139
실제 임상적용 7.1: 아로마 기억 140
감정과 아로마 140
아로마테라피와 스트레스 142
스트레스 요인의 지속 기간 143
스트레스 반응 143
이완 반응 촉진 144
후각 이상 147
실제 임상적용 7.2: 후각 연습 148
적용 방법 149
흡입 149
확산 150
요약 152
새 용어들 152
참고문헌 153
워크시트: 아로마테라피와 후각 155
복습 문제와 질문 157

제 4 부 바디워크와의 통합 159

제 8 장 아로마 적용과 기술 159

개요 160
바디워크와 아로마테라피 160
인체 160
정신 160
영혼 161
개별화된 혹은 일반적인 아로마테라피 161
개별화된 아로마테라피 161
일반적인 아로마테라피 161
실제 임상적용 8.1: 향이 있는 제품의 사용을 피하라 162
마사지를 위한 아로마 적용 163
마사지 오일 준비 163
마사지 로션, 겔, 크림 163
실제 임상적용 8.2: 시간 절약을 위한 조언 163
겔, 연고, 페이셜 크림/오일 165
겔 165

연고 165
페이셜 크림/오일 166
희석하지 않은 제품의 적용 167
마사지 테크닉와 아로마테라피의 통합 168
아로마 이완 마사지 169
아로마 트리트먼트 마사지 170
아로마 스포츠 마사지 171
아로마 반사 요법 마사지 171
아로마 핫스톤 마사지 173
아로마 페이셜 마사지 173
요약 179
새 용어들 180
참고문헌 180
워크시트: 아로마 적용 181
복습 문제와 질문 183

제 9 장 물과 소금의 치유 효능 185

개요 186
기본으로 돌아가라: 물 186
인체 186
정신 187
영혼 187
물의 종류와 사용법 188
아로마 워터: 하이드로졸 189
치료로서의 물 190
수치료의 효능 191
실제 임상적용 9.1 : RICE 방법 재검토 193
물에 기초한 방법의 적용 194
전신 목욕 194
족욕과 수욕 195
실제 임상적용 9.2 : 분산제 195
증기 흡입 196
습포 197
핫타월 캐비넷 198
아로마 미스트 198
기본으로 돌아가라: 소금 199
인체 199
정신 199
영혼 200
소금의 종류 200
트리트먼트에 소금 첨가하기 202
전통적인 소금 글로우 202
엡섬 또는 해수염을 이용한 아로마 목욕 203
실제 임상적용 9.3 : 아로마 족욕 203
요약 204

새 용어들 205
참고문헌 205
워크시트: 물과 소금 206
복습 문제와 질문 208

제 10 장 핵심 치료법 : 아로마테라피를 이용한 마사지 테라피 211

개요 212
근골격 건강 213
섬유근통 213
쥐나 경련 213
족저 근막염 214
편타성 손상 214
좌골신경통 215
삠과 접질림 215
수근관 증후군 216
활액낭염 216
실제 임상적용: 사례 연구 10.1 : 수근관 증후군 217
골관절염 218
류마티스성 관절염 218
턱관절(측두하악관절) 219
신경계 건강 219
다발성 경화증 219
두통/편두통 220
불안 221
실제 임상적용: 사례 연구 10.2: 불안 22
신경통 222
순환계/심혈관계 건강 223
레이노 증후군 224
정맥류 224
실제 임상적용: 사례 연구 10.3: 혈액순환 장애 224
고혈압 225
저혈압 225
림프와 면역계 건강 226
부종 226
실제 임상적용: 사례 연구 10.4 : 부종 227
전염병과 면역력 227
셀룰라이트 228
생식기 건강 228
생리불순 228
무월경 229
생리 전 증후군 230
실제 임상적용: 사례 연구 10.5 : 생리 전 증후군 231
불임 231
소화계 건강 232
변비 232

실제 임상적용: 사례 연구 10.6: 변비와 스트레스 233
과민성 장 증후군 233
오심 234
호흡기 건강 234
기관지염 234
실제 임상적용: 사례 연구 10.7: 기관지 충혈과 이완 236
천식 236
감기 237
요약 238
새 용어들 238
참고문헌 238
워크시트: 핵심 치료법 240
복습 문제와 질문 243

제 11 장 실질적인 아로마테라피 : 특수한 집단과 환경 245

개요 246
아로마테라피와 특수한 집단 246
산전과 산후 246
영아와 어린이들 249
노화와 노인들 251
병증의 일시적 완화, 호스피스, 말기 환자 간호 253
실제 임상적용: 사례 연구 11.1 : 호스피스 간호 256
테라피스트 셀프 케어 256
아로마테라피와 시술 환경 258
1인 시술자와 그룹 환경 258
데스티네이션과 데이 스파 259
현장 환경 259
입원 병원과 호스비스 환경 259
실제 임상적용 11.1 : 개인 시술소와 병원, 스파 환경에서의 아로마테라피 260
요약 261
새 용어들 261
참고문헌 262
워크시트: 시술에서의 아로마테라피 263
복습 문제와 질문 264

제 12 장 아로마테라피 비즈니스 267

개요 268
아로마테라피 공급처 268
에센셜 오일 268
식물성 오일과 특수 오일, 기타 캐리어 오일들 268
유리병과 단지들 270
제품 가격 산출하기 271
기초 원가 계산: 실제로 얼마나 돈이 들 것인가? 271

실제 임상적용 12.1: 가격 산출 연습 272
기타 장비들 272
기본 장비들 272
족욕기 273
핫타월 캐비넷 273
확산기 273
청소 용품들 273
보관 장비들 274
보험 적용 범위 274
자신의 환경에 맞는 아로마테라피 마케팅 274
실제 임상적용 12.2: 아로마테라피 공유하기 276
재교육 276
워크시트: 시술에서의 아로마테라피 277

제 5 부 에센셜 오일 데이터 시트 281

제 13 장 48개의 에센셜 오일 281

개요 282
에센셜 오일 데이터 시트 읽기 282
일반명과 학명 282
식물학과 역사 정보 282
추출 정보 283
블렌딩 정보 283
안전 정보 283
화학적 특징 283
화학 분석 283
치료적 기능 284
핵심 아로마 적용 284
실제 임상적용: 블렌딩 표본 284
에센셜 오일 데이터 시트 285
블랙 페퍼(후추) 285
저먼 카모마일 287
로만 카모마일 289
클라리 세이지 291
사이프러스 293
유칼립투스 295
펜넬 297
유향 299
제라늄 301
진저 303
헬리크리섬 305
주니퍼 307
라벤더 309
레몬 311

만다린 313
스위트 마조람 315
스위트 오렌지 317
패출리 319
페퍼민트 321
로즈 323
로즈마리 325
티트리 327
버티버 329
일랑일랑 331
안젤리카 루트 333
베르가모트 333
버치 334
카다몸 334
캐럿 씨드 335
시더우드 336
시나몬 리프 336
클로브 버드 337
그레이프프루트 337
자스민 338
월계수 339
레몬그라스 339
멜리사 340
미르 341
네롤리 341
니아울리 342
팔마로사 342
페티그레인 343
스코츠 파인 343
라벤사라 344
세이지 344
샌달우드 345
스피어민트 345
타임 346
참고문헌 347

부록

부록 1: 치료 효능과 핵심 에센셜 오일 351
부록 2: 재료 안전 보건 자료 견본 353
부록 3: 공급처 355
부록 4: 교육기관, 협회 및 출판사 357

용어 해석 359
복습 문제 정답 365
찾아보기 367

서문 / PREFACE

근래에 인기를 얻고 있는 아로마테라피는 21세기를 사는 많은 사람들에게 대표적인 보완 물리 요법으로 인정받고 있다. 아로마 치료와 신경해부학, 스트레스 관련 질환과 보완 요법 등이 최근 들어 빠르게 발전하면서 아로마테라피의 영역이 엄청나게 확장되고 있다. 아로마테라피 관련 지식과 적용이 폭발적으로 늘어나게 된 데는 스파, 호스피스, 병원, 보완 의학 센터, 개인 개업의와 같은 다양한 환경에서 아로마테라피와 바디워크의 통합이 끊임없이 일어나고 있기 때문이다.

이런 발전은 또한 아로마테라피에 대한 고급 교육의 필요도 낳고 있다. 아로마테라피는 광범위한 애호가들에 의해 일반화된 방대한 양의 지식에 둘러싸여 있으며, 지나치게 일반화된 아로마테라피에 관한 책들은 종종 건강 전문가들의 사기를 떨어뜨린다. 아로마테라피가 보완 물리 요법으로서의 정당성을 지속적으로 얻어가면서, 학생들이 아로마테라피를 전통적 혹은 비전통적 의료 시술, 환경과 성공적으로 통합하기 위한 에센셜 오일 시술에 대한 확실한 교육의 필요성이 대두되고 있다.

*〈바디워커를 위한 아로마테라피〉*는 전인적 아로마테라피에 대한 지식과 이해, 적용의 깊이를 심화하고자 하는 마사지 테라피스트, 바디워커, 에스테티션, 간호사, 그리고 환자와 고객 치료에 마사지를 이용하는 모든 건강 전문가들에게 큰 도움이 될 것이다. *〈바디워커를 위한 아로마테라피〉*는 일단 읽기가 쉽다. 또한, 학습을 보조하고 주제에 대한 흥미를 높이며, 학생들이 자신의 삶과 아로마테라피 시술과 관련된 주제를 통합해 능동적으로 상호 작용하는 데 도움이 되는 다양한 교육적 보조 수단들이 수록되어 있다. 아로마테라피의 진가를 인정하고 효능을 이해하기 위해서는 에센셜 오일을 이용한 실질적 경험이 시술자들에게 반드시 수반되어야 한다고 믿는다.

이 책의 구성 / ORGANIZATION

총 13장으로 구성된 〈바디워커를 위한 아로마테라피〉는 마사지 테라피스트나 바디워커가 기존의 시술들과 아로마테라피를 성공적으로 통합하는데 필요한 핵심 적인 내용들을 서술하고 있다. 이 책에 수록된 정보들은 전인적 아로마테라피 전국 협회가 아로마테라피를 위한 기본적인 교육에 필요하다고 요구하는 핵심 교육 과정 중에서 엄선하였으며, 아로마테라피와 마사지 통합의 최신 경향도 반영하고 있다. 도입 부분의 장들은 아로마테라피의 역사, 용어의 중요성, 마사지와 바디워크의 현대적 이용, 그리고 시술을 위한 전인적 구조의 가치에 대해 다루고 있다.

이 책은 4가지 핵심 부분으로 나뉘어 있다. 제 1부에 해당되는 2, 3, 4장은 아로마테라피의 기초에 대한 부분으로 식물과 에센셜 오일, 에센셜 오일 구입 방법, 품질 검사, 안전 등을 포함한 에센셜 오일에 관한 기초 지식을 포함하고 있으며 에센셜 오일의 화학식에 대한 기본적인 탐구로 맺음하고 있다. 2부에 해당되는 5장은 블렌딩에 관한 장으로 블렌딩의 역동적인 면과 독특한 블렌딩을 창조하는 다양한 방법을 제시하고 있다. 6장과 7장이 속한 제 3부인 인체와의 연결 통로에서는 아로마와 인체의 핵심 연결 통로인 피부와 후각에 대해 이야기한다. 피부에 관한 장에는 피부 타입뿐만 아니라, 일반적인 피부 질환을 포함해 다양한 식물성 오일과 허브 오일에 관한 중요한 정보들이 들어 있다. 후각에 관한 장에는 에센셜 오일의 감정적 효능과 스트레스가 건강에 미치는 영향, 후각의 응용 방법 등이 기술되어 있다. 8장부터 12장까지가 포함된 4부 바디워크와의 통합에서는 아로마테라피를 이용한 다양한 마사지 방법과 기술, 물과 소금을 기본으로 하는 시술, 특별한 시술 대상, 그리고 테라피스트가 맞닥뜨릴 수 있는 특수한 상황에 있는 고객 등과 관련해 설명하고 있다. 12장은 비품과 아로마테라피 비용 산출법, 보험, 마케팅 아이디어 등 아로마테라피 사업에 필요한 것들을 소개하고 있다.

5부인 13장에는 이 책을 읽는데 필요한 에센셜 오일 데이터 시트가 실려 있는데, 각각의 데이터 시트에는 식물 사진이 함께 실려 있다. 전인적 아로마테라피의 기초를 확립하기 위해서는 식물에 대한 이해도 필요하다. 이 책에 실린 식물 사진들이 여러분에게 살아있는 식물 세계 탐험에 대한 영감을 불러일으키길 희망한다. 48개의 에센셜 오일을 종합적으로 다루기 전까지 각 장마다 8개의 에센셜 오일을 소개해 놓았다(1장 제외).

이 책의 특징 / FEATURES

각 장은 학습에 도움을 주고, 주제와의 상호 작용을 촉진하며, 정보에 대한 기억력을 증진시키기 위한 다양한 요소들로 구성되어 있다. 이런 요건을 충족시키기 위해 이 책에는 학생들이 실습과 교재를 통합하는데 필요한 다양한 교육적 요소들이 포함되어 있다. 그것들은 다음과 같다.

각 장의 학습 목표 / Chapter Learning Objectives

각 장의 첫 페이지에 학생들이 익혀야 할 중요한 학습 목표 7개가 적혀 있다. 각각의 학습 목표는 학생들이 각 장에서 익혀야 할 중요한 정보가 무엇인지 알려주는 역할을 할 것이다.

주요 용어 / Key Terms

주요 용어를 처음으로 소개하거나 정의할 때는 중요성을 강조하기 위해 굵은 글씨로 표시했다.

첨부 자료와 실제 임상 적용 사례 / Margin Notes and In Practice boxes

주제에 대한 흥미를 유발하고 추가적인 정보를 제공하고자 할 때는 작은 상자 모양의 자료를 추가로 삽입했다. **실제 임상 적용 사례**에는 사례 연구를 포함해 아로마테라피 시술에 도움이 되는 중요한 정보들을 담아 놓았다. 그 외의 실제 임상 적용 사례에도 구체적인 아로마테라피 시술 사례가 적혀 있다.

복습 문제 / Chapter Test

각 장에서 배운 중요한 주제들을 학생들이 얼마나 이해했는지 평가하기 위해 주관식, 참/거짓 문제, 선다형, 빈칸 채우기 문제 등이 출제된다. 복습 문제의 답은 권말에 실려 있다.

복습 질문 / Review Questions

각 장의 끝에 있는 주제 복습 질문들은 학생들이 각 장에서 배운 내용들을 정리해 서술하는데 도움을 줄 것이다. 복습 질문 출제 목적은 학생들이 서로 정보를 나누고, 자신의 의견을 말하며, 경험을 공유하도록 하기 위함이다.

요점 정리 / Chapter Summaries

각 장에서 다뤘던 주제와 정보들을 요약해 각 장의 끝에 요점 정리 형식으로 제공한다.

워크시트 / Worksheets

워크시트 역시 각 장의 마지막에 실려 있으며 워크시크에는 마사지, 고객 맞춤 블렌딩, 사례 연구 모방 시연, 소금 글로우 트리트먼트, 에센셜 오일 탐험 등과 아로마테라피 통합에 관한 실습 등이 포함되어 있다. 각각의 실습은 학생들이 획득한 정보와 에센셜 오일을 실제로 사용해 볼 수 있게 고안되어 있다. 실습 중에는 짝을 이뤄하는 것도 있으며 아로마테라피 마사지 트리트먼트 시연도 포함되어 있다.

덧붙이는 말 / A FINAL WORD

아로마테라피는 매우 역동적인 분야이며, 여러분 모두 일터와 직장에서 에센셜 오일과 그 효능을 직접 경험해 보기를 권한다. 광범위한 치료 효능을 갖고 있음에도 불구하고 에센셜 오일은 전통적인 치료제라기보다는 건강과 웰빙을 획득하고 유지하는 가치 있는 보완제로 사용되고 있는 것이 사실이다. 아로마테라피가 인기를 얻고 있는 만큼 시술자들이 충분한 지식을 가지고 순수한 에센셜 오일 시술할 책임도 커지고 있다. 아로마테라피를 종종 합성 오일이나 향수와 혼동하는 사람들이 있기 때문이다. 우리는 여러분이 이 책을 통해 정신적, 육체적 건강을 위한 진정한 아로마테라피의 치료 효능에 대한 더 큰 깨달음과 감사를 얻기를 희망한다. 또한 아로마테라피 세계로의 여행을 즐기기를 희망한다.

감사의 글 / ACKNOWLEDGMENTS

이 책을 쓰는 것은 놀랍고, 때로는 매력적인 경험이었지만 나 혼자서는 해낼 수 없었던 작업이기도 했다. 그런 뜻에서 아래의 분들에게 심심한 감사를 표한다.

앤 윌리엄스: 이 책을 쓸 수 있는 기회를 만들기 위해 도와주고 책을 쓰는 동안 나를 믿어 주고 지지해주서 감사합니다.

잔 쿠스미렉: 자신의 지식과 창조성을 나와 공유하며 아로마테라피의 역동적인 적용을 경험하도록 영감을 준 데에 감사합니다.

일레인 쇼네시: 기꺼이 자료를 검토해주고 귀중한 통찰력을 제공해줘서 감사합니다.

진 코셀크: 지속적인 지지와 함께 이 책을 쓰는데 이용했던 멋진 평면 모니터를 제공해 줘서 감사합니다.

조이스 베노이트, 하이디 닐스, 그리고 록산나 빌라: 내가 이 일을 시작할 때부터 진정한 친구가 되어 주어 감사합니다.

스승인 마리 템멘, 수잔나 데이비드슨, 미쉘 틸버트와 쉐릴 호어드: 아로마테라피와 교육에 대한 스승님들의 열정과 헌신에 감사합니다.

크리스티나 위버: 그녀의 우정과 지지, 그리고 이 책을 쓰는데 기꺼이 참여해준 것에 감사합니다.

모든 나의 학생들과 친구들, 그리고 고객들: 내가 상상하고 생각한 것 이상으로 나에게 가르침과 영감을 주었습니다. 감사합니다!

2년이 넘는 시간 동안 이 책과 관련된 얘기를 들어주고 지속적으로 지지해준 나의 가족들, 매트와 나의 아들 소렌, 그리고 엄마, 아빠, 여동생 글로리아와 리사에게도 감사합니다!

그리고 마지막으로, 마크 코헨, 긴 여정 동안 나를 믿고 지지해 줘서 정말 고마워요!

– 제이드 슈츠

저자 소개 / ABOUT THE AUTHORS

제이드 슈츠, 학사

Jade Shutes

제이드 슈츠는 영국 도킹에 있는 라워스 자연 의학 칼리지에서 전인적 아로마테라피, 전인적 마사지, 해부학, 생리학, 그리고 반사요법 학위를 취득했으며 국제 테라피스트 심사 위원회(ITEC)의 아로마테라피 자격증도 가지고 있다. 제이드는 잔 쿠스미렉과 함께 향기학을 공부했으며 퍼두 대학에서 에센셜 오일 상급 과정 1을 이수했다.

제이드는 거의 20년 동안 자연 치료를 연구하고 실천해 왔으며 미국에 아로마테라피를 소개하는데 도움을 준 선두 교수 중 하나이다. 제이드는 17년 이상 아로마테라피 교육 전문가로 일하고 있으며, 1990년에는 뉴잉글랜드 지역 최초로 아로마테라피 학교를 열기도 했다. 제이드는 마사지와 바디워크 테라피스트, 에스테티션, 사회 복지사, 간호사, 그리고 기타 건강관리 제공자들을 위한 아로마테라피 과정을 개발하고 그들을 교육을 해왔다. 제이드는 미국과 캐나다 전역에 있는 배스틸 대학, 듀크 대학(평생 교육원), 애쉬미드 칼리지, 샌디에고 호스피스, 그리고 이 외의 다양한 곳에서 학생들을 지도했다.

제이드는 유명한 강연자일 뿐만 아니라 북미의 아로마테라피 교육을 위한 기준을 정립하는데 중요한 역할을 담당하고 있으며 아로마테라피와 관련된 여러 문제에 관한 글도 기고하고 있다. 제이드는 미국 내의 아로마테라피 교육 기준을 세우는 운동을 주도적으로 이끌고 있어 주목받고 있으며, 아로마테라피 등록 회의의 전신이라 할 수 있는 아로마테라피 교육 기준에 관한 국립 운영 위원회의 공동 창립자이기도 하다. 제이드는 2000년부터 2003년까지 전인적 아로마테라피 국립 협회(NAHA) 회장을 역임했다. 제이드는 현재 노스캐롤라이나 주 롤리에서 가족과 함께 살고 있다.

크리스티나 위버, LMT, NCTMB

Christina Weaver

크리스티나 위버는 자신이 전인적 치료 센터와 병원을 기반으로 한 입원 환자 마사지 프로그램을 구축했던 애리조나 주 투산에서 건강 보조 서비스와 LLC, 그리고 아케이아이 치료술을 시술하고 있다. 크리스티나는 또한 임산부 마사지와 아로마테라피 수업도 실시하고 있다.

크리스티나는 2003년에 시애틀에서 투산으로 이주했는데 시애틀에서 그녀는 다양한 치료 센터와 스파, 그리고 자신의 시술소에서 마사지 치료사이자 아로마테라피스트로 일했다. 크리스티나는 워싱턴 주 시애틀에 있는 브렌넥 마사지 학교를 졸업했으며 노스웨이스 칼리지에서 허브와 아로마학을 전공했다. 크리스티나는 전인적 아로마테라피 자격증을 갖고 있으며, DONA 자격증을 가진 출산 도우미로 시애틀 산파술 학교를 졸업했다. 크리스티나는 고급 임산부 마사지 자격증을 갖고 있으며, 유방 마사지를 기본으로 하는 림프샘 마사지를 포함해 여성 건강과 관련된 추가 훈련도 이수했다.

크리스티나는 현재 부교감 신경 치료를 공부 중이며, 미래에는 더 많은 소아과 환자들을 돌볼 수 있기를 원하고 있다. 크리스티나는 가족 구성원과 여성들을 위한 치료적 마사지와 바디워크에 많은 관심을 갖고 있으며, 통증 치료와 부상 회복, 그리고 보편적 웰빙 분야에 특히 탁월하다. 크리스티나의 다양한 기술과 특기 중에는 에센셜 오일과 자연적이고 전인적인 스파 트리트먼트를 이용하는 것도 포함되어 있다.

역자 서문

Floral, woody, fruity, spicy, citral, balsamic......

향을 표현하는 단어는 셀 수 없이 많습니다.

이건 아마 지구상에 향을 간직한 식물이 40만 가지가 넘고, 이 중에서 다른 향과 차이를 식별할 수 있는 식물이 10만 가지가 넘기 때문일 겁니다.

인간이 병을 치유하고 악귀를 쫓고, 멋을 내고 치장하는 수단으로 향을 사용한 기록은 지구상 거의 모든 나라의 역사 속에서 어렵지 않게 찾아 볼 수 있습니다.

이건 아마 후각이 인간의 감각 기관 중에서 가장 빠르게 반응하기 때문일 겁니다.

에센셜 오일을 이용한 아로마테라피의 역사는 기원전 고대 시대까지 거슬러 올라갈 수 있지만 에센셜 오일이란 용어는 15세기 말에 유래되었고, 아로마테라피란 용어는 1937년에 정립 되었습니다.

이제 아로마테라피는 각종 화합물질의 범람 속에서 대체 · 보완 의학의 개념을 넘어서 통합 의학이란 개념으로 발전하고 있습니다.

이 책은 아로마테라피의 역사, 에센셜 오일의 대한 기본적인 정보, 화학적인 구성, 블렌딩 방법 등을 수록하고 있습니다. 그리고, 바디워커를 위해서 에센셜 오일을 적용하는 다양한 기법을 수록하고 있습니다. 이 한 권의 책이 전인적인 아로마테라피스트를 꿈꾸는 모든 전문가들에게 훌륭한 지침서가 될 것이라고 생각합니다.

끝으로 이 책의 출판에 도움을 주신 지인들과 항상 격려와 응원을 아끼지 않는 가족에게 사랑과 감사의 마음을 전합니다.

역자 일동

1 장

아로마테라피

Aromatherapy

개요

아로마테라피의 정의

아로마 식물 사용 역사

아로마테라피의 현대적 발전: *아로마테라피의 공동 창시자들*

아로마테라피의 현대적 시술: *아로마테라피, 바디워크, 마사지 테라피*

실제 임상적용 사례 1.1: 근육통/감정적 지원

아로마 용어들

전인적 프레임워크

요약

새 용어들

참고 자료

복습 문제와 질문

학습 목표 / LEARNING OBJECTIVES

이 장을 읽은 뒤에는 다음 사항들에 답할 수 있어야 한다.

1. 아로마테라피라는 용어를 정의하라.
2. 아로마 식물을 병의 치료에 이용했던 역사를 기술하라.
3. 가트포세(Gattefosse), 발넷(Valnet), 그리고 모리(Maury)가 아로마테라피 발전에 미친 영향을 논하라.
4. 영국에서 시행되었던 전통적인 아로마테라피와 일반 영국인들이 아로마테라피스트를 방문하는 이유 10개를 열거하라.
5. 아로마테라피의 용어가 왜 귀중하고 중요한지 설명하라.
6. 바디워크와 마사지에 대한 보완제로서 아로마테라피의 치료 효능을 밝혀라.
7. 아로마테라피를 위한 전인적 구조를 설명하라.

개요 / INTRODUCTIION

아로마테라피는 미국 내에서 종종 오해를 받거나 과소평가된 전인적 치료법이다. 이는 아마도 아로마테라피가 너무 상업적으로 이용됐기 때문일 것이다. 하지만 아로마테라피는 그 가치를 인정받고 있는 아주 훌륭한 전인적이고 보완적인 치료법으로 점점 더 많은 건강관리 전문가들이 그들의 진료와 통합해 이용하고 있다. 이 장에서는 아로마테라피는 무엇이며, 아로마테라피의 역사, 현대적인 발전과 시술, 그리고 아로마테라피의 전문적 발전에 따라 등장한 아로마테라피를 묘사하는 용어들의 중요성에 대해 설명하려고 한다. 현대적이며 전인적인 아로마테라피의 탄생 초기부터 시술자들은 시술의 전인적 구조 확립에 힘써왔다. 이 장의 마지막 부분에 이르면 아로마테라피 시술 내에서의 전체론 철학에 대한 이해가 학생들에게 제공될 것이다.

아로마테라피의 정의 / DEFINING AROMATHERAPY

"아로마테라피는 향이 좋은 공기 청정제, 긴장 이완 마사지, 기분 좋은 뷰티 테라피 혹은 유용한 가정용 구급상자인가? 아니면 진지한 건강관리 양식인가?" (쉰과 스티븐스, 2002, 189쪽). 아로마테라피는 21세기에 들어 가장 빠른 속도로 성장하고 있는 보완적인 건강관리 양식 중 하나이면서도 건강 관리 종사자들뿐만 아니라, 주류 안에서도 여전히 가장 잘못 이해되고 있는 것 중 하나이다. 아로마테라피를 정의하는 것은 매우 복잡한 작업이며, 다양한 시술자들이 갖고 있는 여러 시술 방법과 철학에 대한 민감성이 요구되는 작업이기도 하다. 쉰과 스티븐스(2002)는, "광범위한 사회 안에서 아로마테라피 용어의 '오용'은 아로마테라피를 잘못 이해하고 있다는 징후가 될 수 있으며, 아로마타테라피에 대한 명확한 정의가 부족하다는 징후가 될 수도 있다"고 말했다(190쪽).

아로마테라피는 다양한 일반인들과 자연요법사, 간호사, 마사지 테라피스트, 개인 아로마테라피 상담가, 직업적 테라피스트, 사회복지사, 생리학자, 반사요법사를 비롯해, 몇몇 나라에서는 의사와 같은 시술자들이 시술하고 있다. 아로마테라피는 흥분과 불안을 감소하고, 피부 궤양을 치료하며, 육체에 가해지는 스트레스 충격을 줄이고, 폐에서 담을 배출하는 데 이용될 수 있다. 아로마테라피는 삶의 질을 높이기 위해 호스피스 환경에 적용할 수 있으며, 출산을 돕고 산후 스트레스를 줄이기 위해 산부인과 병동에도 적용할 수 있다. 또한 바디워크 기술 자체의 치료 효능을 배가시키기 위해 바디워크 시술에도 통합할 수 있다. 아로마테라피는 다양한 치료 효능을 갖고 있으며 이 책을 읽다 보면 더 많은 효능이 있음을 알게 될 것이다.

아로마테라피 용어를 이해하기에 가장 좋은 출발점은 아로마테라피의 역사를 돌아보고, 아로마테라피의 현대적 탄생과 이 단어의 실질적 탄생에 대해 알아보는 것이라 생각한다.

아로마 식물 사용의 역사 / HISTORY OF AROMATIC PLANT USE

"...외떨어지고, 고립되고, 원시적이기는 하지만 인류학적으로 식물을 이용한 치료를 시술하지 않았다고 알려진 종족은 없다."

- 바바라 그릭스, 그린 파머시

아로마테라피의 역사를 논할 때, 우리는 반드시 방향 식물이나 아로마 식물 사용 역사에 대한 얘기를 하게 된다. 아로마테라피가 현재 우리가 알고 있는 직업이 된 것은 얼마 되지 않았으며, 비교적 짧은 역사를 갖고 있다. 하지만 약용 식물이나 아로마 식물의 역사는 유구하며, 아로마 식물 역시 지금과는 다른 형태임에도 불구하고 현재 우리가 이용하고 있는 것과 유사한 방식으로 이용되었다.

아로마 물질은 인류가 그 물질을 불에 집어넣거나, 특정한 식물을 먹기 시작하면서부터 인류와 역사를 함께 해왔다. 초기 인류는 후각이 굉장히 발달해 있었다는 것을 기억하라. 원시 인류는 연기와 냄새, 향기가 각각 다른 방식으로 자신들에게 영향을 준다는 것을 알고 있었을 것이다. 어떤 식물들은 그들을 편안하게 만드는 반면, 다른 것들은 자극을 주었을 것이다. 또 어떤 것들은 가슴으로 들어가 호흡을 편하게 만들어 주었을 것이다. 원시 인류는 나뭇잎, 나무 열매, 뿌리 등이 아픈 사람들을 낫게 해준다는 것을 발견했다. 또한 불 속에 던져진 잔가지들은 사람들을 행복하게도, 흥분하게도 만들면서 근사한 영적인 경험을 선사했다. 아로마 식물 재료들이 탈 때 나는 연기로 환자를 치료하는 것은 초기에 기록된 허브를 이용한 치료 형태 중 하나로 종종 악령을 몰아내는데 이용되었다. 때로는 단순히 보호와 미래의 건강 증진을 위해 향을 피우기도 했다.

고대 이집트인들과 그리스인, 그리고 로마인들은 아로마 식물과 추출물을 널리 이용한 것으로 유명하다. 이집트인들은 발삼나무와 향유, 향이 나는 나무 껍질, 송진을 약품과 식품 보존 및 종교적 의식과 시체 방부 처리에 이용했다. 그리스인들은 대부분의 아로마 지식을 이집트인들에게서 배운 것으로 간주된다. 유명한 그리스의 명의 히포크라테스는 다음과 같은 말을 남겼다. "매일 아로마 목욕을 하고, 향유로 마사지를 하면 건강하게 살 수 있다." 로마인들 또한 목욕탕에서 아로마 오일을 자주 이용했으며, 향이 나는 다양한 제품들을 미용과 건강을 위해 이용했다.

방향 식물들은 또한 중세에 서혜선종의 전염병을 막는 용도로 쓰이기도 했다. 감염을 피하기 위해 방향 식물들을 거리나 집에서 태웠던 것이다. 중세에는 지속적으로 아로마 오일을 접하는 향수 기술자와 장갑 제작자가 전염병에 가장 강하다고 여겨졌다.

18세기에도 에센셜 오일이 광범위하게 사용되었으며 에센셜 오일의 치료 효능에 대한 다양한 연구가 실시되었다. 몇몇 약방은 자체적으로 증류기를 갖추고 에센셜 오일은 생산하기도 했다. 한편 18세기에는 제약 분야의 전문성이 증가하면서 일반인들이 약을 만들지 못하게 하려는 시도가 일어나기도 했다.

19세기에는 "가정의"가 확립되었다. 카모마일, 시나몬, 펜넬, 월계수, 주니퍼, 로즈마리, 타임 등의 오일이 윌리엄 위탈의 〈*마테리아 메디카*(1882)〉에 공식 에센셜 오일로 기록되어 있다. 1887년에는 M. 챔버랜드가 많은 에센셜 오일(예; 라벤더, 주니퍼, 샌달우드, 타임, 시나몬, 시더우드)의 항박테리아성과 항진균성에 대한 논문을 발표했다.

여러 가지 면에서 아로마테라피의 역사는 전 세계적으로 길고 풍부한 역사를 지닌 허브 약물의 역사라고 할 수 있다. 인류는 식물 중에서도 특히 아로마 식물은 수천 년 동안 이용해 왔으며, 여전히 여러 약품의 중요한 원천으로 여기고 있다. 결국 오늘날의 아로마테라피는 초기 문화에서 시작된 아로마 식물 이용법이 현대적인 발전을 거듭한 결과라고 할 수 있다. 현대의 아로마테라피를 이해하기 위해서는 1937년에 아로마테라피라는 용어를 만들어 낸 르네 모리스 가트포세부터 살펴봐야 한다.

아로마테라피: 현대적 발전 / MODERN DEVELOPMENT

이 내용은 르네 모리스 가트포세의 아들인 마르셀 가트포세가 1992년에 *국제 아로마테라피 저널*에 기고한 그의 아버지에 관한 글을 기초로 한다. 르네 모리스 가트포세는 1881년 프

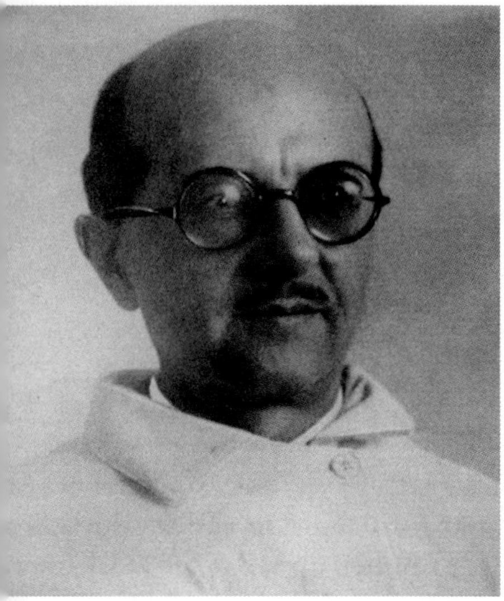

사진 1-1 르네 모리스 카트포세
Source: Elsevier Publishing

랑스의 리옹 지방에서 태어났다(사진 1-1). 가트포세는 식물들과 방향 식물들에 둘러싸여 성장했다. 그의 아버지인 루이스 가트포세는 가트포세 향수 회사를 운영했는데 이 회사는 아직도 영업을 하고 있다. 르네는 유년 시절에 천연 에센셜 오일과 알코올 추출물, 꽃 포마드 그리고 몇몇 합성 물질을 혼합해 향수를 만들었다. 루이스와 그의 두 아들인 아벨과 르네 모리스는 지속적인 강도와 향기를 얻기 위해 어떤 조건 하에서 어떤 향수 성분이 형성되는지 알아내기 위한 연구를 함께 했다. 1906년, 그들은 "Formulaires de Parfumerie de Gatteffose"라는 책을 출판했다.

가트포세 가족은 식물 재배에서부터 향수 성분 조합에 이르기까지 향수 산업 전반에 걸쳐 활발히 활동했다. 1900년대 초에 가트포세 일가는 라벤더를 홍보하고, 라벤더 에센셜 오일 생산을 위해 라벤더 증류법을 확산시키기 위한 운동을 시작했다. 이 운동은 늘어난 라벤더 오일 무역량을 충족시키기 위해 일어났는데, 프랑스 여러 지역 농가의 경제적 상황을 개선시키기 위한 목적도 있었다. 1900년대 초에 르네 모리스는 프랑스 내에서 민트와 기타 허브 경작을 주관하는 조직을 돕기도 했다. 그는 또한 특수한 아로마 오일과 설비하기 쉬운 증류 장치를 만들기 위한 체계적인 연구도 실시했다.

1908년과 1910년 사이에 르네 모리스는 이국 식물 연구를 위해 식물학자이자 화학자인 남동생 쟝과 함께 군대에 들어갔다. 쟝과 르네 모리스는 모로코에 머물면서 새로운 식물들을 다량 수집했으며 북아프리카에 증류시설을 만들기도 했다. 르네 모리스는 모로코에서 지내는 동안 농부들로부터 에센셜 오일을 민간 치료약으로 이용하는 방법을 배우기 시작했다. 이에 자극을 받은 르네 모리스는 에센셜 오일의 다양한 치료 효능을 밝혀내고 몸을 치유하는 에센셜 오일의 효능을 이해하기 위한 연구에 착수했다. 르네 모리스는 모로코의 농부로부터 라벤더 에센셜 오일이 살균 능력뿐만 아니라 병을 예방하고 상처를 치료하는 효능을 갖고 있다는 것을 배웠다.

마르셀 가트포세에 의하면, 대부분의 아로마테라피 서적과 실습 과정에서 인용되는 유명한 실험실 폭발 사고가 일어난 것은 1910년 7월이라고 한다. 르네 모리스는 당시 손과 두피에 화상을 입었는데 이를 라벤더를 이용해 치료했다고 한다. 이 때 그는 라벤더의 치료 효능을 직접 관찰할 수 있었다. 그는 라벤더가 화상으로 인한 흉터가 생기는 것을 줄이고, 피부가 대단히 효과적으로 재생되는 것을 돕는 것을 경험했다. 이 경험은 결국 르네 모리스가 평생 동안 열정적이고 헌신적으로 "에센셜 오일(essential oils)"이라고 알려진 아로마 물질의 치료 효능을 연구하게 만들었다.

"아로마테라피"라는 용어는 르네 모리스 가트포세가 1937년에 펴낸 동명의 책에서 처음으로 등장한다. 그의 저서, *〈가트포세의 아로마테라피〉*에는 생리적 질환의 숙주 제거를 위해 에센셜 오일을 활용하는 초기 임상 결과가 담겨 있다. 여기서 우리는 가트포세가 아로마테라피라는 용어를 만들어 낸 의도를 이해하는 것이 중요할 것 같은데, 그는 그 이유를, 에센셜 오일을 향료로 사용하는 것과 치료용으로 사용하는 것을 구별하기 위해서라고 설명했다. 향수 제조자였던 르네 모리스는 아로마에 대한 사랑과 열정을 이미 가지고 있었다. 하지만 1918년 경에는 에센셜 오일을 치료 목적으로 활용하고 연구하는데 깊이 관여하고 있었다. 그는 1930년대까지 활발하게 활동하면서 저술도 하고 병원을 비롯한 기타 기관과 함께 에센셜 오일의 치료 작용을 연구했다.

따라서 우리는 르네 모리스가 만들어 낸 "아로마테라피"라는 용어를 아로마 물질(에센셜 오일)의 *치료적 적용 또는 이용*이라고 해석하려 한다. 때로는 그것의 기원 때문에 아로마테라피는 인체 병리학과 에센셜 오일을 이용하는 다양한 감정적, 물리적 조건의 치료를 둘러싼 관습을 의미하기도 한다. 아로마테라피는 관습으로 발전하면서 몸과 마음, 그리고 영혼(에너지)을 둘러싼 더 많은 전체적 접근을 받아들였다.

아로마테라피 공동 창시자 / Aromatherapy Cofounders

다음의 인물들 역시 현대적 아로마테라피 확립에 지대한 공헌을 했다.

장 발넷 박사는 1945년 리옹 대학에서 전통적인 의사 훈련을 받았다(사진 1-2). 스코트(1993)에 의하면, 발넷은 1953년부터 에센셜 오일을 연구하기 시작했으며, 그의 주요 관심사는 최적의 적용 방법을 비롯해, 부작용 없이 최대한의 효과를 얻을 수 있는 복용량을 알아내는 것이었다고 한다. 발넷은 세계 2차 대전 동안 전쟁 부상자들을 치료하면서 에센셜 오일을 효과적인 소독제로 이용했다. 1964년에 발넷의 〈*아로마테라피 시술*〉이라는 책이 발간되었는데 이 책은 그 후 아로마테라피의 고전이 되었다. 10년이 넘는 기간 동안 발넷은 피부 질환 치료, 호흡기 질환 치료, 근육통 치료 등 에센셜 오일을 이용한 효과적인 치료법을 다수 창조했다.

사진 1-2 장 발넷
Source: Elsevier Publishing

마거리트 모리는 오늘날 우리가 알고 있는 에센셜 오일을 이용한 전인적 아로마테라피 시술의 창조자로 특별한 관심을 받을 자격이 있다. 1895년에 오스트리아에서 태어난 모리는 흥미롭고 열정적인 삶을 살았다. 모리는 빈에서 간호사와 외과의 보조원 훈련을 받은 뒤 프랑스로 이주해 "Les Grandes Possibilites par les Matieres Odoriferantes (Ryman, 1989)" 라는 책을 접하게 된다. 이 책은 모리에게 아로마테라피 적용에 대한 연구와 이를 다른 이들에게 교육하고자 하는 평생의 열정을 심어주었다. 모리는 남편과 함께 동종요법, 자연요법, 침술, 요가, 명상 등 수많은 테라피를 연구했다.

마거리트 모리는 에센셜 오일의 피부 적용 분야를 개척했으며, 피부를 통해 인체로 흡수된 에센셜 오일의 정신적, 생리적 효능을 지각했다. 에센셜 오일을 피부에 적용하는 방법은 1961년 프랑스에서 출간된 마거리트 모리의 독창적인 저술인 〈마거리트 모리의 아로마테라피 가이드: *삶과 젊음의 비밀*〉에 잘 나와 있다. 이 책에서 모리는 젊음을 유지하는 비결에 대한 자신의 생각을 확장시키면서, 전인적 아로마테라피의 현대적 발전의 토대가 되는 에센셜 오일 사용에 대한 통찰력을 보여주고 있다.

모리는 다음과 같은 것들을 통해서도 아로마테라피 발전에 기여했다:

- 전인적 마사지와 아로마테라피 : 모리(1989)는 "결합조직과 신경근 또는 연조직 마사지는 방향 물질이 흡수되는 길을 열어 결과적으로 회춘을 가능하게 한다"(158쪽)고 말했다. 모리는 에센셜 오일의 피부 적용뿐만 아니라, 마사지의 효과를 배가시키는 에센셜 오일의 효능에 관심을 가졌던 최초의 인물 중 하나이다.

  "근육 긴장과 그 속성, 피부와 조직의 양상에 영향을 줄 수 있는 방법과 개개인의 리듬을 정상화해 더 잘 기능할 수 있게 하는 방법을 찾아내야 한다" (모리, 1989, 108쪽).

- 전인적 접근의 중요성을 인식 : 자신의 책 전반에 걸쳐 모리는 충분한 영양 섭취와 운동, 건강한 감정적/영적 생활, 그리고 마사지 또는 수치료를 통해 건강을 유지하는 것의 중요성을 역설하고 있다. 모리는 저술을 통해 중국 전통 의학과 티벳 의학, 아유르베다 의학과 같은 철학적인 치료 전통을 이용해 건강과 질병, 치료에 접근하는 것에 대한 이해를 돕기도 했다.

- 개인의 중요성 강조 : 아로마테라피 발전에 있어 모리의 가장 큰 기여는 아마도 개별적 치료의 중요성을 인지하고 이를 알리기 위해 헌신했다는 점일 것이다. 개인을 치료한다는 생각은 전인적 아로마테라피 시술의 핵심 원칙 중 하나이다.

  개인에게 다가가기 위해서는 개별적 치료가 필요하다. 우리들 각각은 독특한 메시지이다. 우리 각자에게는 독특한 치료만 있으면 충분하다.

> 우리는 반드시, 그러므로, 우리가 치료하려고 하는 인간과 친근한 방향 물질을 찾아야 한다. 그 향기는 그에게 부족한 것을 보충해주고, 그의 능력을 꽃 피우게 할 것이다. (모리, 1989, 94쪽)

■ **에센셜 오일의 이원적 효과 인식** : 모리는 에센셜 오일을 피부에 발랐을 때의 생리학적 효능뿐만 아니라, 그에 따른 정신적 효능도 예리하게 관찰했다.

> 피부에 발라진 이런 에센스들은 모세혈관의 활동을 조절하고, 조직의 생명력을 복원시킨다....하지만 우리가 가장 관심을 갖는 것은 아로마가 개인의 영혼과 정신에 미치는 영향이다. 인지력이 더 명확해지고 날카로워진다....방향 물질의 이용은 진정한 감정적, 정신적 해방감을 유발한다....에센셜 오일은 우리를 문제적 감정으로부터 해방시킨다. 하지만 우리의 능력은 손상되지 않는다. (모리, 1989, 83-83쪽)

이러한 관찰과 적용으로부터 현대적이며 전인적 아로마테라피가 탄생했다. 모리의 아로마테라피 시술에 대한 공헌을 바탕으로 우리는 아로마테라피를 더욱 포괄적으로 정의할 수 있다:

아로마테라피는 순수한 에센셜 오일을 적용하는 전인적 치료로 개인의 육체적, 감정적, 정신적, 그리고 영적 건강을 증진시킨다.

아로마테라피의 현대적 시술
/ THE MODERN PRACTICE OF AROMATHERAPY

아로마테라피 산업은 역동적이고 매우 다양해 종종 의견과 시술 방법이 갈린다. 이런 경향은 아로마테라피 산업이 아직 초기 단계이며, 여전히 성장 중이라는 반증이다. 일반적으로 아로마테라피는 고객의 웰빙을 증대하고 건강의 긍정적인 측면을 고무하기 위해 이용된다. 임상 혹은 의학적 아로마테라피는 프랑스의 의료적 전통 안에서 태어났다. 전인적 아로마테라피는 영국의 촉진 전통에서 태어나 전 세계로 확산되었다.

전통적 아로마테라피라고도 알려진 전인적 아로마테라피는 영국에서 대중화되었으며, 영국의 표준적 아로마테라피 프로그램에는 다음과 같은 핵심 주제들이 포함된다: 에센셜 오일 치료학, 해부학과 생리학, 스웨디시 마사지, 기초 병리학, 기초 상담 기술, 반사요법(진단적 도구와 치료 접근으로서), 건강을 위한 촉진 그리고 기초 영양학 등. 전통적 아로마테라피는 에센셜 오일을 스트레스 감소와 다른 정신적 효능을 위해 적용하는 것에 대한 실질적인 접근법일 뿐만 아니라 전반적인 건강과 웰빙을 증진시키는 접근법이기도 하다.

해리스(2003)에 따르면, 아로마테라피의 주요 고객은 중년 여성이라고 한다. 영국의 일반인들이 아로마테라피스트를 찾는 주요 이유 10가지는 다음과 같다:

1. 스트레스/ 불안감
2. 두통/ 편두통
3. 불면증
4. 근골격계 이상
5. 호르몬 이상
6. 호흡기 질환
7. 관절염과 류머티즘
8. 피부 질환

9. 만성 피로
10. 누(sinus) 질환

영국에서 시술되고 있는 전인적 아로마테라피는 미국 내에 소개되고 받아들여질 때 많은 역경을 겪었다. 영국과 달리 미국 주류 사회에 아로마테라피를 소개한 것은 전문가가 아닌 소매점이나 선물 가게였다. 그 결과 질이 낮은 에센셜 오일과 합성 오일들이 최고인 것처럼 팔리는 문제가 발생했다. 다행히 에센셜 오일의 치료 효능과 잠재력을 경험하기 위해 질이 높은 에센셜 오일을 찾는 인식 있는 소비자들과 시술자들이 점점 더 늘어나고 있다. 하지만 불행하게도 과장된 합성향과 혼합물이 첨가된 제품들이 천연 아로마테라피 안에 여전히 남아있기도 하다. 이런 것들 때문에 대중과 건강관리 전문가들을 대상으로 한 순수한 아로마테라피의 중요성에 대한 지속적인 교육의 중요성이 강조되고 있다.

아로마테라피, 바디워크, 그리고 마사지 테라피 / Aromatherapy, bodywork, and Massage Therapy

간호사, 바디워커, 마사지 시술자 등과 같은 사람들에게는 아로마테라피가 독립적 테라피이면서도 보완적 테라피이기 때문에 아로마테라피의 직업으로서의 성장이 더뎌지고 있다. 하지만 미국 내의 아로마테라피 종사자들을 지난 5년 계속 증가했으며, 주류 사회 안에서 점점 더 유명해지고 있다. 더 흥미로운 것은, 영국에서 아로마테라피를 이용하는 경향이 있는 직업군과 매우 흡사하게 바디워크/마사지 테라피, 간호, 화장품과 관련된 직업군 내에서 그 수가 가장 빠르게 증가하고 있다는 것이다.

티서랜드(1988)은 아로마와 마사지를 혼합한 영국의 전통적 아로마테라피 시술을 언급하며 아로마테라피를 "편안함을 유발하고, 에너지를 증진시키며, 스트레스의 영향을 줄이고, 마음과 몸, 영혼이 잃어버린 균형을 되찾아 주는 친절하고 실질적인 테라피이다. 아로마테라피는 자연에 맞서지 않고 자연의 힘을 이용하기 때문에 진정한 치료가 가능하다"라고 정의했다(1쪽).

보완적이며 대체적인 의학(CAM) 시술에는 바디워크와 마사지 테라피 같은 손과 몸을 사용하는 방법과, 아로마테라피와 같은 심신 시술이 포함된다. 마사지 테라피스트에 의한 임상조사와 경험적 연구는 마사지와 아로마테라피 이용이 트리트먼트의 효능을 엄청나게 증대시킨다는 것을 보여준다. AMTA(2005)는 이렇게 말하고 있다:

> 마사지 테라피스트가 손 기술을 이용해 스트레스와 부상, 질병의 영향을 받은 연조직을 정상화하는데 집중하면 다음과 같은 효과가 있다:
>
> - 혈액순환 개선
> - 근육 이완 증대
> - 고통 감소
> - 스트레스 감소
> - 면역 기능 강화
> - 건강과 웰빙 증진

바디워크와 마사지 테라피 기술은 관절염과 면역 기능 이상, 천식과 기관지염, 불면증, 손저림 증후군, 근막통, 만성 및 급성 통증, 순환계 질환, 제한된 움직임, 소화기 장애 (경련성 대장, 복통, 변비 등), 운동 부상, 스트레스, 두통, TMJ (턱관절 증후군)와 그 외 여러 증상에 효과가 있다는 것이 밝혀졌(AMTA, 2005).

실제 임상적용

사례 1.1

근육통/감정적 지지

G.는 43세의 여성으로 자동차 사고로 인해 목과 어깨 만성 통증을 갖고 있다. 그녀는 또한 남자 친구가 얼마 전에 자신의 집으로 이사를 왔으며, 6개월 후에 있을 결혼식을 준비 중이라고 말했다. 그녀는 감정적 스트레스가 목과 어깨에 영향을 주고 있고, 그 때문에 통증이 심해지고 운동 반경도 줄어들었다고 생각한다. 그녀는 아로마테라피 마사지와 집에서 사용하는 제품이 스트레스와 통증을 줄여 주기를 희망하고 있다.

마사지 블렌드

아픈 근육을 위한 블렌드

살구씨 오일 100%
페퍼민트 (Mentha x piperita) 5방울
월계수 (Laurus nobilis) 7방울
로즈마리 ct. 캠퍼 (Rosmarinus officinalis) 10방울
라벤더 (Lavandula angustifolia) 14방울
1온스 유리병/3% 희석도

전신 마사지를 실시했다. G.는 통증이 줄어들었으며 이완되는 것을 느꼈다고 말했다. 그녀는 필요할 때 목과 어깨에 사용하기 위해 남은 블렌드를 집으로 가져갔다.

홈 블렌드(목욕과 흡입)

정서적 지지

라벤더 (Lavandula angustifolia) 10방울
만다린 (Citrus reticulata) 10방울
네롤리 (Citrus aurantium var. amara: 꽃) 4방울
1온스 병/100% 호호바 오일에 4% 희석도

2주 후에 G.는 정서적 지지 블렌드가 마음에 들며 긴장이 이완되는데 도움이 되었다고 말했다. 그리고 아픈 근육을 위한 블렌드 덕분에 통증이 줄고 목과 어깨의 움직임이 나아졌다고 말했다. 그녀는 지속적으로 이 블렌드들을 이용하면서 2주마다 마사지를 받기로 했다.

아로마테라피는 위에 나온 마사지의 물리적 효능을 배가시키는 가치 있는 보완적 도구가 될 수 있다. 예를 들어, 페퍼민트(*Mentha x piperita*)와 클라리 세이지(*Salvia sclarea*), 라벤더(*Lavandula angustifolia*) 에센셜 오일은 근육 긴장과 경직을 덜어주며, 근육 경련을 줄여주고, 스트레스를 감소시킨다. 로즈마리(*Rosmarinus officinalis*)와 블랙페퍼(*Piper nigrum*) 에센셜 오일은 혈액순환 개선에 이용할 수 있다. 파인(*Pinus sylvestris*)이나 유칼립투스(*Eucalyptus globulus*) 에센셜 오일은 깊은 호흡을 가능하게 한다. 최근의 한 연구는 아로마테라피와 마사지의 결합이 면역 체계를 강화하고 정신적 스트레스(Kuriyama 등, 2005)를 줄여주는 잠재적 효능이 있다는 것을 지적하고 있다. 마사지와 결합된 아로마테라피는 스트레스를 줄이고 개인이 직면한 다양한 감정적 문제들을 헤쳐 나가는데 도움을 줘 마사지의 정신적 효능을 증대시킨다. 다양한 환경 내에서의 아로마테라피와 마사지의 결합에 대해서는 8장과 11장에서 더 깊이 다룰 예정이다.

아로마테라피가 바디워크와 마사지의 효능을 증대시키는 다른 영역들:

- **스파 테라피:** 아로마테라피는 다양한 스파 트리트먼트에 이용되고 있으며, 일반적으로 수치료나 온천 요법 세션 안에 보편적인 아로마테라피 마사지 세션이 포함된다.
- **암 치료:** 아로마테라피는 암 환자들의 스트레스와 긴장, 불안, 공포를 줄여줄 뿐만 아니라, 보편적인 위안 테라피로 암 환자들을 위한 보완적인 치료법이 되고 있다. 아로마테라피는 또한 방사선 화상을 치료하고 오심을 줄여주는 생리학적 효능을 얻기 위해 적용되기도 한다.

- **호스피스 케어:** 아로마테라피는 공기 중의 불쾌한 냄새를 줄이고 삶과 주변 환경의 질을 높이며 가족 구성원들을 지지하는 데 이용되며, 또한 일반적인 위안 테라피로도 이용되고 있다.
- **노인 케어:** 아로마테라피는 피부 청결을 증대시키고, 스트레스와 긴장, 불안, 공포를 줄이고 삶의 질을 높이기 위해 사용되고 있다.

간호사와 마사지 테라피스트에 의한 임상 연구가 미국 전역의 병원과 호스피스 시설에 아로마테라피를 소개하는데 도움을 주고 있다. 저명한 간호 아로마테라피스트인 제인 버클 박사(2003)에 따르면, "건강 보험료가 너무 비싸기 때문에, 아로마테라피를 병원이나 건강관리 시설과 통합하는 가장 최적의 방법 중 하나는 건강관리 비용을 줄이기 위한 연구와 아로마테라피를 연계하는 것"이라고 한다. 아로마테라피를 보완적인 테라피로 활용하는 개인 간호사들과 마사지 테라피스트들의 헌신 덕분에 병원을 비롯한 기타 건강관리 센터들이 아로마테라피가 환자 치료에 큰 도움이 될 수 있다는 것을 인식하기 시작했다.

버클(2003)은 병원과 기타 진료 환경에서 아로마테라피 이용이 증가하는 것은 다음과 같은 이유 때문이라고 보고했다:

- 수술 후 통증과 불안감 경감
- 숙면 유도
- 스트레스 경감
- 만성 통증 경감
- 피부 궤양 치료
- 감정적 고민 경감

아로마테라피는 다양한 환경 내에서 바디워커와 마사지 테라피스트들이 사용할 수 있는 귀중한 보완적 테라피가 될 것이다. 이 책에서는 다양한 종류의 바디워크와 마사지 시술에 아로마테라피를 통합하는 여러 가지 방법에 대해서도 얘기할 것이다.

아로마의 용어들 / THE LANGUAGE OF AROMAS

아로마테라피가 정체성의 위기를 겪고 있는 것은 1980년대 후반부터 시작해 현재까지 소매 산업 내에서 급격히 성장했기 때문이다. 일반 소비자들은 아로마테라피가 무엇인지, 합성향과 순수한 에센셜 오일 사이에 어떤 차이가 있는지 혼동하기 일쑤다.

아로마테라피에 있어 용어는 종사자들을 정의하는 데에 있어서도 중요하지만, 아로마테라피 시술과 공공/개인 영역 내에서의 성장에 대한 명확한 독자성을 제공하는데 있어서도 점점 중요해지고 있다. 관련 용어는 주어진 주제에 대한 통찰력을 제시하기도 하고 종종 업무를 정의하기도 한다. 아로마테라피 시술과 관련해 우리가 사용하는 용어는 일반 대중들에게 순수한 아로마테라피를 알리는 데 있어서도 매우 중요하다. 우리가 "향기"라는 말을 사용하면 대부분의 대중들은 향수를 먼저 떠올리기 때문에, 진정한 아로마테라피스트라면 아로마테라피를 전인적 치료 테라피로 정확하게 묘사할 수 있는 구체적인 용어를 사용해야 한다. 다음의 단어들이 순수한 아로마테라피를 표현하는 데 이용된다.

아로마: 향신료와 식물, 요리 등에서 나오는 냄새 중 특히 기분 좋은 냄새.
아로마틱(향기로운): 향기가 나는, 향기로운 혹은 달콤한 냄새가 나는, 향기로운.

방향성: 향기로운 상태 혹은 그 성질.
향기로운: 기분 좋은 향 또는 냄새가 나는.
냄새: 이 단어는 느끼다 혹은 냄새를 맡다라는 뜻의 프랑스어 *"sentir"*에서 파생되었다. 또한 느끼다 혹은 지각하다라는 뜻의 라틴어 *"sentire"*에도 그 어원을 두고 있다(클라센, 1993).

하지만 많은 사람들, 특히 아로마테라피 시술자 조차도 에센셜 오일 또는 아로마를 묘사할 때 "향기"라는 단어를 사용하고는 한다. 에센셜 오일과 아로마는 둘 다 식물과 천연 향 또는 냄새와 관계가 있다. 반편 향기는 "방향"으로 정의될 수 있는 향수, 콜로뉴 등과 관계가 있다. "향기"라는 단어를 사용하게 되면 특히 대중들 안에서 아로마테라피가 무엇인지에 대한 오해가 더 생기는 것 같다. 따라서, 진정한 아로마테라피를 시술하는 개인들은 "향기"라는 단어를 사용하는 것을 삼가는 것이 좋다. 왜냐하면, "향기"라는 단어는 약용 식물에서 추출한 천연 아로마인 에센셜 오일과 진정한 아로마테라피를 정확하게 설명하지 못하기 때문이다.

향기: 향수나 콜로뉴, 화장수 등에서 향기가 나는 속성.
(냄새를 제외한 모든 정의는 다음에서 인용하였음: *Webster's encyclopedic Unabridged Dictionary of the English Language*. 1996. 뉴저지: 랜덤 하우스.)

아로마 용어들은 우리에게 새롭게 익혀야 할 어휘들을 제시한다. 아로마가 우리의 삶과 우리가 살고 있는 세상에 대한 지각에 공헌을 하기는 했지만, 각각의독특한 아로마를 묘사하는 어휘가 부족한 것이 사실이다. 이는 아로마 또는 향이가 단어 혹은 냄새/향으로 기억되기 보다는 그것의 의미와 기억에 기반을 둔 연상에 의해 기억되기 때문일 것이다. 아로마를 묘사하는 것은 매우 개인적인 경험이기 때문에 각각의 에센셜 오일 아로마의 특징과 개성을 묘사하기 위해서는 보편적인 어휘가 필요하다. 다음은 아로마 묘사에 있어 명확한 지침으로 여겨지고 있는 "천연 향과 아로마 물질(스테판 아크탠더 지음)"이라는 책에서 뽑은 단어 목록이다.

표 1.1은 다양한 아로마를 묘사하는데 이용될 수 있는 단어 목록이다:

표 1.1

다양한 아로마 묘사에 이용될 수 있는 단어들

발삼 같은	완화된 녹색	파인 같은	싸한 후추향의
발삼-나무의	건초 같은	강한	달콤한
쓴	무거운	얼얼한	달콤한 과일향
씁쓸-달콤한	허브 향의	밝은	달콤하면서 싸한
캠퍼 향의	꿀 같은	고약한	찻잎 같은
감귤향의	매우 달콤한	상기시키는…	완강한
맑은	잎-나무의	수지 같은	테레빈 같은
흙 향기	가벼운	진하고 강한	바닐라 같은
꽃 향기	풀밭 같은 달콤함	장미 같은	따뜻한
꽃-나무의	약의, 기침을 상기	장미-잎의	따뜻한-나무의
신선한	조제약	뿌리 같은	나무 같은
신선한 과일향	순한	연기 냄새	나무의 싱싱함
달콤한 과일향	민트 향의	부드러운	나무-수지의
따뜻한 과일향	사향 동물 같은	싸한	
풀 향기	스며드는	싸한 허브 향의	
	후추 향의		

각각의 에센셜 오일에 대한 공부를 시작할 때, 위의 목록을 참고하면 도움이 될 것이다. 그리고 이 단어들을 이용하면 주어진 에센셜 오일의 아로마를 묘사하는 데 도움이 될 것이다.

전인적 구조 / HOLISTIC FRAMEWORK

보완적이고 대체적인 의학(CMA)은 건강과 치료에 대한 그 접근법과 철학이 전통 의학과는 다르다. 이 접근법의 차이는 고객이 건강과 웰빙으로 돌아가는 것을 지지하는 시술자의 역할과 관련된 철학적, 개념적 아이디어에서 비롯된 믿음에 기인한다. 전통 의학이 질병과 질병의 원인(세균)이나 기능 부전의 장기를 찾아 죽이거나 치료하는 데에만 초점을 맞추는 데 반해, 전인적 테라피는 전인적 환경 내에서 질병의 본질을 중점적으로 다뤄 환자를 치료하는 데 초점을 맞춘다.

아로마테라피와 바디워크와 같은 전인적 CMA 테라피는 환자와 시술자 간에 협동적인 관계를 확립해 최상의 육체적, 정신적, 감정적, 사회적 그리고 영적인 웰빙을 획득하는 것을 목표로 한다. 전인적 CMA 테라피는 전인 관찰의 필요성을 강조하는데, 여기에는 육체적, 영양학적, 환경적, 감정적, 사회적, 영적, 그리고 삶의 방식의 가치를 분석하는 것이 포함된다.

바디워커를 위한 아로마테라피 시술의 전인적 원칙 개발 목적은 개인의 치료적 접근에 대한 기초를 제공하기 위함이다. 원칙이 되는 전인적 구조가 있으면 시술자가 자신의 트리트먼트 접근과 적용의 길잡이가 되는 특정한 사고방식을 이용해 지속적이고 안정적으로 행동할 수 있기 때문이다.

아로마테라피 시술자들 대부분은 지난 2, 30년 동안의 발전 과정을 통해 얻어진 특정한 철학적 주제들에 대한 지식을 갖고 있으며 이것들이 모여 시술자들에게 시술을 위한 전인적 구조를 제공하고 있다.

> NCBTMB에 의하면, 마사지테라피 또는 바디워크 시술자는 *"개념적이고 철학적인 구조와 다양한 해부학, 생리학, 부적용증 체계에 관한 지식을, 손을 이용한 다양한 형식으로 적용해 개인의 최적의 기능을 이끌어내는데 이용하는 사람이다. 시술자는 고객을 판단해 세션 전략을 개발하고, 인체의 최적의 기능을 지지하기 위한 적절한 기술을 적용해 치료에 도움이 되는 고객과의 관계를 확립해야 하며, 시술과 윤리에 관한 직업적 기준을 준수해야 한다"*고 한다.
>
> http://www.ncbtmb.com/Newsletter/emerging/fall97.htm

철학적 주제들은 아로마테라피를 이렇게 설명한다:

- 인체의 자연 치유 능력을 자극하고 지지한다.
- 전인을 에워싼다.
- 병의 근본 원인을 규명하려고 노력한다.
- 예방적인 건강관리 접근법이다.
- 교객과 자신을 대상으로 에센셜 오일의 본성과 그 효능을 교육한다.
- 히포크라테스의 철학을 받아들인다: 첫째, 해를 입히지 말라!

이러한 일반적 주제들은 전인적 아로마테라피의 6개의 철학적 원칙을 만드는데 이용되어진다:

1. 인체의 자연 치유 능력을 자극하고 지지한다.

인간은 자기 치유를 촉진하는 놀라운 능력과 가능성을 지니고 있는 것으로 알려져 있다. 자연 요법에서는 이 과정을 Vis Medicatrix Naturae로 묘사한다. 그리고 자연 요법은 개인의 "자기 교정" 또는 "자기 치유" 능력을 인정한다. 바디워크와 마사지에 대한 보완적 테라피로서의 아로마테라피는 "질병"의 급성 그리고 만성 단계에 있는 인체의 자연스러운 자기 치유 능력을 지지하고 증대시킨다.

그림 1.3 정신/몸/영혼

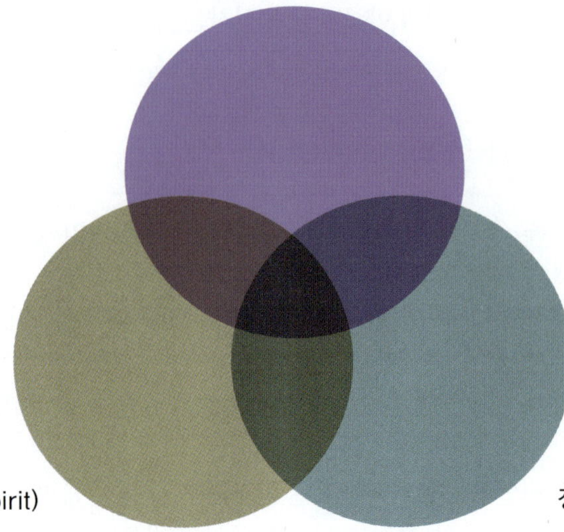

2. 전인(개인)을 에워싼다.

전인적 테라피는 개인을 육체적, 정신적, 감정적 그리고 영적인 것이 포함된 상호 의존적인 부분들로 이뤄진 전체라고 본다(그림 1-3). 바디워크, 마사지 테라피 시술과 아로마테라피의 통합은 역동적인 치료 방법을 창조해 이러한 각각의 레벨에 대한 동시적인 시술을 가능하게 한다. 아로마테라피와 바디워크 테라피는 모든 단계에서 개인의 독특함을 인식해야 하며, 트리트먼트 역시 개인의 요구와 목표에 따라 달라져야 한다고 생각한다.

- **정신적/감정적**
  아로마테라피 바디워크는 촉각뿐만 아니라 변연계(감정적 뇌)와의 후각적 연결을 통해 개인의 정신적, 감정적 측면에 영향을 미칠 수 있다.
- **인체 (육체적)**
  아로마테라피 바디워크는 마사지의 치료 효능뿐만 아니라 에센셜 오일의 치료적 활동(예를 들면, 항염 작용, 진경 작용, 항균 작용)을 통해 개인의 육체적 측면에 영향을 미칠 수 있다.
- **영혼/에너지**
  아로마테라피 바디워크는 접촉뿐만 아니라 다양한 아로마/에센셜 오일의 정력적이고 영적인 충격을 통해 개인의 영적/에너지 측면에 영향을 미칠 수 있다.

3. 병의 근본 원인을 규명하려고 노력한다.

Tolle causum은 라틴어로 '병의 근원적 원인을 규명한다' 라는 의미이다. 전통 의학이 병에 걸린 장기나 침습성 세균을 찾는 반면, 전인적 아로마테라피는 질병 상태의 발현을 초래하는 불균형을 찾으려 한다. 히포크라테스는 이렇게 말했다. "나는 병을 가진 사람을 알기보다 사람이 가진 병에 대해 알고 싶다." 아로마테라피스트들은 부조화를 일으킨 잠재적인 원인과 인체가 최적의 상태에 이를 수 있도록 지지하는 방법을 찾아 이해하려고 한다.

4. Aromacere 시술 (아로마테라피는 선생님이다).

아로마테라피스트가 되고자 하는 사람은 아로마테라피의 잠재적 치유 능력을 직접 경험해야 한다. 가르치는 것은 나의 삶 또는 고객, 가족 구성원, 친구들의 삶 안에서 아로마테라피를 이용했던 자신의 지식과 경험을 다른 이들과 나누는 것이다. 가르치는 것은 나의 일상생활에 아로마를 적용해 경험한 놀라운 효능에 대한 이해와 인지를 깊게 하고, 높이는 것이기도 하다. 아로마테라피와 당신의 관계가 더 좋을수록, 다른 개인에게 아로마테라피를 더 잘 적용할 수 있을 것이다. 이러한 생각은 바디워크와 마사지 테라피 교육에도 반영되는데, 테라피스트는 트리트먼트를 받기도 하고, 시술하기도 하면서 교육을 받는다. 이는 교육 중인 바디워크와 마사지 기술의 효능을 더 잘 이해하기 위해서이다.

5. 아로마테라피를 예방적 방법으로 이용하라.

아로마테라피를 건강한 생활 방식과 통합하면, 만성 퇴행성 질환 발생 가능성을 줄이거나, 예방할 수 있다. 예방적 방법으로 아로마테라피를 이용하는 방법 중에는 종종 스트레스 경감과 면역 시스템 강화, 그리고 고객이 하루하루 맞닥뜨려야 하는 스트레스 요인을 포함해 자신의 삶에 대한 고객의 인지를 높이는 것이 포함된다.

6. 먼저 연습하고 *해를 입히지 마라.*

*우선, 해를 입히지 말라*는 생각은 히포크라테스 선서에서 기원한 것이다. 이것은 적절한 간섭은 해가 되기 보다는 득이 된다는 뜻이다. 아로마테라피에서 이 생각은, 에센셜 오일 선정, 에센셜 오일의 안전에 대한 이해, 그리고 고객의 체질에 대한 이해에 잘 표현되어 있다. *고객에게 에센셜 오일을 사용하기 전에 항상 그것에 대해 충분히 알고 있어야 한다.* 이렇게 하면 부작용이 발생할 가능성을 줄일 수 있다.

> *촉각과 후각 또는 물리적, 비물리적인 것을 통합한 치료 도구로서 아로마테라피 마사지는 전인적 구조와 잘 어울린다. 피시술자 트리트먼트를 위해 개별적으로 블렌딩된 오일은 개인의 육체적, 정서적 상태를 보완하기 위한 것이다. 마사지는 적용의 한 방법이다. 하지만, 그 이상으로 마사지는 상냥하고 진정시키는 접촉을 제공해 시스템의 중압을 완전히 없애주며, 마음 속 깊은 곳으로 고요한 메시지를 보낸다.*
>
> – 제니 하딩(2005)

위의 철학들을 아로마테라피 시술에 적용하면, 아로마테라피가 질병에 대한 "트리트먼트" 접근이라기보다 전인적 보완 테라피가 되기 때문에 바디워크와 마사지 시술자들에게 큰 도움이 된다. 이는 또한 아로마테라피와 바디워크 시술자들이 자신들의 시술 영역을 벗어나 진단을 하고 처방을 하는 것을 막아준다. 전인적 구조는 테라피스트에게 특정한 질병이나 병의 치료보다는 바디워크와 아로마테라피를 통해 건강과 웰빙에 도달하는 고객의 능력 향상에 집중하는 치료적 접근을 위한 토대를 제공한다.

아로마테라피는 다양한 환경 내에서 잠재적으로 적용할 수 있는 매우 역동적인 작업이다. 이 책에서는 아로마테라피를 이해하기 쉬운 방법으로 제시할 것이다. 그렇게 되면 아로마테라피 적용 또한 현재 시술 되고 있는 모든 양식의 바디워크와 마사지 테라피와도 통합하기가 쉽다. 나는 이 책이 여러분에게 시술과 삶을 깊고 넓게 만들어 주는 소중한 보완적 테라피로서의 진정한 아로마테라피에 대한 영감을 줄 수 있기를 희망한다.

아로마테라피 바디워크와 마사지 시술자로서 우리들은 아로마테라피가 치유의 양식이라는 것을 깨닫고 있으며, 아로마테라피가 전통 혹은 정통 의학의 보완 양식이 될 수 있다고 생각한다. 아로마테라피 시술자들은 의사가 아니며, 원칙적으로 진단을 할 자격이 없다. 따라서 아로마테라피 시술은 보완적 테라피로 인식되고 있다.

마사지와 바디워크 전문가 협회(AMBP)는 "마사지, 바디워크와 육체적 테라피는 특히 인체의 골격 구조에 대한 진단과 처방, 촉진, 조정을 배제한다. 또한 정형외과 수술, 육체적 테라피, 족병학, 척추 조정 요법, 접골 요법, 심리 요법, 침술 요법 등 면허를 필요로 하는 기타 서비스나 절차, 테라피 또는 기타 직업이나 의학 부문을 배제한다."라고 말했다.

요약 /SUMMARY

- 아로마테라피는 21세기에 가장 빠르게 성장 중인 보완적인 건강관리 양식으로 다양한 일반인들과 자연요법사, 간호사, 마사지 테라피스트, 개인 아로마테라피 상담가, 직업적 테라피스트, 사회 복지사, 생리학자, 반사요법사 등의 시술자에 의해 시술되고 있다. 몇몇 나라에서는 의사가 시술하기도 한다.
- 아로마 식물과 그 아로마는 역사 속에서 계속해서 이용되어져 왔으며, 그리스인들과 로마인들, 이집트인들에 의해 대중화되었다. 아로마는 초기 인류 사회에서부터 심리학적 효능뿐만 아니라 의학적 목적을 위해 사용되었다.
- "아로마테라피"라는 용어는 르네 모리스 가트포세에 의해 1937년에 탄생되었으며 아로마 물질, 특히 에센셜 오일의 치료적 적용을 의미하는 말이다.
- 마거리트 모리는 전인적 아로마테라피 발전에 큰 공헌을 했다. 모리는 에센셜 오일을 피부에 처음으로 적용했으며, 아로마테라피를 마사지와 통합했다. 또한 개개인의 중요성을 깨닫고 시술을 위한 전인적 구조를 마련했으며, 에센셜 오일을 피부에 적용했을 때 에센셜 오일의 감정적, 육체적 영향력을 인지한 최초의 인물이다.
- 아로마테라피는 개인의 육체적, 감정적, 정신적, 영적 건강 증진을 위해 순정의 에센셜 오일을 치료적으로 적용하는 전인적 테라피이다.
- 아로마테라피를 마사지와 통합하면 사용된 마사지 또는 바디워크 기술의 전반적인 이익을 효과적이며 전인적으로 증대시킬 수 있다.
- 진짜 아로마테라피가 어떤 것이고, 순수한 에센셜 오일이 무엇인지 헷갈려 하고, 합성향 또는 섞음질된 향과 순정의 아로마를 구별하는 것을 어려워하는 일반인들과 고객에게 오해를 불러일으킬 수 있기 때문에 아로마테라피 시술 시 "향기"라는 용어 사용을 자제해야 한다.
- 아로마테라피 바디워크의 전인적 구조에는 다음과 같은 아이디어가 포함된다: 인체의 자연 치유 능력을 자극하고 지지한다, 전인을 에워싼다, 병의 근본 원인을 규명하려고 노력한다, 고객과 자신을 대상으로 에센셜 오일의 본질과 그 효능을 교육한다, 히포크라테스의 철학을 받아들인다: 첫째, 해를 입히지 말라!
- 진단을 하고 처방을 내리는 것은 아로마테라피스트와 바디워크 시술자 모두의 시술 영역에서 벗어난 일이다.

새 용어들 /NEW TERMINOLOGY

아로마테라피 (Aromatherapy)
아로마 (Aroma)
아로마틱 (향기로운) (Aromatic)
아로마티서티 (향기 높은 식물) (Aromaticity)
향이 나는 (Fragrant)
향기 (Fragrance)
냄새 (Scent)

참고문헌 / References

AMBP. (n/d). *Introduction to Massage*. Retrieved June 20, 2006, from http://www.massagetherapy.com/learnmore/index.php.

AMTA. (2005). *Massage Therapy: Facts for Physicians*. Retrieved March 10, 2006, from http://www.amtamassage.org/pdf/FactsForPhysicians.pdf.

Arctander, S. (1994). *Perfume and Flavor Materials of Natural Origin*. Carol Stream, Illinois: Allured Publishing Corp.

Buckle, J. (2003). Aromatherapy in the USA. *International Journal of Aromatherapy 13* (1), 9–17.

Classen, C. (1993). *Worlds of Sense*. London: Routledge Publishing.

Gattefosse, M. (1992). Rene-Maurice Gattefosse. *International Journal of Aromatherapy 4* (4), 18–19.

Griggs, B. (1991). *Green Pharmacy*. Rochester, VT: Healing Arts Press.

Harding, J. (2005). *Total Aromatherapy Massage*. London: Duncan Baird Publishers, Ltd.

Harris, R. (2003). Anglo-Saxon Aromatherapy: Its Evolution and Current Situation. *International Journal of Aromatherapy 13* (1), 9–17.

Kuriyama, H., Watanabe, S., Nakaya, T., Shigemori, I., Kita, M., Yoshido, et al. Immunological and Psychological Benefits of Aromatherapy Massage. *Evid Based Complement Alternat Med*. 2005 June, 2(2): 179–184. Oxford University Press.

Maury, M. (1989). *Marguerite Maury's Guide to Aromatherapy: The Secret of Life and Youth*. Essex, England: C.W. Daniel Company.

Ryman, D. (1989). Introduction to *Marguerite Maury's Guide to Aromatherapy: The Secret of Life and Youth*. Essex, England: C.W. Daniel Company.

Scott, C. (1993). In Profile: Dr. Jean Valnet. *International Journal of Aromatherapy 5* (4), 10–13.

Sheen, J. G., and Stevens, J. (2002). Aromatherapy as a profession. *International Journal of Aromatherapy 12* (4), 189–191.

Tisserand, R. (1988). *Aromatherapy, To Heal and Tend the Body*. Wilmont, WI; Lotus Press.

Further Recommended Reading

Gattefosse, R. (1993). *Gattefosse's Aromatherapy*. Essex, England: C.W. Daniel Company.

Valnet, J. (1990). *The Practice of Aromatherapy*. Rochester, VT: Healing Arts Press.

복습 문제 / CHAPTER TEST

1. 아로마테라피라는 용어는 누가 만들어 냈나?
   a. 마거리트 모리
   b. 쟝 발넷
   c. 르네 모리스 가트포세
   d. 로버트 티서란드

2. 실험실 사고 후 화상 치료를 위해 가트포세가 사용했던 에센셜 오일은?
   a. 클라리 세이지
   b. 라벤더
   c. 진저
   d. 유칼립투스

3. 아로마테라피를 마사지 또는 바디워크와 통합했을 때 효과를 볼 수 있는 5가지 질병 또는 환자의 종류를 열거하라.
   a.
   b.
   c.
   d.
   e.

4. 마거리트 모리는 마사지를 통해 에센셜 오일을 피부에 적용한 선구자로 여겨지고 있다.
   _______ 참 _______ 거짓

5. 마거리트 모리는 다음 중 무엇의 치료 중요성을 강조했나?
   a. 개인
   b. 사용된 용어
   c. 부상 치료
   d. 정신

6. 영국인들이 아로마테라피스트를 찾는 5가지 이유를 열거하라.
   a.
   b.
   c.
   d.
   e.

7. 적용된 기술의 치료 효능을 배가시킬 수 있는 아로마테라피는 바디워크와 마사지를 위한 유용한 보완 테라피이다.

   _______ 참 _______ 거짓

8. 아로마테라피는 다음 중 어떤 경로를 통해 정신에 영향을 주는가?
   a. 후각
   b. 흡입
   c. 피부 적용
   d. 에너지 넘치는 육체

9. 철학적 구조의 목표는 시술자에게 시술자의 치료적 접근에 대한 토대를 제공하는 것이다.

   _______ 참 _______ 거짓

10. "첫째, 해를 입히지 말라"는 에센셜 오일에 대해 아무 것도 모르는 사람도 에센셜 오일을 사용할 수 있다는 의미이다.

   _______ 참 _______ 거짓

복습 질문 / REVIEW QUESTIONS

1. 아로마테라피 시술에 있어 용어의 중요성을 논하라.
2. 아로마테라피 발전에 기여한 세 명의 인물에 대해 논하라.
3. 광범위한 바디워크와 마사지 테라피 환경 내에서 어떻게 해야 아로마테라피 이용이 가치 있는 보완적 테라피가 될 수 있는지 논하라.

제 1 부
아로마테라피란 무엇인가?

2장 식물과 에센셜 오일

From Plant to Essential Oil

개요
식물이란 무엇인가?
약용 식물들
식물 내의 에센셜 오일의 식물학적 역할
식물 내의 에센셜 오일 저장
외분비 구조
내분비 구조
추출 방법
증류법
식물 재료의 준비
증류 절차
침출 또는 수분 확산법
압착법
앱솔루트와 CO_2를 위한 추출 기술
추출법
냉침법
용매 추출
CO_2 초임계 추출법
현대의 에센셜 오일들
요약
새 용어들
참고 자료
현대의 에센셜 오일들
요약
새 용어들
참고 자료
워크시트: 분비 구조를 위한 실험 연습
복습 문제와 질문

학습 목표 / LEARNING OBJECTIVES

이 장을 읽은 뒤에는 다음 사항들에 답할 수 있어야 한다.

1. 아로마테라피와 관련된 식물의 중요성을 논하라.
2. 식물 안의 에센셜 오일의 생물학적 역할을 묘사하라.
3. 식물 내의 에센셜 오일 저장소를 묘사하라.
4. 일반적 증류 과정을 그리고, 분류하고, 설명하라.
5. 에센셜 오일과 하이드로졸을 정의하라.
6. 식물에서 방향 물질을 추출하는 과정을 적어도 두 가지 골라 짧게 묘사하라.
7. 압착한 시트러스 오일과 증류한 시트러스 오일의 차이를 논하라.

개요 / INTRODUCTION

여러분은 마사지 테라피스트가 왜 식물에 대해 배워야 하는지 의아해 할 것이다. 아로마테라피는 살아 있는 식물에서 추출한 순수하고, 혼합되지 않은 진짜 에센셜 오일에 기초하고 있다. 여러분이 식물학자가 될 필요는 없다. 아로마테라피 제품을 사용하는 많은 아로마테라피스트나 시술자들이 그 제품을 만들어낸 식물들과 실제적으로 상호 작용을 하지는 않는다. 하지만 그 식물들이 없다면 진정한 아로마테라피가 불가능하기 때문에 식물에 대해 감사하는 마음을 갖는 것이 중요하다. 식물에서 직접 추출한 에센셜 오일만을 사용하는 진정한 아로마테라피에서는 어떠한 경우에라도 합성 오일이나 향수, 혼합 오일 등을 사용하지 말아야 한다. 이 장에서는 식물과 인간의 공생 관계에 대한 우리의 이해를 발전시키기 위해 식물들이 어떻게, 왜 에센셜 오일을 생산하는지, 에센셜 오일이 어떻게 추출되는지, 그리고 우리는 추출된 오일을 어떻게 이용해야 하는지에 대해 얘기하려고 한다.

식물이란 무엇인가? / WHAT IS A PLANT?

"식물은 인간과 분리되면 의미가 없다: 식물은 지상에 뿌리를 내리고 있는 생명체로 그들이 살고 있는 공동체에 의해 인지되며, 지구상에 있는 다른 모든 생명체들과의 관계와 상호 작용에 의해 인지된다."

스테판 해로드 버너, 2002, 177쪽.

식물이 무엇인지 정의하는 것은 쉽지 않다. 어떤 이들은 식물은 녹색의 줄기와 뿌리가 있으며, 일반적으로 꽃과 수지, 열매를 생산한다고 말한다. 하지만 이런 정의는 모든 식물을 올바르게 정의하지도 못할 뿐더러, 식물계 안에서 발견되는 다양한 아이디어를 모두 전달하지 못한다. 세상에는 많은 종류의 식물이 있다. 작은 이끼와 양치류도 있고 거대한 세쿼이아와 유칼립투스 나무도 있다. 아로마테라피를 위해 우리는 식물 왕국 내의 두 그룹에 대해 공부할 것이다. 그 하나는 **속씨식물**이라 불리는 꽃을 피우는 식물로 이 식물 안에는 에센셜 오일이 다량 들어 있다. 다른 하나는 침엽수처럼 꽃은 적지만 씨앗을 생산하는 **겉씨식물**이다. 표 2.1과 2.2에 식물과와 함께 속씨식물과 겉씨식물의 에센셜 오일을 정리해 놓았다.

표 2.1 속씨식물/현화식물과와 에센셜 오일들

식물 과	에센셜 오일
포포나무과	일랑일랑
자작나무과	버치
감람과	엘레미, 유향, 미르라
국화과	로만 카모마일, 저먼 카모마일, 헬리크리섬, 이뉼라, 야로우
쥐손이풀과	제라늄, 로즈 제라늄
벼과	레몬그라스, 팔마로사
꿀풀과	바질, 캐트닙, 클라리 세이지, 히숍, 멜리사, 오레가노, 패출리, 페퍼민트, 로즈마리, 세이지, 타임

표 2.1 (계속)

속씨식물/현화식물과와 에센셜 오일들

식물 과	에센셜 오일
녹나무과	월계수, 시나몬, 라벤사라, 로즈우드
육두구과	육두구
도금양과	클로브, 유칼립투스, 머틀, 티트리
후추과	블랙페퍼
로즈과	로즈
운향과	베라가못, 그레이프푸르트, 레몬, 라임, 오렌지, 탠저린/만다린
단향과	샌달우드
산형과	안젤리카, 캐러웨이, 캐롯 씨드, 셀러리, 딜, 펜넬, 파슬리
생강과	카다몸, 진저

표 2.2

겉씨식물과와 에센셜 오일들

식물 과	에센셜 오일
파인과	*전나무*(firs), *삼목*(cedar), *낙엽송*(larch), *가문비나무*(spruce), *파인*(pine), *더글러스 전나무*(douglas fir), *북아메리카산 파인*(hemlock)
측백나무과	*싸이프러스*(cypress), *주니퍼*(juniper), *향삼나무*(incense cedar), 지빵나무(arborvitae)

세상에 알려진 40만 개 이상의 식물 중에서 반은 속씨식물이다. 속씨식물과 겉씨식물은 식물 왕국 내에서 에센셜 오일을 생산하기 시작한 최초의 군이다. 초기에 진화한 식물인 선태식물(이끼와 우산이끼 등)과 씨가 없는 관다발 식물(양치류 등)에는 에센셜 오일이 거의 없거나, 없다. 학자들은 식물이 진화하면서 에센셜 오일과 같은 2차 대사 물질을 생산하기 시작하는 것은 늘어나는 환경 변화에 대한 반응이라고 말한다.

식물은 물리적 동체로 이뤄져 있으며, 생명과 복잡한 화학적 활동을 유지하기 위해 흙과 물, 공기, 햇빛에 의존한다. 이러한 복잡한 화학적 활동이 식물의 생존에 매우 중요한 1차 대사 물질을 생산하는데, **1차 대사 물질**로는 효소와 단백질, 지질, 탄수화물, 엽록소가 있다. 식물에 생존에 필수적인 성분이 아닌 **2차 대사 물질**로는 알칼로이드, 플라보노이드, 에센셜 오일 등이 있다.

식물은 **광독립 영양 생물**인데, 이는 식물이 광합성을 위해 태양에 의지한다는 뜻이다. 그리고 광합성을 통해 생존에 필요한 복합 유기 화합물들을 만들어 낸다는 의미이다. 햇빛의 유무에 관계없이 자랄 수 있는 기생 식물을 제외하고 모든 식물은 성장하려면 햇빛이 필요하다. 반면 인간은 **종속 영양 생물**이다. 인간은 생명 유지에 필요한 에너지를 공급하기 위해 식물이 방출하는 산소에 의존한다. 식물들은 이산화탄소와 물, 다양한 질산칼륨, 황산염, 그 외에 땅과 주위에서 발견되는 다른 광물질들을 이용해 자신들의 성장에 스스로 책임을 진다. 광독립 영양 생물인 식물은 방사 에너지를 화학 에너지로 바꿀 수 있는(광합성) 유일한 생명체이다.

약으로서의 식물 / PLANTS AS MEDICINE

많은 이들이 인정하는 그릭스의 "*Green Pharmacy*, Griggs (1991)는 "...외떨어지고, 고립되고, 원시적이기는 하지만 식물을 이용한 치료 형태를 시술하지 않았다고 인류학적으로 알려진 종족은 없다."는 사실을 우리에게 상기시킨다(5쪽). 인류는 식물을 약과 먹을 것, 의복, 그리고 집으로 이용해 왔다. 식물은 지방산, 에센셜 오일, 고무질, 수지, 알칼로이드, 그리고 스테로이드와 같은 다양한 활성 성분들을 생산하는데, 인류는 이들을 약으로 이용하는 방식을 찾아냈다.

식물에 기초한 약품의 예로는 *유칼립투스* 종을 들 수 있다. 이 종에서는 주로 거담 작용이 있는 활성 성분 유칼립톨(syn 1, 8 시네올)을 분리해 이용한다. 유칼립톨은 가슴에 문지르는 것으로 유명한 Vicks™의 VapoRub(가슴에 바르는 어린이용 감기약 – 역자 주)에 들어 있는 세 가지 에센셜 오일 중 하나이다. 나머지 두 에센셜 오일은 로즈마리나 캠퍼 나무에서 추출한 캠퍼와 페퍼민트에서 추출한 멘톨이다. 이 세 가지 오일은 모두 근육통 치료에도 쓰인다. 또 다른 예로는 진통 효과가 있는 버치(*Betula* ssp.)의 활성 성분인 메틸 살리신산염을 들 수 있는데, 이것은 진통 크림인 BenGay™의 주요 활성 성분이다.

식물에서 추출한 중요한 의학적 성분의 다른 예로는 버드나무에서 추출한 활성 물질 살리신을 들 수 있는데 이 성분은 주로 두통을 치료하는 진통제와 항염제에 이용된다. 그리고 디기탈리스에서 추출한 디기톡신은 심장 질환 치료에 쓰인다. 또한 얌에서 추출한 스테로이드는 코티존과 경구 피임약, 호르몬계 약품 제조에 쓰인다. 그 외에 양귀비에서 추출한 모르핀도 있다. 전 세계 인구의 약 80%가 여전히 1차적 건강관리를 약용 식물에 의존하고 있으며, 현대 의약품의 약 20%가 식물에서 추출했거나, 식물에서 추출해 분리한 화학물질을 토대로 인공적으로 합성한 것이다(다실바와 아탈, n/d).

우리의 식물 환경은 매우 중요하다. 사실 인간과 식물은 자연계 안에서 상호 연결과 상호 의존을 바탕으로 대단히 중요한 공생 관계를 맺고 있다. 이 공생 관계는 우리의 생존뿐만 아니라 식물의 생존을 위해서도 무척 중요하다. 식물 내의 에센셜 오일의 생물학적 역할과 인간이 에센셜 오일을 이용하는 이유 사이에는 매우 유사한 점이 많다. 오랫동안 그래왔듯이 현대에 있어서도 인간은 의식적, 혹은 무의식적으로 무엇의 주의를 끌거나 쫓기 위해, 세균성 병원체를 막기 위해, 호흡을 지지하기 위해, 그리고 해충과 모기와 같은 벌레를 막기 위해 에센셜 오일을 사용하고 있기 때문이다.

식물 내의 에센셜 오일의 생물학적 역할 / THE BIOLOGICAL ROLE OF ESSENTIAL OILS WITHIN PLANTS

식물이 계속해서 변화하는 내적, 외적 환경에 적응하는 것을 돕기 위해 식물 내의 에센셜 오일은 끊임없이 화학적 조성이 바뀐다. 최근의 연구 결과 식물들이 다음과 같은 다양한 목적을 위해 에센셜 오일을 생산하는 것으로 나타났다:

- **수분 매개자와 신 지역 분산 매개자를 유혹하기 위해** : 곤충들은 2억년 이상 꽃들을 위해 수분을 매개해 주었다. 곤충들도 인간처럼 식물의 향과 색, 형태 혹은 물리적 구조 중 하나의 이유 때문에 특정 식물에 매혹된다. Shawe(1996)에 의하면, 곤충에게는 꽃의 색보다는 향기가 더 강력한 유인제라고 한다(25쪽). 벌과 나비, 그리고 딱정벌레를 비롯한 다양한 곤충들이 식물의 향기에 끌린다고 알려져 있다.

- **일종의 식물 간 경쟁인 타감 작용에 있어 중요한 역할을 하기 위해** : **타감 작용**이란 자신이 살고 있는 구역이나 지역 안에서 자라는 경쟁 식물의 생장을 막기 위해 식물이 화학 물질을 방출하는 것을 말한다. 이때 종종 인용되는 예가 남부 캘리포니아에 있는 *세이지 부시*와 *캘리포니아 쑥*의 서식지이다. 이 두 종의 식물은 타감적 테르펜과 유칼립톨, 캠퍼를 주위에 방출하는데 이를 이용해 다른 식물 종들이 주변에서 자라나는 것을 효과적으로 방지한다. 이것이 바로 타감 작용이며, 이렇게 경쟁 식물의 성장을 방해하는 화학 물질들(예를 들면, 테르펜)을 **타감 물질**이라고 한다.

- **곤충들과 다른 동물들에 대항하는 방어 성분으로 작용한다** : 다른 생명체처럼 식물 또한 다양한 종류의 맹수들로부터 자신을 보호해야 한다. 식물들은 테르펜 화합물을 이용해 곤충과 다른 동물들이 다가오는 것을 막는다. Shawe(1996)는 "페퍼민트에서는 곤충이 거의 발견되지 않으며, 감귤류 껍질의 리날롤 성분은 캐러비안 초파리의 공격을 방해한다"는 점을 지적했다. 더글러스 전나무는 휘발성 오일 복합 화합물이나 테르펜을 침엽으로부터 내보내 가문비나무 좀벌레의 공격을 막는다. 더 놀라운 점은 더글러스 전나무가 "테르펜의 조합과 생산에 매년 변화를 줘 좀벌레가 특정한 화합물에 대해 광범위한 면역력을 발전시키는 능력을 억제한다"는 것이다(버너, 2002, 160쪽).

- **고유한 항균성과 항세균성을 이용해 식물을 보호한다** : 에버그린과 같은 식물과 에 속한 나무들은 수지와 테르펜 복합 화합물을 방출하는데 이는 이 식물이나 나무의 생존을 위협할지도 모르는 광범위한 생물에 대해 항균성, 항진균성, 항세균성 인자 역할을 한다. 화란국화, 야로우, 블레스드 티슬과 같은 식물에서 발견되는 세스퀴테르펜 락톤과 같은 화합물은 초식동물로부터 식물을 보호할 뿐만 아니라 강력한 항균제로도 작용한다는 것이 밝혀졌다.

식물 내의 에센셜 오일 저장
/THE STORAGE OF ESSENTIAL OIL WITHIN THE PLANT

식물들은 에센셜 오일을 식물의 표면의 **외분비 기관** 또는 식물 내부의 **내분비 기관**에 저장한다. 일반적으로 외분비 기관을 가지고 있는 식물의 경우에는 그 식물들을 가볍기 건드리기만 해도 피부에 향기가 배는 것을 느낄 수 있다. 내분비 기관을 가진 식물들의 향이나 에센셜 오일을 얻기 위해서는 잎이나 씨앗 또는 다른 식물 재료들을 으깨야 한다.

외분비 기관 / External secretory structures

선모상체 / Glandular Trichomes

식물 내의 외분비 기관은 **선모상체**라고 불린다. 이들은 식물의 표면(풀잎처럼)에서 주로 발견되며, 수분 매개자나 해충을 유혹하거나 쫓는 화학 물질의 생산을 책임지고 있는 것으로 여겨진다. 선모상체는 꿀풀과 식물에서 주로 많이 발견된다. 오일 저장 용량은 종마다 다르며, 선모상체에 따라서도 다르다. 생화학적 실험은 이러한 휘발성 오일들이 식물 내에서 일어나는 고도로 정제된 효소 반응에 의해 합성된다는 것을 보여준다. 그림 2-1과 2-2가 선모상체의 이미지이다.

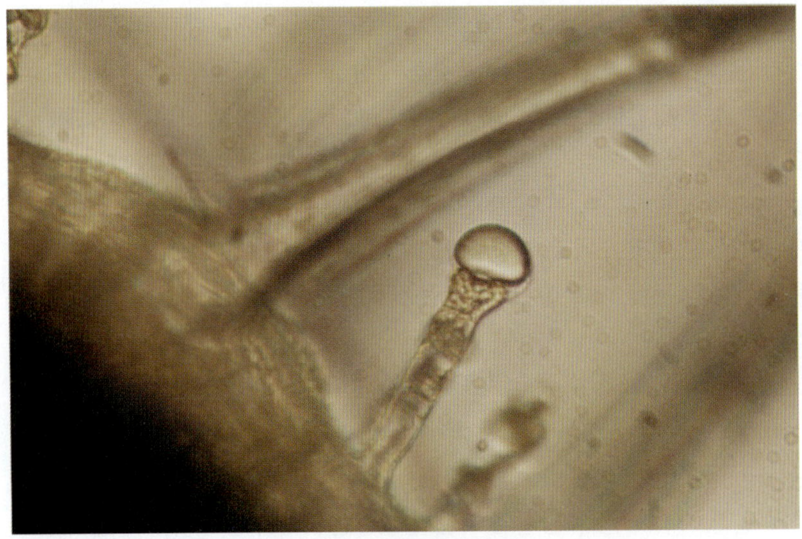

그림 2-1 *크레타디타니*의 모상체
Source: Jennifer Forman Orth

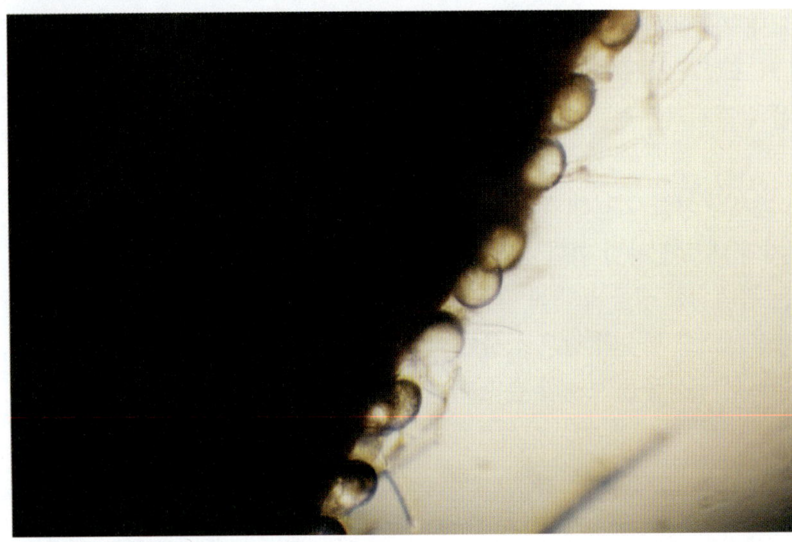

그림 2-2 *로즈마리*의 모상체
Source: Jennifer Forman Orth

선모상체에 들어있는 에센셜 오일들: 바질, 라벤더, 마조람, 멜리사, 오레가노, 페퍼민트, 로즈마리, 스피어민트.

내분비 기관 / Internal Secretory Structures

분비강과 도관 / Secretory cavities and ducts

"**분비강과 도관**은 이웃한 세포벽들의 분리, 또는 세포들의 분열에 의해 형성된 커다란 세포 간 공간이다"(스보보다, 1996, 2쪽). 분비강은 구형 공간이며 도금양과와 운향과 식물에서 주로 발견된다. 도관은 조금 더 긴 모양의 공간으로 주로 국화과와 소나무과, 산형과와 소나무목 식물에서 발견된다.

분비강에 들어있는 일반적 에센셜 오일들: 시트러스 오일, 베르가모트, 그레이프프루트, 레몬, 라임, 오렌지, 탠저린, 유칼립투스 종, 클로브 버드, 수지 나무들 – 벤조인, 유향, 미르

도관에 들어 있는 일반적 에센셜 오일들: 안젤리카, 캐러웨이, 캐럿 씨드, 딜, 펜넬, 전나무, 삼목, 파인, 가문비나무, 주니퍼, 사이프러스.

에센셜 오일 세포들 / Essential oil cells

에센셜 오일 세포들은 식물 조직 내에서 발견되며, 그 내용량과 크기가 다른 세포들과 다르다. 이들은 종종 식물 전체에 걸쳐 발견되는데 주로 녹나무과와 후추과, 벼과, 그리고 생강과 식물에서 볼 수 있다.

세포에 들어 있는 일반적인 에센셜 오일들: 월계수, 블랙페퍼, 카다몸, 시나몬, 시트로넬라, 진저, 레몬그라스, 넛멕, 팔마로사, 패출리.

추출 방법 / METHODS OF EXTRACTION

시중에서 갈색 병에 든 향기 나는 액체를 에센셜 오일이라고 말하는 것을 흔히 볼 수 있다. 아로마테라피 전문가 중에도 앱솔루트나 CO_2 추출물을 에센셜 오일이라 부르는 이들이 있다. 하지만 엄밀히 말해 물리적으로 증류하거나 짜낸 물질만이 에센셜 오일이다. 국제 표준화 기구(ISO)는 천연 재료 용어에서 (ISO/D1S9235.2) 에센셜 오일은 물 또는 증기로 증류해 만들거나, 감귤류 껍질에 기계적 공정을 가하거나, 천연 재료를 건조 증류해 만드는 것이라고 정의하고 있다. 증류가 끝나면 **에센셜 오일**은 워터 페이즈로부터 물리적으로 분리된다.

브라이언 로렌스 박사(2000)에 의하면 "에센셜 오일이 진짜 에센셜 오일이 되려면 반드시 물리적 방법에 의해서 분리되어야 한다. 이 때 이용되는 물리적 방법에는 증류(증기, 증기/물, 물) 또는 압착법(냉압착법이라고도 하며 감귤류 껍질 오일을 위한 독특한 추출 방법임)가 있다. 매우 한정된 수의 에센셜 오일 식물에서 특정한 오일을 분리하는 방법이 하나 더 있는데, 이 때는 에센셜 오일 식물을 물에 담가서 부드럽게 만든다. 식물 재료를 미지근한 물에 담가 효소와 결합된 에센셜 오일이 방출되게 하는 것이다. 물에 담가 불려서 추출하는 에센셜 오일로는 양파와 마늘, 윈터그린, 비터 아몬드 등이 있다"고 한다(8쪽).

우리의 목표를 위해 우리는 위의 것들을 아로마테라피라는 배경 안에서 정의하려고 한다. 따라서 **에센셜 오일**은 꽃과 플라워링 탑, 과일, 풀, 나뭇잎, 침엽, 나뭇가지, 수지, 뿌리, 씨앗, 그리고 나무를 포함한 다양한 아로마 식물 재료로부터 증류하거나 짜낸 농도가 매우 높은 아로마 추출물이라고 정의할 수 있다.

순수한 에센셜 오일은 힘차고 정력적인 액체로 그 자체로써 생명의 자질을 갖고 있다. 아로마테라피를 위한 에센셜 오일은 유기농으로 재배한 식물에서 추출해야 하며 원료가 되는 식물을 적절하게 관리해 하고, 증류 동안에도 확실한 기준을 따라야 한다.

—로버트 티서란드(1998)

참고: 고무질과 수지

나무에서 추출하는 유향, 미르, 벤조인과 같은 수지는 농도가 매우 진하고 끈끈하다. 아로마테라피에서 유향과 미르 같은 수지를 증류하면, 따르기 쉬운 액상의 에센셜 오일이 된다. 벤조인은 흔하지 않은 오일임에도 불구하고 증류가 불가능해 진한 수지 성상으로 존재한다. 벤조인은 사용의 편의를 위해 퍼퓸 등급의 알코올을 이용해 희석하기도 한다. 레진은 향수 제조 시 향기 효과를 연장하기 위한 정착제로 쓰인다. 유향과 미르는 아로마테라피에서 광범위한 치료 효능을 얻기 위해 가장 흔히 사용되는 수지이다.

에센셜 오일을 추출하는 두 가지 방법:

- **증류법:** 에센셜 오일과 하이드로졸을 만들어 냄
- **압착법:** 에센셜 오일이라 불릴 수 있는 시트러스 오일을 만들어 냄

기타 아로마 제품을 생산하기 위해 이용되는 다른 방법들:

- **용매 추출법:** 앱솔루트 만들어 냄
- **냉침법:** 앱솔루트 만들어 냄
- **CO_2 초임계 추출법:** CO_2 추출물 만들어 냄

증류법 실행 / The Practice of Distillation

증류법은 고대에서부터 행해져 온 것으로 보인다. 슈나우벨트(2002)에 의하면, "파올로 로베스티의 토기 증류 기구 발견에 대한 현대적 해석에 기초해 추측해 보면, 증기를 이용한 아로마 오일 생산이나 추출은 5천 년 이상 이어져 내려온 것으로 보인다"고 한다(81쪽). AD 5세기의 유명한 작가였던 파노폴리스의 조시모는 성수와 만병통치약의 증류를 언급하기도 했다. 초기 중세 시대 동안 플로랄 워터를 만들거나 아로마 워터를 증류하는데 이용되었건 투박한 양식의 증류법이 보급되었다. 이런 것들은 향수 제조 시에 침지 토닉으로 쓰이거나 요리와 무역에 이용되었다.

고대 동양과 그리스, 로마에서 방향 물질들의 광범위하게 거래되었다는 증거에도 불구하고 당시 사용되었던 오일은 에센셜 오일이라기보다, "꽃과 뿌리, 그리고 기타 식물 재료를 최고 품질의 지방유에 넣은 다음, 이런 것들이 담긴 유리병에 햇볕을 쬐어 따뜻하게 만들어 고체 성분으로부터 향이 나는 오일을 분리해 낸 것"이라고 보는 것이 옳다(권터, 1982, 9쪽). AD 900년에는 식물과 그 이용에 관한 많은 글을 쓰고, 마사지를 지도하기도 했던 아라비아 출신의 유명한 어린이 신동이 냉각 시스템을 개선해 증류 과정을 다듬었다는 공로를 인정받았다. 오늘날 증류법은 여전히 식물에서 에센셜 오일을 추출하는 가장 일반적인 과정이다. 증류법의 장점은 휘발성 성분들이 그들 각각 성분들의 끓는점보다 낮은 온도에서 증류되어 질 수 있고, 농축된 상태로 분리가 쉽다는 것을 들 수 있다. 그림 2.3에 버티버와 제라늄 증류 장치를 실어 놓았다.

식물 재료 준비 / Prepartation of Plant Material

어떤 종류의 식물 재료는 증류 전에 준비 과정을 필요로 한다. 에센스가 선모상체와 오일강, 도관, 그리고 세포 등 식물 내의 다양한 곳에 저장되어 있기 때문에 식물이 증류 과정 동안 에센스를 방출하도록 하기 위해서는 식물 재료를 으깨고, 부수는 등의 준비 과정이 필요하다. 꿀풀과에 속하는 식물들은 증류 전에 준비를 할 필요가 별로 없다. 하지만 나무와 뿌리, 씨앗 등은 준비 과정이 필요하다. 씨앗들은 증류 전에 으깨어 놓아야 아로마 에센스가 쉽게 방출된다. 나무들은 종종 유선을 노출시키기 위해 작게 자른다. 식물 재료를 이런 식으로 준비해 놓는 주요 목적은 재료를 통과하는 증기가 휘발성 성분에 더 쉽게 접근할 수 있도록 하기 위해서이다. 식물 재료들은 준비가 끝나는 즉시 증류를 해야 한다. 식물 재료들을 즉시 증류하지 않으면 두 가지 문제가 발생한다: (1) 산출되는 에센셜 오일 양이 감소하며, (2) 시간이 흐르면서 증발된 몇몇 성분들 때문에 구성의 변화가 일어나 아로마가 변할 수 있다.

식물 재료가 준비가 되면, 바로 증류를 시작해야 한다. 증류에는 세 가지 종류가 있다:

- **물 증류법**: 식물 재료가 물과 직접적으로 접촉한다. 이 방법은 대부분 로즈나 오렌지 꽃과 같은 꽃에서 오일을 추출할 때 쓰이는데 증기를 꽃에 직접 쏘이게 되면 꽃들이 덩어리가 져서 증기가 꽃 사이를 통과하기 어렵기 때문이다.

그림 2-3 버티버와 제라늄 증류기
Source: David Monniaux

■ **물과 증기** : 이 방법은 허브 식물과 나뭇잎 재료 증류에 쓰인다. 이 과정 동안 물은 쇠살대 위에 놓인 식물 재료 아래에 위치한다. 이 때 증기는 외부에 있는 증류기 본체에서 들어온다 (간접 증기).

■ **증기 증류법** : 이 방법이 가장 흔하게 이용된다. 이 증류법에서는 증기가 증류기 안으로 주입되며, 위의 두 방법보다는 일반적으로 약간 높은 압력과 온도에서 증류가 행해진다.

끓는점에 대해

끓는점이란 액체가 지정된 압력 하에서 기체가 되는 온도를 말한다.

증기 증류법의 기본 원리는 각각의 성분의 실제 끓는점보다 낮은 온도에서 화합물(compound) 또는 혼합물(mixture of compounds)을 증류한 다음 바로 원상 복귀시키는 것이다. 에센셜 오일은 상온에서는 고체인 물질을 포함해 끓는점이 200℃ 혹은 그보다 더 높은 물질들을 함유하고 있다. 하지만 증기나 끓는 물과 접하게 되면, 이러한 물질들이 100℃ 가까운 기압에서 휘발하게 된다(미국 식량 농업 기구, 1995).

증류 절차 / The Distillation Process

증류하는 동안 식물 재료는 증류기 안의 석쇠 안에 놓아둬야 한다. 재료를 넣고 증류기를 닫은 다음, 위에서 말한 방법에 따라 증기 혹은 증기/물을 천천히 식물 재료에 쐬어 휘발성 성분을 휘발시킨다. 이렇게 휘발이 된 기체 성분들은 냉각기로 이어진 연결 파이프를 따라 수증기와 함께 올라간다. 냉각기는 올라오는 수증기를 액체 형태로 바꾼다. 이 액체가 냉각기 아래에 있는 본체로 모인다. 이때 물과 에센셜 오일은 섞이지 않기 때문에 물 위에 떠 있게 되는데 이것을 사이펀으로 빨아올린다. 클로브 에센셜 오일처럼 물보다 더 무거운 에센셜 오일은 물 표면이 아닌 아래쪽에서 발견되기도 한다.

삼출법 혹은 수분 확산법 / Percolation or Hydro-Diffusion

이것은 비교적 최근에 개발된 방법이며 증기가 아래쪽이 아닌 위쪽에서 들어온다는 것과, 증류 시간이 짧다는 것만 제외하면 증기 증류법과 매우 유사하다. 이 방법은 펜넬이나 딜과 같은 식물이나 씨앗이나 딱딱하고 거친 재료에서 에센셜 오일을 추출하는데 효과적이다.

그림 2-4 증류

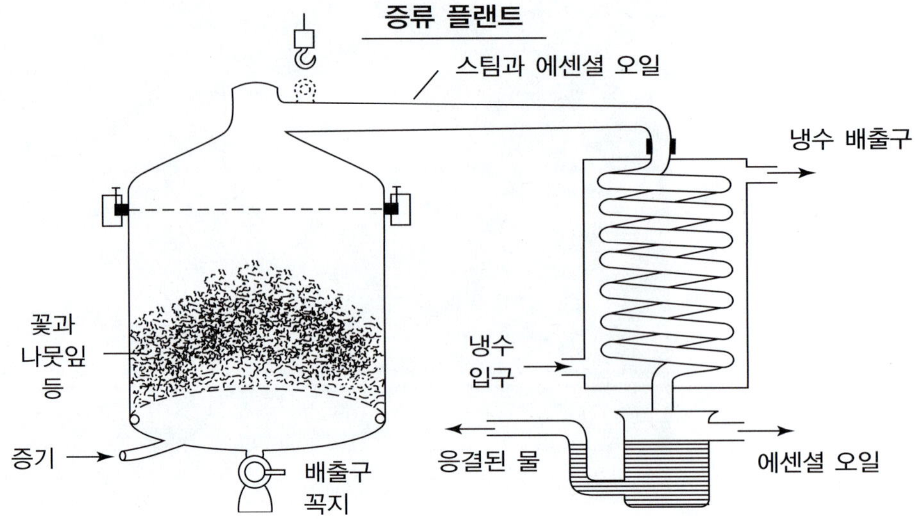

압착법 / Expression

압착법 또는 **냉압법**(cold pressing)이라 불리는 이 방법은 탠저린, 레몬, 베르가모트, 스위트 오렌지, 그리고 라임과 같은 감귤류 에센셜 오일 추출에 이용된다. 옛날에는 압착법이 스펀지 누르기 형식으로 행해졌는데 말 그대로 손을 이용해 오일을 추출했다. 우선 감귤류의 껍질을 미지근한 물에 담가 불려 껍질이 짜내는 과정을 조금 더 잘 받아들일 수 있게 한다. 그런 다음 스펀지로 껍질을 눌러 에센셜 오일 구멍을 깨뜨려 에센셜 오일을 빨아들인다. 스펀지가 추출물로 가득 차면 수집용 용기 위에 올려놓고 누른 다음, 에센셜 오일과 물/주스가 분리될 때까지 기다린다. 그런 다음 최종적으로 에센셜 오일을 사이펀(siphoned)으로 빨아올린다(그림 2-4 참조).

덜 노동 집약적이고 더 현대적인 압착법은 **ecuelle a piquer** 방법으로 불리기도 하는데, 이 과정에는 에센셜 오일을 방출시키기 위한 찌르고, 쑤시는 과정이 포함된다. 즉, 스파이크가 붙은 용기 안에 과일 껍질을 넣으면 장치가 회전하면서 껍질을 바늘로 찌르는 것이다. 껍질을 바늘로 찌르게 되면 에센셜 오일이 흘러나오는데, 이것을 용기 아래에 있는 작은 장치 안에 모은다. 마지막 절차는 위와 동일하다. 대부분의 현대적 압착법은 원심력을 이용하는 기계에 의

하이드로졸: 증류의 부산물

하이드로졸(hydrosols) 혹은 히드로렛(hydrolats)은 증류 과정의 부산물이다. 하이드로졸은 아로마 식물의 *수용성 성분*과 소량의 에센셜 오일을 함유하고 있다. 캐티(2001)에 의하면 "하이드로졸 1리터에는 식물 성분의 용해도와 증류 매개 변수에 따라 0.05에서 0.2ml의 용해된 에센셜 오일이 함유되어 있다(12쪽). 하이드로졸 이용의 치료 효능에 대해서는 9장에서 논의할 예정이다.

*참고: 에센셜 오일을 물에 섞는 것은 진짜 하이드로졸과는 완전히 다르다. 따라서 제품에 붙어 있는 레이블을 읽고 진짜 하이드로졸을 얻을 수 있는지 없는지 확인할 필요가 있다. 물과 에센셜 오일 섞은 것(분산제 사용 유무에 관계 없이)을 "미스트" 또는 "아로마 미스트"라고 불리는데 이것과 진짜 하이드로졸을 혼돈해서는 안 된다.

해 완성된다. 에센셜 오일 대부분은 원심분리기 안에서 회전하는 동완 과일 주스와 오일로 분리된다.

앱솔루트와 CO_2 추출물 추출 기술 / EXTRACTION TECHNIQUES FOR ABSOLUTES AND CO_2 EXTRACTS

다음의 냉침법, 용매 추출법, 그리고 CO_2 초임계 추출법은 간략하게 언급하려 한다. 이 책에서는 CO_2 추출물이나 앱솔루트의 치료적 이용에 대해 다루지 않기 때문이다.

냉침법 / Enfleurage

프랑스 남부의 그라스 지방에서는 용매 추출법이라는 현대적 방법을 사용하기 훨씬 오래 전부터 냉침법을 이용해 꽃에서 에센스를 추출해 왔다. 향수 제조 초기에는 많은 꽃향기들이 냉침법을 통해 추출되었지만 현재 이 방법은 아버지로부터 아들에게, 혹은 선대에서 후대로 내려오는 고대 예술로 여겨지고 있다. 냉침법은 차가운 지방을 이용하는 추출법으로 지방 중에서도 특히 동물성 지방이 흡수 능력이 높다는 원리를 이용한다. 이때 이용되는 지방은 반드시 악취에 대해 비교적 안정적이어야 한다. 이 방법은 주로 수확 후에도 향기가 지속적으로 발생되는 꽃에 이용되었다(예를 들어, 자스민과 월하향). 오늘날, 그라스는 비싼 유지 비용 때문에 아로마테라피 시장에서는 흔하지 않은 냉침법을 추출법으로 사용하는 소수의 지역 중 하나이다. 누군가 자스민 냉침법을 시장에서 발견한다면, 이것은 아마 전형적인 앱솔루트로 여겨야 할 것이다.

용매 추출법 / Solvent Extraction

어떤 식물 재료는 너무 부서지기 쉬워 증류를 할 수 없기 때문에 대안이 필요하다. **용매 추출법**은 향기 나는 **친유성** 물질을 식물에서 추출하기 위해 석유 에테르, 메타놀, 에타놀, 또는 헥산과 같은 용매를 사용한다. 앞의 용매들은 엽록소와 기타 식물 조직까지 추출해 내기 때문에 색이 진하거나, 진한 점성의 추출물이 나오게 된다. 용매 추출법을 통해 만들어지는 첫 번째 산물은 콘크리트인 것으로 알려져 있다. **콘크리트**는 농축된 추출물로 이 안에는 왁스와 지방뿐만 아니라, 식물에서 나온 방향 물질도 들어 있다. 그런 다음 이 콘크리트를 방향 원소

압착한 시트러스 오일과 증류한 시트러스 오일의 차이점은?

몇몇 아로마테라피 회사들은 같은 종에서 증류한 시트러스 에센셜 오일과 압착한 시트러스 에센셜 오일을 둘 다 판매한다. 증류한 것과 압착한 시트러스 에센셜 오일의 가장 큰 차이점은 독성과 휘발성, 아로마에서 나타난다. 증류한 시트러스 오일은 품질이 더 쉽게 손상되며, 압착한 오일보다 더 불안정한 것으로 여겨진다. 윌리엄스(1996)는 증류한 시트러스 오일은 아로마테라피에 이용하는 것을 권하지 않는다고 말했다. 한 가지 예외는 증류한 라임 에센셜 오일인데, 이 오일은 압착한 것보다 증류한 것의 아로마가 더 우수하다.

압착하거나 증류한 베르가모트(*Citrus bergamia*) 에센셜 오일은 모두 광독성 푸라노쿠마린, 베르갑텐을 함유하고 있다. 일반적으로 증류한 오일의 아로마가 압착한 것보다 질이 떨어지는 것으로 여겨진다.

를 추출해 내는 알코올과 섞는다. 이 때 생성되는 마지막 결과물이 **앱솔루트**이다.

용매 추출법은 자스민과 월하향, 카네이션, 가드니아, 노랑수선화, 바이올렛 잎, 수선화, 미모사, 그리고 그 외의 섬세한 꽃들에서 에센스를 추출할 때 쓰인다. 네놀리와 로즈도 증류하거나 용매 추출을 할 수 있다. *네롤리*라는 이름은 전형적으로 에센셜 오일을 의미하는 반면, 오렌지 꽃이라는 이름은 일반적으로 네롤리의 앱솔루트나 하이드로졸을 의미한다. 로즈라는 이름은 에센셜 오일과 앱솔루트 모두를 묘사하는 데 이용된다. 에센셜 오일을 판매하는 회사는 소비자가 구입하는 제품이 에센셜 오일인지 앱솔루트인지를 분명히 밝혀야 한다. 이러한 정보는 반드시 제품 레이블과 상품 카탈로그에 기록되어야 한다.

용매 추출 과정이 다 끝나면, 남아 있는 앱솔루트에는 극히 낮은 농도의 용매 찌꺼기가 약 5에서 10ppm(100만분의 1) 정도만 남아 있게 될 것이다. 구바(2002)에 의하면, "현재의 EU 표준은 완성된 앱솔루트 안의 용매 찌꺼기를 10ppm 이하로 규정하고 있다"고 한다(124쪽). 이렇게 찌꺼기가 극소량만 남아 있는데도 불구하고(.0001%보다 적음) 많은 아로마테라피스트들은 용매 찌꺼기가 미칠 영향을 고려해 손상된 면역 체계를 가진 개인에게 앱솔루트를 사용하는 것에 동의하지 않는다. 하지만 앱솔루트 역시 치료적 가치가 있으며 종종 심리학적 목적을 위해 이용된다. 또한 말과 같은 동물에도 이용된다. 많은 테라피스트들이 로즈 앱솔루트, 자스민, 월하향과 같은 앱솔루트를 그들의 치료적 아로마테라피의 중요한 부분으로 통합시키고 있다. 앱솔루트 사용을 결정하는 것은 결국 시술자와 시술자의 개인적 선호에 달렸다고 할 수 있다.

앱솔루트는 냉침법이나 용매 추출법을 통해 섬세한 꽃들로부터 얻어지는 고농축의 아로마 물질을 말한다. 앱솔루트는 식물의 천연 향에 가장 가까우며 에센셜 오일에 비해 더 진한 색과 점성을 갖고 있다. 앱솔루트는 강한 향 때문에 화장품과 향수 산업 전반에 걸쳐 광범위하게 이용되고 있다. 물론 앱솔루트에도 다양한 등급이 있다. 최고 등급은 순수하며 진한 반고체의 물질로 다루기가 어렵다. 덜 비싼 등급의 앱솔루트는 아로마의 강도가 약간 감소하기는 하지만 사용하기 편하게 알코올에 희석한다.

CO_2 초임계 추출법 / Co_2 Hypercritical Extraction

초임계 CO_2 추출법은 아로마 물질 추출에 이용되는 비교적 새로운 과정이다. 기본 개념은 압력을 받은 CO_2가 기체에서 액체로 될 때 이를 비활성 액체 용매로 이용한다는 것이다.
이 액체 용매를 식물 재료 전반에 확산시키면 아로마 성분을 추출할 수 있다. CO_2 추출물 안에는 추출 과정을 거친 식물의 에센셜 오일 대응물과 비슷한 성분이 들어있다. 하지만 이 안에는 에센셜 오일에서는 발견되지 않는 성분들이 들어있기도 하다. 예로, 진저*(Zingiber officinale)* 에센셜 오일에는 쓴맛이 나는 소인이 없다. 하지만 CO_2 추출물에는 있다. 또한 유향*(Boswellia carterii)* CO_2 추출에는 에센셜 오일에는 없는 면역력을 강화하고 항염 작용을 하는 성분들이 들어 있다. CO_2 추출물은 식물의 실제 아로마와 강한 유사성을 갖고 있는 것으로 알려져 있다.

구바(2002)는 이 과정의 세 가지 단점이 높은 비용과 농약 잔여 가능성, 그리고 이것의 치료 효능과 안전성에 대한 정보 부족이라고 말했다. 농약 잔여 가능성에 대해 구바는 "CO_2 추출의 최종 결과물에는 7배~53배나 많은 농약 잔여물이 있는 것으로 나타났다"고 언급했다. 따라서, CO_2 추출법을 위해서는 유기농 식물 재료를 이용하는 것이 타당한 것으로 보인다. 사용할 수 있는 CO_2 추출물이 늘어나면, 더 많은 시술자들이 이를 이용할 것이며, 이것의 시술에 관한 세부 사항도 더 구체적이고 확실해 질 것이다. CO_2 추출법을 이용해 추출하는 가장 대표적인 에센셜 오일은 유향과 진저이다.

현대의 에센셜 오일 / ESSENTIAL OILS IN MODERN TIMES

에센셜 오일은 다양한 목적을 위해 생산되며 전 세계여러 곳에서 증류된다. 이들은 화장품, 조제약, 담배, 식품과 향료, 향수 산업 등에서 광범위하게 이용되고 있다. 에센셜 오일은 화장품의 보존제로 이용되기도 하고, 음식에 풍미를 더하고 해충을 쫓기도 하며, 향수와 바디케어 제품을 위한 향기 물질도 되고, 양치질 액의 항균 물질이 되기도 하며, 불쾌한 냄새를 막아주는 역할도 한다. 에센셜 오일과 여기서 분리한 성분들은 항균 기능과 다른 의학적 효능 때문에 다양한 연구의 대상이 되고 있다. 에센셜 오일은 위에 언급한 산업 분야 외에도 여러 분야에서 다각적으로 이용되고 있다.

누군가는 여기서 한 가지 의문을 가질 것이다. 위에 언급한 분야에서 사용되는 에센셜 오일이 우리가 아로마테라피에서 사용하는 것과 동일한 것인가? 위에 나열한 분야 대부분은 에센셜 오일의 순도와 완전함에 별로 신경 쓰지 않는다. 사실, 많은 산업 분야가 제조비용을 줄이고 향기를 일정하게 유지하기 위해 실험실에서 만들어진 향유를 사용하고 있다. 진정한 아로마테라피와 이의 효과적인 적용을 위해서는 에센셜 오일의 순도와 완전함을 반드시 고려해야 한다. 이 문제에 대해서는 다음 장에서 다시 다룰 것이다.

슈나우벨트(2004)는 "식물에서 추출한 진짜 완전한 에센셜 오일은 전인적 아로마테라피를 위한 필수 조건이다. 시장에서 일반적으로 유통되는 공업 오일, 반천연 오일은 진짜 에센셜 오일과 근본적으로 다르다. 반천연 오일 또는 합성 오일은 진짜 오일과 실질적으로 다르다. 따라서 이들의 생리학적 효능 또한 다르다. 가장 중요한 것은 진짜 오일은 공업용 합성품에 비해 알레르기를 덜 일으키며 덜 자극적이라는 것이다"라고 말했다(33쪽).

요약 /SUMMARY

- 전인적이며 치료적인 아로마테라피는 에센셜 오일의 효능과 안전성 유지를 위해 잘 알려진 식물 원료에서 추출한 가장 순수한 진짜 에센셜 오일을 사용해야 한다.
- 식물은 수분 매개자와 분산 매개자를 유혹하고, 식물 간의 경쟁에 있어 타감 작용을 하기 위해, 곤충과 다른 동물들의 공격으로부터 자신을 보호하기 위해, 그리고 항진균성과 항세균성을 이용해 자신을 보호하기 위해 에센셜 오일을 생산한다.
- 식물들은 에센셜 오일을 식물 표면에서 발견되는 선모상체라고 알려진 외분비 기관이나 식물 내에서 발견되는 분비강과 도관이라고 알려진 내분비 기관에 저장한다.
- 진짜 에센셜 오일은 증류법이나 압착법을 통해 아로마 식물에서 추출된다. 냉침법 또는 용매 추출법을 통해 추출된 향기 물질들은 앱솔루트라고 불리며, CO_2추출법에 의해 추출된 아로마 물질들은 CO_2추출물이라 불린다.
- 증기 증류법의 기본 원리는 각각의 성분의 실제 끓는점보다 낮은 온도에서 증류시킨 화합물 또는 혼합물을 즉시 원상 복귀시키는 것이다.
- 진짜 하이드로졸은 증기 과정에서 얻어지는 부산물로 물과 에센셜 오일의 혼합물이 아니다. 물과 에센셜 오일의 혼합물은 아로마 미스트라고 부르는 것이 합당하다.

- 냉압법이라고도 불리는 압착법은 탠저린이나 레몬, 베르가모트, 스위트 오렌지, 라임 등 특정한 감귤류 에센셜 오일 추출에 쓰인다.
- 용매 추출법은 식물에서 향기로운 친유성 물질을 추출하기 위해 석유 에테르, 메타놀, 에타놀, 또는 헥산과 같은 용매를 이용한다.
- CO_2초임계 추출법은 압력을 받은 CO_2가 기체에서 액체로 될 때 이를 비활성 액체 용매로 이용한다. CO_2추출물 안에는 대부분 처리된 식물의 에센셜 오일 대응물과 비슷한 성분이 들어있지만 때로는 에센셜 오일에서는 발견되지 않는 성분들이 들어있기도 하다.

새 용어들 /NEW TERMINOLOGY

앱솔루트 (Absolutes)
타감물질 (Allelochemics)
타감작용 (Allelopathy)
속씨식물 (Angiosperm)
CO_2추출법 (Axtraction)
냉압법 (Cold pressing)
콘크리트 (Concrete)
증류법 (Distillation)
ecuelle a piquer
냉침법 (Enfleurage)
에센셜 오일 (Essential oil)
에센셜 오일 세포들 (Essential oil cells)
압착법 (Expression)
외분비 기관 (External secretory structures)
선모상체 (Glandular trichomes)
겉씨식물 (Gymnosperm)
종속 영양 생물 (Jeterotrophs)
내분비 기관 (Internal secretory structures)
친유성 (Lipophilic)
여과 (Percolation)
광독립 영양 생물 (Photoautotrophs)
제 1 대사 물질 (Primary metabolites)
제 2 대사 물질 (Secodary metabolites)
분비강과 도관 (Secretory cavities and Ducts)
용매 추출법 (Solvent extraction)

참고문헌 / References

Arctander, S. (1994). *Perfume and Flavor Materials of Natural Origin*. Carol Stream, Illinois: Allured Publishing Corporation.

Buhner, S. (2002). *The Lost Language of Plants*. White River Junction, Vermont: Chelsea Green Publishing.

Catty, S. (2001). *Hydrosols:The Next Aromatherapy*. Rochester, VT: Healing Arts Press.

De Silva, T., and Atal, C.K. (n/d). *Processing, refinement and value addition of non-wood forest products*. Retrieved August 18, 2005, from http://www.fao.org//docrep/V7540e/V7540e18.htm.

Food and Agriculture Organization of the United Nations (1995). *Basic Principles of Steam Distillation*. Retrieved August 18, 2005, from http://www.fao.org/docrep/V5350e/V5350e13.htm.

Griggs, B. (1991). *Green Pharmacy*. Rochester, Vermont: Healing Arts Press.

Guba, R. (2002). The Modern Alchemy of Carbon Dioxide Extraction. *International Journal of Aromatherapy 12* (3), 120–126.

Guenther, E. (1982). *The Essential Oils*. Melbourne, Florida, Krieger Publishing.

Lawrence, B. (2000). Essential Oils: From Agriculture to Chemistry. *NAHA's World of Aromatherapy III Conference Proceedings*, 8–26.

Schnaubelt, K. (2002). *Biology of Essential Oils*. San Rafael, CA: Terra Linda Scent.

Schnaubelt, K. (2004). *Aromatherapy Lifestyle*. San Rafael, CA: Terra Linda Scent.

Shawe, K. (1996). The Biological Role of Essential Oils, *Aromatherapy Quarterl*, 50, 23–27.

Simpson, B.B., and Ogorzaly, M.C. (1995). *Plants in Our World*. United States: McGraw-Hill, Inc.

Svoboda, K. (1996). The Biology of Fragrance. *Aromatherapy Quarterly*, 49, 25–28.

Tisserand, R. (1988). *Aromatherapy, To Heal and Tend the Body*. Wilmont, WI: Lotus Press.

Tisserand, R., and Balacs, T. (1995). *Essential Oil Safety*. New York: Churchill Livingstone.

Williams, D. (1996). *The Chemistry of Essential Oils*. Dorset, England: Micelle Press.

워크시트 / WORKSHEET

분비 구조를 위한 실험 연습

교실에서: 강사가 로즈마리(잎), 오렌지(껍질), 펜넬(씨드), 진저(뿌리) 등 네 가지 종류의 식물 재료를 나눠줄 것이다:

다양한 종류의 식물 재료와의 상호 작용을 통해 내분비와 외분비 기관의 구조를 학습하고 경험해 보라. 손 사이에 로즈마리를 넣고 비며 아로마가 어떻게 피부로 전달되는지 경험해 보라; 오렌지 껍질과 펜넬 씨앗을 으깨서 아로마를 맡아 보라; 신선한 진저를 칼로 잘라 에센셜 오일이 나오게 하라.

진짜 식물에서 나오는 향과 에센셜 오일의 아로마를 비교하라. 차이점과 공통점을 묘사하고 아래에 그것들을 적어보라. 식물에서 나오는 아로마에 대한 자신의 생각을 적고 그것이 자신에게 어떤 영향을 주었는지도 적어보라.

로즈마리:

오렌지:

펜넬:

진저:

복습 문제 / CHAPTER TEST

1. 에센셜 오일은 식물 내의 ________________ 산물이다.
   a. 1차 대사
   b. 광독립 영양 생물
   c. 2차 대사
   d. 스테로이드

2. Vicks의 VapoRub의 활성 성분 중의 하나는?
   a. 진저롤
   b. 테르페놀
   c. 유칼립톨
   d. 아세트산 리날릴

3. 곤충들에게 있어 가장 오래된 식물의 유인 요소는?
   a. 크기
   b. 아로마
   c. 형태
   d. 색

4. 어떤 식물이 경쟁 식물의 성장을 방해하는 화학 물질을 방출하는 것을 무엇이라고 하는가?
   a. 종속 영양 식물
   b. 광합성
   c. 타감 작용
   d. 수분 작용

5. ______________ 은 외분비 기관이다.
   a. 세포들
   b. 감귤류 강
   c. 수지 도관
   d. 선모상체

6. 다음 중 내분비 강에서 추출되는 에센셜 오일은?
   a. 스피어민트
   b. 탠저린
   c. 카다몸
   d. 레몬그라스

7. 압착법을 통해 추출된 시트러스 오일은 증류된 오일에 비해 우월한 아로마를 가지고 있다고 여겨진다. 이 중 예외는?
   a. 탠저린
   b. 베르가모트
   c. 라임
   d. 레몬

8. 용매 추출법으로 만들어지는 것은?
   a. 앱솔루트
   b. 에센셜 오일
   c. 시트러스 오일
   d. 향유

9. 증류된 에센셜 오일이나 앱솔루트 모두에서 흔히 발견되는 식물 재료 표본은?
   a. 페퍼민트
   b. 로즈
   c. 레몬
   d. 진저

10. 유향과 미르는 일반적으로 어떤 과정을 통해 추출되는가?
   a. 냉침법
   b. 용매 추출법
   c. 증류법
   d. 압착법

복습 질문 / REVIEW QUESTIONS

1. 아로마테라피에서 왜 식물이 중요한가?
2. 에센셜 오일을 추출하는 두 가지 방법을 기술하라.

3장 에센셜 오일의 기초

Essential Oil Basics

개요
에센셜 오일 정보
로즈마리 ct. 1, 8 시네올
로즈마리 ct. 버베논
보관 정보
에센셜 오일의 일반적 특징
품질 보증
일반적인 불량 에센셜 오일
실제 임상적용 3.1: 불량품이라는 증거
기본적인 순도 테스트
화학적 분석
안전과 에센셜 오일
일어날 수 있는 피부 반응
기타 안전 고려사항
일반적인 안전 예방책
안전 평가
요약
새 용어들
참고문헌
워크시트 : 후각 훈련
두 가지 오일 비교
기본적인 순도 테스트
복습 문제와 질문

학습 목표 / LEARNING OBJECTIVES

이 장을 읽은 뒤에는 다음 사항들에 답할 수 있어야 한다.

1. 에센셜 오일 구입 시 알아야 할 8개의 정보를 열거하고 기술하라.
2. 최적의 에센셜 오일 보관 조건을 기술하라.
3. 에센셜 오일의 7가지 일반적 특징을 기술하라.
4. 고급의 희석하지 않은 유기농 에센셜 오일 이용의 중요성을 논하라.
5. 기본적인 순도 테스트를 하고 GC/MS 분석의 가치를 논하라.
6. 에센셜 오일을 이용할 때 나타날 수 있는 피부 반응을 기술하고 안전 정보에 대한 지식을 적용하라.
7. 5가지 일반 안전 조치와 세 가지 안전 방법을 열거하고 기술하라.

개요 / INTRODUCTION

전인적 아로마테라피는 이용되는 에센셜 오일의 품질과 진정성에서 출발한다. 최적의 치료적, 안정적 적용은 완전하고, 순수한 진짜 에센셜 오일을 사용할 때만 가능하다. 저질의 값이 싼 희석이 된 에센셜 오일 사용은 부작용을 일으킬 가능성이 크며, 치료 효능 또한 감소시킨다. 다양한 종류의 에센셜 오일을 파는 회사들이 요즘 들어 싸구려 제품을 많이 판매하는 것 같다. 인터넷에서 아로마테라피를 검색하면 만 개가 넘는 링크가 뜨는 것만 봐도 "아로마테라피" 산업이 과열되고 있음을 알 수 있다. 그렇다면 어떤 것을 선택해야 할까? 어떤 정보를 찾아봐야 할까? 희석이 되었다면, 어떻게 알 수 있을까? 에센셜 오일은 어떻게 보관해야 할까? 에센셜 오일은 안전한가? 이 장을 모두 읽고 나면 위의 중요한 질문에 대해 지식과 경험을 가지고 정확하게 답할 수 있을 것이다.

에센셜 오일 정보 / ESSENTIAL OIL INFORMATION

회사에서 생산한 에센셜 오일을 구입하려고 할 때는 여러 가지 사항을 고려해야 한다. 아로마테라피 회사들은 판매하는 각각의 에센셜 오일에 대해 통일된 정보를 제공해야 한다. 이런 정보들은 종종 에센셜 오일 레이블과 제품 카탈로그에 수록되어 있다. 이 중에는 다음과 같은 것들이 포함되어야 한다:

- **일반명** : 일반명이란 일정한 문화 또는 지역 내에서 가장 광범위하게 불리는 특정한 식물 종의 이름을 말한다. 하지만 일반명은 그 종에 속한 모든 변종과 재배 품종을 일반적으로 이를 때도 사용되기 때문에 일반명이 늘 식물학적 종을 정확하게 알려주는 것은 아니다. 일반명은 또한 전 세계에 있는 다양한 국가 내에서 뿐만 아니라, 지역별로도 달라질 수 있다.

아로마테라피가 목적이라면 사용되는 에센셜 오일을 정확하게 판별할 수 있어야 한다. 예를 들어, 누군가가 "나는 라벤더를 섞어서 사용한다"라고 말했다면, 대부분의 사람들은 자신들에게 익숙한 종류의 라벤더를 생각할 것이다. 따라서 이 문장에서 언급한 라벤더는 ***라벤더 불가리안***일 수도 있고, 마일렛 라벤더와 같은 이 종의 재배 변종일 수도 있고, 잡종 라반딘*(L. x intermedia)*이 될 수도 있다. 이들 에센셜 오일 각각은 미묘하게 다른 화학 성분을 갖고 있으며 적용되는 치료적 목적 또한 다르다. 일반 대중에게는 일반명이 중요하다. 하지만 시술자들은 세션 동안 사용되는 각각의 에센셜 오일의 학명을 기록하고 확인하는 것이 최선이다.

- **학명 : 식물학적 특수성** : 라틴명은 국제적으로 통용되는 식물의 이름으로 종종 그 식물의 학명으로 언급된다. 에센셜 오일의 식물학적 특수성을 언급할 때, 라틴 이명식 이름을 사용한다. **라틴 이명식 이름**은 다른 종과 정밀하게 구별되는 한 종의 식물만을 언급한다. 또한 **속**과 **종** 두 용어로 구성되어 생물학적 종의 이름을 밝힌다.

속(屬)은 식물학적 구조가 동일한 식물 군과 부류를 말한다. 속명은 첫 번째로 쓰이며 항상 이탤릭체로 표기되는데 첫 자는 대문자로 쓴다. 예를 들면, *Lavandula* 이런 식이다. **종**명은 특정 속 안에 속한 정확한 식물을 밝혀주는 이름이다. 종명은 식물의 직접적 특징과 관련이 있는데 식물과에 속하는 잎의 구조, 꽃의 구조, 번식 방법과 그 외의 특징들이 나타난다. 종명은 기술적으로는 정식 라틴 이명식 이름이지만 두 번째로 기재된다. 예를 들면, *angustifolia* 이런 식이다. 종명 역시 항상 이탤릭체로 표기되지만, 첫 자는 소문자로 쓴다. 라벤더의 정식 라틴 이명식 이름은 *Lavandula angustifolia*이다.

라틴 이명식 이름의 중요성을 판단하기 위해 유칼립투스 종을 살펴보기로 하자. 유칼립투스 속에는 250개가 넘는 종이 있는데 아로마테라피 산업에서는 주로 6개에서 8개 종이 쓰인다. 이들은 *Eucalyptus globulus, Eucalyptus dives, Eucalyptus citriodora, Eucalyptus smitthi, Eucalyptus camaldulensis, Eucalyptus polybractea, Eucalyptus stageriana, Eucalyptus radiata* 등이다. 모든 유칼립투스 종이 많은 공통된 치료 효능을 갖고 있음에도 불구하고, 각각의 종들은 자신만의 고유한 화학 작용을 갖고 있으며 따라서 치료적 적용도 모두 다르다. 다양한 종을 가진 속명의 다른 좋은 예로는 카모마일이 있다. 카모마일에는 세 가지 독특한 종이 있는데, *Chamaemelum mixtum, Matriacaria recutita, 그리고 Chamaemelum nobile*이 그것이다.

식물학적 명명법과 관련해 공부하는 동안이나 에센셜 오일을 이용하는 동안 마주칠 수 있는 다양한 라틴 이명식 이름 중에는 **잡종**이 있다. 잡종이란 다른 두 식물 종이나 두 개의 이종을 타가 수정한 결과물을 말한다. 잡종은 곱셈 기호(×)를 이용해 표시하는데 예를 들면, Lavandula × intermedia 이런 식이다. 이것은 Lavandula angustifolia와 Lavandula aspica의 잡종이라는 뜻이다.

■ 원산지 국가 : 원산지는 에센셜 오일이 자생한 나라와, 그것이 그 나라에서 재배되었는지 혹은 야생에서 수확되었는지를 반영한다. 원산지에 따라 달라지는 빛과 토양, 온도, 습도, 기후의 영향, 고도, 지리적 위치 등과 같은 환경적 조건의 차이는 에센셜 오일의 화학적 조성에 영향을 미칠 수 있다. 같은 식물학적 종에서 추출했지만 서로 다른 국가에서 생산된 에센셜 오일은 아로마에서도 크게 차이가 나며, 종종 특정 국가에서 생산된 에센셜 오일이 다른 나라에서 생산된 것보다 더 우월하다고 여겨지기도 한다. 예를 들면, 프랑스 산 라벤더(*Lavandula angustifolia*)는 다른 나라에서 생산된 같은 오일에 비해 품질이 더 좋다고 여겨진다.

■ 이용되는 식물 기관 : 형태적 특수성 : 어떤 식물은 씨앗와 뿌리 또는 꽃과 열매, 잎 등 여러 부분에서 에센셜 오일을 생산한다. 이런 것들을 **형태적 구조**(예; 잎, 과일 등)라고 한다. 세 개의 형태적 구조 안에 에센셜 오일을 담고 있는 식물학적 종 중의 하나는 비터 오렌지 나무, *Citrus aurantium* var. *amara*이다. 비터 오렌지 나무의 잎에서는 페티그레인을, 오렌지 꽃에서는 네롤리를, 실과의 껍질에서는 비터 오렌지 에센셜 오일을 얻는다.

이것은 화학형이 아니며 종의 차이도 아니다. 이것은 단순히 하나의 식물학적 종이 3가지 에센셜 오일을 식물의 세 가지 기관에 담고 있는 것 뿐이다. 페티그레인과 네롤리에는 일반적으로 항우울성과 스트레스 감소 효능이 있다. 하지만 이 둘은 각각 다른 아로마를 갖고 있으며 화학적 조성도 약간 다르다. 식물이 에센셜 오일을 한 기관 이상에서 생산할 때는 각각의 에센셜 오일 간이 아로마와 화학적 조성의 차이가 생겨난다.

다른 예로는 시나몬 나무, *Cinnamomun zeylanicum*에서 얻어지는 에센셜 오일을 들 수 있다. 시나몬 바크 에센셜 오일은 "계피" 향이 특징으로 시나몬 알데하이드가 풍부해 희석하지 않거나 대량으로 사용했을 때 피부를 강하게 자극하는 것으로 여겨지고 있다. 반면 시나몬 리프는 계피와 정향을 섞은 듯한 아로마를 갖고 있으며 페놀과 유제놀이 많이 함유되어 있고 피부에 덜 자극적이다. 두 오일 모두 광범위한 항세균성을 갖고 있지만 아로마테라피스트들이 일반적으로 더 많이 사용하는 것은 시나몬 리프 오일이다.

에센셜 오일을 추출할 수 있는 식물 기관은 다음과 같다:

열매: 주니퍼
싹: 클로브
플라워링 탑 (꽃과 천엽): 클라리 세이지, 제라늄, 라벤더, 로즈마리
꽃: 로만/저먼 카모마일, 자스민, 라벤더(English), 로즈, 일랑일랑
과일/껍질: 베르가모트, 그레이프프루트. 레몬, 라임, 만다린, 오렌지
풀: 레몬그라스, 팔마로사
잎: 바질, 유칼립투스, 멜리사, 패출리, 페티그레인, 페퍼민트, 티트리, 타임
침엽과 나뭇가지: 사이프러스, 전나무, 파인
수지: 벤조인, 엘레미, 유향, 미르
뿌리/뿌리줄기: 안젤리카, 마늘, 진저, 버티버
씨앗: 안젤리카, 블랙페퍼, 카다몸, 셀러리, 코리앤더, 딜, 펜넬
나무: 시더우드, 시나몬, 샌달우드

■ 화학적 특수성 : **화학적 특수성**은 특정한 에센셜 오일의 화학형을 확인하는 것을 말한다. 많은 요인들이 에센셜 오일의 화학적 조성에 영향을 미치는데 이러한 요인으로는 빛과 토양, 온도, 습도, 기후의 영향, 고도, 지리적 위치 등과 같은 환경적 조건이 있다.

"**화학형**" 이라는 용어는 동일한 식물학적 종에서 추출했지만 화학적 조성이 다른 에센셜 오일을 묘사할 때 사용된다(보울스, 2003). 캐티(2001)는 화학형을 다음과 같이 정의했다: "화학형은 특정한 속과 종의 식물이 지리적 위치, 기후, 고도, 곤충, 환경과의 상호 작용 등과 같은 요인 때문에 평균 양보다 더 많은 특정한 화학물질을 생산할 때 발생한다. 화학형은 다른 종이나 속이 아니며, 다른 종류의 화학물질도 아니다; 이것은 단지 식물 안에서 자연적으로 일어나는 화학적 변화일 뿐이다"(67쪽).

모든 에센셜 오일이 화학형을 갖는 것이 아니며, 모든 화학형이 시장에서 판매될 수 있는 것도 아니다. 로즈마리(*Rosmarinus officinalis)*와 타임(*Thymus vulgaris)*은 아로마테라피 산업에서 가장 흔하게 접할 수 있는 화학형이다. 화학형은 다음과 같이 표시한다: Rosemary **ct.** verbenon 또는 Thyme ct. linilol

로즈마리는 유명한 세 가지 화학형을 생산하는 식물 종이다. 보울스(2003)는 이렇게 말했다: "스페인에서 생산된 로즈마리 오일 CT1은 캠퍼의 함량이 높다. 반면 튀니지에서 생산된 로즈마리 오일 CT2는 1,8 시네올(유칼립톨)의 함량이 높다. 세 번째 로즈마리 화학형인 CT3는 프랑스에서 생산되는데 여기에는 캠퍼보다 독성이 덜한 케톤으로 여겨지는 버베논이 많이 함유되어 있다." 바커(1996)에 의하면, 의학적 이용을 위해서는 가장 적절한 로즈마리 화학형을 선택하는 것이 매우 중요하다고 한다.

Rosemary ct. camphor를 위한 완전한 에센셜 오일 데이터시트를 수록해 놓았으며, 그 다음에는 Rosemary ct. 1,8 cineol과 Rosemary ct. verbenon의 핵심적 적용을 위한 대조표를 수록해 놓았다.

로즈마리 ct. 1,8 시네올 / Rosemary ct. 1,8 Cineole

치료 효능 / Therapeutic actions

순한 진통제, 항우울제, 항염제, 항류마티스제, 살균제, 진경제, **항바이러스제**, 구풍제, **두부**, 소화제, **거담제**, **진해제**, **흥분제**.

핵심적 아로마 적용 :

- 인체의 호흡기, 폐 기관과 직접적인 상호 관계가 있다.
- 거담제, 호흡기 충혈 완화제
- 탁월한 진해제, 항카타르성 적용
- 항진균제 (바커, 1996)
- 항박테리아제 (예를 들면, *황색 포도상구균, alba*) (바커, 1996)
- 두통과 류머티즘 관절염을 위한 진통제
- 대뇌 강장, 정신 기능 자극
- 기관지염, 부비강염, 독감, 일반 감기 (하스, 2004)

로즈마리 ct. 버베논 / Rosemary ct. Verbenon

치료 효능 / Therapeutic actions

순한 진통제, 항바이러스제, 진해제, **거담제**, **흥분제**, **외상약**

핵심적 아로마 적용:

- 진해제와 세포 재생, 스킨케어 (하스, 2004)
- 내분비 조절; 폐경기 증후군 치료, 특히 안면 홍조에 효과적이며, 산후 우울증에도 유용함 (바커, 1996)
- 일반적인 신경 흥분제로 심리적 균형감 회복에 효과적 (Goeb, 1996)

■ **어떻게 재배되었나?** : 아로마테라피 관련 회사는 식물이 어떻게 재배되었는지를 알려줄 수 있어야 한다. 식물이 재배되는 방식은 크게 4가지로 나눌 수 있다:

윤리적 야생 재배: 야생 또는 자연 환경 내에서 수집된 식물들. 윤리적 야생 재배란 회사나 개인이 "식물 종이 수확을 견디고 여전히 번식할 수 있게" 돌보는 것이다 (캐티, 2001).

경작: 에센셜 오일 증류를 위해 특별히 식물을 재배함.

전통적/관습적 재배: 농약을 사용해 재배한 식물들.

유기농: 농약을 사용하지 않고 독립적 매체가 유기농 지침을 지켜 재배한 식물들. 유기농업은 농약 사용도 배제해야 하지만 경작지를 보호하고, 생물의 다양성 지지하며, 강력하고 종종 독성이 있는 합성 화학 물질을 이용해 자연을 지배하기보다 자연의 균형을 존중하는 농업 체계를 말한다. 미국 유기농 협회(1995)는 유기농업을 "생물의 다양성과 생물학적 순환, 토양의 생물학적 활동을 증진시키고 장려하는 생태학적 생산 관리 시스템이며, 유기농업 제 1의 목표는 건강과 흙을 기

반으로 살아가는 생명체와 식물, 동물, 그리고 인간의 상호 의존적인 사회 생산성을 최대로 끌어올리는 것이다"라고 정의했다.

> **참고**
> 유기농의, 야생에서 재배되었거나 생체 역학적인 에센셜 오일을 사용할 것을 권한다. 특히 유기농 시트러스 에센셜 오일을 구입하는 것이 매우 중요한데 유기농이 아닐 경우 오일에 농약 잔여물이 많이 함유되어 있을 수 있기 때문이다.

■ **배치 넘버** : 아로마테라피 회사들 중에 **배치 넘버**(batch number)를 제공하는 곳들이 있다. 배치 넘버란 에센셜 오일이 일정한 기간 동안 담겨 있던 특정한 통이나 용기, 특정한 공급자를 확인하는데 이용된다. 에센셜 오일 한 통에는 그 통에 대한 구체적이며 독립적 GC/MS (기체 크로마토그래피와 질량 분석에 대한 자세한 사항은 아래에 있는 품질 보증 부분에 잘 나와 있다) 분석이 동반되어야 한다.

■ **에센셜 오일에 대한 표준 안전 경고** : 에센셜 오일에서 가장 흔하게 볼 수 있는 안전 경고는 *"내복하지 마시오. 아이들 손에 닿지 않게 하시오"*이다. 에센셜 오일은 일반적으로 내복약으로 이용되지 않으며, 면허를 가진 개인의 감독이나 조언 없을 때는 내복하는 것을 권장하지 않는다. 에센셜 오일을 내복용으로 이용하는 것은 이 책의 범주 밖에 있으며, 더 심화된 교육이 반드시 요구된다. 에센셜 오일은 아이들 손에 닿지 않는 곳에 두는 것이 중요한데 내복할 경우, 치명적일 수 있기 때문이다. 많은 아로마테라피 회사들이 카탈로그나 웹사이트에 임신 중에 에센셜 오일 사용할 때는 주의를 기울일 것을 언급해 놓고 있다. 이 문제에 대해서는 이 장의 마지막에 있는 안전에 관한 부분에서 다시 언급하기로 한다.

■ **병의 크기/에센셜 오일 함량** : 대부분의 에센셜 오일 회사들은 미터법을 사용해 병에 담긴 에센셜 오일의 양을 표시한다. 아로마테라피에서 흔히 볼 수 있는 일반적인 병의 크기는 다음과 같다:

5 밀리리터는 1/6 온스와 같다
10 밀리리터는 1/3 온스와 같다
30 밀리리터는 1 온스와 같다
120 밀리리터는 4 온스와 같다
240 밀리리터는 8 온스와 같다

보관 정보 / STORAGE INFORMATION

에센셜 오일은 각각의 오일에 따라 그리고 그 보관 방법에 따라 유통 기한이 2년~5년 또는 그 이상이 된다. 예를 들어, 시트러스 오일은 버티버나 패출리와 같은 점성이 높은 에센셜 오일에 비해 유통 기한이 매우 짧은 편이다. 시트러스 에센셜 오일은 오일에 함유된 성분의 산화로 인해 발생할 수 있는 부작용을 피하기 위해 6개월에서 1년마다 교체해 주는 것이 바람직하다. 다음의 가이드라인을 지킨다면, 에센셜 오일의 유효 기간을 늘일 수 있을 것이다.

■ **에센셜 오일은 황갈색이나 파란색 병에 보관해야 한다** : 에센셜 오일은 휘발성이 있는 유기 화합물이기 때문에 열과 빛에 민감하다. 아로마테라피 회사들도 태양에서 나오는

자외선과 그와 유사한 빛을 차단할 수 있는 진한 색의 유리병에 에센셜 오일을 보관해야 한다는데 동의하고 있다.

■ **에센셜 오일 병에는 반드시 적절한 오리피스 리듀서가 있어야 한다** : 산소 접촉으로 인한 에센셜 오일의 품질 저하를 막기 위해, 모든 에센셜 오일 병 뚜껑에는 적절한 오리피스 리듀서가 달려있어야 한다. 이것은 작은 점적기 삽입물로 병의 입구를 막아준다. 안약 점적기에는 미세한 구멍이 있어 에센셜 오일 안으로 산소가 들어갈 수 있기 때문에 *사용하면 안 된다*. 에센셜 오일은 또한 플라스틱을 서서히 녹이는 성질이 있기 때문에 안약 점적기의 플라스틱(고무) 테두리가 에센셜 오일 안으로 녹아들거나 안약 점적기가 분해될 수 있다.

오리피스 리듀서는 산화를 방지하는 것 외에 두 가지 중요한 기능을 더 갖고 있다. 그 둘은 다음과 같다:

1. 아이가 오일을 만졌을 때 많은 양의 오일이 병 밖으로 흘러나오는 것을 막아준다.
2. 시술자가 적당한 점적수를 셀 수 있게 해준다.

■ **에센셜 오일은 태양빛과 직접적인 열이 없는 곳에 보관하는 것이 최적이다** : 에센셜 오일은 열과 빛에 약하다. 따라서 비교적 시원한 곳에 직사광선을 피해 보관하는 것이 좋다. 티서란드(1995)는 에센셜 오일의 유통 기한을 늘이기 위해 냉장고에 보관할 것을 권한다(10쪽). 이 권고를 따르는 아로마테라피스트들도 있지만 어떤 이들은 에센셜 오일을 그냥 서늘한 곳에 보관하기도 한다. 반드시 냉장 보관을 해야 하는 오일은 시트러스 오일이다.

■ **에센셜 오일은 작은 병에 옮겨 담는다** : 1, 2, 4, 8, 16, 32 온스 크기의 에센셜 오일을 구입했다면, 한 번에 사용할 양 만큼씩 덜어 작은 병으로 옮겨 담는 것이 중요하다. 큰 병에 든 에센셜 오일을 이용하게 되면 병의 윗부분과 에센셜 오일과의 공간이 증가해 오일의 산화가 촉진된다. 따라서 에센셜 오일을 작은 병에 담아 빈 공간을 없애는 것이 좋다. 또한 이렇게 되면 산화 가능성도 줄일 수 있다.

에센셜 오일의 일반적 특징 / GENERAL CHARACTERISTICS OF ESSENTIAL OILS

에센셜 오일은 에센셜 오일임을 증명하는 일반적인 물리적 특징을 갖고 있다. 그 특징들은 다음과 같다:

■ **매우 농도가 높다** : 이것은 치료 효능이 상당히 증대된다는 의미이다. 에센셜 오일의 농도가 높다는 사실이 이를 강력한 동인으로 만든다. 그리고 종종, 이 높은 농도 때문에 사용 전에 반드시 희석을 해야 한다. 많은 아로마테라피스트들은 에센셜 오일은 농도가 높기 때문에 소량만 사용해도 치료 효과 크다고 믿는다.

■ 휘발성 물질이다 : **휘발성**이란 에센셜 오일이 액체에서 기체로 변하는 능력을 말한다. 에센셜 오일은 전체가 휘발성 물질이며 에센셜 오일 안에 있는 각각의 화학적 성분들은 다른 성분들보다 조금 더 빨리 휘발되거나, 혹은 조금 더 느리게 휘발된다. 예를 들어 레몬은 버티버보다 더 휘발성이 강하며, 리모넨(a hydrocarbon terpene)은 보르네올(an oxygenated hydrocarbon alcohol)보다 휘발성이 강하다.

■ 가벼우며 번들거리지 않는다 : 사실 에센셜 오일이라는 이름은 약간 어폐가 있다. 에센셜 오일은 식물성 또는 지방성 오일이 아니다. 에센셜 오일은 비교적 가볍고 휘발성이 있는 물질이지만 "오일"이라고 불릴 뿐이다. 에센셜 오일의 농도는 오일보다는 물과 비슷하다(하지만 물에는 녹지 않는다). 그리고 식물성 오일만큼 기름지지도 않다(샌들우드, 버티버, 미르와 같은 점성이 있는 에센셜 오일은 제외).

■ 대부분 투명하다 : 대부분의 오일은 거의 투명하거나 연노란색을 띈다. 색이 있는 에센셜 오일이 있기는 하다. 예를 들어 저먼 카모마일, 쑥국화, 그리고 야로우는 모두 깊고 진한 파란색이다. 패출리는 진한 갈색이며, 베르가모트는 연한 녹색이다. 앱솔루트는 용매에 의해 추출된 엽록소와 다른 식물 색소 때문에 색이 더 진한 경향이 있다. 벤조인, 미르, 그리고 유향과 같은 수지 물질은 증류하지 않을 경우 색이 진해지는 경향이 있다.

■ 친유성이다 : 에센셜 오일은 **친유성** 물질로, 이는 지방성 물질과 친하며 지방성 물질에 녹는다는 의미이다. 에센셜 오일은 지질과 매우 유사하며, 따라서 다음과 같은 오일에 용해된다:

식물성 오일: 스위트 아몬드, 해바라기, 살구씨, 등
허브 오일: 카렌듈라, 세인트 존스 워트, 캄프리, 아르니카 일반 우유, 크림, 또는 꿀
에센셜 오일은 또한 알코올과 에테르에도 용해된다.

■ 점성이 있다 : **점성**은 에센셜 오일의 농도를 측정하는 방법이다. 점성이 큰 에센셜 오일은 점성이 적은 에센셜 오일에 비해 휘발성이 낮다. 에센셜 오일의 점성은 피부를 통한 흡수를 느리게 할 수도 있다. 점성이 있는 에센셜 오일은 또한 더 강한 아로마를 갖고 있는 경향이 있다. 예로, 버티버 에센셜 오일은 태저린 에센셜 오일에 비해 점성이 매우 크다.

■ 매우 복합적인 화학물질이다 : 에센셜 오일은 다양한 화학적 성분들의 상이한 결합으로 이뤄진다. 99%가 한 가지 활성 성분으로 채워진 윈터그린이나 버치 같은 에센셜 오일은 화학적 조성이 비교적 간단한 것으로 여겨진다. 반면 100 가지가 넘는 주요 성분과 수많은 미세 성분으로 이뤄진 매우 복합적인 에센셜 오일도 있다. 슈나우벨트(2004)에 의하면 "에센셜 오일의 치료 효능은 복합적 혼합물의 상승 작용 때문에 발생한다"고 한다(10쪽).

■ 광범위한 치료 효능이 있는 역동적인 물질이다 : 에센셜 오일은 심리학적, 생리학적, 영적인 부분에서 광범위한 치료 효능 나타내며 매우 역동적이다. 에센셜 오일의 가장 대표적인 치료 효능은 항균성과 살균 능력이다. 에센셜 오일이 효과적인 항진균제이자 항바이러스제, 그리고 항박테리아제라는 것에는 의심의 여지가 없다. 그리고 에센셜 오일의 천연 아로마는 우리의 감정과 영혼, 지각 그리고 행동에 영향을 미친다.

품질 보증 / QUALITY ASSURANCE

아로마테라피 전문가들 사이에서도 순수하고 천연의, 혹은 순정의 진짜라는 개념은 가장 확인하기 어려운 개념으로 여겨진다. 순수한 에센셜 오일은 특정한 식물학적 원천으로부터 생산되어 어떤 방식으로든 변화되지 않은 것을 말한다. 슈나우벨트 (2004)는 순종의 에센셜 오일은 전혀 바뀌지 않았다는 의미이며, 진짜라는 것은 특정한 식물에서만 추출했다는 의미라고 말했다. 에센셜 오일을 희석하게 되면 에센셜 오일의 독특한 치료 효능이 변화돼 부작용이 일어날 가능성이 커질 수 있다.

전 세계의 아로마테라피 산업은 다음과 같은 용어들을 사용하고 있다: 순수하고 천연의, 순정의 진짜, 아로마테라피 등급, 진정한 아로마테라피 등급, 약리 등급 등. 그 외에도 생소한 것들이 몇 가지 있다. 대부분의 회사가 이러한 용어들을 사용하기 때문에 그들이 마케팅을 위해 내놓는 자료들을 가지고 에센셜 오일을 판단하는 것이 점점 더 어려워지고 있다. 위의 용어들은 막연히 정의가 되어 있으며 현재는 아로마테라피 에센셜 오일 산업을 규제하는 어떠한 규칙도 없는 실정이다. (순종의 진짜 에센셜 오일에 대한 믿을 만한 정보는 부록 3을 참고바란다.)

에센셜 오일의 일반적 불순화 / Common Adulterations of Essential Oils

에센셜 오일을 묽게 하고, 개조하고, 바꾸기 위해 다양한 방법들이 동원되고 있는데 이것이 바로 불순화이다. 불순화된 에센셜 오일을 아로마테라피에 사용하게 되면 피부 부작용 발생 가능성 증가(피부 염증이나 민감화)와 치료 효능 감소 등 다수의 문제가 발생한다. 에센셜 오일 중에서는 일반적으로 멜리사, 로즈, 샌달우드, 그리고 버치가 많이 불순화된다.

> 버필드(2003-2005)는 "불순화 문제에 있어서는 에센셜 오일의 생산자와 판매자에게 주로 '나쁜 사람들' 이라는 낙인이 찍힌다. 하지만 에센셜 오일 소비자들이 종종 순정이면서 시세보다 낮은 가격의 오일을 요구한다는 점은 반드시 짚고 넘어가야 한다. 정직한 오일 상인은 이런 환경에서는 판매 수익을 남기는 것이 불가능하다는 것을 알아차리게 될 것이다(많은 이들이 이미 파산했을 지도 모른다). 예를 들어, 20세기 후반에 많은 프랑스 생산업자들이 라벤더 오일(*Lavandula angustifolia*)을 저가로 판매하기 시작하면서 시장은 현실적인 가격을 지불하려고 하지 않았다. 현재, 아로마 산업은 원재료 가격을 믿기 어려울 정도로 낮게

실제 임상적용 3.1

불량품이라는 증거

에센셜 오일을 구입할 때 살펴야 할 불량품이라는 증거들에는 다음과 같은 것들이 있다:

1. 에센셜 오일을 터무니없이 싼 가격에 팔거나 모두 같은 가격으로 팔 때
2. 로즈, 자스민, 샌달우드, 멜리사를 1/2 온스나 1 온스 용량으로 팔 때. 로즈 오토 에센셜 오일 1/2 온스 평균 가격은 195~ 200달러이며, 1 온스는 400달러가 넘을 것이다. 그렇기 때문에 이런 오일들을 이렇게 대량으로 판매하는 것은 거의 불가능하다.

이런 에센셜 오일들은 매우 비싸기 때문에 대부분의 아로마테라피 회사들은 이런 오일들을 방울 단위나 1ml, 2ml 혹은 5ml 단위로 판다.

책정하려고 시도하는 바이어들과 결탁한 거대하고 강력한 국제적인 기업에 지배당하면서 시장을 움직일 수 있는 이익이 발생되지 않고 있다. 이로 인해 비윤리적인 관행들이 발생하고 있다."고 말했다.

에센셜 오일에 첨가되는 일반적인 불순물들과 그 기술들:

- 에센셜 오일의 양을 늘리기 위해 알코올 또는 식물성 오일을 첨가한다.
- 에센셜 오일의 양을 늘리기 위해 합성 화학 물질을 첨가한다.
  아크탠더(1994)는 베르가모트와 라벤더에 일반적으로 합성 아세테이트산 리날릴이나 합성 리나롤을 각각 첨가한다고 보고했다.
- 값싼 에센셜 오일을 첨가하거나 다른 에센셜 오일과 함께 증류한다.
  아크탠더(1994)에 의하면 멜리사(*Melissa officinals*) 에센셜 오일을 종종 레몬이나 버베나, 레몬그라스, 시트로넬라 에센셜 오일과 함께 증류해 상업용 멜리사 에센셜 오일의 전체적인 양을 늘린다고 한다(412쪽). 멜리사나 레몬 밤 초목에 들어 있는 에센셜 오일은 0.1%도 되지 않기 때문에 소량의 멜리사 오일을 만들기 위해서는 멜리사 초목의 대량 필요하다. 따라서 구입 가격이 비싼 오일이 된다.
- 완전한 합성 제품이 실험실에서 제조되고 있으며 자연스럽게 팔리고 있다.
  특히 윈터그린과 버치 에센셜 오일은 100% 합성 살리신산 메틸이다.
- 값싼 에센셜 오일은 재료를 대용하는데, 예를 들면, 라벤더 대신 라벤딘을 사용하는 것이다.

기본적인 순도 테스트 / BASIC PURITY TESTS

에센셜 오일의 기본적인 순도를 테스트할 수 있는 방법이 몇 가지 있다. 다음은 집에서도 할 수 있는 네 가지 기본적인 방법들이다.

1. 에센셜 오일 한 방울을 깨끗한 압지나 도화지에 떨어뜨린다. 에센셜 오일은 24시간에서 48시간 내에 아무런 얼룩(시트러스 오일이나 저먼 카모마일처럼 색깔이 있는 에센셜 오일을 제외하고)이나 향기를 남기지 않고 완전히 증발되어야 한다. 이 방법은 버티버나 샌달우드와 같은 점성이 큰 에센셜 오일에는 적당하지 않은데, 에센셜 오일의 점성이 클수록 증발하는 시간이 더 오래 걸리기 때문이다. 시트러스 오일 등 비교적 휘발성이 강한 에센셜 오일에 적합한 기본적인 테스트 방법이라 할 수 있다.
2. 에센셜 오일 한 방울을 물이 담긴 깨끗한 컵 안에 떨어뜨린다. 물이 더러워지거나 탁해지면, 그 에센셜 오일은 물에 희석되었거나 에센셜 오일과 물이 분리되지 않게 유화제를 첨가한 것이다.
3. 한쪽 손의 두 손가락 사이에 에센셜 오일을 한 방울 떨어드린 다음, 다른 한쪽 손의 두 손가락 사이에 캐리어 오일이나 베이스 오일을 떨어뜨려 점성을 비교한다. 이 때 에센셜 오일과 베이스 오일의 점성이 같아서는 안 된다. 만약 느낌이 비슷하다면, 이는 에센셜 오일에 캐리어 오일이나 베이스 오일을 첨가해 양을 늘렸을 가능성이 있다. 이 방법은 반드시 두 오일을 비교해야 하며 점성이 큰 에센셜 오일에는 이용해서는 안 된다.
4. 우리는 후각의 에센셜 오일의 품질을 판단하는 능력을 종종 과소평가해 왔다. 하지만 훈련을 하고, 경험을 쌓는다면 후각은 우리가 갖고 있는 가장 강력한 평가 도구가 될 수 있다. 우리는 우리의 후각에 관심을 기울이는데 익숙하지 않다. 따라서 가끔은 후각을 강화

하기 위한 훈련이 필요하다. 에센셜 오일의 품질을 냄새로 가려내기 위해서는 주변에 있는 다양한 아로마와 질이 좋은 에센셜 오일의 냄새를 맡는데 시간을 투자해야 한다. 예를 들어 처음에는 최상품 에센셜 오일의 향기를 맡는다(부록 3에 나와 있는 회사의 제품 같은 것들). 그런 다음 바로 품질이 의심이 가거나 저질의 에센셜 오일의 냄새를 맡는다(가게나 온라인에서 저렴하게 판매하는 상품들). 이 둘의 아로마의 질과 효과 사이에는 큰 차이가 있을 것이다. 시간을 갖고 훈련을 하면 여러분의 코가 에센셜 오일의 품질을 결정하는 훌륭한 도구가 될 것이다.

에센셜 오일 냄새 맡기 / How to smell an essential oil

에센셜 오일에 접근할 때는 에센셜 오일이 매우 강력한 향기 물질이라는 점을 염두에 두어야 한다. 에센셜 오일 병이나 시향지를 코에서 적어도 10 센티미터는 떨어뜨린 다음, 에센셜 오일의 아로마를 음미하기 위해 얼마나 많이 향기를 맡을 수 있고, 얼마나 가까이 대야 하는지 결정한 다음 코를 향해 위쪽으로 흔들어 주는 것이 가장 좋다.

시향지나 에센셜 오일 병을 코 아래에 둔 다음, 부드럽게 앞뒤로 흔들면서 왼쪽 콧구멍부터 시작해 오른쪽 콧구멍으로 옮겨준다. 이렇게 하면 오일이 갖고 있는 아로마의 전체적인 스펙트럼을 느낄 수 있다. 냄새를 맡는 동안 아로마는 몇 겹의 층으로 팽창할 것이다. 천연의 고급 순정 에센셜 오일은 코에 즐거움을 줄 것이다. 반면 싸구려 합성 오일은 강한 냄새로 코를 공격한 다음 바로 사라질 것이다. 순정의 에센셜 오일 아로마는 지속적으로 팽창하고 발전한다.

화학적 분석 / CHEMICAL ANALYSIS

집에서 순도를 평가하는 위의 네 가지 기본 테스트는 어떤 의미에서도 품질을 완전히 입증하는 방법은 될 수 없다. 대신 에센셜 오일 바이어들과 판매자들은 에센셜 오일의 성분과 순도를 판단하기 위해 다양한 과학적 분석 방법에 의존한다. 이번에는 오일이 양적, 질적으로 어떤 것을 함유하고 있는지에 대한 화학적 분석을 통해 에센셜 오일의 기본적인 순도를 확인할 수 있는 가장 보편적인 두 가지 테스트에 대해 논의하려고 한다.

기체 크로마토그래피 / Gas chromatography

기체 크로마토그래피(GC)는 주어진 에센셜 오일 안에서 발견되는 각각의 화학 성분을 분리해 확인하는데 이용되는 화학물질 분석 기계이다(그림 3-1). 에센셜 오일에 함유된 화학 성분들은 기체 크로마토그래피 기계를 시간차와 속도차를 두고 지나가게 된다. 각각의 화학물질이 기록되면서 몇 종류의 고봉이 생겨나는데 매우 짧은 것도 있고 매우 긴 것도 있다.

기체 크로마토그래피 보고서는 분석 대상 오일 안에 있는 다른 화학 성분의 고봉들을 보여준다. 하지만 특정한 화학적 성분(예를 들면, 리나놀)의 이름은 보여주지 못한다. 이를 위해서는 질량 분석기를 이용해야 한다.

질량 분석 / Mass spectrometry

질량 분석(MS)은 이온의 특정한 질량에 의해 이온을 분리해 합성물(화학 성분)의 분석을 가능하게 하는 기술이다. 질량 분석기는 기체 크로마토그래피 보고서에 기록된 특정한 합성물의 종류를 밝히는데 이용된다. 전형적인 질량 분석기는 이온 원, 질량 분석기, 검출기의 세 가지 기본적인 부분으로 구성되어 있다. 분자는 각각 다른 질량을 갖고 있다는 사실이 어떤 분자

그림 3-1 기체 크로마토그래피

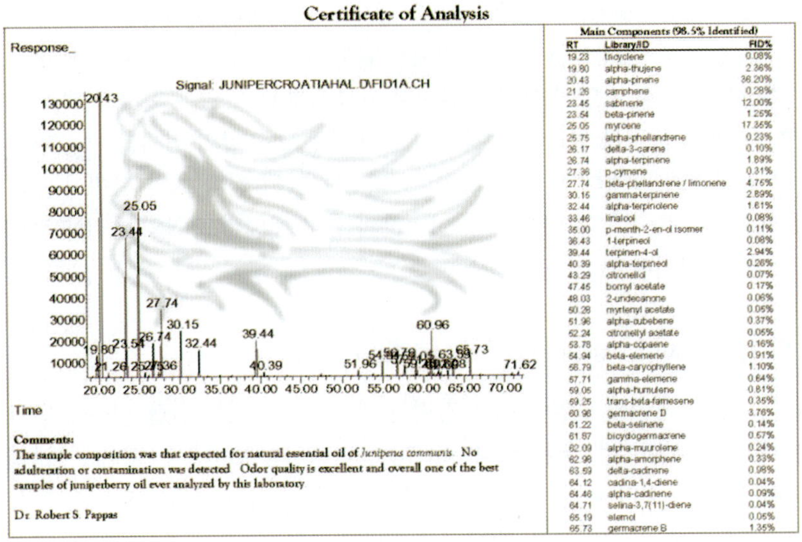
Certificate of Analysis

Main Components (98.5% Identified)

RT	Library/ID	FID%
19.23	tricyclene	0.08%
19.80	alpha-thujene	2.36%
20.43	alpha-pinene	36.20%
21.26	camphene	0.28%
23.45	sabinene	12.00%
23.54	beta-pinene	1.25%
25.05	myrcene	17.35%
25.75	alpha-phellandrene	0.23%
26.17	delta-3-carene	0.10%
26.74	alpha-terpinene	1.89%
27.36	p-cymene	0.31%
27.74	beta-phellandrene / limonene	4.75%
30.15	gamma-terpinene	2.89%
32.44	alpha-terpinolene	1.61%
33.46	linalool	0.08%
35.00	p-menth-2-en-ol isomer	0.11%
36.43	1-terpineol	0.08%
39.44	terpinen-4-ol	2.94%
40.39	alpha-terpineol	0.26%
43.29	citronellol	0.07%
47.45	bornyl acetate	0.17%
48.03	2-undecanone	0.06%
50.28	myrtenyl acetate	0.05%
51.96	alpha-cubebene	0.37%
52.24	citronellyl acetate	0.05%
53.78	alpha-copaene	0.16%
54.94	beta-elemene	0.91%
56.79	beta-caryophyllene	1.10%
57.71	gamma-elemene	0.64%
59.05	alpha-humulene	0.81%
59.25	trans-beta-farnesene	0.35%
60.96	germacrene D	3.76%
61.22	beta-selinene	0.14%
61.87	bicyclogermacrene	0.67%
62.09	alpha-muurolene	0.24%
62.98	alpha-amorphene	0.33%
63.59	delta-cadinene	0.98%
64.12	cadina-1,4-diene	0.04%
64.46	alpha-cadinene	0.09%
64.71	selina-3,7(11)-diene	0.04%
65.19	elemol	0.05%
65.73	germacrene B	1.35%

Comments:
The sample composition was that expected for natural essential oil of *Juniperus communis*. No adulteration or contamination was detected. Odor quality is excellent and overall one of the best samples of juniperberry oil ever analyzed by this laboratory.

Dr. Robert S. Pappas

가 샘플 안에 들어있는지를 결정하는데 이용된다. GC/MS 읽는 법을 훈련받은 개인은 주어진 에센셜 오일 샘플 안에 있는 정확한 성분과 양을 확실하게 구별할 수 있게 될 것이다 (예를 들어, 리나롤 5%, 캠퍼 25%, 등등).

버필드(2005)에 의하면, "기체 크로마토그래피와 질량 분석이 에센셜 오일의 궁극적인 분석 도구라는 결론 때문에 아로마테라피스트들은 에센셜 오일 상인들의 주장을 지나칠 정도로 두려워하지 않는다. 하지만 이것이 늘 진실은 아니다. 적절하게 이용되면 이것은 분명히 강력한 기술이다. 하지만 훈련을 받지 않은 조작자가 제대로 사용하지 않을 경우, 분석 결과에 대한 해석은 한정된 가치만 지닐 뿐이다."

얻어진 정보를 해석하는 것은 해석을 담당하는 개인의 기술과 경험, 지식에 달려 있다. GC/MS 보고서는 아로마테라피스트가 찾고 있는 제품과 관련해 에센셜 오일의 연령과 품질을 알려줄 수 없을지도 모른다. 따라서, GC/MS 보고서가 일반적으로는 큰 도움이 되기는 하지만, 불순화 되지 않은 고급의 순수한 에센셜 오일 구입 시에는 이것만을 가지고 판단해서는 안 된다. 대신 후각적 평가, 공급자에 대한 믿음과 공급자의 공급 의도(예; 그들은 값싼 에센셜 오일을 일반 시장에 팔고 있는가? 아니면 고급, 고가의 에센셜 오일을, 특히 순정의 아로마테라피 시술자들을 대상으로 팔고 있는가?) 등도 함께 판단 기준으로 이용하는 것이 좋다.

안전과 에센셜 오일 / SAFETY AND ESSENTIAL OILS

안전이란 위험과 부상, 손상, 위난 등의 발생으로부터 자유로운 상태를 말한다. 아로마테라피 시술자는 발생 가능성이 있는 부작용을 피하기 위해 에센셜 오일 사용과 관련된 안전 문제들을 숙지할 필요가 있다. 버필드(2004)는 "많은 에센셜 오일이 잠재적으로 위험한 물질이기는 하지만, 적절한 방법으로 취급하면 사용과 관련된 위험은 매우 적다고 할 수 있다. 그러므로 가정 내에서나 전문가에 의해, 또는 치료적 환경 내에서의 이용을 위해 상업적으로 제공되는 대부분의 에센셜 오일은 사용해도 안전하다"고 말했다. 슈나우벨트(2004)는 기본적인 지침을 따르기만 한다면, "에센셜 오일에 대해 잘 알고 사용해도 염증이나 심각하지 않은 불쾌감이 발생할 수 있다. 하지만 이것은 절대로 심각한 부상이나 지속적인 육체적 문제를 야기하지 않는다"라고 말했다.

에센셜 오일의 안전에 영향을 미치는 요인에는 다음과 같은 것들이 있다:

1. 사용되는 에센셜 오일의 품질

이 장의 첫 부분에서 언급했듯이 불순물이 섞인 에센셜 오일은 부작용을 일으킬 가능성이 높다. 따라서 순수한 진짜의 순정 에센셜 오일을 사용하는 것이 가장 중요하다.

2. 오일의 화학적 조성

알데하이드(시트로넬랄, 시트랄)와 페놀(시나몬 알데하이드, 유제놀)이 풍부한 에센셜 오일은 피부 반응을 일으킬 수 있다. 이런 성분이 많이 들어있는 오일은 항상 피부에 바르기 전에 희석해야 한다. 슈나우벨트(2004)는 "이런 오일들을 희석하게 되면 무염증의 용제가 되는데 희석할 때는 농도가 훨씬 낮은 것에 넣어 희석해야 한다. 염증을 일으키는 이런 오일을 다른 에센셜 오일과 섞는 방법도 있는데 이렇게 되면 염증 효과가 완화되기도 한다"고 말했다(45쪽). 더 자세한 내용은 4장 에센셜 오일의 화학 작용에 나와 있다.

3. 적용 방법

에센셜 오일은 피부에 직접 바르거나 흡입하거나 내복한다. 피부 적용과 관련된 잠재적 안전 문제는 아래에서 논의할 것이다. 에센셜 오일의 흡입에 대해 티서란드와 발락스(1995)는 "흡입은 안전 문제 측면에서 보면, 대부분의 사람에게 안전하다고 할 수 있다. 작고 밀폐된 공간에서 100% 증발이 된다고 해도 아로마테라피 마사지나 에센셜 오일 기화로 인한 에센셜 오일의 농도(그것의 구성 성분)는 위험한 수준에 이르지 않는다"고 말했다(32쪽). 그들은 또한 "비교적 농도가 진한 에센셜 오일 증발에 지속적으로 노출(1시간 또는 그 이상) 되었을 때 나타날 수 있는 유일한 위험은 두통과 현기증, 오심, 그리고 무기력"이라고 지적했다(32쪽).

내복과 관련한 것은 이 책에서 다루지 않을 것이며 에센셜 오일을 내복용으로 이용하기 전에는 반드시 심화된 훈련을 받은 것을 권한다.

4. 첨가/희석

마사지와 바디워크를 위한 아로마테라피 블렌드 대부분은 희석도가 1에서 5 사이로 안전 문제를 일으키지 않는다. 희석도가 높아지면 각각의 에센셜 오일과 오일이 적용된 부위, 그리고 고객의 민감도와 관련 있는 다른 요인들 때문에 피부 반응이 일어날 수도 있다. 슈나우벨트(2004)는 "에센셜 오일을 과도하게 사용하면 오일의 친유성 때문에 염증이나 원하지 않는 결과가 나타날 수 있다"고 말했다(42쪽).

5. 피부 상태

손상되고, 병이 있거나 염증이 있는 피부에는 에센셜 오일에 더 잘 침투하며 피부 반응에도 더 민감하다. 티서란드와 발락스(1995)는 "희석하지 않은 에센셜 오일을 손상되고 병이 있거나 염증이 있는 피부에 바르는 것은 위험할 수 있다. 이런 경우에는 피부 상태가 악화될 수 있으며, 평상시보다 더 많은 양의 오일이 흡수될 수 있다. 또한 민감 반응도 일어날 가능성도 크다"고 지적했다.

일어날 수 있는 피부 반응 / Possible Dermal Reactions

마사지 테라피스트와 바디워커에게 가장 중요한 것은 피부에 적용했을 때의 안전이다. 티서란드와 발락스(1995)는 "피부 반응은 세 가지 형태를 띈다: 염증, 민감화와 광독성이다"라고 했다(77쪽).

피부 자극 / Dermal irritaant

피부 자극은 즉시 피부에 염증을 일으킨다. 이 때 피부는 부스럼이 생기거나 붉어지는데 어떤 사람들에게는 통증을 유발하기도 한다. 반응 정도는 적용된 농도(희석도)에 따라 다르다.

일반적인 안전 지침은 다음과 같다: 염증이 있거나 알레르기가 있는 피부에는 피부를 자극한다고 알려진 에센셜 오일을 적용하지 않는다; 희석하지 않은 채로 바르는 것을 피한다; 열상이 있거나 상처가 있는 피부에는 바르지 않는다; 피부 자극제로 알려진 오일은 적당한 식물성 오일이나 캐리어 오일과 섞어 희석한다; 고객이 민감성 피부를 가졌다면 피부 반응 검사를 실시한다(아래를 참조).

표 3.1에 피부 자극제로 알려진 일반적 에센셜 오일을 정리해 놓았다.

피부 민감화 / Dermal sensitization

티서란드와 발락스(1995)는 민감화를 "일종의 알레르기 반응"이라고 정의하면서 "이것은 어떤 물질에 처음 노출되었을 때 발생한다. 하지만 이런 경우 눈에 띄는 피부 반응은 미미하거나 없을 것이다. 그러나 동일한 물질 혹은 비슷한 물질에 지속적으로 노출되면 교차 민감화가 발생해 면역 체계의 세포(T 임파구)에 의해 야기된 심각한 염증 반응이 발생한다"고 말했다(78쪽). 이때 피부는 붉어지고, 염증이 생기며, 반점이 생기기도 하는데 이는 어떤 이들에게는 통증을 유발한다.

특정한 에센셜 오일에 이런 반응을 보일 경우, 그 사람은 그 오일에 오랫동안 민감하게 반응할 가능성이 있으며, 피부 민감화 반응이 평생 동안 재발할 가능성도 있다. 민감화를 피하는 가장 좋은 방법은 피부 민감화를 일으킨다고 알려진 오일을 피하는 것이며 오랜 기간 동안 동일한 에센셜 오일을 매일 바르는 것을 피하는 것이다. 티서란드와 발락스(1995)는 "민감화는

표 3.1

피부 자극제

에센셜 오일	학명(Latin name)
월계수	*Pimento racemosa*
시나몬 바크 또는 리프	*Cinnamomum zeylanicum* (나무껍질이 잎보다 더 자극적이다)
클로브 버드	*Syzygium aromaticum*
시트로넬라	*Cymbopogon nardus*
커민	*Cuminum cyminum*
레몬그라스	*Cymbopogon citratus*
레몬 버베나	*Lippia citriodora syn. Aloysia triphylla*
오레가노	*Origanum vulgare*
타게테스	*Tagetes minuta*
타임 ct. 티몰	*Thymus vulgaris*
모든 시트러스 오일은 과다하게 사용하거나 희석하지 않고 사용하면 피부 민감제가 될 수 있는 가능성이 있다.	

피부 반응 테스트 방법

테스트할 부위를 물로 닦는다. 가장 좋은 테스트 부위는 바깥쪽 팔 또는 허리이다. 클라크(2002)는 "피부 반응 테스트는 선택한 에센셜 오일을 마사지에서 이용하려고 하는 농도의 두 배로 만들어 실시해야 한다"(192쪽)고 말했다. 이용할 블렌드를 반창고에 묻혀서 적당한 부위에 붙인다. 버클(2003)은 부작용을 확인하려면 반창고를 24시간 동안 붙여 두어야 한다고 말했다. 어떤 이들은 48시간 동안 실시해야 한다고 말하기도 한다. 반창고를 제거한 뒤 염증 반응이 있는지 확인한다.

염증 반응으로는 피부가 붉어지거나, 화끈거리고 가려운 느낌이 있거나, 수포가 생기는 것 등을 들 수 있다. 염증이 생겼다면 무향의 카스티야 비누로 씻은 다음, 마른 피부에 무향의 크림을 바른다. 잠시 동안 피부를 공기 중에 노출시킨다.

어느 정도는 예상이 불가능하다. 어떤 이들은 특정 알레르기 물질에 민감하지만 어떤 이들은 그렇지 않기 때문이다"라고 말했다(79쪽).

버필드(2004)는 표 3.2에 수록된 오일들이 피부 민감화를 일으키기 때문에 아로마테라피 마사지에 사용하지 말 것을 권고하고 있다.

광독성 / Photosensitization

이런 성질을 가진 에센셜 오일은 태양이나 태양광과 비슷한 빛(자외선)에 노출되었을 때 화상이나 태닝처럼 피부 색소 변화를 일으킨다. 반응 정도는 약간의 색 변화에서부터 삼출이 될 정도로 깊은 화상까지 다양하다. 인공 태닝 전이나 광감작하는 에센셜 오일을 사용한 뒤 적어도 24시간 내에는 광감작하는 에센셜 오일 의 재사용을 피하는 것이 좋다. 테트라사이클린과 같은 약은 피부의 광민감성을 증가시키기 때문에 조건이 갖춰질 경우 광감작 에센셜 오일의 부작용을 증가시킨다.

표 3.2

피부 민감제

에센셜 오일	학명(Latin name)
카시아	*Cinnamomum cassia*
시나몬 바크	*Cinnamomum zeylanicum*
페루 발삼	*Myrosylon pereirae*
버베나 앱솔루트	*Lippia citriodora*
티 앱솔루트	*Camellia sinensis*
테리빈 오일	*Pinus spp.*
백하우지아	*Backhousia citriodora*
이눌라	*Inula graveolens*
파인과에서 나온 산화된 오일 (예를 들면, 파인과 사이프러스)와 운향과 (예를 들면, 시트러스 오일) 오일	

표 3.3에 광감작 에센셜 오일로 여겨지는 오일들을 정리해 놓았다. 표 3.4의 시트러스 에센셜 오일은 광독성이 있는 것으로는 여겨지지 않는다.

> **참고**
>
> 세션 동안 시트러스 에센셜 오일을 사용했다면 주의 사항과 더불어 고객에게 일광욕을 하거나 선탠 기계 사용을 피할 것을 권고하는 것이 분별력 있는 행동이다

특이 체질 염증 또는 민감화 / Idiosyncratic irritation or sensitization

특이 체질 염증 또는 민감화는 일반적으로 이용되는 에센셜 오일에 대한 독특하지 않거나 이상한 반응이다. 이런 종류의 반응은 예견하기가 어렵다. 또한 흔히 발생하지는 않지만 발생 가능성은 있다.

점막 자극물 / Mucous membrane irritant

점막 자극물은 입과 눈, 코, 그리고 생식 기관의 점막이 뜨거워지거나 건조해지는 결과를 초래한다. 점막 자극 에센셜 오일을 전신 목욕에 이용할 경우 분산제(예; 우유, 식물성 오일 등)와 섞는 것이 좋다. 베이, 클로브, 시나몬 리프, 레몬그라스, 타임 ct. 티몰 에센셜 오일은

표 3.3 광민감제

에센셜 오일	학명(Latin name)
안젤리카 루트	*Angelica archangelica*
베르가모트	*Citrus bergamia*
커민	*Cuminum cyminum*
증류한 그레이프프루트	*Citrus paradisi*
압착한 레몬	*Citrus limon*
압착한 라임	*Citrus medica*
증류한 오렌지	*Citrus sinensis*
증류한 탠저린	*Citrus reticulata*
버베나	*Lippia citriodora*

표 3.4 비광독성 시트러스 오일

에센셜 오일	학명(Latin name)
베르가모트:베르갑텐 없음 (FCF: 푸라노쿠마린 없음)	*Citrus bergamia*
압착한 그레이프프루트	*Citrus paradisi*
증류한 레몬	*Citrus limon*
증류한 라임	*Citrus medica*
압착한 스위트 오렌지	*Citrus sinensis*
압착한 탠저린	*Citrus reticulata*

표 3.5

점막 자극제

에센셜 오일	학명(Latin name)
월계수	*Pimento racemosa*
캐러웨이	*Carum carvi*
시나몬 바크 또는 리프	*Cinnamomum zeylanicum*
클로브 버드 또는 리프	*Syzygium aromaticum*
레몬그라스	*Cymbopogon citratus*
페퍼민트	*Mentha x piperita*
타임 ct. 티몰	*Thymus vulgaris*

목욕 시에는 절대 사용하지 않아야 한다.

표 3.5에 점막 자극물로 알려진 에센셜 오일들을 정리해 놓았다.

기타 안전 고려사항 / Other Safety Considerations

임신 중의 안전 / Safety during pregnancy

임신 중의 에센셜 오일 사용은 논란이 계속되고 있는 주제이며 아직 완전한 이해가 도출되지 않은 주제이기도 하다. 임신 중에 가장 신경 쓰이는 문제는 에센셜 오일 성분이 태반으로 흡수될 위험성이다. 티서란드와 발락스(1995)는 "태반으로 흡수된다는 것이 반드시 태아에 치명적이 될 위험이 있다는 의미는 아니다. 이는 독성과 그 화합물의 혈장 농도에 달려 있다"고 말했다(105쪽). 버필드(2000)는 "에센셜 오일의 대사산물이 산모와 태아 혈액 간의 친밀함(직접적이지는 않지만) 때문에 태반으로 흡수될 가능성이 있다"(25쪽)고 말했다. 그는 또 "임신 초기 몇 달 동안은 에센셜 오일 사용을 완전히 배제하는 것이 책임감 있는 자세라고 생각한다"고 말했다(25쪽).

버클(2003)은 "임신 중, 특히 중요한 초기 3개월 동안의 에센셜 오일 사용은 이론의 여지가 많은 문제이다. 하지만 밤에 목욕할 때 에센셜 오일을 몇 방울 떨어뜨리는 것은 태아에게 어떠한 문제도 일으키지 않는다"고 하면서 "흡입이나 피부 적용과 같은 '통상적인' 에센셜 오일 이용으로 인해 이상 태아나 유산이 발생했다는 기록은 없다"고 덧붙였다(323쪽).

와일드우드(2000)는 "아로마테라피에 대한 일반적인 오해는 클라리 세이지나 로즈, 로즈마리와 같은 에센셜 오일이 들어있는 마사지 오일이 유산을 일으키기 때문에 임신 중에는 사용을 피해야 한다는 것이다. 론 구바, 커트 슈나우벨트, 크리시에 와일드우드는 모두 에센셜 오일의 치료 효능을 이용하는 아로마테라피 마사지로 인해 유산이나 선천성 기형이 발생했다는 기록은 없다는 점을 지적하고 있다"고 말했다(12쪽).

구바(2000)는 임신 중의 독성 논란에 대해 "이는 오로지 페니로얄(케톤과 플루곤이 풍부한데 매우 독성이 강한 푸란 에폭시드, 멘토푸란으로 변형됨)과 파슬리 씨드(디메틸에테르, 아피올이 풍부함)와 같은 에센셜 오일을 대량으로, 중독이 될 정도로 취했던 임산부들 때문이다"(40쪽)라고 말했다. 그리고 바타글리아(2002)는 이런 견해를 내놓았다. "숙련된 테라페스트에 의한 적절한 형식의 마사지를 에센셜 오일과 함께 현명하게 이용하면 임신 중의 불편함을 해소할 수 있으며, 산모가 기분이 좋지 않을 때 보살핌을 받고 있다는 느낌을 줘 산모를 편안하게 만들 수 있다"(443쪽).

아직까지는 임신 중의 에센셜 오일의 독성에 대한 명확한 정보가 없기 때문에 일반적인 안전 지침을 따르는 것이 최선이다. 티서란드와 발락스(1995)는 다음의 에센셜 오일들은 임신 중에 사용하지 말라고 권고했다: 웜우드, 루타, 오크 모스, Lavandula steochas, 캠퍼, 파슬리 씨드, 세이지, 히솝

안전한 에센셜 오일로는 카다몸, 저먼과 로만 카모마일, 유향, 제라늄, 진저, 네놀리, 패출리, 페티그레인, 로즈우드, 로즈, 샌달우드, 그리고 그 외의 비독성 에센셜 오일이 있다(티서란드와 발락스(1995), 111쪽). 임신 중에는 에센셜 오일을 내복하거나 희석하지 않고 피부에 바르는 것을 피하는 것이 현명하다. 임신 중의 아로마 적용에 대해서는 11장의 임신 중/산후 마사지에서 더 깊이 다룰 예정이다.

재료 안전 데이터시트 (MSDS)

미 직업 안전 위생 관리국은 "산출되거나 수입된 모든 화학 약품의 위험요소를 평가해 이들의 위험과 관련된 정보를 고용주와 고용인에게 전달해야 한다. 이 정보는 포괄적인 위험을 다루는 정보 전달 프로그램에 의해 전달되어야 하는데 이 프로그램에는 용기 레이블링과 다른 양식의 경고, 재료 안전 데이터시트, 고용인 훈련 등이 포함되어야"한다고 말한다. 에센셜 오일을 위한 안전 지침은 재료 안전 데이터 시트(MSDS)에서 찾을 수 있다. 건강관리 시설 내에서 사용되는 모든 에센셜 오일에는 MSDS가 필요하며, 트리트먼트 서비스의 일부로 에센셜 오일을 사용하는 마사지 또는 바디워크 시술소에도 반드시 비치해야 한다. 샘플 MSDS는 부록 2에 실려 있다.

일반적인 안전 예방책 / General Safety Precautions

1. 모든 에센셜 오일은 아이들의 손이 닿지 않는 곳에 보관한다.
2. 적어도 일광욕이나 인공 태닝 24 시간 전에는 광감작하는 에센셜 오일이나 시트러스 오일 사용을 피한다.
3. 동일한 에센셜 오일, 블렌드 또는 향기 나는 제품을 오랫동안 혹은 매일 사용하는 것을 피한다.
4. 자신이 모르는 에센셜 오일은 고객에게 사용하지 않는다. 오일을 다른 사람들에게 사용하기 전에 충분히 조사해 익숙해지도록 한다.
5. 다른 지시 사항이 없을 경우, 희석하지 않은 에센셜 오일을 피부에 사용하는 것을 피한다.
6. 특정한 에센셜 오일에 고객이 민감하다고 생각되거나 고객이 자신의 알레르기나 민감성에 대해 알고 있다면 피부 반응 테스트를 하는 것이 좋다.
7. 이용되는 각각의 에센셜 오일의 안전 데이터를 숙지한다.
8. 임신 중이거나 임신을 하기 위해 노력 중인 여성 고객을 대할 때는 특히 주의를 기울인다.
9. 눈 주위에는 에센셜 오일을 바르지 않는다.
10. 에센셜 오일은 매우 인화성이 강한 물질이므로 촛불이나 불, 성냥, 담배, 그리고 가스레인지 등과 같은 불꽃과 직접적으로 접촉시키지 않는다.
11. 트리트먼트 룸은 환기가 잘 되어야 한다.
12. 훈련을 받지 않았다면 에센셜 오일을 내복용으로 이용하지 말라.
13. 에센셜 오일을 적절하게 보관하고 공기 중에 노출되는 것을 제한해 오일의 산화를 줄이거나 산화 속도를 늦춘다.

안전 조치 / Safety Measures

1. 슈나우벨트(2004)는 "에센셜 오일이 부주의로 눈에 들어갔을 때는 눈을 감게 한 다음 올리브나 참기름과 같은 지방성 오일을 묻힌 면포 등으로 조심스럽게 닦아내라"고 말한다(46쪽). 그런 다음 물로 눈을 헹군다.
2. 에센셜 오일이 피부 염증을 일으켰을 때는 염증이 일어난 곳에 소량의 식물성 오일이나 크림을 바른다.

3. 버클(2003)은 "어린이가 에센셜 오일을 먹었을 때는 즉시 근처의 독극물 통제 센터로 가야 한다. 성분 파악을 위해 병을 들고 가며, 아이에게 우유를 마시게 한다. 일부러 토하게 하지 말라"고 말했다(96쪽).

요약 /SUMMARY

- 자신이 갖고 있는 각각의 에센셜 오일에 대해 다음과 같은 정보를 갖고 있는 것이 중요하다: 일반명과 학명, 원산지, 이용된 식물 부위, 생화학적 특이성, 재배 방법, 배치 넘버(가능할 경우).
- 에센셜 오일은 황갈색이나 파란색 병에 보관해야 하며, 오리피스 리듀서가 있어야 하고, 햇볕이나 직접적인 열을 피해 보관해야 한다.
- 에센셜 오일은 몇 가지 일반적 특징을 갖고 있다: 농도가 매우 높고, 휘발성이있으며, 대부분 투명한 색이고, 친유성이며, 가볍고 번들거리지 않으며, 매우 복합적인 화합물이며, 치료 효능이 다양하다.
- 전인적 아로마테라피에서 고급의 순수한 순정의 진짜 에센셜 오일을 이용하는 것이 중요한 이유는 치료 효능을 극대화할 뿐만 아니라 부작용도 줄여주기 때문이다.
- 에센셜 오일의 안전에 영향을 미치는 요인에는 에센셜 오일의 품질과 순도, 화학적 조성, 적용 방법, 적용되는 용량/희석률, 피부의 상태 등이 이다.
- 에센셜 오일에 대한 세 가지 피부 반응에는 피부 염증, 피부 민감화, 광독성이 있다. 가끔 일반적으로 사용되는 독성이 없는 에센셜 오일에 반응하는 개인도 있는데 이를 특이 체질 염증 또는 민감화라고 한다.

새 용어들 /NEW TERMINOLOGY

배치 넘버 (Batch number)
생화학적 특이성(Biochemical specificity)
식물학적 특이성(Botanical specificity)
화학형(Chemotype)
피부 자극물(Dermal irritant)
피부 민감제(Dermal sensitizer)
기체 크로마토그래피(Gas chromatography)
속(Genus)
변종(Hybrid)
특이 체질 염증(Idiosyncratic irritation)
라틴 이명식 이름(Latin binomial)
친유성(Lipophilic)
질량 분석(Mass spectrometry)
형태 구조(Morphological structures)
점막 자극물(Mucous membrane irritant)
광민감제(Photosensitizer)
종(Species)
점성(Viscosity)
휘발성(Volatility)

참고문헌 / References

Arctander, S. (1994). *Perfume and Flavor Materials of Natural Origin*. Carol Stream, Illinois: Allured Publishing Corporation.

Battaglia, S. (2002). *The Complete Guide to Aromatherapy*. Brisbane, Australia: International Centre of Holistic Aromatherapy.

Bowles, E.J. (2003). *The Chemistry of Aromatherapeutic Oils*. Australia: Allen & Unwin.

Buckle, J. (2003). *Clinical Aromatherapy*. Philadelphia: Elsevier Science.

Burfield, T. (2000). Safety of Essential Oils. *International Journal of Aromatherapy*, *Vol* 10, 1/2.

Burfield, T. (2004). *Opinion Document to NAHA: A Brief Safety Guidance on Essential Oils*. Retrieved October 2, 2005, from http://www.naha.org/articles/brief_safety%20guidance%20.htm.

Burfield, T. (2003–2005). *The Adulteration of Essential Oils and the Consequences to Aromatherapy & Natural Perfumery Practice*. Retrieved October 2, 2005, from http://www.naha.org/articles/adulteration_1.htm.

Burfield, T. (2005). *A Note on Gas Chromatography-Mass Spectrometry (GC-MS)*. Retrieved October 2, 2005, from http://www.naha.org/articles/adulteration_1.htm.

Catty, S. (2001). *Hydrosols: The Next Aromatherapy*. Rochester, VT: Healing Arts Press.

Clarke, S. (2002). *Essential Chemistry for Safe Aromatherapy*. Edinburgh, UK: Churchill Livingstone.

Guba, R. (2000). Toxicity Myths. *International Journal of Aromatherapy*, *Vol* 10,1/2

Organic Trade Association (1995). *Definition of Organic*. Retrieved March 20, 2006, from http://www.ota.com/organic/definition.html.

Schnaubelt, K. (2004). *Aromatherapy Lifestyle*. San Rafael, CA: Terra Linda Scent.

Tisserand, R., and Balacs, T. (1995). *Essential Oil Safety*. New York: Churchill Livingstone.

U.S. Occupational Safety and Health Administration. (n/d). *Hazard Communication*. - 1910.1200. Retrieved October 2, 2005, from www.osha.gov/pls/oshaweb/owadisp.show_document?p_table=STANDARDS&p_id=10099.

Wildwood, C. (2000). Of Cabbages & Kings Aromatherapy Myths, part II. *Aromatherapy Today*, 14, p. 12–14.

워크시트 / WORKSHEET

연습 1: 후각 훈련

여러분 코의 왼쪽과 오른쪽 콧구멍은 에센셜 오일의 각각 다른 아로마 특성을 잡아낼 것이다. 이 이론을 실험하기 위해, 오른쪽 콧구멍을 막고 왼쪽으로만 냄새를 맡아 보라. 이 때 인지한 특성을 아래에 적어보라. 이번에는 왼쪽 콧구멍을 막고 오른쪽으로만 냄새를 맡아 보라. 다시 한 번, 인지한 특성을 아래에 적어보라. 마지막 단계는 후각 전체를 이용해 오일의 냄새를 맡는 것이다. 아로마를 앞뒤로 흔들면서 왼쪽 콧구멍에서 오른쪽 콧구멍으로 이동시킨 다음 아로마의 전체 스펙트럼을 적어보라.

Notes

왼쪽 콧구멍 지각:

오른쪽 콧구멍 지각:

에센셜 오일의 전체 스펙트럼:

연습 2: 두 가지 오일 비교

강사가 같은 식물에서 추출했지만 품질이 다른 에센셜 오일 EO-A와 EO-B두 가지를 나누어 줄 것이다. 연습이 끝날 때까지 강사는 오일에 대해 말해주지 않을 것이다. 각각의 에센셜 오일 향기를 맡은 다음, 다음 질문에 답하라.

둘 사이의 차이점을 말할 수 있는가?

향이 더 강한 것이 있는가?

어떤 것을 사용하는 것을 선호하는가?

연습 3: 기본적인 순도 테스트

식물성 오일과 에센셜 오일의 점성을 비교하라. 에센셜 오일과 식물성 오일은 어떻게 다른가? 아래에 관찰한 내용을 기록하라.

복습 문제 / CHAPTER TEST

1. 라틴 이명법은 무엇으로 이루어지나?
   a. 일반명
   b. 속명와 종명
   c. 화학명
   d. 오일이 추출된 식물 부위

2. 생화학적 특이성이란?
   a. 라틴 이명식 이름
   b. 식물이 재배된 방법
   c. 특정한 화학형
   d. 일반명

3. 점성이란 무엇인가?
   a. 오일의 아로마
   b. 오일의 휘발 능력
   c. 오일의 독성
   d. 오일의 농도

4. 기체 크로마토그래피와 질량 분석은 무엇을 결정하는데 도움을 주는가?
   a. 오일의 순도와 화학적 조정
   b. 오일의 원산지
   c. 라틴 이명식 이름
   d. 오일의 품질

5. 피부 염증은 어떤 것에 대한 반응인가?
   a. 에센셜 오일에 대한 즉각적 반응
   b. 면역 체계와 관련
   c. 태양으로부터의 반응
   d. 예견이 어렵다

6. 다음 중 어떤 에센셜 오일이 광민감제로 여겨지는가?
   a. 라벤더
   b. 클라리 세이지
   c. 베르가모트
   d. 레몬그라스

7. 다음 중 어떤 에센셜 오일이 피부 자극물로 여겨지는가?
   a. 진저
   b. 시나몬 껍질
   c. 라벤더
   d. 클라리 세이지

8. 기체 크로마토그래피와 질량 분석은 에센셜 오일의 순도와 품질, 연령을 결정짓는 유일한 방법이다.

   ________ 참 ________ 거짓

9. 광감작은 다중 민감성을 가진 개인들이 주로 경험하는 것이다.

   ________ 참 ________ 거짓

10. 임신 초기에 에센셜 오일을 사용하는 것은 지극히 안전하다.

   ________ 참 ________ 거짓

복습 질문 / REVIEW QUESTIONS

1. 에센셜 오일 확인에 있어 라틴 이명식 이름의 중요성에 대해 논하라.

2. 안전 정보과 실제에 있어 그것을 적용하는 방법을 논하라.

4 장

에센셜 오일의 기초 화학

Basics Chemistry of Essential Oil

개요

유기 화학

에센셜 오일에서 발견되는 유기 혼합물

유기 혼합물의 물리적 특징

일반적인 치료 작용

탄화수소

모노테르펜

세스키테르펜

산화 탄화수소: 작용기

알코올

모노테르펜 알코올

세스키테르펜 알코올

페놀

페닐프로파노이드

에스테르

알데하이드

케톤

산화물

세스키테르펜 락톤

푸라노쿠마린

실제 임상적용 사례 4.1: 응용 화학

요약

새 용어들

참고 자료

워크시트: 화학

복습 문제와 질문

학습 목표 / LEARNING OBJECTIVES

이 장을 읽은 뒤에는 다음 사항들에 답할 수 있어야 한다.

1. 에센셜 오일 이용과 관련해 유기 화학을 공부하는 중요성에 대해 논하라.
2. 유기 화학을 정의하라.
3. 구조적 에너지 시스템과 화학 물질군 이해에 있어 그 가치에 대해 설명하라.
4. 에센셜 오일에서 발견되는 열 개의 화학족을 열거하라.
5. 위 열 개 족의 일반적 치료 작용을 열거하고 논하라.
6. 페놀과 케톤, 푸라노쿠마린의 잠재적 독성에 대해 논하라.
7. 에센셜 오일의 치료 효능과 작용, 안전의 이해에 필요한 에센셜 오일의 화학 작용과 관련된 여러분의 지식을 적용하라.

개요 / INTRODUCTION

보완적이고 대체적인 건강관리 분야에서 과학의 역할의 증대되면서 아로마테라피를 공부하는 이들에게 에센셜 오일의 화학 작용을 이해하는 것 또한 중요한 일이 되었다. 이러한 지식은 테라피스트가 의료 분야 또는 건강 관련 분야에 종사하는 이들과 더 효과적으로 의사소통하는 것을 도와주고 최고의 치료 효과 도출을 위해 에센셜 오일을 적용하는 것을 가능하게 할 것이다. 초보자들은 에센셜 오일의 화학 작용을 어려운 것으로 느낄 수도 있다. 하지만 이것은 에센셜 오일이 어떻게, 그리고 왜 치료적 효능을 갖게 됐는지 알려주는 동시에 에센셜 오일을 안전하고 효과적으로 적용하는 기술을 발전시킬 수 있는 길이기도 하다. 에센셜 오일의 화학 작용은 인체의 해부학, 생리학과 비교할 수 있는데 에센셜 오일의 구조를 이해하면 그 작용 또한 이해할 수 있기 때문이다.

이 장의 목표는 에센셜 오일의 화학 작용에 대한 이해를 발전시키기 위한 기초 어휘와 구조를 제공하는 것이다. 이 책에서는 현 배움의 단계에서는 어렵다고 느껴질지도 모르는 국제 순수 · 응용 화학 연맹(IUPAC)이 사용하는 이름이 아닌 일반적으로 사용되는 화학 물질의 이름을 인용했다. 에센셜 오일의 화학 작용에 대해 더 자세히 알고 싶은 이들을 위해 참고 서적들을 이 장 말미에 적어 놓았다.

유기 화학 / ORGANIC CHEMISTRY

화학은 물질을 연구하는 학문으로, 물질의 화학적, 물질적 특성과 화학적, 물질적 변화, 그리고 그 과정에 동반되는 에너지의 변화를 다룬다. 식물에서 추출된 화합물은 **유기 화학**의 영역으로 떨어지게 되는데 유기 화학을 정의하면 다음과 같다: 유기 화학은 주로 탄소와 수소로 구성된 물질을 연구한다. 유기 화학은 한때 살아 있는 생명체와 살아 있는 생명체에서 나온 물질을 공부하는 학문으로 알려졌다. 유기 화합물은 '살아 있는' 또는 '한 때 살았던' 생물이나 물질로부터 나오는 '생명력' 때문에 합성이 불가능한 것으로 여겨졌다. 하지만 19세기 초에 유기 화학의 풍경을 완전히 바꾸는 중요한 사건이 발생했다. 1828년, 독일 화학자인 프레드리히 뵐러는 무기 화합물인 탄산암모늄에서 유기 화합물인 요소를 성공적으로 합성해냈다. 이 업적은 단숨에 유기물과 무기물의 경계를 허물어 버렸다. 그리고 이때부터 유기 화학은 탄소와 수소의 화학적 화합물을 연구하는 학문이 되었다.

에센셜 오일에서 발견되는 유기 화합물들 / ORGANIC COMPOUNDS FOUND IN ESSENTIAL OILS

식물 안에서 생합성 되는 유기 화합물들은 수천 가지나 된다. 생합성이란 식물이 다양한 유기 화합물들을 만들어 내는 것을 의미한다. 이러한 화합물들은 크게 두 종류로 나눌 수 있는데 단백질, 탄수화물, 지방 등과 같은 1차 대사물질과 에센셜 오일, 타닌, 알칼로이드와 같은 2차 대사물질이 그것이다. 대부분의 테르펜 화합물을 만들어 내는 생화학 경로는 메발론산 경로〔mevalonate (mevalonic) acid pathway〕이거나 DOXP/MEP(deoxyxylulosephosphate/methylerythritol) 경로(Theis and Lerdau, 2003)이다.

표 4.1

에센셜 오일에서 발견되는 테르펜 화합물 일람피부 자극제

족	작용기
모노테르펜	탄화수소
세스퀴테르펜	탄화수소
모노테르펜 알코올	수산기(−OH)
세스퀴테르펜 알코올	수산기(−OH)
페놀	벤젠 고리에 연결된 수산기(−OH)
페닐프로파노이드	벤젠 고리에 연결된 베이직 3 탄소 사슬
에스테르	카르복실기(COOH)
알데하이드	카르복실기(C=O)
케톤	탄소 하나만 직접적으로 거기에 연결된 카르복실기(C=O)
산화물	두 개의 탄소 분자 사이에 위치한 산소 분자
세스퀴테르펜 락톤	Farnesyl Pyrophosphate에서 파생된 락톤 고리 구조
푸라노쿠마린	일종의 쿠마린; 벤젠 고리에 인접한 락톤 고리에 연결된 5개의 부분으로 된 푸란 고리(Bowles, 2003)

에센셜 오일은 테르펜과 같은 형태 안에 단순 탄화수소를, 산화 탄화수소 또는 치환 탄화수소라 불리는 더 복잡한 테르펜류를 알코올, 페놀, 페닐프로파노이드, 에스테르, 알데하이드, 케톤, 산화물, 세스퀴테르펜 락톤, 푸라노쿠라민의 형태 안에 함유하고 있다(표 4.1을 참조).

유기 화합물의 물리적 특징 / Physical Characteristics of Organic Compounds

에센셜 오일 안에서 발견되는 화학 족을 읽는 동안, 이들의 물리적 특성에 대한 정보와 일반적인 치료 효능이 함께 제공될 것이다. 물리적 특징들은 우리의 감각 기관을 통해 인지할 수 있다. 물리적 특징에는 색과 향, 용해도, 끓는 점, 그리고 물리적 상태 등이 관찰되어지는 물질에 관한 모든 정보가 포함된다.

- **극성** : 각각의 족은 음극과 양극 화합물로 이뤄져 있다. 극성 화합물은 비균질 공유 전자쌍, 즉, 결합의 한쪽 끝이 반대쪽 끝에 비해 더 많은 전자를 가진 형태의 공유 결합을 갖고 있다. 비극성 화합물은 반대로, 양전하와 음전하에 모두 중심(center)을 가지고 있으며, 따라서 극성 화합물에서 발견되는 두 개의 극이 없다.

- **휘발성** : 휘발성이란 물질이 액체에서 기체가 되는 능력을 말한다. 몇몇 에센셜 오일의 성분은 다른 것들보다 더 빨리 휘발된다.

- **끓는점** : 끓는점은 일정한 압력 하에서 액체가 기체로 전환되는 온도를 말한다.

■ **용해도** : 용해도는 물질이 다른 물질 안에 녹아드는 능력이라고 정의할 수 있다. 에센셜 오일은 식물성 오일과 알코올, 에테르, 그리고 기타 유기 용매에 용해된다고 알려져 있다. 에센셜 오일은 전체로는 물에 용해되지 않는다; 하지만 오일을 구성하고 있는 개별 성분들은 전체보다는 물에 녹기 쉬울 수도 있고, 그렇지 않을 수도 있다. 에센셜 오일은 친유성으로 여겨지고 있는데 이는 에센셜 오일이 지방성 물질에 더 끌린다는 의미이다.

일반적인 치료 작용 / General Therapeutic Actions

에센셜 오일의 각각의 화학 족은 그 족에서 기인한 일반적 치료 작용 영역을 제공한다. 이러한 일반적 치료 작용은 다니엘 페노엘과 피에르 프랑숌, 그리고 커트 슈나우벨트의 유명한 연구 덕분에 밝혀졌다. 각각의 화학 족의 일반적 치료 작용 귀속 시스템은 **구조적 효능 (에너지) 시스템** [structure effect (energy) system]이라고 불린다. 이 시스템에 대해서는 커트 슈나우벨트의 *Advanced Aromatheraphy, Aromatheraphy Lifestle and Medical Aromatheraphy*에 자세히 나와 있다. 이 책의 학습 목표를 위해 에센셜 오일의 일반적 치료 작용을 요약해 놓았다 (표 4.2를 참조).

하지만 이러한 일반적 치료 작용은 단지 '일반적'이라는 것을 인식하는 것이 중요하다. 각각의 에센셜 오일 성분은 그들만의 고유한 기능을 갖고 있으며 이것은 종종 그들에게 주어진 일반적 기능보다 더 중요하다. 각각의 에센셜 오일 성분은 반드시 전체 안에서 개별적으로 이해되어야 한다. 이 장의 목표는 일반적으로 받아들여지는 에센셜 오일 안에서 발견되는 다양한 성분의 기능을 조명해, 에센셜 오일의 치료 효능 뒤에 숨어 있는 화학 작용에 대한 판단과 이해를 발전시키는데 필요한 기본적 구조를 제공하는 것이다.

탄화수소 / HYDROCARBONS

에센셜 오일의 가장 단순한 유기 화합물이자 기본적 중추가 수소와 탄소로 구성된 **탄화수소**이다. 에센셜 오일은 단순 탄화수소를 **테르펜** 형태 안에 함유하고 있다. 테르펜은 3만 개가 넘는 것으로 알려진 테르펜 화합물에 의해 천연 제품의 가장 큰 화학 족을 구성한다. 테르펜은 이것의 분자가 가진 **이소프렌 단위**의 숫자에 따라 분류된다. 이소프렌 단위는 기술적으로 2-메틸-1, 3-부타디엔이며 탄화수소가 파생되어져 나온 분자 구조적 단위이다. 각각의 이소프렌 단위는 5개의 탄소 원자를 포함한다(그림 4-1).

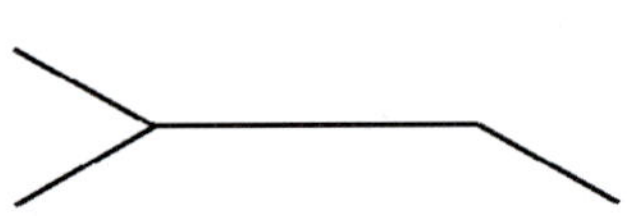

그림 4-1 이소프렌 단위의 구조식

모노테르펜 / Monoterpenes

모노테르펜은 불포화 탄화수소(적어도 하나의 이중 결합을 갖고 있는 분자)로 두 개의 이소프렌 단위가 결합되어 만들어지며 10개의 탄소 원자를 갖고 있다. 일반적으로 모노테르펜은 무색이며, 휘발성이 강하고, 물에 녹지 않으며, 끓는점이 낮고, 산화되기 쉽다. 이들은 일반적으로 아로마가 약하다. 모노테르펜은 유명하지 않은 화합물이다. 모노테르펜이 풍부한 에센셜 오일(시트러스 오일)은 피부 자극제가 될 수 있다. **모노테르펜족은 이름이 −*ene*로 끝이 난다.**

표 4.2

주요 화학 족과 그들의 일반적 치료 작용 일람

족	일반적 치료 작용
모노테르펜	• 살균제 • 항바이러스제 • 자극제; 활력제 • 순한 거담제/울혈 제거제 • 피부의 건조와 탈수 효과
세스퀴테르펜	• 살균제 • 항박테리아제 • 강력한 항염제 • 진경제 • 신경계의 안정과 진정
모노테르펜 알코올	• 강력한 항균제 • 피부에 순함 • 항박테리아제, 항바이러스제 • 면역 체계 지지
세스퀴테르펜 알코올	• 항염제 • 면역 지지
페놀	• 강력한 항박테리아 작용, 살균제 • 가온 • 면역 체계 자극제 • 신경계를 자극해 강화함
페닐프로파노이드	• 강력한 항박테리아 기능, 살균제 • 스트레스 조절 (슈나우벨트, 2004) • 면역 체계 자극제 • 신경계를 자극해 강화함 • 진경제
에스테르	• 중추신경계통 긴장 완화 • 균형 • 진경제 • 신경계 강장제 • 피부 염증 진정
알데하이드	• 강력한 항바이러스제 • 중추신경계통 진정제 • 항염제 • 피부 자극물
케톤	• 강력한 점액용해제 • 피부/조직 재생 촉진 • 상처 치료 • 신경 계통 진정, 진정제
산화물	• 항바이러스제 • 거담제 • 호흡기 자극물
세스퀴테르펜 락톤	• 점액용해제와 거담제 • 항염제 • 부드러운 근육 이완제 • 항균제
푸라노쿠마린	• 광민감제 • 항진균제, 항바이러스제(클라크, 2002)

그리스 문자

그리스 문자는 이성핵(두 개의 화학물질이 동일한 분자식을 가졌는데 분자 구조가 다를 때) 화합물을 표기할 때 이용된다

알파	α
베타	β
감마	γ
델타	δ

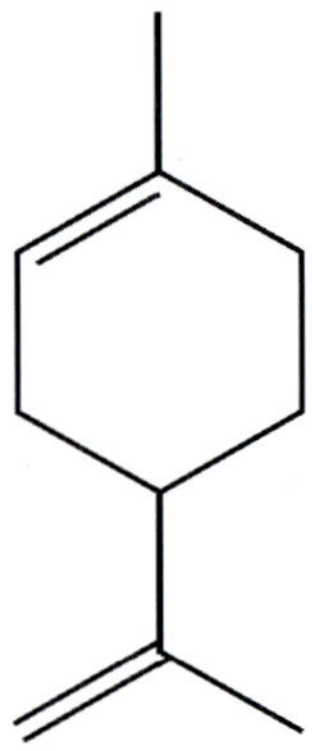

그림 4-2 리모넨

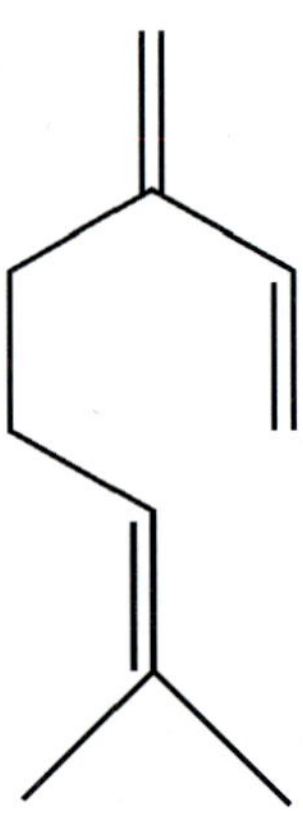

그림 4-3 미르센

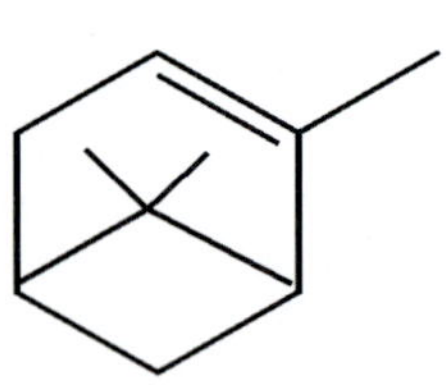

그림 4-4 알파피넨

모노테르펜의 일반적인 치료 작용 :

- ▶ 살균제; 항박테리아제; 항바이러스제
- ▶ 암 예방(chemopreventative)
- ▶ 자극제; 활력제
- ▶ 순한 거담제/ 울혈 제거제 (특히 파인과 같은 침엽수 오일)
- ▶ 피부와 점막의 건조/ 탈수 효과

참고

모든 테르펜 화합물은 산소에 쉽게 반응해 품질이 금방 저하될 수 있다. 이러한 품질 저하는 특정한 에센셜 오일을 잠재적인 자극물이나 민감제로 만들 수 있다. 산화를 피하기 위해서는 에센셜 오일을 올바르게 보관하고 각각의 에센셜 오일의 유효 기간을 살펴야 한다. 모노테르펜과 리나놀이 풍부한 에센셜 오일 (라벤더, 타임 ct. 리나놀)은 비타민 E 또는 알파 토코페롤로 보존해야 유통 기간이 늘어난다.

모노테르펜 예

리모넨	레몬, 탠저린, 비터/스위트 오렌지와 같은 감귤류, 네롤리, 캐러웨이, 딜, 전나무, 민트, 파인 (그림 4-2)
미르센	파인, 주니퍼와 그 외의 많은 오일들 (그림 4-3)
알파 피넨	파인과 그 외의 많은 오일들
베타 피넨	파인과 그 외의 많은 오일들 (그림 4-4)
베타 오시멘	바질
d-리모넨	베르가모트, 시트로넬라, 레몬그라스, 팔마로사
테르피놀렌	유칼립투스, 티트리
알파 펠란드렌	딜, 펜넬, 블랙페퍼
베타 펠란드렌	안젤리카 씨드, 딜, 파인, 전나무, 사이프러스
알파 테르피넨	마조람, 카다몸, 레몬, 그리고 몇 가지 *ocimum* 종(바질)
(-)-car-3-ene	파인, 블랙페퍼

모노테르펜이 풍부한 에센셜 오일들

안젤리카 루트, 베르가모트, 블랙페퍼, Grapefruit, 주니퍼, 레몬, Lime, Mandarin, 오렌지, 파인

세스퀴테르펜 / Sesquiterpenes

세스퀴르펜은 16개의 탄소 원자를 갖고 있으며 세 개의 이소프렌 단위 결합을 바탕으로 한다. 일반적으로 세스퀴테르펜은 무색이며(카마줄렌은 예외인데, 이것은 파란색이다), 물에 녹지 않고, 향이 더 진하며, 휘발성이 약하고, 모노테르펜보다 끓는점이 높다. 세스퀴테르펜은 비극성 화합물로 모노테르펜보다 산화가 늦게 일어난다. **세스퀴테르펜족은 −*ene*로 끝나는 이름을 갖고 있다.**

세스퀴테르펜의 일반적인 치료 작용:

- ▶ 살균제
- ▶ 항박테리아제
- ▶ 강력한 항염제

- 진경제
- 신경계의 안정과 진정

세스퀴테르펜 예와 세스퀴테르펜이 발견되는 오일들

비사볼렌	저먼 카모마일, 미르
베타 카디넨	주니퍼
베타 카리오필렌	클로버, 라벤더, 일랑일랑
카마줄렌	저먼 카모마일, 야로우, 웜우드
알파 시드렌	시더우드 오일, 주니퍼
알파 커큐멘	진저
알파 파네센	저먼 카모마일, 로즈 (그림 4-5)
베타 산탈렌	샌달우드
베타 셀리넨	샐러리 씨드
알파 일랑젠	일랑일랑
알파 버티벤	버티버
진지베렌	진저 (그림 4-6)

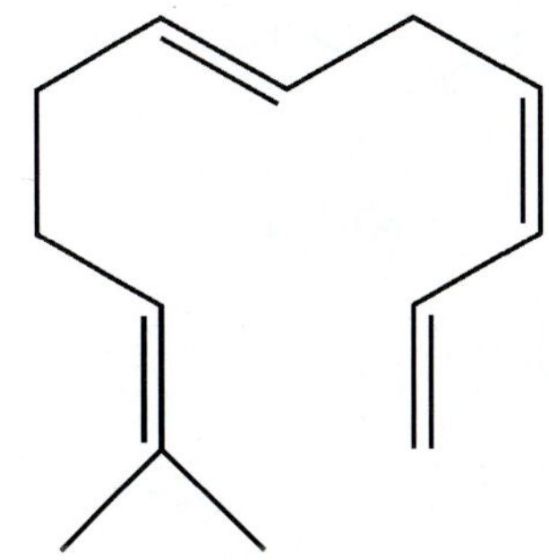

그림 4-5 알파파네센

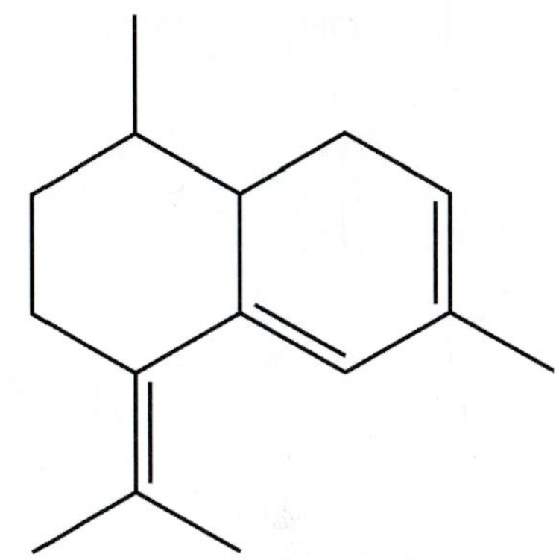

그림 4-6 진지브렌

세스퀴테르펜이 풍부한 에센셜 오일들

저먼 카모마일, 진저, 헬리크리섬, 미르, 패출리, 버티버

산화 탄화수소: 작용기
/ OXYGENATED HYDROCARBONS: FUNCTIONAL GROUPS

다음 성분들은 산소가 첨가된 탄화수소들이다. 각각의 산화 탄화수소 족은 일반적인 물리적, 화학적 속성을 제공하는 작용기의 지배를 받는다. **작용기**란 하나의 분자에 특정한 화학적, 물리적 특성을 부가하는 원자 하나 또는 일련의 원자를 말한다. 예를 들면, 알코올은 수산기 또는 (-OH)를 작용기로 갖는다.

알코올 / Alcohols

알코올은 포화 상태의 탄소에 부착된 수산기(-OH)를 갖고 있는 유기 화합물이다. **포화 상태**라는 것은 탄소가 이중, 삼중 결합이 아닌 단일 결합만을 통해 다른 원자와 결합한다는 뜻이다. 알코올은 극성 분자이며 동일한 분자 질량을 갖고 있는 테르펜에 비해 끓는점이 높다. 알코올은 전형적으로 기분 좋은 향을 갖고 있으며 물에 약간 녹는 성질이 있다. 알코올이 풍부한 에센셜 오일은 일반적으로 독성이 없다고 여겨지며 어린이와 노약자에게도 안전해 스킨케어에 두루 사용된다. 에센셜 오일 안의 알코올은 테르펜에서 유도되는데 모노테르펜 알코올(모노테르페놀) 또는 세스퀴테르펜 알코올(세스퀴테르페놀)로 나눌 수 있다. **알코올 합성물은 *-ol*로 끝나는 이름을 갖고 있다.**

모노테르펜 알코올 / Monoterpene Alcohols

모노테르펜 알코올의 일반적 치료 작용 :

- 강력한 항균제
- 피부에 순함

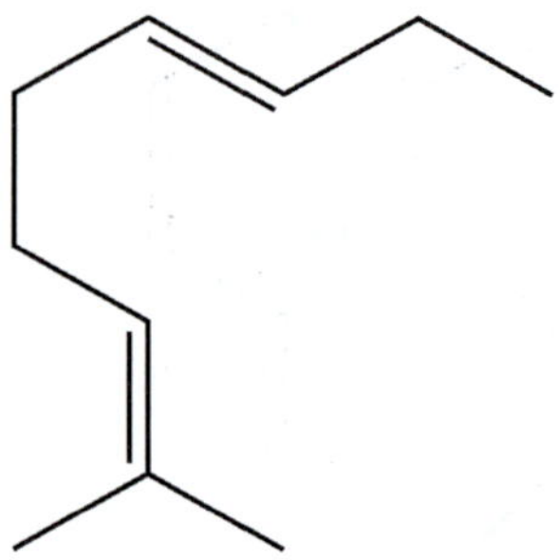

그림 4-7 제라니올

- 항박테리아제, 항바이러스제
- 면역 체계 지지

에센셜 오일 안에서 발견되는 모노테르펜 알코올 예 :

보르네올	스파이크 라벤더, 로즈마리, 타임
시트로넬롤	로즈, 제라늄, *Eucalyptus Citriodora*
제라니올	팔마로사, 시트로넬라, 레몬그라스, 제라늄 (그림 4-7)
라벤듈롤	라벤더
리나롤	라벤더, 베르가모트, 오렌지, 로즈우드 (그림 4-8), (참고: 리나롤은 진정 작용이 있음)
멘톨	페퍼민트 (그림 4-9)
네롤	네롤리, 베르가모트, 페티그레인, 로즈
테르펜-4-올	티트리, 주니퍼 베리

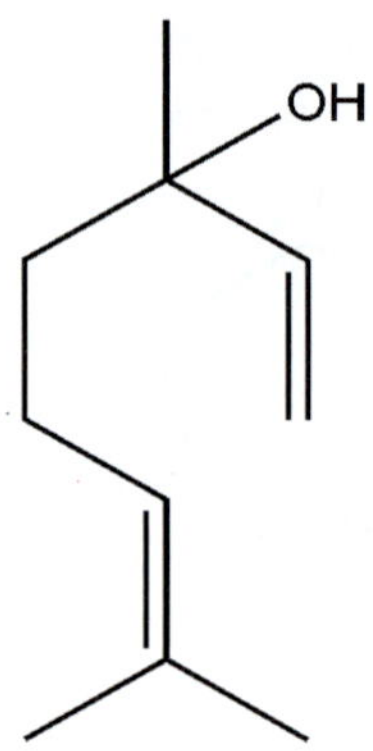

그림 4-8 리나롤

모노테르펜 알코올이 풍부한 에센셜 오일

제라늄, *Lavandula angustifolia*, 라벤딘, 스위트 마조람, 네놀리, 팔마로사, 페퍼민트, 페티그레인, 로즈, 티트리, 타임 ct. 리나롤

세스퀴테르펜 알코올 / Sesquiterpene Alcohols

슈나우벨트(1995)에 의하면, 세스퀴테르펜 알코올은 "근육과 신경을 강화하고, 림프계뿐만 아니라 혈관의 울혈을 줄여주며 순한 항균 작용"이 있다고 한다(29쪽).

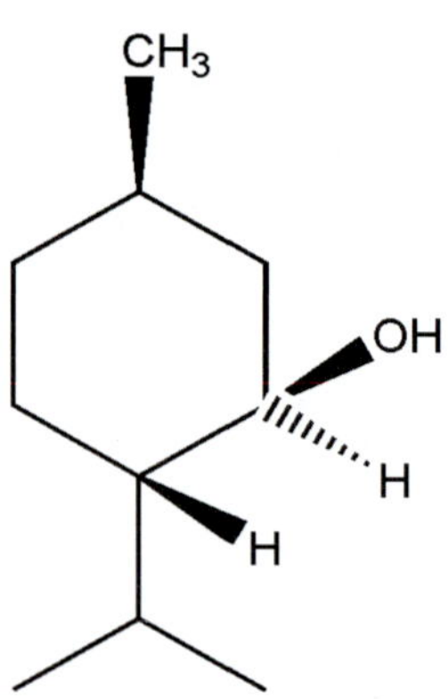

그림 4-9 멘톨

세스퀴테르펜 알코올의 일반적 치료 작용 :

- 항염제
- 면역 지지

에센셜 오일에서 발견되는 세스퀴테르펜 알코올 예

알파 비사볼롤	저먼 카모마일
카로톨	캐럿 씨드
다우콜	캐럿 씨드
파르네솔	로즈 (그림 4-10)
알파 산타롤	샌달우드
베타 산타롤	샌달우드 (그림 4-11)
진지베롤	진저

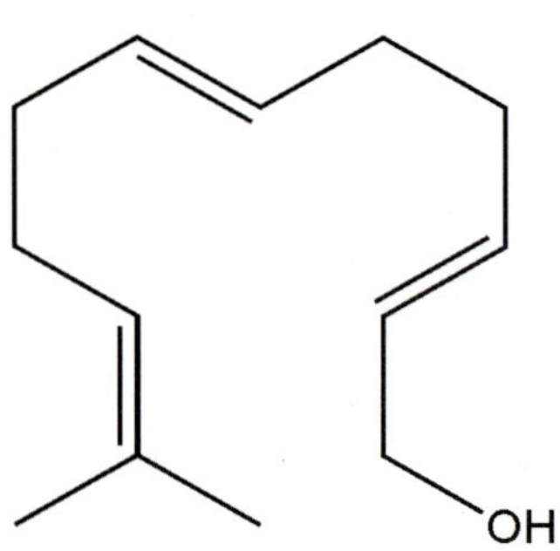

그림 4-10 파네솔

세스퀴테르펜 알코올이 풍부한 에센셜 오일들

캐럿 씨드, 저먼 카모마일, 진저, 패출리, 샌달우드, 버티버

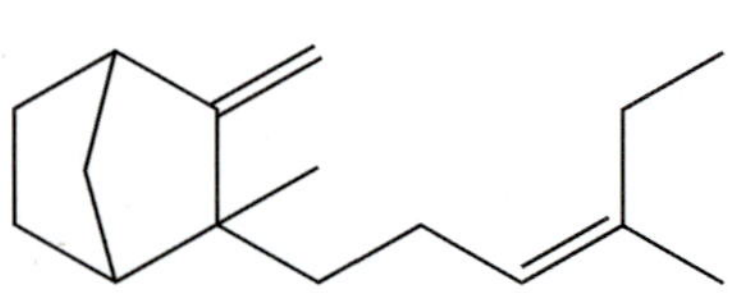

그림 4-11 베타산타롤

페놀 / Phenols

페놀은 벤젠 고리 또는 향기 고리라고 알려진 탄소에 부착된 -OH기를 갖고 있다. 티서란드와 발락스(1996)는 벤젠 링에 부착된 -OH기가 페놀을 더 반응에 민감하게 만들어 더 자극적인 화합물을 만들 가능성이 커진다고 지적했다(17쪽). 페놀은 극성 화합물로 끓는점이 높고 알코올보다는 약간 더 물에 잘 녹는다. **페놀 화합물 족의 이름은 알코올처럼 *-ol*로 끝난**

다. 페놀 화합물은 몇 개 되지 않기 때문에 알코올과 혼동하는 것을 피하기 위해 에센셜 오일에서 일반적으로 발견되는 페놀 이름은 외우는 것이 좋다.

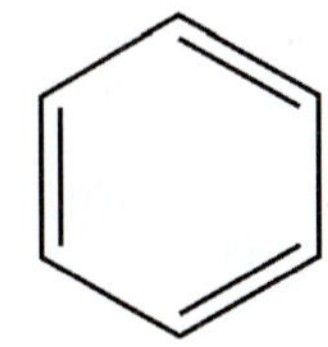

그림 4-12 벤젠 고리

> **참고**
>
> 티서란드와 발락스(1996)에 의하면 페놀 혹은 석탄산은 "콜타르에서 유도된 살균제"라고 한다(18쪽). 페놀은 자연계에서는 발견되지 않는다. 페놀 또는 석탄산은 조셉 리스터가 수술 후 감염을 줄이고 수술 도구들의 소독제로 이용하면서 살균제로 유명해졌다. 하지만 페놀은 피부를 손상시키기 때문에 더 이상 살균제로 쓰이지 않는다.

페놀 독성과 안전 정보 / Phenol toxicity and safety information

에센셜 오일 내에서 발견되는 페놀 화합물은 대량으로 복용하거나 지나치게 오랜 기간 동안 복용했을 때 간 독성을 나타낼 가능성이 있는 것으로 알려져 있다. 페놀 화합물은 또한 피부 염증을 일으키는 성질이 있다. 타임, 클로브, 바질 ct. 메틸 차비콜, 오레가노와 같은 페놀이 풍부한 에센셜 오일은 낮은 농도로 사용해야 하며, 피부에 바르기 전에 캐리어 오일에 희석해야 한다. 페놀 화합물이 점막이나 찢어진 피부에 닿게 되면 타는 듯한 느낌이 든다. 페놀은 항상 주의해서 다뤄야 하며 희석해 사용해야 한다. 페놀 화합물은 피부를 자극할 수 있으며 잠재적 간독성이 있다.

페놀의 일반적 치료 작용 :

- ▶ 강력한 항박테리아 작용, 살균제
- ▶ 가온
- ▶ 면역 체계 자극제
- ▶ 신경계를 자극해 강화함

에센셜 오일에서 발견되는 페놀의 예

카르바크롤	와일드 마조람, 오레가노, 타임
티몰	타임 (그림 4-13)
유제놀	클로브 버드, 시나몬 (그림 4-14)

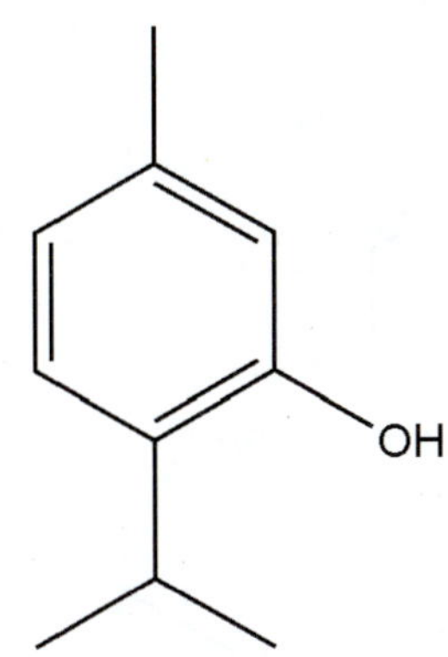

그림 4-13 티몰

페놀이 풍부한 에센셜 오일들

바질, Thyme, Oregano, Cinnamon, Clove, Tarragon

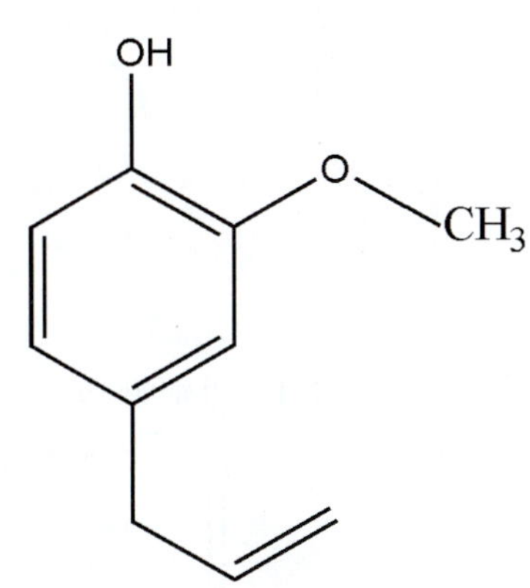

그림 4-14 유제놀

페닐프로파노이드 / Phenylpropanoids

밀스와 본(2000)은 페닐프로파노이드를 "벤젠 고리에 부착되어 있는 기본적인 3-탄소 고리"라고 묘사했다(28쪽). 페닐프로파노이드는 생합성적으로 메발론 경로보다는 계피산 또는 시킴산 경로에서 유도되어진다. 페닐프로파노이드 화합물은 중요하고 주목할 만한 작용이 있는데도 불구하고 에센셜 오일에서는 잘 발견되지 않는다. **페놀프로파노이드 화합물 족의 이름은 *−ole*나 *−ol*로 끝이 난다.**

페닐프로파노이드의 일반적인 치료 작용

- ▶ 강력한 항박테리아 기능, 살균제
- ▶ 스트레스 조절 (슈나우벨트, 2004)
- ▶ 면역 체계 자극제

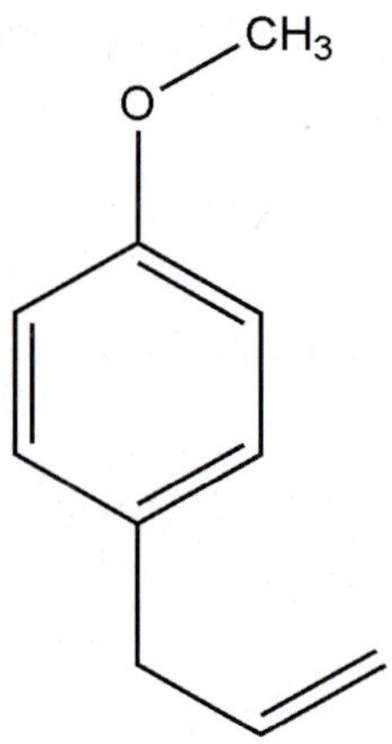

그림 4-15 메틸차비콜

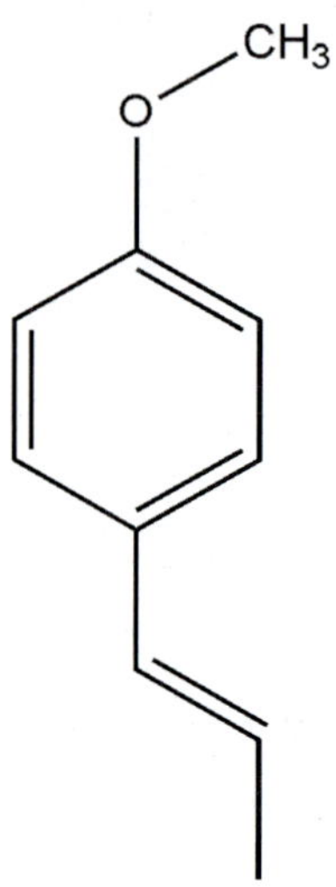

그림 4-16 트랜스아네톨

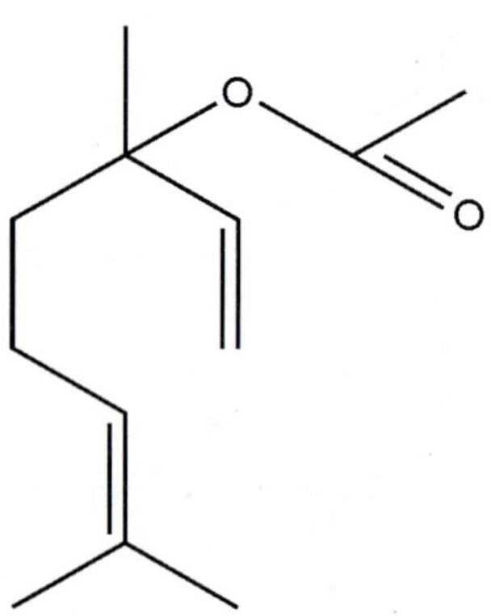

그림 4-17 리나릴 아세테이트

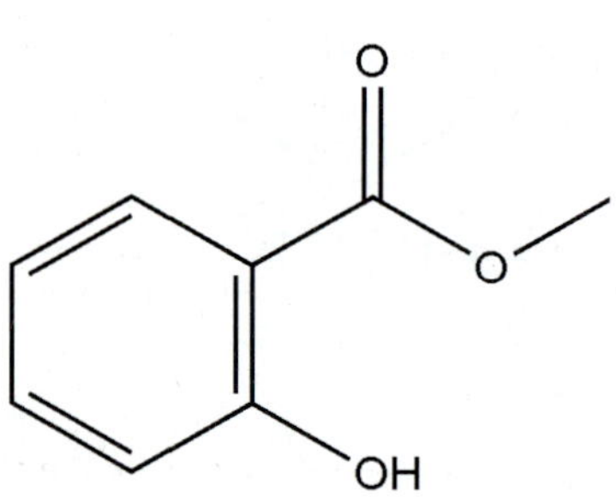

그림 4-18 메틸 살리실레이트

- 신경계를 자극해 강화함
- 진경제

에센셜 오일 안에서 발견되는 페닐프로파노이드의 예

시나몬 알데하이드	시나몬 바크
시스-아네톨	아니스 (2.5%까지)
메틸 차비콜 syn. 에스트라골	바질, 펜넬, 타라곤 (그림 4-15)
사프롤	캠퍼, 사사프라스
트랜스-아네톨	아니스 (80%까지), 펜넬 (90%까지) (그림 4-16)

페닐프로파노이드가 풍부한 에센셜 오일들

바질 ct. 메틸 차비콜, 펜넬, 시나몬 바크, 사사프라스

> 참고
>
> 시스-아네톨은 매우 독성이 강한 반면, 트랜스-아네톨은 비교적 독성이 없고 안전한 것으로 여겨진다. 스위트 펜넬은 확실한 트랜스-아네톨이다. 독성을 피하기 위해서는 에센셜 오일의 신원 확인이 매우 중요하다. 에센셜 오일 판매 회사들은 사용되는 에센셜 오일에 대한 적절한 안전 지침을 가지고 있는지 확인할 수 있게 완전한 라틴 이명식 이름과 함께 화학형 성분을 분명하게 명기해야 한다 (예를 들면, Thymus vulgaris CT thymol).

에스테르 / Esters

에스테르는 알코올과 유기산 간의 화학 반응에 의한 산물이다. 유기산은 알데하이드 전자를 카르보닐기와 수산기 모두와 공유하는 말단 탄소를 가지고 있다. 이 전체 단위인 COOH는 카르복시기라 불린다. 에스테르는 순한 극성 화합물로 강한 과일향을 갖고 있는 것이 특징이다. 이들은 분자 중량이 비슷한 알코올, 케톤과 유사한 끓는점을 갖고 있으며 어느 정도는 물에 녹는다. **에스테르 족은 −*ate* 또는 *ester*로 끝나는 이름을 갖고 있다.**

에스테르 형태의 예는 다음과 같다: 초산 + 리나놀 = 초산 리나릴 + 문 분자

에스테르의 일반적인 치료 작용 :

- 중추신경계통(CNS) 긴장 완화
- 균형
- 진경제
- 신경계 강장제
- 피부 염증 진정

에센셜 오일에서 발견되는 에스테르의 예들

초산 보닐	파인과 전나무 종류, 로즈마리, 타임
초산 제라닐	제라늄(잎), 레몬, 로즈, 라벤더, 마조람
초산 리나릴	라벤더, 베르가모트, 클라리 세이지, 페티그레인, 네롤리 (그림 4-17)
초산 멘틸	페퍼민트와 그 외 민트 종들
살리신살 멘틸	윈터그린, 버치 (그림 4-18)
초산 티몰	타임

기타 에스테르들		
초산 벤질	초산 시트로넬릴	낙산 시트로넬릴
초산 유제닐	초산 라벤둘릴	메틸 벤조에이트
초산 사비닐	초산 테르피네올	초산 버티버롤

에스테르가 풍부한 에센셜 오일들

버치, 로만 카모마일, 클라리 세이지, 라벤더, 네롤리, 페티그레인, 윈터그린

> **참고**
>
> 버치와 윈터그린 에센셜 오일은 95~98%의 살리신산 메틸을 함유하고 있으며 일반적으로 합성 살리신산 메틸과 희석한다. 살리신산 메틸은 독성이 매우 강한 화합물로 피부를 통해 쉽게 혈액으로 흡수된다. 티서란드와 발락스(1995)는 이 오일은 4 ml만 복용해도 유아의 죽음을 초래한다고 보고했으며 이 외에도 살리신산 메틸에 중독된 사례들이 여러 개 보고되고 있다. 버크 제약사는"가장 독성이 강한 형태의 살리신산은 윈터그린 오일(살리신산 메틸)이다; 1 작은 술을 먹고 어린이가 죽은 사례가 보고되었다. 살리신산 메틸에 노출되는 것은 어떤 경우든 (바르는 약이나 증기 발생기에 사용하는 용액도) 치명적일 수 있다"라고 말했다.

유아, 상처가 있는 피부, 다른 살리신산을 기본으로 하는 약물 치료 중인 개인에게는 버치나 윈터그린을 사용하지 말라. 항응고 약물을 복용 중인 개인에게도 사용하지 말라. 티서란드와 발락스(1995)는 살리신살 메틸을 피부에 바르면 항응고 약물의 작용을 부추겨 내출혈과 같은 부작용이 발생할 수 있다고 보고했다(195쪽).

미국 환경보호국 (1997)은 "살리신산 메틸은 음식의 향료로뿐만 아니라 양치질액과 태닝 로션에도 사용되고 있다. 그리고 미국 약전(U.S.P.) 조제약 내에서 반대 자극제와 아픈 근육 또는 관절을 위한 진통제로도 사용되며 바르는 약과 연고, 그리고 기타 조제약에도 사용된다. FDA 외부 자문위원단은 린스나 양치질 액의 살리신산 메틸 농도가 0.4%일 때까지는 안전하다고 결론지었다. 이 화합물은 음식물과 음료수, 조제약, 로션과 향수 등에 광범위하게 이용되고 있으며 이런 용도로 사용한 것과 관련해 부작용이 발생했다는 보고는 없다. 이 화합물을 상업적으로 많은 기여를 하고 있다"라고 보고했다.

살리신산 메틸은 근육통, 염좌 치료제인 BenGay™와 Deep Heat 제품의 활성 성분이다. 위의 두 제품들은 피부 흡수를 최소화하기 위해 석유를 베이스로 이용한다는 점을 염두에 두어야 할 것이다.

알데하이드 / Aldehydes

알데하이드는 적어도 한 개의 수소 원자에 직접적으로 부착된 카르보닐 족이 있는극성 카르보닐기(C=O)와 수소 또는 탄소 원자에 직접적으로 부착된 또 하나의 극성 카르보닐기를 갖고 있다. 알데하이드는 에센셜 오일 안에서 가장 향기로운 분자로 여겨지고 있으며 분리된 화학 물질의 냄새를 맡으면 과일향이 약간 난다. 알데하이드는 순한 극성 화합물로 알코올보다는 낮지만 탄화수소 분자보다는 높은 끓는점을 갖고 있다. 이들은 또한 알코올보다는 약간 더 물에 잘 녹는다. **알데하이드는 쉽게 카르복실 산으로 산화가 되기 때문에 염증을 잘 일으키는 성질이 있다. 알데하이드 화합물의 이름은 −*al*로 끝난다.**

> **참고**
>
> 다수의 알데하이드 화합물은 피부 자극제로, 희석하지 않고 이용했을 때 알레르기 반응을 일으킬 수 있다. 알데하이드가 풍부한 에센셜 오일은 항상 희석해서 사용해야 하며 알데하이드 공기 소독제는 피부에 묻지 않게 해야 한다.

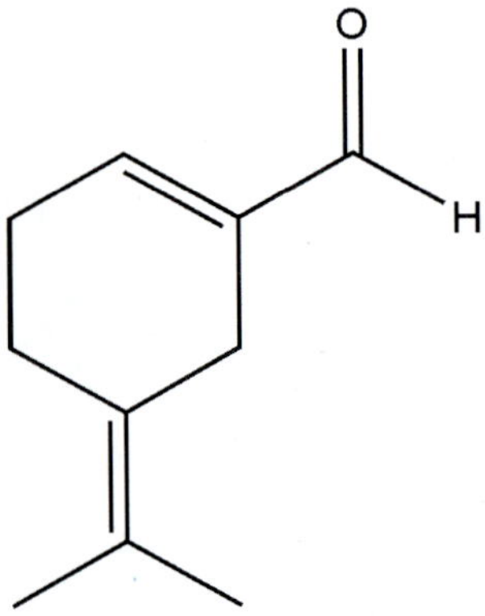

그림 4-19 제라니알

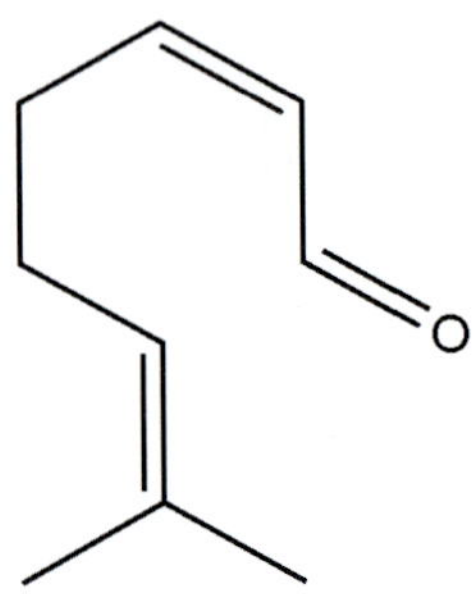

그림 4-20 네랄

알데하이드의 일반적인 치료 작용 :

- ▶ 강력한 항바이러스제
- ▶ 중추신경계통 진정제
- ▶ 항염제
- ▶ 피부 자극물

에센셜 오일에서 발견되는 알데하이드의 예들

시트랄	레몬그라스, 레몬 버베나
시트로넬랄	시트로넬라, *Eucalyptus Citriadora*, 멜리사
제라니알	레몬, 레몬그라스, 라임, 멜리사 (그림 4-19)
네랄	진저, 레몬, 레몬그라스, 멜리사 (그림 4-20)

기타 알데하이드들

아세트알데하이드	벤즈알데하이드	쿠미닉 알데하이드
노나날	퍼릴알데하이드	피페로날

알데하이드가 풍부한 에센셜 오일들

시트로넬라, *Eucalyptus Citriadora*, 레몬그라스

케톤 / Ketones

케톤은 탄소들이 카르보닐기에 직접적으로 부착되어 있다는 점(C=O)만 제외하면 알데하이드와 유사하다. 케톤은 온건한 극성 화합물이며 안정적이라 산화가 잘 되지 않는다고 여겨진다. 케톤 역시 알데하이드처럼 알코올보다 끓는점이 낮지만 탄화수소 분자보다는 끓는점이 높다. 케톤은 알코올보다는 약간 더 물에 잘 녹는다. **케톤 화합물의 이름은 캠퍼만 제외하고 —*one*로 끝난다.**

케톤 독성과 안전 정보 / Ketone toxicity and safety information

에센셜 오일에서 발견되는 케톤 화합물은 특히 내복했을 때 더 독성이 강한 성분으로 여겨진다. 케톤은 특히 신경독성이 있어 다량 복용 시 간질과 유사한 발작을 일으킬 가능성이 있다. 압생트의 원료인 투존을 내복했을 때 신경계에 가해지는 독성에 대한 연구가 다각적으로 이루어지고 있다. 투존을 과다 복용하게 되면 뇌 손상과 발작, 떨림, 마비 등이 일어날 수 있다.

보울스(2003)에 의하면 피부에 한 번 바르는 것으로는 문제가 될 만한 혈액 수준에 이르지 않지만 매일 반복적으로 사용할 경우 인체 내에서의 테르펜의 긴 반감기 때문에 문제가 발생할 가능성이 있다고 한다(86쪽). 따라서 캐리어 오일에 섞어 낮은 농도로 단기간 이용하는 것이 안전하다.

루, 머그워트, 웜우드, 투존, 페니로얄과 같은 에센셜 오일은 신경독으로 작용하며 낙태약으로 여겨지고 있기 때문에 아로마테라피 시술 시에는 사용하지 않는 것이 좋다. 세이지, 스파이크 라벤더, 그리고 캠퍼는 적당한 케톤 성분을 갖고 있기 때문에 일반적으로 피부에 발라도 안전하다고 여겨진다. 시더, 페퍼민트, 로즈마리, 스피어민트, 야로우와 같은 다른 오일들은 케톤 성분이 적기 때문에 신경 쓰지 않아도 된다. 위에 언급한 오일들을 위한 표준 안전 규칙으로는 내복용으로는 이용하지 말고, 아이들 손에 닿지 않는 곳에 보관하고, 매일 장기적으로 이용하지 말라는 것 등이 있다.

캠퍼가 풍부한 에센셜 오일은 유아나 어린이들에게 사용하면 안 된다. 캠퍼는 피부와 점막, 태반을 통해 쉽게 흡수된다고 알려져 있다. 대량 복용하게 되면 심각한 간독성 또는 신경 독성을 일으킬 수 있다. 캠퍼는 소량만 섭취해도 어린이에게는 치명적일 수 있다. 모든 에센셜 오일은 아이들 손이 닿지 않는 곳에 보관해야 한다는 것을 명심하라.

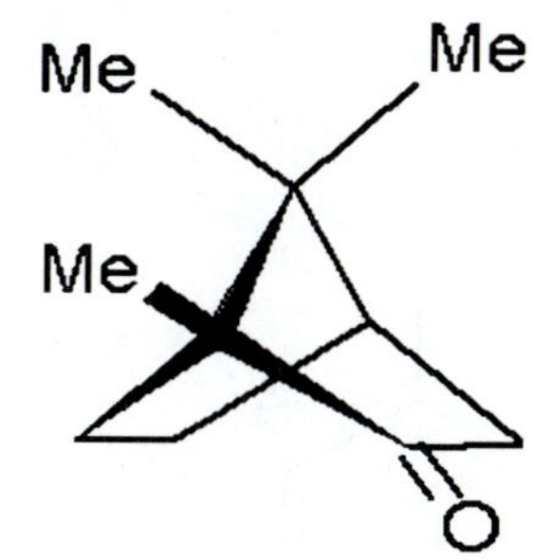

그림 4-21 캠퍼

케톤의 일반적인 치료 작용 :

- 강력한 점액용해제
- 피부/조직 재생 촉진
- 상처 치료
- 신경 계통 진정, 진정제

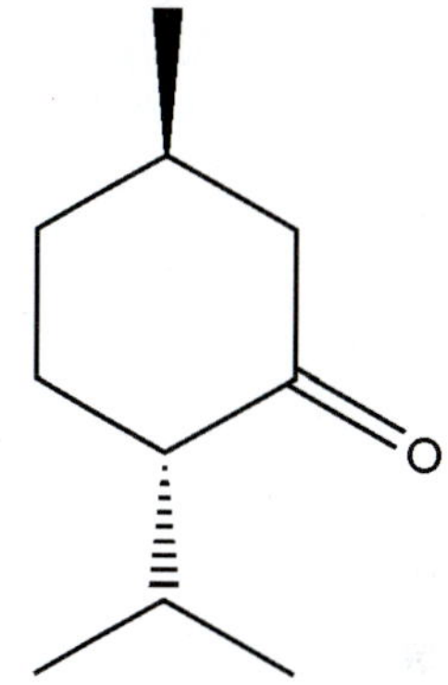

그림 4-22 멘톤

에센셜 오일에서 발견되는 케톤의 예들

캠퍼	로즈마리 ct. 캠퍼, 스파이크 라벤더, *Lavandula stoechas*, 캠퍼 오일, 세이지 (그림4-21)
d-카르본	캐러웨이, 딜
l-카르본	스피어민트
펜촌	펜넬, 라벤더, 투존
멘톤	페퍼민트 오일과 기타 *박하* 종류 (그림 4-22)
누트카톤	그레이프프루트
피페리톤	페퍼민트, *Eucalyptus polybractea*
풀레곤	페니로얄 오일, 페퍼민트
투존	측백나무, 세이지, 웜우드
버베논	로즈마리 ct. 버베논

케톤이 풍부한 에센셜 오일들

딜, *Eucalyptus dives*, 히숍, 머그워트, 세이지 *(Salvia officinals)*, 측백나무

산화물 / Oxides

산화물은 두 개의 탄소 분자 사이에 산소 분자가 위치해 있는 유기 화합물이다. 산화물은 상당히 불안정해서 공기나 물에 노출되었을 때 빠르게 산화된다. 산화물은 또한 열에 매우 민감하다. 에센셜 오일에서 발견되는 주요 산화물은 유칼립톨이라고도 알려진 1,8 시네올이다. **산화물 화합물의 이름은 −*ole*나 −*oxide*로 끝난다.**

산화물의 일반적인 치료 작용

- 항바이러스제
- 거담제
- 호흡기 자극물

산화물의 예들

1,8 시네올; 유칼립톨	유칼립투스, 니아울리, 티트리 (그림 4-23)
비사볼롤 산화물	저먼 카모마일
비사볼론 산화물	저먼 카모마일

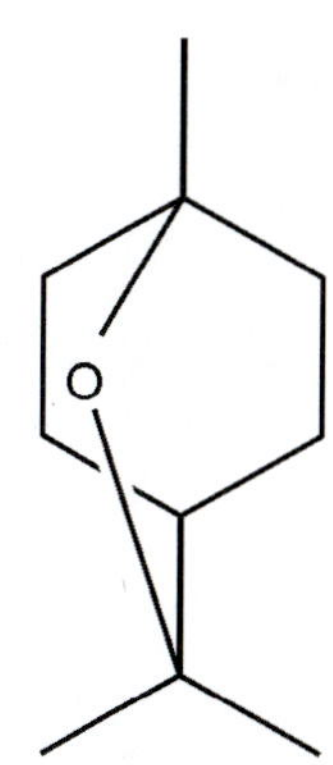

그림 4-23 1,8 시네올 syn 유칼립톨

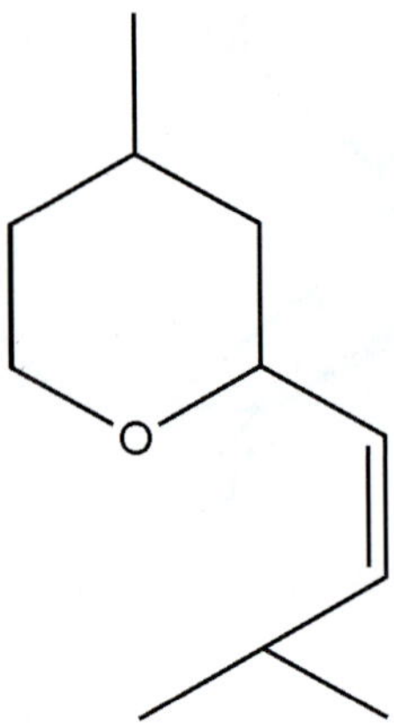

그림 4-24 로즈 산화물

로즈 산화물	로즈 (그림 4-24)
스클라레올 산화물	클라리 세이지

산화물이 풍부한 에센셜 오일들

카제풋, *Eucalyptus globulus*와 기타 유칼립투스 종들, 니아울리, 티트리

세스퀴테르펜 락톤 / Sesquiterpene Lactones

야넬(2003)은 세스퀴테르펜 락톤을 궁극적으로 FPP(Farnesyl pyrophosphate)에서 유도된 특징적인 락톤 고리 구조를 가진 세스퀴테르펜의 하위 범주라고 묘사했다. 세스퀴테르펜 락톤은 에센셜 오일에서는 흔하지 않다. 하지만 Achillea millefolium, Arnica montana, Tanacetum Annum과 같은 많은 국화과 식물이 가진 쓴 맛의 소인이 세스퀴테르펜 락톤이다. 이들은 약간만 물에 녹고, 느리게 휘발되며, 산화가 잘 되지 않는다. 슈나우벨트(2004)는 "세스퀴테르펜 락톤은 에센셜 오일에서 발견되는 것 중 약학적으로 가장 활동적인 분자이며 의학적 아로마테라피에서 가장 효과적인 점액용해제"라고 했다(109쪽). Inula graveolens의 에센셜 오일에는 약간의 세스퀴테르펜 락톤이 함유되어 있는데 천식과 기관지염 치료에 이용된다. **락톤 화합물의 이름은 −*lactone*나 −*ine*로 끝난다.**

락톤의 일반적인 치료 작용 :

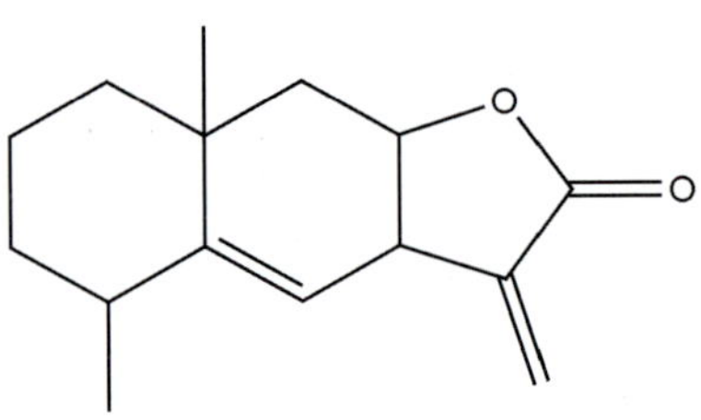

그림 4-25 알란토락톤

- ▶ 점액용해제와 거담제
- ▶ 항염제
- ▶ 순한 근육 이완제
- ▶ 항균제

세스퀴테르핀 락톤의 예들

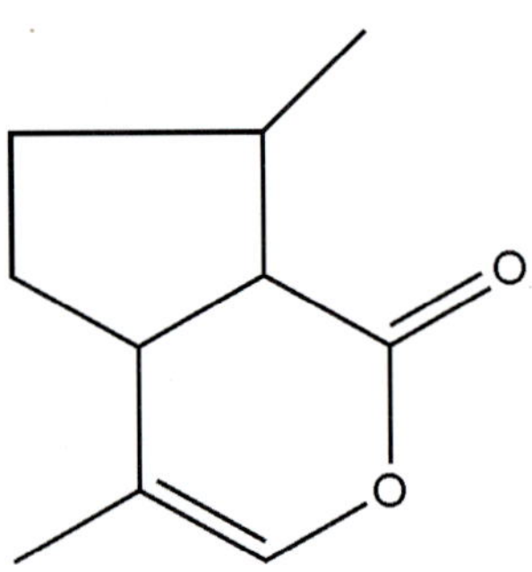

그림 4-26 네파탈락톤

알란토락톤	*Inula helenium, Inula graveolens* (그림 4-25)
이소란토락톤	*Inula graveolens*
네페탈락톤	캐트닙(*Napeta cataria*) (그림 4-26)

세스퀴테르펜 락톤이 풍부한 에센셜 오일들

Inula graveolens, 캐트닙

푸라노쿠마린 / Furanocoumarins

쿠마린은 락톤의 한 종류이지만, **푸라노쿠마린**은 쿠마린의 한 종류이다. 푸라노쿠마린은 시트러스 오일과 안젤리카 루트에서 가장 흔하게 발견된다. 베르가프틴이 가장 일반적인 푸라노쿠마린으로, 베르가모트 에센셜 오일의 광민감성 반응을 일으키는 요인이다. 푸라노쿠마린은 아주 약간만 물에 녹는다.

푸라모쿠마린의 일반적인 치료 작용

- ▶ 광민감제
- ▶ 항진균제, 항바이러스제 (클라크, 2002)

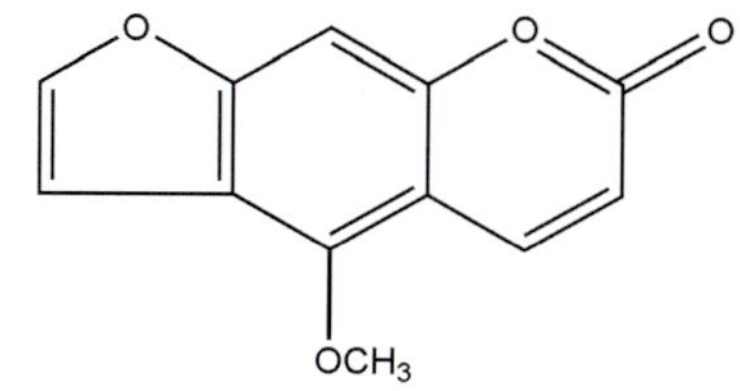

그림 4-27 베르갑텐

푸라노쿠마린의 예들

안젤리신	안젤리카 루트
베르가프텐	베르가모트 (그림 4-27)

푸라노쿠마린이 풍부한 에센셜 오일들

안젤리카 루트, 베르가모트, 압착한 시트러스 오일

푸라노쿠마린의 독성과 안전 정보

푸라노쿠마린이 풍부한 에센셜 오일은 광독성이 있다. 광독성 또는 광민감성 성분은 적외선의 영향을 받으면 빠르게 타거나 화상을 일으킨다. 푸라노쿠마린은 자외선을 흡수할 수 있기 때문에 피부에 화상 또는 태닝 작용을 일으킨다. 베르가모트(0.4%), 압착한 라임(0.7%), 타게테스(0.05%), 안젤리카 루트(0.78%)과 같은 에센셜 오일은 광독성이 있다고 여겨진다. 각

실제 임상적용

사례 4.1

응용 화학 (Chemistry Applied)

J.는 40세의 자영업자로 스스로 "A" 타입의 성격을 가지고 있다고 주장한다. 그녀는 매일 (자신이 유발한) 스트레스를 많이 받고 있으며 휴식 시간이 없다고 느끼고 있다. 그녀는 겨울이면 기관지염을 앓는데 이것도 스트레스와 스트레스로 인해 저하된 면역력 때문이라고 생각한다. J.는 또한 목과 어깨가 뭉쳐 있다며 불편을 호소했다. 몸과 어깨에는 약간의 통증도 있으며 밤이면 불면증에 시달린다. J.는 친구의 권유로 아로마테라피 마사지를 받으러 왔다.

전신 마사지 블렌드를 위해 다음과 같은 에센셜 오일을 선택했다:

- 라벤더(*Lavandula angustifolia*)—에스테르와 진정 작용이 있는 알코올, 리나롤이 풍부. CNS에 대한 이완과 균형 효과
- 저먼 카모마일(*Matricaria recutita*)—세스퀴테르펜이 풍부, 신경 계통와 근골격 계통을 평화롭게 만들어 주고 진정시키는 효과가 있음
- 진저(*Zingiber officinale*)—세스퀴테르펜이 풍부, 신경 계통을 진정시킴, 근육통에 대한 가온과 약간의 진통 효과

마사지 블렌드: 3% 희석도/1 온스 오일

라벤더	10 방울
저먼 카모마일	3 방울
진저	5 방울
살구씨 오일 100%	

집으로 가져가는 디퓨저 시너지: 이 시너지는 약해진 면역력과 기관지염을 위한 것임

- 유칼립투스(*Eucalyptus globulus*)—산화물, 1,8 시네올이 풍부, 거담 작용
- 시나몬 리프(*Cinnamomum zeylanicum*)—페놀이 풍부, 면역 강화 능력
- 티트리(*Melaleuca alternifolia*)—모노테르펜 알코올이 풍부, 면역 강화 능력과 거담 작용이 있는 유칼립투스의 1,8 시네올 성분을 지지
- 레몬(*Citrus limon*)—모노테르펜이 풍부, 살균 작용과 블렌드에 있는 다른 에센셜 오일 지지

시너지

유칼립투스	20 방울
시나몬 리프	7 방울
티트리	12 방울
레몬	25 방울

사용법: 전기 디퓨저에 사용, 10에서 20분 정도 타이머를 맞춰 놓고 사용. 또한 1온스 분무기에 5~10방울 떨어뜨린 다음, 필요할 때 차나 작업 공간에 뿌린다.

각의 오일 뒤에 적은 농도는 티서란드와 발락스(1995)가 권고한 소매 제품을 위한 최대한의 농도이다.

광독성 푸라노쿠마린이 함유된 에센셜 오일 적용을 위해 안전하다고 여겨지는 희석도 지침이 확립되었다. 희석 비율은 오일 뒤에 있는 괄호 안에 %로 표시했다. 광민감제로 알려진 것을 두 가지 이상 혼합할 때는 전체 푸라노쿠마린 농도를 0.4% 이하 (1온스의 캐리어 오일 당 2~3방울 이하)로 유지하는 것이 중요하다. 또한, 광민감성 오일을 이용할 때는 고객에게 적어도 12시간에서 24시간 동안은 태양을 직접적으로 쏘이거나 일광욕을 하지 말라고 요청해야 한다.

요약 /SUMMARY

- 에센셜 오일의 기본적인 화학적 특징에 대한 공부를 하면 의료와 건강 분야 전문가와 에센셜 오일의 치료 효능에 대해 더 잘 상호작용 할 수 있을 뿐만 아니라, 고객을 위한 안전하고 효과적인 블렌드를 창조할 수 있다.
- 유기 화학은 한때 살아있는 생명으로부터 기원한 유기체와 물질을 연구하던 학문으로 알려졌다; 지금은 탄소와 수소의 화학적 화합물의 구조와 특성, 구성, 반응, 그리고 조합을 연구하는 학문이라고 정의된다.
- 각각의 화학족은 그 족에서 기인한 일반적인 치료 작용에 대한 영역을 제공해 왔다. 각각의 화학족의 일반적 특성에 귀속하는 시스템은 구조적 에너지 시스템이라 불린다.
- 에센셜 오일은 테르펜 형태 안에 단순 탄화수소를 함유하고 있으며 산화 탄화수소, 혹은 치환 탄화수소는 알코올과 페놀, 에스테르, 알데하이드, 케톤, 산화물, 락톤, 그리고 푸라노쿠마린의 형태 안에 함유하고 있다.
- 페놀 화합물은 내복 시에는 잠재적 간 독성 물질이 되며 희석 농도가 높거나 희석을 하지 않고 피부에 바르면 피부 자극제가 된다. 페놀 화합물은 캐리어 오일에 낮은 농도로 희석해 사용하는 것이 가장 안전하다.
- 푸라노쿠마린은 시트러스 오일과 안젤리카 루트에서 가장 흔히 발견되며 이러한 에센셜 오일의 광민감성의 원인이 된다.
- 케톤 화합물은 내복 시 강한 독성을 띠지만 피부에 발랐을 때는 부작용이 일어나지 않는 것 같다. 케톤이 풍부한 오일은 낮은 농도로 단기간만 피부에 바르는 것이 안전하다.

새 용어들 /NEW TERMINOLOGY

알코올(Alcohols)	푸라노쿠마린(Furanocoumarins)
알데하이드(Aldehydes)	탄화수소(Hydrocarbons)
생합성(Biosynthesized)	이소프렌 단위(Isoprene unit)
에스테르(Esters)	케톤(Ketones)

수용기(Functional group)
유기 화학(Organic chemistry)
산화물(Oxides)
페놀(Phenols)
페닐프로파노이드(Phenylpropanoids)
모노테르펜(Monoterpenes)
세스퀴테르펜(Sesquiterpenes)
세스퀴테르펜 락톤(Sesquiterpene lactones)
구조적 에너지 시스템(Structure energy system)
테르펜(Terpenes)

참고문헌 / References

Bowles, E.J. (2003). *The Chemistry of Aromatherapeutic Oils*. Crows Nest, Australia: Allen & Unwin.

Clarke, S. (2002). *Essential Chemistry for Safe Aromatherapy*. Edinburgh, UK: Churchill Livingstone.

Food and Agriculture Organization of the United Nations. (1995). *Flavors and Fragrances of Plant Origin*, Appendix 1. Retrieved on August 28, 2005, from http://www.fao.org/documents/show_cdr.asp?url_file=/docrep/V5350E/V5350e06.htm.

Merck Pharmaceuticals. *Poisoning*. Retrieved on February 23, 2006, from http://www.merck.com/mrkshared/mmanual/section19/chapter263/263b.jsp.

Mills, S., and Bone, K. (2000). *Principles and Practice of Phytotherapy*. London: Harcourt Publishers.

Schnaubelt, K. (1995). *Advanced Aromatherapy*. Rochester, VT: Healing Arts Press.

Schnaubelt, K. (2004). *Aromatherapy Lifestyle*. San Rafael, CA: Terra Linda Scent.

Theis, N., and Lerdau, M. (2003). The Evolution of Function in Plant Secondary Metabolites. *Int. J. Plant Sci*. 164 (3 Suppl.): S93–S102.

Tisserand, R., and Balacs, T. (1995). *Essential Oil Safety*. New York: Churchill Livingstone.

U.S. Environmental Protection Agency (1997). *Methyl Salicylate: Establishment of an Exemption from Requirement of a Tolerance*. Retrieved on February 23, 2006, from http://www.epa.gov/fedrgstr/EPA-PEST/1997/November/Day-19/p30251.htm.

Yarnell, E. (2003). *Phytochemistry and Pharmacy for Practitioners of Botanical Medicine*. Wenatchee, WA: Healing Mountain Publishing.

Further Recommended Reading

Bowles, E.J. (2003). *The Chemistry of Aromatherapeutic Oils*. Crows Nest, Australia: Allen & Unwin.

Clarke, S. (2002). *Essential Chemistry for Safe Aromatherapy*. Edinburgh, UK: Churchill Livingstone.

Schnaubelt, K. (1995). *Advanced Aromatherapy*. Rochester, VT: Healing Arts Press.

워크시트 / WORKSHEET

화학

지금까지 이 과정에서 배운 에센셜 오일들을 주요 생화학 족에 따라 분류하라.
예를 들어, 라벤더는 알코올 족, 특히 진정 작용 알코올(리나롤)과 에스테르(초산 리나릴)에 속한다.

■ **모노테르펜**

■ **알데하이드**

■ **세스퀴테르펜**

■ **케톤**

■ **알코올**

■ **산화물**

■ **페놀**

■ **세스퀴테르펜 락톤**

■ **페닐프로파노이드**

■ **푸라노쿠마린**

■ **에스테르**

복습 문제 / CHAPTER TEST

1. 가장 단순한 유기 화합물이자 에센셜 오일의 기본적 중심은?
   a. 세스퀴테르펜
   b. 알데하이드
   c. 탄화수소
   d. 산화 탄화수소

2. 두 개의 이소프렌 단위 결합을 기본으로 하는 모노테르펜은 몇 개의 탄소 원자를 갖고 있나?
   a. 5
   b. 20
   c. 35
   d. 10

3. 다음 중 알데하이드의 예는?
   a. 시트로넬롤
   b. 제라니알
   c. 패추롤
   d. 리모넨

4. 에스테르는 유기산과 무엇의 화학적 반응의 산물인가?
   a. 알데하이드
   b. 탄화수소
   c. 케톤
   d. 알코올

5. 페놀을 -OH 기를 갖고 있기 때문에 알코올과 비슷하다. 하지만 -OH기가 어떤 것에 직접 연결되어 있는 점이 다른데 이것은 무엇인가?
   a. 벤젠 고리
   b. 탄화수소
   c. 카로보닐 기
   d. 페놀 산

6. 알데하이드가 풍부한 에센셜 오일의 예는?
   a. 스피어민트
   b. 탠저린
   c. 카다몸
   d. 레몬그라스

7. 시트러스 오일에서 발견되는 가장 흔한 푸라노쿠마린인 베르가프텐은 베르가모트와 같은 오일의 어떤 작용과 관련이 있는가?

   a. 신경계 독성
   b. 비뇨기 자극
   c. 광민감화
   d. 진정

8. 1,8 시네올의 다른 이름은?

   a. 알데하이드
   b. 유칼립톨
   c. 진저롤
   d. 비사볼렌

9. 다음 중 페놀 화합물의 예는?

   a. 리나롤
   b. 멘톨
   c. 티몰
   d. 시트로넬

10. 푸라노쿠마린의 어떤 성질 때문에 태양이 있는 곳에서 이것을 이용할 때 주의를 기울여야 하는가?

   a. 점막 자극물
   b. 광민감화제
   c. 피부 자극물
   d. 간 독소

복습 질문 / REVIEW QUESTIONS

1. 에센셜 오일의 화학 작용을 이해하는 것이 중요한 이유는 무엇인가?
2. 각각의 화학족에 의해 제공되는 일반적인 치료 작용이 개별 에센셜 오일의 작용을 완전히 이해하는데 있어 불충분한 이유를 논하라.
3. 아로마 화합물의 활동과 관련된 화학 작용에 대한 지식과 안전 문제에 대해 논하라.

제 2 부
블렌딩

5장

아로마 블렌딩

Aromatic Blending

개요
1단계: 상담 (진단)
표준 상담 양식
기본적인 대화의 기술
응대 기술
2단계: 트리트먼트 구조 개발
생리적 접근
감정적/정신적/영적 접근
전인적(결합) 접근
3단계: 아로마 블렌드 개발
1단계: 시너지 디자인
2단계: 캐리어 오일과 기타 전달 체계 선택
3단계: 첨가: 어느 정도 희석할 것인가?
실제 임상적용 5.1: 소량 투여 논쟁
측정과 희석 차트
4단계: 블렌딩 계수
5단계: 마사지 실시
블렌딩 관찰
실제 임상적용 5.2: 유리 혹은 플라스틱: 주요 논쟁들
실제 임상적용 5.3: 흔들 것인가? 흔들지 않을 것인가?
요약
새 용어들
참고 자료
워크시트: 블렌딩 실습 과목
복습 문제와 질문

학습 목표 / LEARNING OBJECTIVES

이 장을 읽은 뒤에는 다음 사항들에 답할 수 있어야 한다.

1. 상담을 하는 중요한 이유 세 가지를 열거하라.
2. 기본적 의사소통 기술 두 가지를 기술하라.
3. 블렌드를 디자인하는 세 가지 접근법을 열거하고 기술한 다음, 활용해 보라.
4. 블렌딩 계수에 대한 지식과 적용 방법을 시연하라.
5. 트리트먼트 구조 내에서 상승 작용을 창조하는 세 가지 요소를 열거하고 기술하라.
6. 아로마테라피 마사지 블렌드를 개발하라.
7. 블렌드 조제 시 고려해야 할 여러 사항에 대한 지식을 시연하고 아로마테라피 적용에 있어 가능한 희석도를 설명하라.

개요 / INTRODUCTION

블렌딩의 기술(art)과 과학은 아로마테라피 중에서 가장 매혹적이고, 역동적이고, 창조적인 분야 중 하나이다. 블렌딩을 어떤 이는 전설로, 어떤 이는 과학으로 여긴다. 이 장은 효과적이면서도 창조적이며 독특한 블렌딩에 대해 설명하기 썼다. 각각의 고객을 위한 독특한 블렌딩을 디자인하는 것은 전인적 아로마테라피의 핵심이다. 모리(1989)는 "개인에게 다가가려면 개인만을 위한 치료가 필요하다. 우리들 각각은 독특한 메시지이다. 따라서 독특한 치료만이 이를 충족시킬 수 있다. 그러므로 우리는 우리가 치료하려는 인간과 유사하며, 그의 부족함을 보충해주고 그의 재능을 꽃피워 주는 향기 물질을 찾아야 한다. 이런 전인적 치료를 추구하다 모든 면에서 그 개인의 독자성을 대표하는 개인적 처방과 조우하게 되었다"고 말했다(94쪽).

> 아로마테라피와 바디워크 같은 전인적 테라피는 최적의 육체적, 정신적, 감정적, 사회적, 영적인 웰빙을 얻는 것을 목표로 하는 고객과 시술자 간의 협조적인 관계를 만든다. 전인적 테라피는 전인을 관찰할 것을 강조하는데, 육체적, 영양적, 환경적, 감정적, 사회적, 영적인 분석을 포함해 개인의 삶의 방식까지도 분석해야 한다.

1 단계: 상담 (진단) / STAGE ONE: THE CONSULTATION (ASSESSMENT)

상담은 고객의 현재 건강 상태, 다이어트와 운동이 포함된 일반적 생활양식과 감정적 웰빙, 그리고 과거와 현재의 병력 등과 관련된 정보와 자료를 수집하기 위해 고안된 것이다. 상담은 테라피스트로 하여금 개인의 건강 상태의 특징이 개인 고객에게 어떻게 영향을 미치는지와 어떤 시술이 가장 효과적인지를 이해하는 것을 도와준다.

마사지 테라피에서 이는 종종 '평가'로 불리는데 래트레이와 러드위그(2000)는 이를 "트리트먼트 과정을 결정하기 위해 고객의 건강 상태와 증상에 대한 물리적 기저를 지식에 기초해 평가하는 것"이라고 정의했다(107쪽).

상담은 고객의 병이나 질환을 진단하기 위해 고안된 것이 아니다. 이는 마사지 테라피스트와 바디워커의 시술 범위 밖의 일이다. 진단은 의사만이 내릴 수 있다.

전인적 구조 안에서 상담은 다음을 위해 고안되었다:

- 고객으로부터 현재 건강 상태, 다이어트와 운동이 포함된 일반적 생활방식, 감정적 웰빙, 그리고 과거와 현재의 병력 등의 정보를 수집하기 위해
- 육체적인 것인지, 감정적/정신적인 것인지, 영적/정력적인 것인지 등 건강상태의 본질을 평가하기 위해,
- 개인의 요구를 기초로 지식에 기반을 둔 안전하고 효과적인 트리트먼트를 고안하고 실시하기 위한 토대를 제공하기 위해

표준 상담 양식 / Standard Consultation Form

많은 마사지 테라피스트들과 바디워커가 훈련 받는 동안 제공 받은 표준 상담 양식이나 기초 건강 면담 양식을 사용하거나, 다른 테라피스트 혹은 바디워커와 마사지 전문가 협회와 같은 기관이 제공한 양식들을 사용할 것이다. 이러한 기초 면담 양식은 아로마테라피 마사지와 바디워크에 있어 상당히 유용하다. 아로마테라피를 바디워크나 마사지 세션과 결합시킬 때,

여러분은 다음과 같은 질문들을 추가하고 싶어 할 것이다:

1. 나무열매나 씨앗, 또는 다른 식물성 오일에 알레르기가 있는가?
2. 다른 향이나 아로마에 알레르기가 있는가?

일반적으로 표준 상담 양식 마지막 부분에 있는 면책 조항에 아로마테라피 사용에 관해 언급을 하는 것이 바람직하다. 아로마테라피를 위한 면책 조항의 예로는 다음과 같은 것들이 있다: 나는 아로마테라피가 마사지 또는 바디워크 기술(bodywork technique)을 향상하기 위한 기본적 목적을 위해 제공되었음을 이해한다. 그리고 이는 어떠한 육체적, 정신적 질병을 진단하고, 처방하고, 치료하기 위해 고안된 것이 아님도 이해한다. 나는 시술자가 다양한 허브와 아로마 오일을 사용할 것을 알고 있었다. 그리고 내가 아는 한 나는 시술에 이용된 오일에 대한 알레르기가 없다.

기본적인 대화의 기술 / Basic Communication Skills

래트레이와 러드위그(2000)는 마사지 테라피의 강점 중의 하나는 마사지 테라피스트들이 다른 어떠한 건강관리 시술자보다 더 많은 시간을 고객과 보내는 것이라고 말했다. 기본적인 의사소통 기술은 어느 치료 단계에서나 중요하지만 특히 세션의 상담 단계에서 매우 중요하다. 의사소통 기술은 테라피스트가 고객과의 관계를 발전시키고, 상호작용 할 수 있는 중요한 수단이다. 좋은 의사소통 기술로는 응대와 적극적 듣기의 두 가지를 들 수 있다.

응대 / Attending

응대란 고객과 함께 있을 때 테라피스트가 보여주는 육체적, 심리적 태도를 말한다. 효과적으로 응대를 하게 되면 테라피스트가 매우 능동적으로 고객과 함께 하고 있다는 것을 전달할 수 있다. 효과적인 응대는 또한 고객이 마음을 열고 자신의 삶(life)과 현재의 "위기(crisis)" 또는 질병을 탐험하고, 테라피스트를 신뢰할 수 있는 관계를 발전시킬 수 있는 안전한 공간을 제공한다.

효과적인 응대의 기본적 요소는 다음과 같다:

- 자세 취하기 : "자세 취하기"란 말 그대로 고객과 일직선상에 있을 수 있게 몸을 위치시켜 테라피스트가 능동적으로 고객에게 집중하고 있음을 알리는 것이다 (예를 들면, 마주 보고 앉기, 나란히 앉기)

- 경계 허물기 : 개방적이고 방어적이지 않은 자세를 취하는 것을 말한다. 이때는 팔이나 다리를 꼬지 않는 것이 좋은데, 팔이나 발을 꼬고 앉으면 고객을 얕본다는 분위기를 풍길 수 있기 때문이다.

- 계속해서 눈을 맞춰라 : 고객과 지속적으로 눈을 맞추는 것은 "당신과 함께 있다", "당신의 얘기에 관심이 있다"라는 말의 다른 표현이다. 가끔 눈을 돌릴 수도 있기는 하지만 최대한 많이 고객과 눈을 맞추려고 노력해야 한다.

■ **긴장을 풀고 편안하게 :** 테라피스트로서 자신의 목표, 의도(intentions), 경계(boundaries), 지식에 대해 긴장을 풀고 편안하게 얘기하면 고객도 여러분 앞에서 긴장하지 않고 편안함과 믿음을 가질 것이다.

■ **각성 상태를 유지하라 :** 테라피스트로서 의사소통의 원천은 여러분의 몸과 목소리이다. 상담을 하는 동안 여러분이 얼굴 표정과 몸짓으로 고객에게 보내는 신호와 메시지에 대해 "온화한 각성 상태"를 유지하는 것이 도움이 된다. 여러분은 언어적인, 그리고 비언어적인 행동을 통해 비판 없이 기꺼이 고객과 함께 하겠다는 의지를 확실히 보여줘야 한다.

적극적 듣기 / Active listening

모리스(1997)는 **적극적 듣기**란 "우리가 수동적 청취자가 아니라 지성과 지식을 동원해 정력적으로 토론에 참여하고 있다는 것을 보여주는 것이다"라고 말했다. 대화를 하는 동안 행간에 숨은 뜻을 포함해 고객의 말을 적극적으로 듣다 보면 개개인을 위한 독특한 트리트먼트 프로그램의 창조에 필요한 귀한 힌트를 얻을 수 있다.

적극적 듣기란?:

- ▶ 고객의 언어적 메시지를 듣고 이해하는 것
- ▶ 고객의 자세, 얼굴 표정, 움직임, 목소리 톤을 포함한 비언어적 행동을 관찰하고 읽어내는 것
- ▶ 고객의 삶과 문화, 믿음 안에서 고객의 이야기를 듣고 이해하는 것
- ▶ 고객의 삶에 내재하는 부조화와 불행, 스트레스에 대한 힌트 얻기

상담을 하는 동안 적극적으로 듣게 되면 테라피스트가 개개인의 요구와 목표에 기초해 더 효과적인 아로마테라피 마사지 트리트먼트 계획을 창조할 수 있다.

응대 기술 / Response Skills

응대 기술은 테라피스트가 고객의 말에 적절하게 대답하는 기술을 말한다. 감정 이입을 이용하는 것에 대해 토론해 보자.

감정 이입의 이용 / The use of empthy

기본적인 감정 이입은 고객의 얘기를 듣고 그들의 관심사를 가능한 정도까지 이해하고, 자신이 이해한 것을 알려 고객들이 자신을 더 깊이 이해하고 그 이해를 바탕으로 행동할 수 있게 하는 것이다. 기본적인 감정 이입은 테라피스트가 고객의 세계와 삶을 이해했다는 것을 고객에게 알릴 수 있는 기술이다.

감정 이입은 동정과는 다르다. 동정은 종종 불쌍히 여기는 마음과 애도를 표현하는 것이다. 동정은 흔히 고객의 딜레마에 대한 동의를 의미한다. 반면 감정 이입 듣기는 주의 집중처럼 고객과의 신뢰 형성에 도움을 준다. 또한 고객을 존중하고 있으며, 고객의 관심사를 귀 기울여 듣고 있다는 의미가 된다.

> "감정 이입이란 다른 이의 개인적인 지각 세계로 들어가 그 안에서 완전히 편해진다는 것을 의미한다. 이는 그 사람에게 흘러 들어갈 때 문제적으로 느껴지는 의미와 두려움 또는 분노,

미묘한 혼란 상태, 그 또는 그녀가 경험하고 있는 모든 것에 대해 순간순간 민감해지는 것을 말한다. 이는 일시적으로 다른 이의 삶을 사는 것을 의미하며 비판 없이 조심스럽게 다른 이의 인생으로 옮겨가는 것을 의미한다." *칼 로저스*

2 단계: 트리트먼트 구조 개발
/ STAGE TWO: DEVELOPING A TREATMENT FRAMEWORK

> 전인적 테라피는 전인적 환경 안에서 병의 본질을 집중적으로 다뤄 환자를 치료하는데 중점을 둔다. 전인적 테라피스트는 부조화의 원인이 되는 잠재적 요소들을 찾아 이해하려고 해야 하며, 인체가 최적의 상태에 이룰 수 있게 인체를 지지하는 잠재적 통로를 찾아 이해해야 한다.

상담이 완결되면 아래의 질문들이 효과적인 아로마 마사지 세션을 창조하는 출발점이 될 것이다.

1. 핵심 문제에 대한 전반적인 인식은 어떤가?
2. 육체적 병, 정신적/감정적 요소, 또는 영적/정력적 요소를 치료해야 하는가? 이 셋을 어떻게 조합할 수 있을까?
3. 육체적 질환이 발견되었다면, 이것은 만성인가 급성인가? 급성 통증이라면, 마사지가 금지되는 것인가? 아니면 한 가지 형태의 트리트먼트로 이 증상의 치료를 시도할 수 있는가?
4. 이 트리트먼트를 받는 고객의 목적은 무엇인가? 그리고 나의 의도는 무엇인가? 고객이 이 치료 과정에 대해 자발적 의지를 갖고 있는가?
5. 내가 직관적으로 얻은 정보는 무엇인가?
6. 치료 과정을 돕기 위해 에센셜 오일을 어떻게 이용할 수 있을까?
7. 이 고객을 위해 즉각적으로 머릿속에 떠오른 에센셜 오일은 어떤 것인가?
8. 고객에게 진단이나 카이로프락틱과 같은 다른 트리트먼트를 언급할 필요가 있을까?

트리트먼트 구조에는 블렌딩 과정에 대한 접근도 포함된다. 3가지 가능한 접근법은 다음과 같다:

생리적 접근 / Physiological Approach

상담 내용을 기초로 현재 나타나고 있는 생리적 증상만을 위한 블렌드를 결정할 수 있다. 블렌딩에 대한 생리적 접근은 에센셜 오일의 화학적, 치료적 작용을 기초로 한다. 생리적 블렌드는 블렌드의 아로마보다는 그 치료 작용에 더 중점을 둔다. 육체적 질환을 위해 블렌딩을 했을 때 아로마가 "매력적"이지 않을 때가 분명히 있을 것이다. 하지만 이것은 치료 중인 질환에 대해서는 지속적으로 효과를 나타낼 것이다.

생리적 접근을 기초로 한 시너지의 예

이것은 성인의 만성 기관지염과 약해진 면역 반응 치료를 위해 만든 시너지이다.

유칼립투스 *(Eucalyptus globulus)*: 산화물 1, 8 시네올이 풍부함. 거담제이자 호흡기 자극제.

로즈마리 ct. 캠퍼 *(Rosmarinus officinalis)*: 캠퍼와 1, 8 시네올이 풍부함. 일반적인 거담제이자 강력한 점액용해 작용.

페퍼민트 *(Mentha × piperita)*: 알코올과 멘톨, 케톤, 멘톤이 풍부함. 기도를 열어주고 면역 체계를 강화함.

타임 ct. 티몰 *(Thymus vulgaris)*: 페놀과 티몰이 풍부함 면역 체계를 지지하고 강화함.

감정적/정신적/영적 접근 / Emotional/Mental/Spiritual Approach

때로는 고객의 감정적/정신적/영적인 면만을 기초로 블렌드를 만들고 싶을 것이다. 감정적/정신적/영적인 목적을 위해 블렌딩 할 때는 블렌드의 아로마와 아로마의 정서적/창의적 치료 효능을 강조해야 한다.

감정적 디자인을 위한 예

이 블렌드는 스트레스 레벨이 높고, 허공에 떠 있는 듯한 느낌이 들며, 자기 가치를 느끼지 못하는 어려움을 겪는데다, 불안감에 시달리는 개인을 위한 것이다.

버티버 *(Vetiveria zizanioides)*: 집중력을 높이고 불안감(anxiety)과 스트레스(stress) 줄여줌.

유향 *(zboswellia carterii)*: 전반적인 치료(healing) 목적 지지, 불안감과 스트레스 줄여줌.

로즈 *(Rosa × damascena)* : 자기 양육과 자기애를 지지, 진정과 위로(calm and soothe).

전인적(통합적) 접근 / Holistic (Combination) Approach

아로마테라피 블렌드는 종종 전인을 중점적으로 다루기 위해 만들어지는데 여기에는 육체적, 정신적/감정적, 그리고 영적/정렬적 목적을 위한 에센셜 오일들이 모두 포함된다. 이런 종류의 블렌드는 치료적 의도도 중요하지만 고객에게 받아들여지는 향도 매우 중요하다.

통합적 디자인의 예

이 블렌드는 최근 들어 긴장과 답답함을 경험하면서 목과 어깨의 불편함을 호소하는 개인을 위해 만든 것이다. 일터에서의 시간 부족으로 인한 과도한 스트레스와 재정적 문제가 이런 문제를 일으켰다. 이 사람은 또한 걱정과 피곤함, 그리고 일터에서 받은 스트레스와 재정적 어려움으로 인한 자신의 능력에 대한 의심으로 집에서도 말을 잃었다.

블랙페퍼 *(Piper nigrum)*: 진통 작용과 함께 힘과 용기를 주는 효능이 있음.

클라리 세이지 *(Salvia sclarea)*: 도취감과 진정 작용 때문에 항우울제로 쓰임. 블랙페퍼와 페퍼민트를 지지하고 앙양해 근육통을 경감시킴. 불안감 진정.

그레이프프루트 *(Citrus X paradisi)*: 블렌드의 전체적 효능을 향상시킴. 스트레스 관련 질환과 긴장/불안 해소 지지에 좋음.

페퍼민트 *(Mentha X piperita)*: 진통제로서 블랙페퍼를 지지함. 침체와 피로를 막아 에너지 흐름을 개선함.

3단계: 아로마 블렌드 개발
/ STAGE THREE: DEVELOPING AN AROMATIC BLEND

1 단계 : 시너지 디자인
2 단계 : 캐리어 오일 또는 기타 전달 체계 선택
3 단계 : 첨가: 어느 정도 희석할 것인가?
4 단계 : 블렌딩 계수
5 단계 : 마사지 실시
6 단계 : 기록
7 단계 : 추가 평가

1 단계: 시너지 디자인

시너지란 캐리어 오일이나 크림, 로션과 같은 다른 베이스 제품 없이 3~5가지 에센셜 오일 먼을 혼합하는 것을 말한다. 효과적인 시너지를 창조하려면 자신이 보유하고 있는 에센셜 오일에 대한 깊은 이해와, 상담을 통해 얻어진 정보를 바탕으로 한 견실한 트리트먼트 계획, 그리고 블렌딩 접근이 필요하다. 효과적인 시너지나 에센셜 오일 조합을 만드는 것은 세션 동안 사용할 개인화된 치료적 마사지 오일 개발로 향하는 첫걸음이라 할 수 있다. 에센셜 오일 선택에는 아래와 같은 구조가 이용된다.

■ 핵심 에센셜 오일 : 첫 번째 목적/목표에 따라 선택된 핵심 에센셜 오일은 곧 시너지의 핵심이라 할 수 있다. 예를 들어, 만성 건염을 앓고 있어 이로 인해 유발된 통증 때문에 큰 스트레스를 받고 있는 고객이 있다면 여러분의 첫 번째 목표는 통증과 건염의 아급성 단계인 염증을 완화시키는 게 될 것이다. 그리고 두 번째 목표는 스트레스 경감이 될 것이다.

예를 들어, 통증과 염증을 경감시키는 작용이 있는 라벤더 (*Lavandula angustifolia*)를 선택했다고 하자. 라벤더는 또한 스트레스 경감에도 효과적이다.

■ 강화 에센셜 오일 : 강화 에센셜 오일은 핵심 에센셜 오일의 목적과 치료 작용을 강화하는 역할을 한다. 예를 들어, 위에서 우리는 고통을 경감시키며, 항염 작용이 있는 라벤더 에센셜 오일을 선택했다.

이럴 때는 최고의 항염제로 알려져 있으며 스트레스 완화 효과가 있다고 알려진 저먼 카모마일 (Matricaria recutita)을 강화 에센셜 오일을 선택하면 좋다. 저먼 카모마일은 첫 번째 에센셜 오일의 치료 작용을 배가시킬 뿐만 아니라, 심리학적인 효능도 증가시키기 때문이다.

■ 조화 에센셜 오일 : 조화 에센셜 오일은 전체 시너지의 생명력과 목적을 지지하고 향상시키는 역할을 한다. 조화 에센셜 오일은 종종 전체 아로마에 결정적인 영향을 미치는데, 이 에센셜 오일은 주로 아로마와 시너지의 목표를 앙양하기 위해 선택한다.

육체적 건강상태를 위해서만 블렌드를 창조한다면, 위의 두 오일의 목적을 심화할 수 있는 것을 선택하면 된다. 고객의 감정적 측면도 다룰 수 있다면, 개인의 감정상태에 영향을 줄 수 있고, 최종 블렌드의 아로마를 강화할 수 있는 조화 에센셜 오일을 첨가하면 된다.

전문가적인 통찰력:
장막에 가려진 비밀

아로마테라피를 위한 블렌딩의 목적은 종종 장막에 가려진 비밀처럼 보인다. 이것은 새로운 고객과 시술자 모두를 위협하고, 영향력을 감소시킬 수 있다. 가끔 사람들은 자신들이 블렌드를 "바르게" 할 수 있는 능력이 있다는 것에 대해 의심한다. 그리고는 종종 새로운 블렌딩의 세계를 탐험하기 보다는 책에서 본 이미 만들어진 블렌드를 선택한다. 좋은 블렌드 뒤에 숨은 비밀은 블렌드를 창조하는 각각의 에센셜 오일에 대한 이해이다. 멋진 블렌드를 창조하려면 자신이 갖고 있는 각각의 에센셜 오일에 대한 확실한 지식과 경험이 필수이다. 에센셜 오일의 아로마와 핵심적 치료 작용(항염 등), 핵심적 아로마 적용(삠 등), 일반적인 심리적 효능에 대해 충분히 이해하고 있는 사람은 별 어려움 없이 효과적인 아로마 블렌드를 창조할 수 있다. 이런 지식의 기초는 매우 개인적이기 때문에 전문적인 경험을 바탕으로 사용되는 에센셜 오일의 효능을 충분히 관찰해야 발전시킬 수 있다.

좋은 블렌딩을 만들려면 블렌드 사용 목적에 대해 확실히 판단해야 한다. *하나의 블렌드 안에서 다양한 목표를 성취하려고 시도하다 보면 전반적인 효능이 떨어질 수 있다.* 만성 기관지염과 정맥류를 위한 블렌드를 창조하는 것은 불가능하다. 이 두 질환은 다른 오일들을 필요로 할 뿐만 아니라 적용 방법도 다르기 때문이다.

위의 블렌드의 경우, 첫 번째 목표를 기준으로 라벤더와 저먼 카모마일의 진통과 이완/진정 작용을 지지하는 스위트 마조람 (*Origanum majoram*)을 추가하면 좋다.

- **추가 에센셜 오일** : 고객의 요구가 있거나 그 요구가 정당하다면, 한 개에서 두 개의 에센셜 오일을 추가할 수 있다. 이때는 강화 에센셜 오일이나 조화 에센셜 오일 모두 추가할 수 있다. 예를 들어, 위에 언급한 고객을 위해 트리트먼트의 전체적인 효과를 끌어올릴 수 있는 에센셜 오일을 추가하기로 결정하고, 항염 작용이 있는 헬리크리섬 (*Helichrysum italicum*)을 추가했다고 하자. 이제 위 고객을 위한 최종 시너지는 라벤더와 저먼 카모마일, 스위트 마조람, 헬리크리섬이 될 것이다.

모두 합쳤을 때 향이 좋은가?

몇 가지 에센셜 오일을 선택했다면, 다음 단계에서 모두 합쳤을 때 향이 좋을지 확인해야 한다. 이것은 블렌딩을 하기 *전에* 확인해야 한다. 네 병의 뚜껑을 모두 연 다음, 병이 모두 같은 높이가 되게 손으로 잡고 부드럽게 코 아래에서 흔든다. 이때 네 개가 서로 조화를 이루는지, 합쳐졌을 때 향이 좋은지, 하나로 잘 합쳐지는지를 확인한다. 만약 에센셜 오일 하나가 다른 것들과 잘 합쳐지지 않는다면, 비슷한 치료 작용을 가진 다른 에센셜 오일로 대체하도록 한다. 블렌딩이 감정적/정신적/영적 또는 육체적 치료를 위한 것이라도 모든 오일들이 그 작용과 더불어 아로마에 있어서도 서로 조화를 이뤄야 한다.

블렌딩 다음 단계는 캐리어 오일이나 기타 베이스 제품을 선택하는 것이다.

2단계: 캐리어 오일 또는 다른 전달 체계 선택

캐리어 오일 또는 크림, 젤, 로션과 같은 전달 체계를 선택하는 것은 블렌딩 과정의 또 다른 중요한 단계라 할 수 있다. 캐리어 오일은 시너지 에센셜 오일 추가 시 효과가 증대될 수 있는 특별한 치료 물질을 만들기 위해 첨가된다. 다양한 캐리어 오일에 대해서는 6장에서 깊이 있게 다룰 것이다. 그 외의 다른 베이스 제품에 대해서는 8장과 9장에서 다루려고 한다.

위에서 인용된 건염/스트레스 고객을 위해서는 다음의 베이스 오일들을 선택해 마사지 세션에 사용할 1온스 병을 채우면 된다:

10 % 아르니카 허브 오일
10 % 세인트 존스워트 허브 오일
80 % 살구씨 오일

3단계: 첨가: 어느 정도로 희석할 것인가?

밀스와 본(2000)는 "적당한 1회 사용량을 결정하는 문제는 아마 현대 서양 허브 의학에서 가장 논쟁이 되고 있는 문제일 것이다(116쪽)"라고 말했다. 이는 아로마테라피 시술과도 관련된 문제라고 할 수 있다. 전통적 아로마테라피스트들 대부분은 에센셜 오일과 베이스 제품을 섞을 때 1에서 3%의 낮은 희석률을 적용한다. 에센셜 오일 대량 첨가와 에센셜 오일을 희석하지 않고 적용하는 것은 아로마테라피 산업에 종사하는 많은 이들 사이에서도 계속 논란이 되고 있다. 하지만 특별한 경우나, 특정한 질환을 위해서는 높은 농도의 에센셜 오일을 사용해도 괜찮다고 생각하는 이들도 있다.

사실, 많은 조사와 경험적 연구들이 가끔은 높은 농도로, 또는 희석하지 않고 적용하는 것이 효과적일 때가 있다는 것을 증명하고 있다. 특히 바이러스성, 박테리아성, 진균성 감염을 다룰 때는 더욱 그러하다. 그러나 어떤 것이 다른 것보다 더 가치 있다거나, 옳다거나 옳지 않다고 추측하는 것은 바람직하지 않으며, 에센셜 오일 첨가량 결정은 전적으로 유용한 안전 지식을 가지고 에센셜 오일을 적용하는 시술자의 지식과 경험에 기초한다는 것을 이해하는 것이 중요하다.

바디워커와 마사지 테라피스트로서 여러분은 농도가 다른 2~3 가지 블렌드를 골라 사용하게 될 것이다. 예를 들어, 어깨와 등의 급소 부위의 급성 근육통 치료를 위해서는 5% 희석물을 사용하고, 나머지 부위에는 2.5% 희석물을 사용하는 식이다. 실제로, 농도가 높은 것들은 종종 작고, 국한된 부위에 바른다. 반면 농도가 낮은 것들은 전신 마사지와 조금 더 감정적인 트리트먼트에 이용된다.

아로마테라피가 더욱 발전하게 될 미래에는 더 구체적이고 통일성 있는 희석도 지침이 생겨날 것이다. 하지만 지금은 반드시 이성적 구조 안에서 첨가량을 결정하는 것이 중요하다.

첨가량은 다음에 따라 달라진다:

- 치료할 질환의 종류와 그 질환이 만성인지 급성인지에 따라
- 적용 방법과 적용될 인체 부위에 따라
- 이용되는 에센셜 오일의 안전 데이터와 적용할 수 있는 확실한 지침에 따라
- 적용할 피부 상태에 따라
- 블렌드/시너지를 이용할 개인의 연령에 따라
- 트리트먼트의 특정한 목적에 따라
- 시술자의 지식과 확신에 따라
- 현재 일반적으로 받아들여지는 첨가량에 따라

전통 첨가량 표

백분율	캐리어 1 온스 당 방울 수	적용 대상
1% 이하	2~6 방울	어린이, 유아, 임신, 얼굴 크림
1.5%	9 방울	창의적 아로마테라피, 감정적이고 정력적인 업무, 임신, 노약자, 얼굴 크림과 오일
2.5%	15 방울	전인적 아로마테라피, 일반적 마사지, 일반적인 것부터 강한 스킨케어까지
5%	30 방울	더 강한 희석도, 트리트먼트 마사지, 국소 부위 트리트먼트, 상처 치료
10%	60 방울	강한 농도, 급성 육체적 증상 완화, 국소 부위 트리트먼트
10~15%	60~90 방울	5~10%와 같음. 흔하지 않은 희석액이지만 이것이 적용되는 목적과 상태에 따라 치료 작용을 향상시킬 수 있음. 국소 부위 트리트먼트

더 고급의 블렌딩 희석액

>25% 자격증이 있으며 신뢰할 수 있는 시술자의 감독 하에 종종 더 고급의 트리트먼트 블렌드에 이용된다; 작은 국소 부위 트리트먼트에 이용된다. 에센셜 오일 선택에 대한 주의가 요구됨.

>40% 주류 아로마테라피 내에서는 드물거나 거의 들어본 적이 없다.

실제 임상적용 5.1

소량 투여 논쟁

이 책에서는 백분율과 방울 수가 함께 나와 있어 사용하기 쉽고 간단한 전통적인 사용량 표를 제시할 것이다. 방울 수와 백분율은 아로마테라피스트들이 주어진 전달 체계 안에서 캐리어, 또는 베이스 제품에 대한 에센셜 오일의 1회 사용량을 측정하는데 오랫동안 이용해 왔다.

사보도바, 루지크코바, 알란과 햄슨(2001)의 조사에 의하면, 이 시스템에는 치명적인 문제가 있다고 한다. 첫째, 1ml 당 20방울이 아닐 수도 있다는 것이다. 그들이 밝혀낸 바에 의하면, 에센셜 오일 1ml는 에센셜 오일에 따라, 제조 회사에 따라, 그리고 사용되는 점적기에 따라 20방울에서 40방울까지 될 수 있다고 한다. 이 조사를 하는 동안 각각의 에센셜 오일의 방울 수가 부피와 무게, 점도에 따라 달라질 수 있다는 것도 밝혀졌다.

조사자들은 이 사실이 블렌드의 치료적 가치와 가격에 잠재적으로 영향을 미칠 거라고 믿고 있다(예; 로즈 에센셜 오일 20방울과 유칼립투스 20방울을 비교해 보라).

하지만 방울 수와 백분율은 아로마테라피 적용에서 여전히 가장 흔하게 이용되는 측정 방법이며 이 책에서도 역시 이 방법을 이용할 것이다.

아로마테라피 산업은 시간을 갖고 변화하고 성장할 것이다. 지금은 방울 수로 측정하는 것의 불완전한 점을 인지하고, 앞으로 더 나은 방법이 개발되기를 지켜봐야 할 때이다.

	타이거 밤(호랑이 연고)은 농도가 높은 것의 좋은 예라고 할 수 있다. 이것은 근육통을 위한 매우 효과적인 진통제로 국소 부위 트리트먼트에 주로 이용된다. 에센셜 오일 선택에 대한 주의가 요구됨.
100%	대부분의 흡입제와 시너지로 이용되며 희석하지 않고 적용함; 모기에 물렸거나 화상, 자상과 찰과상, 여드름 스팟 트리트먼트, 근육통이나 경련 스팟 트리트먼트, 체했을 때의 트리트먼트, 진균이나 박테리아 감염, 두통이나 편두통 등에 유용하다. 국소 부위 트리트먼트에 주로 이용되며 에센셜 오일 선택에 주의가 요구됨.

건염/스트레스 블렌드를 위해 우리는 희석도를 5%로 할 예정인데, 이는 캐리어 오일 1온스에 30방울을 떨어뜨렸다는 의미이다.

측정과 희석액 표 / MEASUREMENT AND DILUTION CHARTS

측정 표

1 ml	20 방울			
5 ml	100 방울	1 작은 술		
10 ml	200 방울	2 작은 술	1/3 온스	
15 ml	300 방울	1 큰술	1/2 온스	
30 ml	600 방울	2 큰술	1 온스	
60 ml	1200 방울	4 큰술	2 온스	
120 ml	2400 방울	8 큰술	4 온스	1/2 컵
240 ml	3600 방울	16 큰술	8 온스	1 컵

희석도 표

캐리어 오일	희석도 0.5%	1%	2.5%	3%	5%	10%
1/2 온스	1–2 방울	3 방울	7–8 방울	9 방울	15 방울	30 방울
1 온스	3 방울	6 방울	15 방울	18 방울	30 방울	60 방울
2 온스	6 방울	12 방울	30 방울	36 방울	60 방울	120 방울
4 온스	12 방울	24 방울	60 방울	72 방울	120 방울	240 방울

4단계: 블렌딩 계수

이제 우리에게는 제시된 고객 사례를 토대로 결정한 시너지와 캐리어 오일, 그리고 희석도가 있다:

시너지 에센셜 오일: 라벤더, 저먼 카모마일, 스위트 마조람, 헬리크리섬

캐리어 오일: 10 % 아르니카 허브 오일
10 % 세인트 존스워트 허브 오일
80 % 살구씨 오일

희석도: 5%

블렌드 창조의 마지막 단계는 각각의 에센셜 오일을 몇 방울씩 이용할 것인지를 결정하는 것이다. 이것은 블렌딩 계수를 이용해 결정해야 한다. 블렌딩 계수는 영국의 라워스 자연 의학 센터에서 내가 아로마테라피를 공부할 때 가장 먼저 배웠던 개념이다. 많은 이들이 블렌딩 계수가 균형 잡힌 블렌드를 창조하는 데 있어 매우 귀중한 도구라는 데 동의한다. 블렌딩 계수는 아로마 향기 척도로 환산하여 생각할 수도 있으며, 주어진 블렌드 또는 시너지 내에서 각각의 에센셜 오일의 적절하고 특정한 방울 수를 결정하는 도구로 이용되기도 한다.

블렌딩 계수 척도 (1부터 10까지)

1 = 강한 아로마, 블렌드 안에서 적게 사용할 것
10 = 휘발성이 큰 경향이 있으며 아로마가 더 가벼움, 블렌드 안에서 더 많이 사용할 것.

블렌딩 계수 인식

다음의 훈련은 각각의 에센셜 오일의 블렌딩 계수를 결정짓는 요인을 알아내는 여러분의 지각력을 지지하기 위해 고안된 것이다.

1 단계: 오일 목록 중에서 세 가지 에센셜 오일을 고른다.
2 단계: 세 병의 뚜껑을 모두 연다.
3 단계: 세 병의 높이가 모두 같게 만든 다음, 두 손을 이용해 병들을 들어 올린다.

4단계: 병들을 코 아래에 대고 천천히, 몇 번 돌린다. 그런 다음 잠깐 쉬었다가 같은 동작을 반복한다. 더 깊은 통찰력을 얻고 싶다면 몇 번 더 반복한다.

5단계: 셋 중에서 어떤 것이 가장 세력이 강한지(어떤 것이 셋 중에서 가장 강하게 두드러지는지) 결정한 다음, 이것을 탁자 위에 올려놓는다. 그런 다음 남아 있는 두 개의 병을 가지고 3, 4, 5단계를 반복한다.

오일이 세 개 뿐이라면, 두 번째로 세력이 강한 오일을 결정하게 되면 나머지 오일이 가장 세력이 약한 오일이 될 것이다. 이 과정을 마친 후에는 오일을 세력이 가장 강한 것부터 약한 순으로 해서 일렬로 늘어놓는데, 이것은 첫 번째 오일을 가장 적게 넣고, 세 번째 오일을 가장 많이 넣고, 두 번째 오일을 두 번째로 많이 넣어야 한다는 의미이다.

이 장 끝에서 블렌딩 계수 적용 연습을 하게 될 것이다.

블렌딩 계수 알아내기

블렌딩 계수가 없는 에센셜 오일을 이용해야 할 경우, 위의 연습 과정을 통해 블렌딩 계수를 알아낼 수 있다. 가장 좋은 방법은 블렌딩 계수를 모르는 오일과 동일한 식물 과에서 추출한 에센셜 오일을 비교하는 것이다. 예를 들어, 전나무(*Aabies alba*)의 블렌딩 계수를 모른다고 하자. 전나무 오일은 블렌딩 계수가 알려져 있는 파인(*Pinus sylvestris*)이나 시더우드(*Cedrus atlantica*)와 같은 과에 속해 있다.

유동적인 블렌딩 계수

블렌딩 계수는 초보 블렌더에게 각각의 에센셜 오일을 블렌드 안에 몇 방울 떨어뜨려야 하는지를 알아내는 방법을 제시한다. 블렌딩 계수는 불변의 것이 아니다, 즉, 여러분이 갖고 있는 에센셜 오일에 따라 상대적이며 유동적이라는 의미이다. 여러분은 에센셜 오일이 제조사 별로, 제조 연도 별로, 수확 시기 별로 등등 그 강도가 매우 다르다는 것을 알아야 한다. 따라서 안정적 세력을 지닌 다른 오일과의 비교를 바탕으로 블렌딩 계수를 달리해 가며 자유롭게 사용할 수 있어야 한다. 예를 들어, 로만 카모마일(*Chamaemelum noble*) 또는 네롤리(*Citrus aurantium*)는 항상 더 세력이 강하다(블렌딩 계수: #1). 그리고 시트러스 오일들은 항상 더 휘발성이 강하고 가볍다.

효능 또는 치료 작용

블렌딩 계수는 아로마의 세기와, 아주 적은 정도이지만 치료 효능을 기초로 정해진다. 나는 블렌딩 계수를 다음과 같이 비교한다: 로만 카모마일의 블렌딩 계수는 1이다. 이것은 이 오일이 매우 "강력하며" 블렌딩이 되는 다른 오일과 비교했을 때 극히 소량만을 블렌드나 시너지에 이용해야 한다는 의미이다. 라벤더 (*Lavandula angustifolia*)는 반대로 블렌딩 계수가 7이다. 이는 로만 카모마일에 비해 라벤더는 중간 또는 그 보다 높은 퍼센티지로 사용될 수 있다는 뜻이다.

나는 욕조 안에 각각의 에센셜 오일을 몇 방울 떨어뜨릴 것인지 결정할 때도 블렌딩 계수를 이용한다. 나는 네롤리와 로만 카모마일과 같은 "강한" 오일은 조금 덜 이용하고(2, 3방울), 제라늄(*Pelargonium graveolens*)이나 일랑일랑 (*Cananga odorata*)은 중간 정도 (3~5방울), 그리고 만다린(*Citrus reticulata*)이나 라벤더를 가장 많이 떨어뜨린다(7~10방울).

시술에서의 블렌딩 계수

건염/스트레스 예를 계속 이용한다고 가정할 경우, 에센셜 오일의 방울 수는 다음과 같다:

에센셜 오일	블렌딩 계수	방울 수
라벤더	7	12
저먼 카모마일	1	3
스위트 마조람	3	6
헬리크리섬	5	9
합계	5% 희석도 =	30

에센셜 오일 방울 수를 알아내는 데는 두 가지 방법이 있다: 수학 방정식을 이용하는 것과 직관적인 관찰력을 이용하는 것이다. 나는 수학 방정식을 좋아하지도 않지만 에센셜 오일 방울 수가 항상 계산과 정확하게 맞아 떨어지지도 않는다. 따라서 선택된 첫 번째 숫자는 다른 오일들과의 관계를 유지하는 역할을 하면서도 어떤 면에서는 임의적이라 할 수 있다. 예를 들어, 저먼 카모마일과 스위트 마조람이 가장 강한 에센셜 오일이라면, 헬리크리섬은 라벤더보다 약간 더 강한 오일이다. 그래서 가장 강력한 오일들부터 먼저 선택해 저먼 카모마일 3방울, 스위트 마조람 6방울을 넣기로 결정했다. 이 둘을 더하면 9방울이 되므로 나머지 두 개의 오일을 21방울 넣으면 된다. 나는 내가 가지고 있는 헬리크리섬과 라벤더 에센셜 오일의 다양한 강도를 조사한 다음, 헬리크리섬 9방울, 라벤더 12방울을 넣기로 결론지었다.

수학 방정식을 이용해 정확한 방울 수를 알아내는 방법은 다음과 같다:

에센셜 오일	블렌딩 계수	방울 수
라벤더	7	
저먼 카모마일	1	
스위트 마조람	3	
헬리크리섬	5	

우선 블렌딩 계수를 모두 더한다: 7 + 1 + 3 + 5 = 16

그런 다음 각각의 에센셜 오일의 블렌딩 계수를 16으로 나눈다. 그렇게 하면 다음과 같은 결과가 나온다.

에센셜 오일	블렌딩 계수	
라벤더	7	7 ÷ 16 = .4375
저먼 카모마일	1	1 ÷ 16 = .0625
스위트 마조람	3	3 ÷ 16 = .1875
헬리크리섬	5	5 ÷ 16 = .3125

이제 여러분은 희석도를 5%로 할 경우, 필요한 30방울을 구성하는 각각의 에센셜 오일의 백분율을 알게 되었다. 실제 방울 수를 얻으려면 각각의 에센셜 오일의 백분율에 30을 곱하면 된다.

에센셜 오일	블렌딩 계수	
라벤더	7	.4375 × 30 = 13 방울
저먼 카모마일	1	.0625 × 30 = 2 방울
스위트 마조람	3	.1825 × 30 = 6 방울
헬리크리섬	5	.3125 × 30 = 9 방울

최종 블렌드는 다음과 같을 것이다:

에센셜 오일	블렌딩 계수	방울 수
라벤더	7	13
저먼 카모마일	1	2
스위트 마조람	3	6
헬리크리섬	5	9
합계	5% 희석도 =	30

위에서 볼 수 있는 것처럼, 수학 방정식을 이용한 결과도 직관적인 접근을 통해 얻은 결과와 매우 비슷하다.

5단계: 마사지 실시

마사지 블렌드가 준비되면, 여러분이 선택한 마사지와 바디워크 기술을 이용해 그것을 최종적으로 적용할 준비가 된 것이라 할 수 있다.

블렌딩 계수 차트

일반명	학명(Latin name)	블렌딩 계수
안젤리카	*Angelica archangelica*	2에서 3
바질	*Ocimum basilicum*	4
베르가모트	*Citrus bergamia*	7
버치	*Betula lenta*	3
블랙페퍼	*Piper nigrum*	3에서 4
카다몸	*Elettaria cardamomum*	4
시더우드	*Cedrus atlantica*	5에서 6
로만 카모마일	*Chamaemelum nobile*	1

블렌딩 계수 차트 *(계속)*

일반명	학명(Latin name)	블렌딩 계수
저먼 카모마일	*Matricaria recutita*	1
클라리 세이지	*Salvia sclarea*	2에서 3
사이프러스	*Cupressus sempervirens*	5
유칼립투스	*Eucalyptus globulus*	4에서 5
펜넬	*Foeniculum vilgare*	3
유향	*Boswellia carterii*	3에서 4
제라늄	*Pelargonium graveolens*	3
진저	*Zingiber officinale*	4
그레이프프루트	*Citrus paradisi*	6
헬리크리섬	*Helichrysum italicum*	5
자스민	*Jasminum officinale*	1
주니퍼 베리	*Juniperus communis*	4
월계수	*Laurus nobilis*	2
라벤더	*Lavandula angustifolia*	7
레몬	*Citrus limon*	4에서 5
레몬그라스	*Cymbopogon citratus*	1
만다린	*Citrus reticulata*	7
스위트 마조람	*Origanum marorana*	3
멜리사	*Melissa officinalis*	1
미르	*Commiphora molmol*	4에서 5
네롤리	*Citrus aurantium*	2
오렌지	*Citrus sinensis*	7
패출리	*Pogostemon cablin*	5
페퍼민트	*Mentha x piperita*	1에서 2
파인	*Pinus sylvestris*	4에서 5
라벤사라	*Ravensara aromatica*	7
로즈	*Rosa damascena*	1
로즈마리	*Rosmarinus officinalis*	2에서 3
샌달우드	*Santalum album*	6
티트리	*Melaleuca alternifolia*	3
타임	*Thymus vulgaris*	1
버티버	*Vetiveria zizanioides*	1
야로우	*Achillea millefolium*	3
일랑일랑	*Cananga odorata*	4

블렌딩 관찰 / Blending Observations

다음은 블렌딩에 관한 일련의 관찰을 적은 것이다. 블렌딩 과정과 관련해 도움이 되는 지침을 제공하기 위해 여기에 적어 놓았다.

- **에센셜 오일을 먼저 섞는다** : 아로마테라피 마사지 오일, 크림, 젤, 또는 기타 도포용 제품을 만들 때는 제일 먼저 에센셜 오일을 모두 섞는 게 좋다. 이렇게 하면 에센셜 오일이 더 빨리 서로 조화를 이루기 때문이다. 각각의 에센셜 오일을 따로 베이스 제품에 넣게 되면, 서로 섞이는데 시간이 더 걸린다.

- **유리 : 유익한 도구** : 블렌드 또는 시너지를 창조할 때, 플라스틱보다는 유리 용기 안에 넣고 섞는 것이 좋다. 플라스틱은 아로마를 변화시키고 오일 자체의 치료효능을 약화시키는 것 같다. 또한 소량의 에센셜 오일이 플라스틱으로 흡수되기도 한다. 이런 이유들 때문에, 에센셜 오일 블렌딩 시에는 플라스틱 제품 사용을 피하는 것이 좋다. 즉시 사용할 거라면 시너지와 베이스 제품을 섞은 다음, 플라스틱 병에 넣어도 무방하다. 반면 유리병은 에센셜 오일의 성공적인 통합을 지지하는 것으로 보이므로 블렌딩을 위한 첫 번째 도구로 사용할 것을 권장한다.

- **흔들기** : 유리병 안에 에센셜 오일을 3가지에서 5가지 넣은 다음, 오일을 저어주거나 흔들어 주는 것이 중요하다. 이때는 병의 뚜껑을 꽉 닫은 다음, 부드럽게 흔들어 주는 것이 좋다. 흔들어 주면 오일들이 움직이면서 상호 작용을 하게 되고, 서로 섞이게 된다. 병은 적어도 2,3분 동안 흔들어줘야 한다. 흔드는 것이 끝나면, 뚜껑을 열고 블렌드가 서로 잘 섞였는지 확인한다.

가끔은 에센셜 오일 중 하나가 여전히 전체 아로마를 지배하기도 한다; 이것은 시너지를 더 흔들 필요가 있거나, 블렌드 안에 다른 에센셜 오일을 몇 방울 더 떨어뜨릴 필요가 있다는 의미한다. 이때는 다른 에센셜 오일을 추가하기 전에, 병을 몇 차례 더 흔들어 주는 것이 현명하다. 이렇게 하면 에센셜 오일들이 더 잘 섞여 들어가는 효과가 나타나기도 한다. 이렇게 한 뒤

실제 임상적용 5.2

유리 혹은 플라스틱: 주요 논쟁들

에센셜 오일 블렌드를 위한 최고의 용기는 유리병으로 특히 황갈색 또는 군청색이 좋다. 하지만 현실에서는 이것이 항상 가능하지도 않고, 바람직하지도 않다.

플라스틱을 이용할 때는 진한 색의 PET 플라스틱만 이용해야만 소중한 에센셜 오일이 용해되거나 블렌드의 화학적 조성이 변하지 않는다. PET 병은 가볍고, 단단하며, 산과 오일, 알코올 등에 강하다. PET 병은 여러 색이 있으며 재사용이 가능하다; 삼각형의 재활용 표시 안에 숫자 1이 적힌 것이 PET 병이다. PET 플라스틱은 여러 가지 제품으로 재활용 되는데 스키복 섬유, 플리스 조끼, 침낭 안감 등으로 재활용된다. 희석하지 않은 에센셜 오일은 PET 병에 보관하지 말라; 시너지 에센셜 오일을 위해서는 항상 유리병을 사용하라.

플라스틱을 이용할 때는 먼저 용기의 반을 베이스 재료로 채운 다음, 선택한 에센셜 오일 또는 시너지를 넣어라. 나머지를 베이스 제품으로 채운 다음, 뚜껑을 닫고 잘 섞이도록 흔들어 준다.

실제 임상적용 5.3

흔들 것인가? 흔들지 않을 것인가?

아로마테라피 종사자들 사이에서 블렌드를 흔들 것인가, 흔들지 않을 것인가에 대한 다양한 의견들이 나오고 있다. 하지만 이것은 과학적 사실이라기보다는 개인적 의견차인 것으로 보인다. 따라서 자신에게 맞는 방법을 선택하는 것은 온전히 개인의 몫이다.

많은 창조적/정력적 아로마테라피 시술자들은 블렌드/시너지(blend/synergy)를 손 안에서 부드럽게 굴려야 한다고 생각한다. 반면 동종요법에서는 흔드는 것이 치료약의 약효를 높이기 위한 중요한 행위라는 것을 밝힐 필요가 있다. 국립 보완 대체 의료센터에 의하면 "'potentization'이라는 개념은, 조직적으로 물질을 희석할 때 각각의 희석 단계마다 힘차게 흔들어 재료의 중요한 요체를 추출해, 치료약을 더 효과적으로 만드는 것"이라고 한다(http://nccam.nih.gov/health/homeopathy/).

많은 아로마테라피스트들이 오일이 모두 잘 섞이도록 하기 위해 블렌드를 흔들어야 한다고 믿는다. 저자의 경험으로도 블렌드를 흔드는 것이 가장 효과적이다. 두 방법 모두 괜찮은 방법으로 오랫동안 성공적으로 쓰이고 있다.

에도 에센셜 오일 중 하나가 여전히 튄다면, 블렌드 안에 나머지 두 개의 에센셜 오일을 몇 방울씩 더 떨어뜨리는 것이 좋다. 이것은 종종 전체 블렌드에 즉각적인 균형 효과를 준다 (실제 임상 적용 사례 5.3 흔들 것인가? 흔들지 않을 것인가?를 참조).

- **융합 시간** : 블렌드를 해 본 경험이 있다면, 블렌드나 시너지가 시간이 가면서 어떻게 변화하는지 알 것이다. 모든 관계들처럼 블렌드 안의 에센셜 오일과 많은 숫자의 화학적 성분들도 상호 작용을 통해 계속 대화를 나누면서 서로 융합하고, 서로를 강화하고, 또는 약화시키는 방법을 알아낸다. 기본적으로 에센셜 오일이 서로 섞이게 되면 융합되는데 시간이 걸린다. 이 융합 시간은 블렌드나 시너지가 시간의 경과에 따라 지속적으로 변화하고 발전하는 것을 고려한 시간이다.

요약 / SUMMARY

- 아로마테라피 상담은 고객과 관련된 정보를 수집하고, 중점적으로 다뤄야 할 건강 상태를 평가하며, 개별적인 아로마 프로그램 디자인을 위한 구조를 제공하는 것이 목적이다.
- 응대와 적극적 듣기는 테라피스트가 고객과의 치료적 관계를 발전시키고 효과적인 치료적 접근을 고안할 수 있는 테라피스트의 능력을 고양시키는 기본적인 의사소통 기술이다.
- 블렌딩을 위한 세 가지 가능한 접근법으로는 생리학적 접근, 감정적/정신적/영적인 접근, 그리고 전인적(통합적) 접근이 있다.
- 효과적인 시너지를 구축하는 세 가지 요소로는 블렌드의 제 1 목표를 나타내는 핵심 에센셜 오일과 핵심 에센셜 오일의 목표와 치료 작용을 강화해 주는 강화 에센셜 오일, 그리고 전반적인 시너지의 목표와 활력을 지지하고 고취하는 조화 에센셜 오일이 있다.

- 식물성과 허브 캐리어 오일을 섞어 에센셜 오일의 전반적 작용을 배가시키는 추가적인 치료 물질을 만들 수 있다.
- 에센셜 오일 희석도는 1% 이하부터 100%까지 다양하다. 어떤 희석도를 선택하느냐는 치료하는 질환, 적용 방법, 사용되는 에센셜 오일의 안전성, 피부 상태, 개인의 나이, 일반적으로 받아들여지는 희석 정도, 그리고 시술자의 확신과 경험에 달려 있다.
- 기본적인 아로마테라피 마사지 희석도는 2.5%이며 이는 캐리어 오일 1온스에 에센셜 오일을 15방울 섞는 것이다.
- 블렌딩 계수는 아로마 세력 척도로 시너지 또는 블렌드 안에 들어가야 할 각각의 에센셜 오일의 방울 수를 결정하는 도구로 이용된다.
- 에센셜 오일은 베이스 제품(예를 들면, 크림, 식물성 오일) 없이 먼저 섞어야 더 빨리 융합된다.
- 에센셜 오일 블렌딩을 할 때는 유리 용기를 이용하는 것이 좋다. 만약 플라스틱을 이용해야 한다면, PET 플라스틱로 만들어진 것을 이용하는 것이 바람직하다.

새 용어들 /NEW TERMINOLOGY

적극적 듣기(active listening)
응대(attending)
블렌딩 계수(blending factor)
핵심 에센셜 오일(core essential oil)
첨가량/희석도(dosage/dilution)
감정 이입(empathy)
강화 에센셜 오일(enhancer essential oil)
조화 에센셜 오일(harmonizing essential oil)
시너지(synergy)

참고문헌 / References

Maury, M. (1989). *Marguerite Maury's Guide to Aromatherapy: The Secret of Life and Youth*. Essex, England: C.W. Daniel Company.

Mills, S., and Bone, K. (2000). *Principles and Practice of Phytotherapy*. London: Churchill Livingstone.

Morris, L. (1997). Focused Listening. *International Journal of Aromatherapy 8* (1), 16–17.

Rattray, F., and Ludwig, L. (2000). *Clinical Massage Therapy*. Toronto, Ontario: Talus Incorporated.

Svoboda, K.P., Ruzickova, G., Allan, R., and Hampson, J.B. (2001). An investigation into drop sizes of essential oils using different dropper types. *International Journal of Aromatherapy 10* (3/4), 99–103.

워크시트 / WORKSHEET

블렌딩 실습

파트너와 함께 표준 마사지 상담을 실시한 후, 효과적인 아로마테라피 마사지를 창조하기 위해 더 하고 싶은 질문들을 추가해 보라.
지금까지 다뤘던 에센셜 오일 중에서 몇 가지를 선택해 보라.

이름 : ____________________ 날짜 : ____________________

제 1 목표 : ____________________

제 2 목표 : ____________________

블렌딩 접근법을 토론하라: ____________________

____

____

선택한 에센셜 오일들

에센셜 오일 – 일반명	에센셜 오일 – *학명*	선택 이유

여러분은 1온스 오일을 희석도가 2.5%가 되게 블렌딩할 것이다. 블렌딩 계수를 이용해서 블렌드에 각각의 에센셜 오일을 몇 방울 떨어뜨릴 것인지 알아내라.

에센셜 오일	블렌딩 계수	방울 수
1온스의 희석도 2.5%	총 방울 수:	15

마사지 오일을 만들어 파트너에게 집에서 사용하라고 주라.

복습 문제 / CHAPTER TEST

1. 상담 시 수집해야 하는 네 종류의 정보를 열거하라.
   a.
   b.
   c.
   d.

2. 고객과 효과적으로 의사소통을 하려면 테라피스트는 충분히 응대하면서 적극적으로 그들의 말에 귀를 기울여야 한다.

   ________ 참 ________ 거짓

3. 블렌딩 계수는 에센셜 오일의 무엇을 나타내는 것인가?
   a. 아로마의 세기
   b. 분위기
   c. 핵심 목표
   d. 일치 작용

4. 블렌딩 계수를 바탕으로 에센셜 오일 각각의 방울 수를 계산하라.
   이용되는 전체 방울 수는 60이다.

사이프러스	블렌딩 계수(BF): 5	방울 수: ______
유칼립투스	블렌딩 계수(BF): 4 에서 5	방울 수: ______
로즈마리	블렌딩 계수(BF): 2 에서 3	방울 수: ______

5. 어떻게 했을 때 에센셜 오일들이 더 빨리 융합되는가?
   a. 먼저 물에 넣고 섞을 때
   b. 베이스 오일에 직접 넣고 섞을 때
   c. 먼저 유리그릇에 넣고 섞을 때
   d. 향수로 섞을 때

6. 블렌딩에 대한 생리학적 접근은 무엇과 (또는) 무엇에 따라 에센셜 오일 선택의 기초를 제공하는가? (보기에서 둘을 고르라)
   a. 감정적 측면
   b. 화학 작용
   c. 알려진 치료 작용
   d. 정력적인 특성

7. 감정적 이유를 위해 블렌딩을 한다면, 고객이 블렌드를 어떻게 느끼는 것이 중요한가?

a. 치료적이다
b. 기분 좋다
c. 화학 물질이 베이스다
d. 매력이 없다

8. 에센셜 오일의 블렌딩 계수가 10이라는 것은 어떤 의미인가?

a. 덜 강력하다
b. 전혀 강력하지 않다
c. 더 강력하다
d. 동등하게 강력하다

9. 표준적인 시너지 또는 블렌드에는 전형적으로 몇 가지 에센셜 오일이 첨가되는가?

a. 0 에서 1개
b. 8 에서 12개
c. 3 에서 5개
d. 5 에서 25개

10. 전인적 아로마테라피 마사지 오일 희석도는 일반적으로 몇 %인가?

a. 1%
b. 5%
c. 0.5%
d. 2.5%

복습 질문 / REVIEW QUESTIONS

1. 아로마테라피에 있어 첨가량은 무엇인가에 대해 논하라.
2. 다음 표를 완성하라.

근육통을 위한 블렌드를 만들라: 베이스 60 ml에 희석도는 2.5%이다.

에센셜 오일	블렌딩 계수	방울 수
페퍼민트	1 에서 2	
로즈마리	2 에서 3	
블랙페퍼	3 에서 4	
합계		30

제 3 부
인체와의 연결 통로

6장

아로마테라피와 피부

Aromatherapy and the Skin

개요
피부의 해부학과 생리 기능
  표피
  진피
  피하
피부: 인체와의 연결 통로
임상에서의 식물성 오일
  식물성 오일에서 발견되는 지용성 비타민과 영양소
  식물성 오일에서 발견되는 핵심 지방산
일반적인 캐리어 오일
허브 오일
기타 원재료
  실제 임상적용 6.1: 꿀의 사용
피부를 위한 아로마 적용
  피부 타입
  일반적인 피부 상태
  흉터의 종류
  실제 임상적용: 사례 연구 6.1: 만성 습진과 스트레스
요약
새 용어들
참고문헌
워크시트: 아로마테라피와 피부
복습 문제와 질문

학습 목표 / LEARNING OBJECTIVES

이 장을 읽은 뒤에는 다음 사항들에 답할 수 있어야 한다.

1. 피부의 기본 구조를 설명하고, 5가지 기능을 열거하라.
2. 피부로 흡수되는 에센셜 오일의 효과를 논하고 피부로 흡수되는 정도에 영향을 미치는 6가지 요인을 열거하라.
3. 에센셜 오일을 피부에 적용했을 때의 7가지 잠재적 치료 효능을 열거하라.
4. 에센셜 오일이 피부에 미치는 8가지 치료 작용을 설명하고, 치료 작용을 가진 에센셜 오일을 적어도 3가지 예를 들라.
5. 식물성 캐리어 오일과 허브 오일, 그리고 기타 원료의 치료 효능을 열거하고 기술하라.
6. 식물성 캐리어 오일에서 발견되는 지용성 비타민과 영양소를 열거하고 설명하라.
7. 다양한 피부 타입과 조건에 맞는 효과적인 아로마테라피 블렌드를 창조하라.

개요 / INTRODUCTION

베르너와 벤자민(1998)은 바디워커와 피부의 상호 작용을 멋지게 요약했다. "마사지 시술자들은 손의 언어로 얘기한다. 시술자들이 보내는 메시지는 다양한 가능성에 대한 초대이다: 웰빙을 즐길 수 있게 하면서 부서진 것은 치료하고 고치며, 고객에게 자신의 몸에 대해 다시 알려주는 것이다. 이런 것들은 모두 정보를 받아들이고 그것에 반응하는 우리 몸에 있는 조직처럼 모든 것을 갖춘 매개체인 피부를 통해 일어나며, 이는 대부분 우리의 잠재의식 속에서 일어난다" (1쪽).

피부의 해부학과 생리 기능 / ANATOMY AND PHYSIOLOGY OF THE SKIN

피부는 다음의 세 층으로 이뤄져 있다:

표피 – 가장 바깥쪽 층
진피 – 중간층
피하 – 가장 안쪽 층

표피 / The Epidermis

표피는 다섯 개의 층으로 이뤄져 있으며, 그 안에서 살아있는 세포와 죽은 세포의 교환이 일어난다(그림 6–1). 이 다섯 개의 층을 가장 바깥쪽 층부터 나열하면 다음과 같다:

A. 각질층. 이것은 환경에 노출되는 표피의 층으로 *케라틴 단백질로 구성된 죽은 피부 세포로 이뤄져 있다.* 이 세포들은 세포들이 표피의 낮은 층에서 표면으로 올라오면서 계속해서 탈락된다.

각질층의 표면에는 피지선에서 나온 오일과 땀샘에서 나온 물이 만든 얇은 막이 있는데 이것이 **산성막**이라고 알려진 것을 생성한다. 이것은 우리 피부를 감염으로부터 보호해 주는 약산성 막이다. 성인 피부의 산성도는 약 5 pH에서 6 pH이다.

피부

- 평균 면적은 18 평방피트이며 무게는 약 7 파운드이다
- 100개의 땀샘, 혈관 12피트가 있으며 1평방 센티미터 안에 수백 개의 촉각, 열기, 냉기 감각 수용기가 있다
- 손상되지 않았을 때는 보호 장벽 역할을 한다
- 질병과 박테리아 침입을 막아주는 첫 번째 방어막 역할을 한다
- 낮은 온도에서는 혈관을 수축시켜 열기를 보존하고, 높은 온도에서는 땀을 배출해 수분을 증발시켜 온도를 낮춰 체온을 조절한다
- 노폐물 분비를 통해 인체의 독소를 제거한다
- 호흡 (산소를 흡수하고 이산화탄소를 배출함)
- 영양분을 흡수하고 비타민 D를 합성한다
- 멜라닌을 생산해 태양의 자외선으로부터 인체를 보호한다
- 피부는 인체의 가장 큰 감각 기관이다

커스미렉(2002)은 피부의 산성막은 피부를 세균으로부터 지켜주는 첫 번째 방어막이며 중요한 수분을 지켜주는 성분들을 담고 있기 때문에 피부 건강에 있어 매우 중요하다고 지적했다. 커스미렉에 따르면 식물성 오일이 이런 중요한 시스템을 지지한다고 한다.

B. 투명층. 이것은 장벽이자 투명한 층으로 알려져 있다. 이 층은 얇고 경계가 확실하지 않으며 두께도 세포 하나의 두께에서부터 손바닥과 발바닥처럼 두꺼운 것까지 다양하다. 이 층 역시 케라틴으로 만들어진 딱딱한 피부 세포(죽은 세포)로 이뤄져 있으며, 각질층과 비슷하다.

C. 과립층. 여기서 세포들이 변하기 때문에 변이층으로 알려져 있다. 세포들은 죽기 시작하면서 딱딱해지거나 각화되는데 이때 중요한 오일과 수분 함량이 줄어든다. 이 층의 두께는 세포 하나에서 네 개 정도의 두께이다.

D. 유극층. 이 층은 두께가 세포 5개에서 8개 정도 되며 오일과 수분 함량이 약간 떨어진다. 세포들은 이 층의 아래쪽에서 윗쪽으로 올라가면서 평평해지는데 마지막에는 거의 타일처럼 평평해진다.

E. 기저층. 이 층은 표피의 가장 깊은 곳에 있는 층이다. 이 층에 있는 세포들은 입방체이다. *이 층은 표피 중에서 세포 재생(**유사 분열**)이 진행되는 유일한 층이다.* 피부 재생은 바로 이 층에서부터 시작된다. 나이와 다이어트, 순환, 열과 추위, 빛, 약물, 그리고 흡연과 같은 많은 요소들이 세포 재생 정도에 영향을 미친다. 새 세포의 평균적인 생존 주기는 약 5주에서 6주이다. 따라서 피부를 개선하려는 목적을 가진 모든 스킨케어 트리트먼트에서 기대하는 진짜 개선이 나타나려면 적어도 6주에서 2개월이 필요하다.

랑거한스 세포 (Langerhans' Cells)

표피의 랑거한스 세포 안에 있는 면역 세포는 **식세포**(미생물이나 노폐물과 같은 이물질을 섭취하고 파괴하는 세포)이다. 이들은 인체의 다른 장기에서도 발견되기도 하지만 주로 표피

그림 6-1 피부의 3가지 층

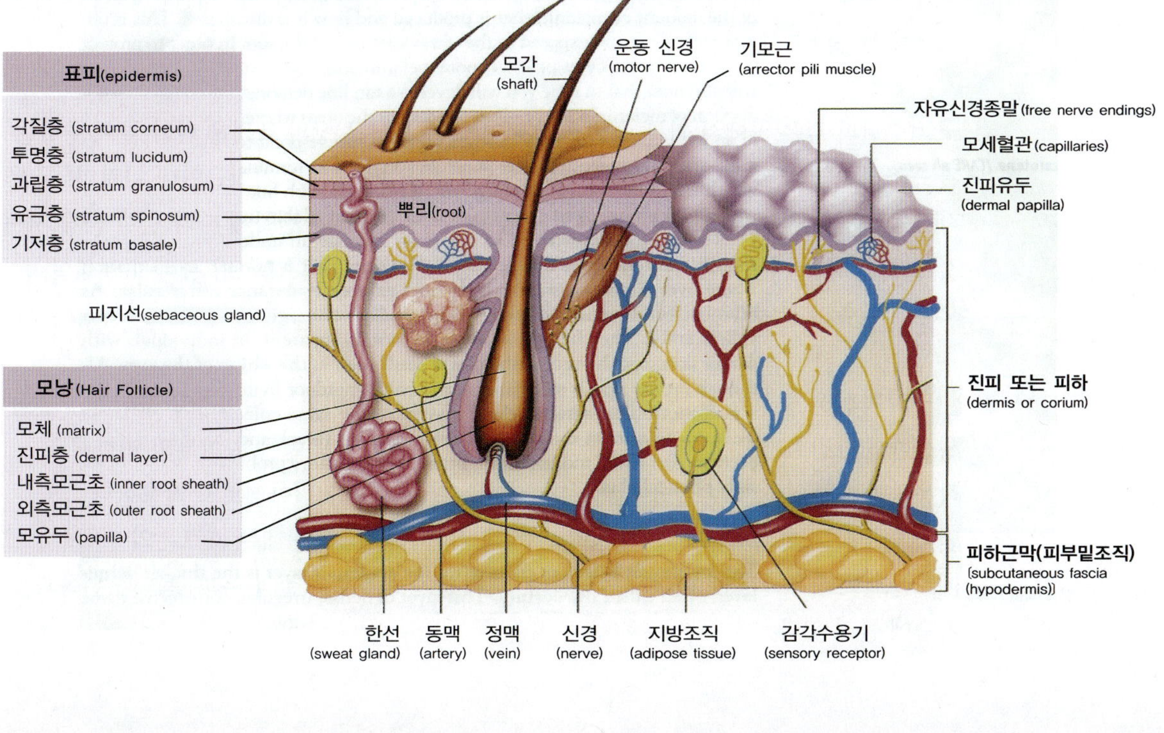

의 유극층과 기저층에서 발견된다. 랑거한스 세포는 림프절 안에서도 발견되는 것 같다.

퍼넬(n/d)에 의하면 "이 세포들은 피부 면역 반응에 참여하며, 피부에서 림프절로 이동한다"고 한다.

이러한 면역 계통 세포들이 내보낸 수상돌기가 각질의 표면층에 나와 있다. 이들은 피부 표면에서 일어나는 모든 것에 노출되며, 피부에 적용되는 모든 것과 접촉한다. 랑거한스 세포들은 또 피부염 또는 민감화와 같은 피부 반응에 관여한다. 따라서 피부의 천연 방어 체계 활성화를 목표로 하는 물질들은 광범위하게 랑거한스 세포에 영향을 미친다. 이러한 효능들은 오랫동안 아로마테라피에 있어 중요한 가치를 가져 왔다.

진피 / The Dermis

표피 아래에 있는 더 두꺼운 층이 진피인데 피부가 가진 중요한 기능 대부분이 여기서 나타나기 때문에 이것은 또한 "진짜 피부(true skin)"라고도 불린다. 진피는 다음과 같은 구조로 구성되어 있다:

- 결합조직 : **결합조직**은 피부에 힘과 탄력, 그리고 유연성을 부여한다. 진피에는 결합조직을 이루는 대표적인 섬유질 두 가지가 있는데 엘라스티과 콜라겐이다. **엘라스틴**은 섬유 조직의 단백질 성분으로 피부에 탄력–늘어났다가 원래 모양으로 되돌아가는 능력–을 제공한다. **콜라겐**은 복합체의 긴 사슬 모양의 단백질로 질겨서 쉽게 늘어나지 않는다. 피부에 힘을 주는 콜라겐은 섬유 물질의 75%를 차지한다. 결합조직 섬유는 대부분이 히아루론산이라고 하는 뮤코다당류로 구성된 겔과 같은 물질로 지지된다. **히아루론산(hyaluronic acid)**은 물을 끌어당겨 보유해 피부의 수분과 유연성을 유지시킨다.

- 혈관과 림프관 : 진피의 피하 조직 안에는 동맥과 정맥에서 나온 세동맥과 모세혈관이 많이 분포되어 있다. 모세혈관 고리는 가는 혈관에서 수직으로 솟아올라 유두상 구조에 영양을 공급하고 노폐물을 제거한다. 림프관은 모세관에서 확산되었지만 재흡수되지 않은 분비액을 운반한다. 림프관의 이런 작용이 붓는 것을 막아준다. 이들은 또한 노폐물 제거를 돕는다.

- 모낭 : 진피 깊은 곳에서 피부 표면으로 뻗어 있는 모낭은 상피 조직을 따라 늘어서 있는 관 구조로 이곳에서 털이 자라난다. 피부에 있는 유일한 근육은 기립근인데 이것이 각각의 모낭에 부착되어 있다. 이 기립근 때문에 추위나 감정 변화에 따라 털이 곧게 서는 것이다. 모낭은 피부의 진피층으로 들어가는 입구로 여겨지고 있으며, 따라서 에센셜 오일이 혈류로 들어가는 입구이기도 하다.

- 선 : **피지선**은 모낭에 부착되어 있으며 피부 표면으로 분비되는 피지라고 불리는 오일을 생산한다(그림 6–2을 참조). 피지는 모낭과 모간을 매끄럽게 만들고 피부의 연화제로 작용하며 피부의 수분 손실을 막아준다. 피지는 또한 항박테리아제로도 작용한다. 몇몇 연구자는 피지의 첫 번째 기능이 이성을 유혹하는 향기를 내는 호르몬의 일종인 페로몬으로 작용하는 것이라고 주장한다. 피지선은 대부분 얼굴과 두피, 목, 등 위쪽과 가슴에 몰려 있다.

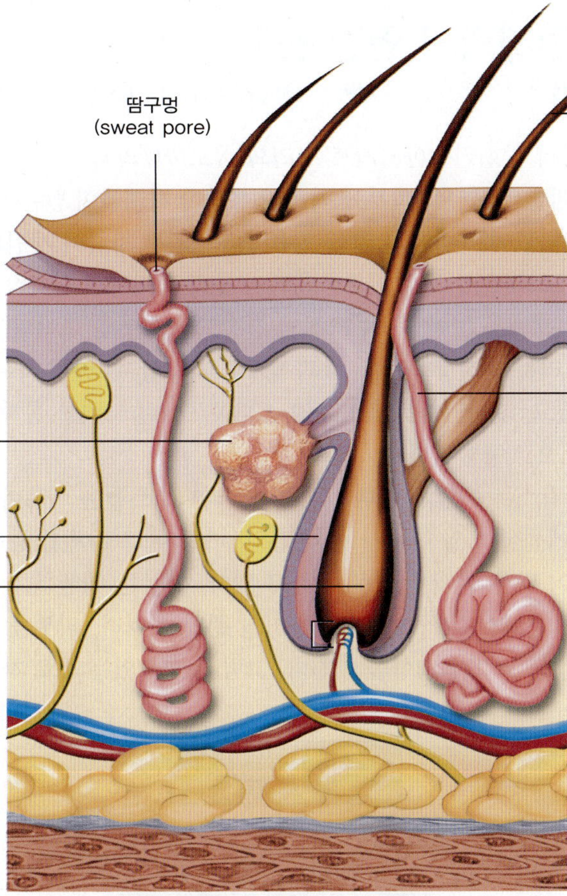

그림 6-2 피지선

땀샘이라고도 하는 한선은 땀을 분비해 체온을 유지하는 것을 돕는다. 시상하부는 체온의 중요 조절자로 순환하는 혈액의 온도에 반응한다. 교감 신경이 올라간 체온에 반응해 땀샘을 자극하면 피부 표면에서 땀이 증발되면서 몸을 식혀준다. 우리 몸에는 아포크린(큰 것)과 에크린(작은 것) 두 종류의 땀샘이 있다.

■ 감각 신경 (그리고 촉각의 중요성) : 피부는 우리 몸에서 가장 큰 감각 기관으로 다수의 신경 종말을 갖고 있으며 가장 먼저 발달된 감각 기관이다. 필드(2003)에 의하면 촉각은 인간 성장과 발달, 의사소통과 배움, 위로와 안심, 그리고 감정적 유대를 구축하는데 있어 매우 중요하다고 한다. 필드는 마사지 테라피나 침술과 같은 보완적 트리트먼트가 촉각 테라피를 치료 양식 안으로 다시 불러오는데 도움을 주고 있다면서 촉각은 글로 기록되기 이전부터 테라피의 중요한 양식으로 군림해 왔다고 덧붙였다.

피하 / The Subcutanea

진피 아래에 피하층이라고 불리는 세 번째 층이 있다, 피하층은 두께가 다양하며 인체에 매끈함과 윤곽을 부여하는 지방 조직으로 이뤄져 있다. 피하층은 충격 흡수제와 완충제로 작용해 중요한 장기를 보호한다. 또한 에너지를 저장하는, 효과적인 절연체이기도 하다. 피하는 또한 진피층으로 분기하는 모세혈관을 형성하는 동맥 망상 조직을 수용하기도 한다.

피부: 인체와의 연결 통로
/ THE SKIN: A PATHWAY ONTO AND INTO THE BODY

1961년 프랑스에서 발행된 *〈마거리트 모리의 아로마테라피 지침: 삶과 젊음의 비밀〉*이라는 독창적인 책에 에센셜 오일을 피부에 적용한 유명한 사례들이 많은 실려 있다. 모리는 자신의 책(1989)에 바드마드에프 박사의 말을 인용했다: “외부 자극이 개인의 철학을 변경하게 하는 것이 가능하다면 그것은 반드시 아로마테라피 물질과 피부의 상호작용을 통해 이뤄져야 한다.” 모리는 자신의 생애를 바쳐 “근육 조직의 긴장도와 피부와 조직의 질과 모습에 영향을 미치며, 개인의 생체 리듬을 정상화해 더 효과적으로 기능할 수 있게 하는” 에센셜 오일의 피부 적용 방법을 조사했고, 찾아냈다(모리, 1989, 108쪽). 이런 노력을 통해 모리는 아로마테라피와 마사지를 성공적으로 융합했다.

1992년, 토니 발락스는 이렇게 썼다: “아로마테라피스트들은 아로마테라피 마사지 수용자들이 피부를 통한 에센셜 오일 흡수나 증기 흡입, 마사지 그 자체를 통해 이익을 얻는다고 믿는 경향이 있다.” 이 말은 현재 진실로 통하고 있다. 피부는 에센셜 오일과 인체를 연결하는 통로로, 에센셜 오일은 피부 자체에 영향을 미칠 뿐만 아니라, 피부를 통해 혈액으로 흡수된 에센셜 오일은 우리 몸 전체에 영향을 미친다. 그림 6-3에 있는 통로 차트를 보라.

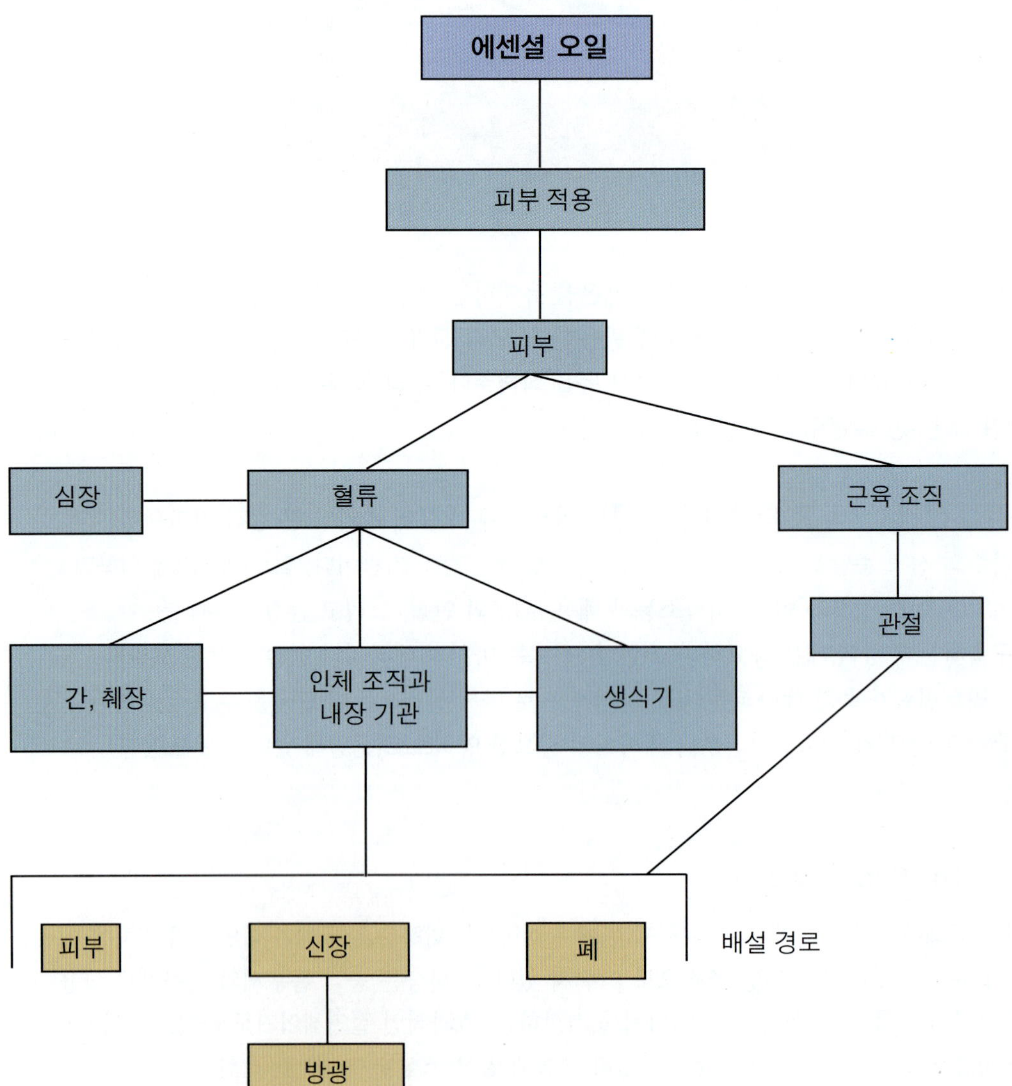

그림 6-3 피부: 인체와의 연결 통로

발락스(1992)는 "피부는 에센셜 오일과 같이 작은 지용성 분자를 인체 내부로 매우 효과적으로 전달한다. 특히 순환 자극 마사지로 보조해주면 효과가 더 커진다"라고 말했다. 에센셜 오일이 피부에 흡수되는 정도에 영향을 주는 요소에는 다음과 같은 것들이 있다:

- **피부 온도** : 목욕이나 습포를 통해 온도가 올라간 피부가 차가운 피부보다 더 흡수를 잘 한다.

- **피부의 수분** : 충분한 수분을 머금은 피부가 수분이 없는 피부보다 더 흡수를 잘 한다.

- **친유성과 분자 구조** : 에센셜 오일은 매우 친유성이 높다. 이는 에센셜 오일이 지방에 끌린다는 뜻이다. 에센셜 오일은 또한 작은 분자 구조를 가지고 있는 것으로 알려져 있는데 이 때문에 에센셜 오일은 각질층을 통해 피부층과 전신의 혈액 순환에 흡수된다.

- **피부 상태** : 피부 상태도 에센셜 오일의 침투 정도에 영향을 미친다. 해를 입었거나 손상된 피부는 건강한 피부보다 더 흡수를 잘 한다. 해를 입었거나 손상된 피부를 위한 트리트먼트 시에는 에센셜 오일의 희석도와 선택에 주의를 기울여야 한다.

- **모낭과 피부의 두께** : 오랫동안 모낭은 에센셜 오일이 흡수되는 주요 입구 중 하나로 여겨져 왔다. 모낭이 많은 부위는 에센셜 오일이 흡수가 잘 된다. 반면 발과 손처럼 피부가 두꺼운 곳에서는 에센셜 오일의 흡수가 줄어들거나 느려진다.

- **폐쇄** : 폐쇄란 에센셜 오일 적용 절차를 마친 다음 그 부위를 바디랩이나 습포 같은 것으로 감싸는 것을 말한다. 폐쇄를 하게 되면 에센셜 오일의 흡수가 크게 증가한다.

피부를 통해 흡수된 에센셜 오일은 인체 조직과 기관뿐만 아니라, 근육과 관절에도 영향을 준다. 보울스(2003)는 이렇게 썼다: "피부에 적용된 에센셜 오일 성분이 지방층에서 어느 정도까지 흡수되는지는 알려져 있지 않다. 하지만 피부에 적용된 오일은 혈액으로 흡수되지 않고도 근육과 관절에 항염과 진통 효과를 주는 것으로 나타났다" (121쪽).

인체에 흡수된 에센셜 오일은 소변이나 배설물, 땀, 호흡 등을 통해 배출된다. 쿡슬리(1996)에 의하면 건강한 사람일 경우 에센셜 오일이 완전히 흡수되는 데는 15분에서 12시간이 걸리며, 배출되는 데는 3시간에서 6시간이 걸린다고 한다. 비만이거나 순환이 잘 되지 않을 경우, 또는 피부가 두꺼운 경우에는 흡수와 배출 시간이 늘어난다. 흡수될 때 에센셜 오일의 모든 성분이 동등하게 흡수되지는 않는다. 어떤 성분은 다른 성분보다 더 빨리 흡수가 된다. 버클(2003)이 지적한 것처럼 라벤더의 경우, 두 가지 대표 성분인 리나롤과 초산 리나릴은 20분 안에 흡수되어 90분이면 배출이 된다.

버클(2003)은 에센셜 오일이 흡수가 되면 어디로 가는지, 인체가 에센셜 오일을 어떻게 흡수하고 배출하는지는 완전히 밝혀지지 않았다고 말했다. 확실한 것은 정확히 사용만 한다면 에센셜 오일이 전반적인 웰빙에 충분히 영향을 줄 수 있다는 것이다.

마사지 테라피스트와 바디워커가 에센셜 오일을 피부에 적용하면 다음과 같은 치료 효능을 제공할 수 있다:

- 근육과 관절 이완과 진정
- 근육 경련 감소
- 신경 통증 완화
- 염증 감소
- 시원하거나 따뜻한 효과 제공
- 항박테리아, 항진균, 항세균 작용을 제공하고 지지
- 신경계의 이완과 진정
- 일반적 피부 상태에 특별한 치료적 효능 제공
- 삠, 접질림, 그리고 반복 운동 상해 치료를 촉진

이 장의 나머지 부분에서는 마사지와 바디워크 목적을 위해 피부에 적용되는 에센셜 오일과 식물성 오일, 허브 오일, 그리고 기타 원재료의 적용을 중점적으로 다룰 것이다. 표 6.1은 에센셜 오일이 피부에 갖는 치료 효능을 정리한 것이다. 다음 장에서 에센셜 오일이 인체로 흡수되는 두 가지 다른 방법, 흡입과 후각에 대해 다룰 것이다.

표 6.1

피부를 위한 에센셜 오일의 약리 작용

치료 작용	에센셜 오일
항염 – 염증을 진정시키고 줄여주는 물질	저먼 카모마일, 유향, 헬리크리섬, 라벤더, 미르, 패출리, 샌달우드, 야로우
항박테리아 – 박테리아를 파괴하는 물질	바질 ct.리나롤, 시나몬 리프, 유칼립투스, 레몬그라스, 니아울리, 팔마로사, 세이지, 티트리, 타임, 야로우
항진균 – 진균을 파괴하거나 진균의 성장을 막는 물질	시나몬 리프, 클로브 버드, 레몬그라스, 미르, 니아울리, 팔마로사, 패출리, 티트리, 타임
살균 – 세균을 파괴하거나 세균의 성장을 막는 물질	베르가모트, 로만 카모마일, 사이프러스, 유향, 그레이프프루트, 라벤더, 레몬, 레몬그라스, 스위트 마조람, 스코츠 파인, 티트리
수렴 – 세포를 줄어들게 하는 물질; 수축, 죔, 조직 묶음	시더우드, 사이프러스, 제라늄, 레몬, 패출리, 로즈
순환 자극/강장 – 혈액 순환을 강화하고 증가시키는 물질	캐럿 씨드, 블랙페퍼, 주니퍼, 월계수, 레몬, 레몬그라스, 파인, 로즈마리 ct. 캠퍼 또는 시네올
세포 회춘 – 세포 재생을 촉진하는 물질	캐럿 씨드, 저먼 카모마일, 헬리크리섬, 라벤더, 팔마로사
독소 배출 – 인체로부터 독성 물질의 제거를 촉진시키는 물질	캐럿 씨드, 사이프러스, 펜넬, 그레이프프루트, 주니퍼 베리, 레몬
신경 진정/이완 – 신경 계통을 이완시키는 물질; 신경성 장재를 줄이거나 진정시킴	안젤리카 루트, 베르가모트, 저먼 카모마일, 로만 카모마일, 유향, 라벤더, 만다린, 스위트 마조람, 멜리사, 네롤리, 스위트 오렌지, 페티그레인, 로즈, 샌달우드, 버티버, 일랑일랑
상처 치료 – 상처 치료를 촉진시키는 물질	캐럿 씨드, 저먼 카모마일, 로만 카모마일, 유향, 헬리크리섬, 라벤더, 미르, 네롤리, 패출리, 로즈마리 ct. 버베논, 세이지, 야로우

시술에서의 식물성 오일 / VEGETABLE OILS IN PRACTICE

식물성 오일은 의약품의 본질적인 부분이 되기도 하고, 아로마테라피스트에게는 캐리어 오일이 되며, 전인적 바디워크와 마사지에 있어서는 놀라운 효능을 보여주는 치료적 물질이기도 하다(커스미렉, 2002). **캐리어 오일**로 쓰이는 식물, 나무 열매, 또는 씨앗 오일은 *에센셜 오일과 섞여, 에센셜 오일을 피부와 인체 내부로 운반하는데* 이용된다. 치료적 물질로서의 캐리어 오일은 피부 자체의 건강과 정상적인 상태, 탄력을 유지하는데 필요한 A, D, E와 같은 지용성 비타민과 중요한 지방산을 많이 함유하고 있다.

피부에는 방출 압착 비정제 유기농 식물성 오일이 가장 좋은데 낮은 온도에서 추출되어 정제 과정을 거치지 않아 오일의 중요한 영양소들이 잘 보존되어 있기 때문이다. 정제된 오일은 일반적으로 높은 온도에서 추출된 뒤, 오일의 풍미와 냄새를 제거하는 탈취 과정과 표백 과정, 그리고 기타 정제 과정 등 이차적인 과정을 거치게 된다. 이런 과정을 거치게 되면 오일의 비타민 함량은 감소하고 중요한 지방산 함량도 대량 파괴되어 전혀 치료적 가치가 없는 오일로 전락하고 만다.

에라스무스(1993)는 "수퍼마켓이나 구멍가게, 편의점에서 파는 오일들은 그것들이 홍화, 호두, 해바라기, 옥수수, 포도 씨, 콩, 참깨, 쌀겨, 카놀라, 아몬드, 땅콩, 아보카도, 기타 씨앗과 나무 열매의 오일 또는 그 오일의 블렌드라 할지라도 완전히 정제되고 탈취된 것이며, 모두 용매 추출한 것들이거나 방출 압착오일과 용매 추출 오일의 혼합물이다. 완전히 정제된 오일은 정제된 설탕과 동일하며 따라서 '흰(white)' 오일이라 불릴 수 있다"라고 말했다(98쪽).

고급의 정제되지 않은 유기농 식물성 오일의 적용은 피부의 기능을 지지하고 강화하며, 앙양할 수 있는 중요한 영양소들을 제공한다. 중요한 영양소들은 다음과 같다:

식물성 오일에서 발견되는 지용성 비타민과 영양소 / Fat-Soluble Vitamins and Nutrients Found in Vegetable Oils

■ 비타민 E : 비타민 E군은 "토코페롤"이라고 불리는데 토코페롤에는 알파, 베타, 감마, 델타 등이 있다. 어떤 이들은 알파 토코페롤이 생물학적으로 가장 활동적이라고 주장한다. 비타민 E는 가장 중요한 항산화제 중 하나인데 항산화제란 활성 산소의 파괴적인 요소들로 인해 세포가 해를 입는 것을 막아주는 물질을 말한다. 활성 산소가 지나치게 많아지면 건강한 조직이 손상되고, 피부를 지지하는 콜라겐과 엘라스틴 섬유가 파괴되며, 건강한 새 피부 세포의 형성이 억제돼 안색이 어두워지고 칙칙진다.

비타민 E는 피부를 환경오염으로부터 보호하는 것을 돕는다. 비타민 E는 흉터 형성을 줄이기 때문에 화상과 일광 화상 치료를 위해 국부적으로 사용된다. 비타민 E는 상처 회복을 도우며, 굉장한 치료와 재생 기능을 갖고 있다. 베타카로틴과 결합된 비타민 E는 태양의 유해 작용으로부터 인체를 보호한다. 연구 조사에 의하면 비타민 E는 건강한 면역 체계의 중요한 성분 중 하나라고 한다. 따라서 비타민 E가 풍부한 오일은 표피의 랑거한스 세포의 면역 기능을 지지하는데 이용될 수 있다.

■ 비타민 A : 비타민 A는 세포 성장과 인체 조직 회복에 필수적인 비타민이다. 비타민 A는 피부와 적혈구막이 원래 상태를 유지하는데 중요한 역할을 담당한다. 비타민 A는 특히 호흡기와 소화기, 비뇨기, 생식기의 관을 구성하는 점액 세포와 눈의 점막, 분비선의 관 형성에 중요한 역할을 한다. 비타민 A가 부족하면 피부가 거칠어지고

건조해지며, 각질이 일어난다. 또한 눈물이 줄어들고, 잇몸과 치아에 문제가 생기며, 후각과 식욕이 떨어지며, 야맹증이 생긴다.

■ **베타카로틴** : 베타카로틴은 자연에서 생성되는 5백 개가 넘는 카로틴 중 하나이다. 비타민 A의 전구물질인 베타카로틴은 가장 활발한 카로틴 중 하나로 여겨지고 있다. "비타민 A는 독성이 있는 활성 산소, 특히 공기 중의 화학 물질에 의해 생성되고, 인체의 신진 대사에 의해 생성되는 활성 산소의 유력한 청소부이다. 베타카로틴은 비타민 A보다 더 강력한 면역 자극 능력과 흉선 지지 능력을 갖고 있다." (골른, 1995, 132쪽). 베타카로틴이 풍부한 오일은 진한 오렌지색을 띄는 경향이 있다.

베타카로틴은 캐럿 피톨과 야자수 오일, 그리고 해조류에 많이 들어 있다. 야자수 오일에는 베타카로틴보다 더 강한 항암 물질로 알려진 카로틴 라이코펜도 들어있다. 피조르노와 머레이는(2000) "베타카로틴은 태양의 유해 작용으로부터 피부를 보호하는 역할을 한다. 베타카로틴은 또한 햇볕이 일으키는 활성 산소 변화에 대한 피부 장벽으로 기능한다"(607쪽)고 말했다.

■ **비타민 D** : 비타민 D는 칼슘과 함께 뼈와 치아, 그리고 건강한 피부를 만든다. 비타민 D는 상처 치료를 촉진하기 때문에 화상과 찰과상에 효과가 있다. 커스미렉(2002)에 의하면 비타민 D가 들어있는 식물성 오일은 아보카도 오일이 유일하다고 한다.

■ **레시틴** : 레시틴은 세포막의 중요한 성분으로 특히 뇌와 신경 세포막의 주요 성분이다. 레시틴은 강력한 유화제이며 혈액 내의 지방과 콜레스테롤 제거에 도움을 준다.

식물성 오일에서 발견되는 필수 지방산
/ Essential Fatty Acids Found in Vegetable Oils

필수지방산(EFAs)이 "필수적"이라 불리는 이유는 인체가 이들은 만들어내지 못하기 때문이다. 따라서 우리는 이들은 식품을 통해 섭취해 피부에 공급해 주어야 한다. 필수지방산은 인체 내에 있는 모든 세포막의 중요한 성분이다. 머레이와 버틀러(1996)에 의하면 건강한 점막이 없으면 세포들은 물과 중요한 영양소, 그리고 전해질을 잡아두는 능력을 잃게 된다고 한다. 또한 다른 세포들과의 의사소통 능력과 대사 호르몬에 의해 조절되는 능력도 잃게 된다.

아마씨유나 달맞이꽃, 지치, 시계꽃, 로즈힙 씨드 오일과 같은 정제되지 않은 다중불포화 오일에 필수지방산이 풍부하게 함유되어 있다. 필수지방산이 풍부한 오일은 극도로 반응에 민감해 빛과 열, 산소에 노출되면 쉽게 손상된다. 필수지방산이 풍부한 오일은 냉장고에 보관해야 한다. 다음은 아로마테라피와 마사지에 사용되는 오일들에서 발견되는 주로 필수지방산들이다.

■ **리놀레산** : 리놀레산은 모든 피부 세포를 감싸고 있는 점막을 만드는데 매우 중요한 필수지방산이다. 리놀레산은 피부 표면 아래에 놓여있는 보호적 지질 장벽 을 강화시켜 수분 손실을 막아준다. 리놀레산이 부족하게 되면 심각한 피부 질환과 조기 노화가 일어날 수 있으며, 피부를 지지하는 콜라겐 섬유의 힘이 줄어들어 상처 회복이 더뎌 질 수 있으며, 탈모가 유발된다. 리놀레산은 인체 내에서 감마 리놀레산으로 전환된다.

■ **올레인산** : 올레인산은 단순불포화 지방산이다. 올레인산이 풍부한 식물성 오일들은 열과 빛의 유해 작용을 더 잘 견디는 특성이 있다.

■ **감마 리놀레산(GLA)** : 이것은 매우 중요한 지방산으로 프로스타글란딘의 생성을 돕는다. 프로스타글란딘은 염증 과정과 혈액 응고, 자궁 내의 평활근 자극, 위산 분비 억제와 위장 내의 보호적 점막층의 분비물 증가에 있어 중요한 역할을 담당한다. 감마 리놀레산이 풍부한 오일은 습진이나 건선, 류머티즘 관절염과 같은 염증 질환 치료에 중요한 역할을 한다. 모유 외에 달맞이꽃 오일, 블랙 커런트, 지치 씨앗 오일에 감마 리놀레산이 풍부하다.

일반적인 캐리어 오일 / COMMON CARRIER OILS

■ 스위트 아몬드 *Prunus amygdalus var. dulcis*

지각 정보: 연한 노란색, 약한 아로마 또는 아로마가 거의 없음.

유통 기간: 6개월에서 12개월. 유통 기한 연장을 위해서는 냉장 보관하는 것이 최선임.

희석도: 100%로 이용할 수 있으며 다른 오일의 블렌드에도 이용 가능.

영양 정보: 단순 불포화 오일로 중요한 미량 미네랄을 함유함. 오일을 안정적으로 만드는 올레인산이 풍부함.

치료적 적용: 좋은 유화제로 피부를 보호하고 영양을 공급함. 습진과 같은 피부의 가려움증, 통증, 건조함, 염증 완화를 도움. 모든 피부 타입에 좋으며, 특히 건성 피부에 좋음.

■ 살구 *Prunus armeniaca*

지각 정보: 연한 노란색, 가벼운 질감, 쉽게 흡수됨.

유통 기간: 6개월에서 12개월. 냉장 보관하면 유통 기한을 연장을 할 수 있음.

희석도: 100%로 이용할 수 있으며 다른 오일의 블렌드에도 이용 가능.

영양 정보: 비타민 A와 E, 미량 미네랄을 함유하고 있음. 오일을 안정적으로 만드는 올레인산이 풍부함.

치료적 적용: 모든 피부 타입에 좋으며 특히 노화, 건성, 민감성 또는 염증 피부에 좋음. 피부의 천연 오일 분비를 장려하는 좋은 페이셜 오일이자 두피에 좋은 모이스처라이저. 마사지를 위한 최상의 조합은 살구씨 오일 50%와 해바라기 오일 50%임.

■ 아보카도 *Persea americana*

지각 정보: 진한 연두색에서 거의 투명한 연한 연두색까지. 진하고, 비중이 큰 오일이지만 침투성이 좋아 쉽게 흡수됨. 녹색을 띄는 이유는 엽록소 함량이 많기 때문임(얼, 1992).

유통 기간: 3개월에서 6개월. 잘 보관하지 않으면 품질이 쉽게 손상됨.

희석도: 목적에 따라 100%로 이용할 수 있으며 다른 오일의 블렌드에도 이용 가능.

영양 정보: 비타민 A, B, D와 단백질, 레시틴, 그리고 스테롤(10%까지)이 포함되어 있음.

치료적 적용: 생기 부여와 재생 작용. 피부를 위한 훌륭한 유화제. 피부 재생을 촉진함. 천연 자외선 차단제로 사용할 수 있음. 커스미렉(2002)에 의하면: "아보카도와 참기름을 반복적으로 적용하면 피부 상부층의 수분 함량이 증가되며 피부의 탄력성이 개선된다"(98쪽)고 한다. 모든 피부 타입에 좋으며 특히 건성과 수분 부족, 약한, 노화 피부에 좋음. 또한 건성 습진 또는 건선에 좋음.

■ 포도씨 *Vitis vinifera*

지각 정보: 매우 유명한 오일로 가벼운 질감, 번들거리지 않음. 쉽게 흡수되며, 향이 거의 없음. 색은 거의 없거나 약한 녹색을 띔. 판매되는 포도씨 오일 대부분은 용매 추출 오일이지만 가끔 방출 압착 오일도 구입할 수 있음. 방출 압착 오일이 더 좋음.

유통 기간: 6개월에서 12개월. 냉장 보관하면 유통 기한을 연장을 할 수 있음.

희석도: 100%로 이용할 수 있으며 다른 오일의 블렌드에도 이용 가능.

영양 정보: 콜레스테롤 함량이 낮음. 비타민과 미네랄, 단백질이 포함되어 있지만 다른 오일들만큼 영양가가 높지는 않음.

치료적 적용: 모든 피부 타입.

■ 헤이즐넛 *Corylus avellana*

지각 정보: 연하거나 어두운 노란색 오일.

유통 기간: 안정적이며 오래 지속됨.

희석도: 6개월에서 12개월. 냉장 보관하면 유통 기한을 연장을 할 수 있음.

영양 정보: 비타민 A와 B를 함유함. 비타민 E가 풍부함.

치료적 적용: 이 오일은 피부를 번들거리게 만들지 않으면서도 침투성이 좋기 때문에 캐리어 오일로 적극 추천함(커스미렉, 2002). 건성, 수분 부족 또는 민감성 피부에 좋음. 훌륭한 유화제임.

■ 호호바 *Simmondsia chinensis*

지각 정보: 사막 식물에서 추출한 액상 왁스. 황금색에서 연한 노란색을 띔. 가볍고, 연한 질감. 침투성이 매우 좋음. 향이 없음.

유통 기간: 안정적이며 오래 지속됨.

희석도: 100%로 이용할 수 있으며 다른 오일의 블렌드에도 이용 가능.

영양 정보: 단백질과 비타민, 특히 비타민 E와 미네랄이 많이 함유되어 있음. 콜라겐과 유사한 밀랍 물질.

치료적 적용: 호호바는 막힌 모공을 녹여주기 때문에 여드름 피부에 적합. 피부의 천연 pH 균형을 지지함. 호호바의 천연 항염 작용 때문에 습진과 건선, 염증 피부에 도움이 됨. 효과 좋은 만능 스킨케어 오일.

헤어 케어: 건성 두피, 비듬. 표피 진정. 피부의 수분 함량을 높여 주름을 줄여줌. 튼살 자국을 없애고, 생기는 것을 막아줌. 모든 피부 타입에 도움이 되지만 지성, 복합성 또는 여드름 피부에 좋음.

■ 올리브 *Olea europaea*

지각 정보: 연두색에서 노란색. 진하고 끈적거림. 향이 강함.

유통 기간: 안정적. 6개월에서 12개월. 냉장 보관하지 말고 서늘한 곳에 보관할 것.

희석도: 100%로 이용할 수 있으며 다른 오일의 블렌드에도 이용 가능.

영양 정보: 적당히 포화된 오일. 비타민 E가 특히 많으며 미네랄과 단백질이 함유됨.

치료적 적용: 살균 작용과 상처 치료 능력이 있어 감염된 피부와 가렵고, 아프고, 염증이 있고, 트고, 각질이 일어나는 피부에 도움이 됨. 습진과 건선 치료에 유용함. 연화와 진정. 민감성 피부에 좋음.

■ 야자 오일 *Elaeis guineensis*

지각 정보: 노란색에서 불그스레한 갈색. 코코넛 오일처럼 고체 덩어리임.

유통 기간: 안정적. 이 오일은 용매 추출하거나 냉압착할 수 있음. 냉압착 오일을 추천함.

희석도: 100%로 이용할 수 있으며 다른 오일의 블렌드에도 이용 가능.

영양 정보: 51% 포화 지방. 야자 오일은 성분 구성이 코코넛 오일과 유사함.

치료적 적용: 피조르노와 머레이(2000)에 의하면, "야자 오일 카로틴은 다른 오일들보다 더 큰 항산화 기능이 있다"고 함(606쪽). 풍부한 카로틴 때문에 야자 오일은 수술 후 상처 치료를 포함한 피부 재생과 노화 또는 조기 노화 피부에 유용함. 야자 오일은 피부에 있는 랑거한스 세포를 통해 흡수돼 면역 체계를 강화하며 광민감화 질병에도 효과가 있음. 야자 오일은 피부를 위한 좋은 유화제임.

■ 로즈힙 *Rosa rubiginosa*

지각 정보: 매우 기분 좋은 아로마. 분홍빛 빨간색. 마사지를 위한 유화제.

유통 기간: 3개월에서 6개월. 반드시 냉장 보관.

희석도: 다른 오일의 블렌드에 희석도 10%에서 20%로 이용되어질 수 있음.

영양 정보: 불포화 필수지방산의 복합 시스템. 리놀레산과 비타민 C의 함량이 매우 높으며 레티노인산이 소량 함유되어 있음.

치료적 적용: 상처와 화상, 그리고 조기 노화를 위한 가장 좋은 조직 재생 물질 중 하나(오일이 모공을 막기 때문에 지성이나 여드름 피부에는 적합하지 않음). 로즈힙 씨드 오일에는 불포화 지방산이 풍부하게 들어 있음. 이 오일은 강력한 조직 재생 물질로 여겨지고 있으며 화상과 일광 화상 치료를 도와주며, 흉터 모양과 질감 개선에 효과가 있으며 주름을 줄여줌. 로즈힙은 안데스가 원산지이며 일반적으로 로사 모스케타 또는 머스켓 오일로 판매됨.

■ 시어 버터 *RButyrospermum parkii*

지각 정보: 노란색 버터로 부드럽지만 진함. 체온에서 액상이 됨.

유통 기간: 6개월에서 12개월. 시원한 곳이나 냉장고에 보관.

희석도: 다른 오일의 블렌드에 희석도 10%에서 20%로 이용될 수 있음.

영양 정보: 케라틴, 알란토인, 불수용성 지방과 비타민 F, E, A의 함량이 매우 높음.

치료적 적용: 시어 버터는 멋진 버터/오일로 전통적으로 아프리카 원주민들이 피부를 부드럽게 하고 매끄럽게 하기 위해 사용했음. 시어 버터는 피부의 미세 순환을 증가시켜 상처 치료와 반흔 조직 형성, 세포 회춘에 도움을 줌. 시어 버터는 피부를 부드럽고, 유연하고, 건강하게 만들어줌. 트는 것과 염증이 생기는 것을 막아주고 거친 피부를 부드럽게 만들며 일광 화상으로부터 피부를 보호함. 스킨케어 크림과 연고에 첨가해도 아주 좋음.

■ 해바라기 *RHelianthus annuus*

지각 정보: 연한 노란색, 가벼운 질감.

유통 기간: 호호바만큼은 아니지만 올레인산이 풍부하며 더 안정적임(6개월~ 12개월).

희석도: 다른 오일의 블렌드에 희석도 10%에서 20%로 이용될 수 있음.

영양 정보: 불포화 오일. 비타민과 미네랄, 소량의 레시틴이 함유되어 있음.

치료적 적용: 모든 피부 타입에 좋음. 마사지와 스킨케어 준비 과정에 적합한 질감.

■ 호두 *Juglans regia*

지각 정보: 연한 노란색에서 황금색. 중간 정도의 질감.

유통 기간: 6개월에서 12개월.

희석도: 다른 오일의 블렌드에 희석도 10%에서 20%로 이용될 수 있음.

영양 정보: 진한, 불포화 지방산 오일. 리놀레산과 감마 리놀레산이 풍부함.

치료적 적용: 훌륭한 유화제로 피부의 수분 보유를 도와줌. 노화, 염증, 또는 민감성 피부에 좋음. 재생 기능이 있음.

허브 오일 / HERBAL OILS

허브 오일은 올리브 오일이나 해바라기 오일 베이스에 약용 허브를 넣어 우려낸 오일을 말한다. 전통적으로 신선한 (모든 수분을 제거하기 위해 약간 말린) 재료,또는 말린 식물 재료를 그릇 안에 넣고 여기에 선택한 식물성 오일을 붓는다. 이것을 태양 아래에 2주나 4주 또는 그 이상 놓아두었다가 걸러낸다. 그런 다음 이렇게 추출한 허브 오일을 사용된 약용 식물의 치료 효능에 따라 분류해 피부에 적용한다. 허브 오일 우려내는 법에 대해 더 배우고 싶은 사람에게는 제임스 그린의 책, *〈허브 약품 제조자를 위한 안내서〉*나 로즈마리 글래드스타의 *〈여성을 위한 허브 치료〉*를 추천한다.

마사지 테라피스트와 바디워커들에게는 가장 대중적으로 이용되는 세 가지 허브 추출물에 대해서만 설명하려고 한다. 하지만 다양한 약용 식물들이 치료적 허브 오일 창조에 이용되고 있다는 사실을 기억해둬야 할 것이다.

■ 카렌둘라 *(Calendula officinalis)*

카렌둘라는 일년초 식물로 키가 30cm에서 60cm까지 자라며, 잎은 중간 녹색이고, 향기가 나는 줄기에 가지가 많이 나 있다. 데이지처럼 생긴 꽃은 연한 오렌지색과 노란색에서 황금색, 진한 노란색까지 색이 아주 다양하다. 카렌둘라는 여름 내내 꽃을 피우며 가을에도 꽃이 핀다. 카렌둘라는 기르기 쉬운 식물 중 하나로 큰 즐거움을 선사한다.

치료적 효능: 카렌둘라는 효과적인 항세균제(항바이러스제이자 항박테리아제)이자 항염제, 항진균제이며 상처 치료에 좋은 허브 오일로 알려져 있다. 임상 시험 결과 카렌둘라는 세포 분열을 증가시켜 상처 치료 과정의 육아 발생을 촉진하는 것으로 나타났다.

카렌둘라는 다음과 같은 치료에 좋다:

- 상처 치료/조직 치료
- 염증성 피부 질환
- 완전히 치료되지 않은 상처
- 손상된 피부
- 화상
- 벌레 물린 데
- 모유 수유로 인해 손상된 유두 (아기에게 해롭지 않음)
- 손상된 조직, 종기

■ 아르니카 *(Arnica montana)*

아르니카는 다년생 허브로 국화과 식물이다. 키는 30cm에서 60cm 정도이며, 노란색을 띤 오렌지색 꽃이 핀다. *Arnica montana*는 중부와 북부 유럽에서 자연적으로 발생했다. 아르니카 종 중에서 동일한 치료적 효능을 갖고 있는 것으로는 *Arnica cordifolia*와 *Arnica latifolia*가 있다. 이러한 종들은 미국 서부에 널리 분포되어 있다.

치료적 효능: 아르니카는 항세균성과 항염성이 있으며 상처 치료와 진통에 효과적이다. 무어(1993)는 "아르니카는 특히 혈액이 말초 모세혈관 층으로 흘러들어갈 것인지 아니면 더 광범위한 혈액 분산을 막는 작은 정맥으로 들어갈 것인지를 조절하는 특수한 모세혈관들을 자극하고 팽창시키는 작용을 한다. 잘 확산이 된 혈액과 순환은 부상을 입었거나, 멍이 들었거나 염증이 있는 조직으로 들어가 치료 속도를 올리고, 노폐물 제거를 돕는다"(49쪽)고 했다.

안전 데이터: 아르니카는 상처가 없는 피부에만 적용해야 한다. 아르니카는 내복하면 독성이 있는 것으로 알려져 있다. 두드러기쑥이나 저먼 카모마일과 같은 국화과 식물에 알레르기가 있는 고객에게는 아르니카 사용을 피해야 한다. 장기간 사용 시 습진이 발생할 수 있다(밀스와 본즈, 2000).

아르니카는 다음과 같은 치료에 좋다:

- 멍
- 삠과 접질림
- 류머티즘 치료의 반대 자극제
- 화상과 일광 화상
- 과신장
- 관절염, 활액낭염, 근육통
- 관절 경직

■ 세인트 존스 워트 *(Hypericum perforatum)*

세인트 존스 워트는 밝은 노란색의 작은 꽃이 피는 다년초 식물이다. 이 식물은 유럽과 아시아가 원산지이며 미국과 호주로 이식되었다. 이 식물은 특히 미 북서부 지역과 캐나다에서 많이 자란다. 세인트 존스 워트는 이른 봄에 꽃을 피운다. 이 꽃이 개화하기 전에 봉오리를 따 오일을 우려낸다.

치료적 효능: 세인트 존스 워트는 다양한 치료적 효능이 있는 것으로 알려져 있다. 허브 오일로서 이것은 효과적인 항세균제이자 항염제, 진통제, 그리고 상처 체료제로 알려져 있다.

세인트 존스 워트는 다음과 같은 치료에 좋다:

- 벌레 물린 데
- 화상과 일광 화상
- 손상된 조직, 천천히 회복되는 상처 또는 궤양
- 멍
- 포진 손상
- 근육통
- 피부 염증
- 삠과 멍(아르니카 만큼 효과가 있지는 않음)

기타 원재료 / OTHER RAW MATERIAL

■ 코코넛 오일

수백 년에 걸쳐 필리핀과 하와이의 여성들은 코코넛 오일을 이용해 피부를 보호하고, 머릿결을 부드럽게 만들었다. 코코넛 오일은 이런 용도로 사용될 수 있다:

거칠고 건조한 피부를 부드럽게
만성 피부 염증을 줄이는데
피부 발진을 진정시키는데
과도한 일광 노출로 인한 피부 손상을 최소화하는데

코코넛 오일은 또한 연고와 크림의 훌륭한 성분으로 연고와 크림의 농도를 진하게 하고 유화시키는 물질로 쓰인다. 코코넛은 고체 오일이기 때문에 코코넛만 쓰면 피부가 막혀 버린다. 하지만 다른 식물성 오일이나 크림과 함께 사용하면 코코넛 자체의 폐색 작용이 감소된다.

■ 코코아 버터

코코아 버터는 코코아 콩에서 추출된 상아색의 천연 지방으로 초콜릿과 코코아 가루를 생산하는 과정에서 만들어진다. 코코아 버터는 실온에서는 고체 상태이지만 녹는점이 낮아서(체온보다 약간 낮다) 고체에서 액체로 매우 빨리 전환된다. 초콜릿 향이 나는 코코아 버터는 피부에 좋은 훌륭한 유화용 버터이다. 코코아 버터는 집에서 만드는 크림에 첨가해도 되고 약한 불에서 중탕을 해서 다른 캐리어 오일에 녹여 넣어도 된다.

실제 임상적용 6.1

꿀의 사용

소금 스크럽과 꿀 풋 트리트먼트
다음의 재료들을 섞어 소금 스크럽을 만들어 보라:

해수염 4 작은 술
살구씨 오일 1 작은 술
탠저린 에센셜 오일 *(Citrus reticulata)* 3방울
따뜻하게 데운 꿀 1 작은 술

위의 재료들을 잘 섞는다. 마사지 전에 소금을 가지고 발을 스크럽한 뒤 뜨겁거나 따뜻한 물에 담그고 5분~10분 동안 족욕을 하게 한다. 발을 족욕기에서 꺼낸 다음 말린다. 고객을 마사지 룸으로 보내 마사지 트리트먼트를 받을 준비를 해 달라고 요청한다.

■ 밀랍과 꿀

밀랍은 꿀벌의 벌집에서 나온다. 밀랍은 진한 노란색에서 연한 노란색을 띠며 달콤한 벌꿀과 같은 향을 가지고 있다. 밀랍은 유화제로 쓰이며 집에서 만드는 크림이나 로션, 연고 등의 농축재로 쓰인다. 최상의 밀랍은 그 지역에서 생산된 정제되지 않은 밀랍으로 색과 향이 진해야 한다.

천연 보습 작용이 있는 꿀은 스파와 바디워크 트리트먼트에 애용되고 있다. 꿀은 피부가 수분을 끌어들여 보유하는 것을 도와 피부를 부드럽고 유연하게 만들어 준다. 꿀은 등과 바디 케어 트리트먼트, 풋 스파 트리트먼트, 그리고 얼굴과 목을 위한 트리트먼트 등에 이용되고 있다. 임상 실험 결과 꿀은 피부를 활성 산소로부터 보호하는 천연 기능을 갖고 있으며, 스킨케어 제품의 항산화제로 쓰일 수 있다는 것이 밝혀졌다. 꿀은 오래 전부터 항세균제로 이용되어 왔으며 많은 국가에서 꿀은 차나 시리얼을 위한 감미료가 아닌 약으로 여겨지고 있다.

피부를 위한 아로마 적용
/ AROMATIC APPLICATIONS FOR THE SKIN

피부 타입 / Skin Types

모든 사람의 피부는 기본적으로 같은 생리학적 구조를 가지고 있지만 유전적 요인, 삶의 방식, 나이에 따라 각기 다른 특성을 나타내는데, 이에 따라 피부를 몇 가지 "타입"으로 나눌 수 있다. 마사지 테라피스트나 바디워커로서 각각의 고객에게 가장 효과적인 에센셜 오일과 베이스 오일, 적용 방법을 선택하려면 피부 타입을 이해하는 것이 매우 중요하다. 피부 타입을 "진단"하는 것이 테라피스트의 시술 범위 밖에 있기는 하지만, 고객들에게 다양한 피부 타입의 특징을 알려주고 어떤 것이 자신의 피부 타입을 가장 잘 묘사해주는지 물어볼 수는 있다. 이를 바탕으로 고객 각각의 피부 타입과 목적에 가장 잘 부합되는 특정한 에센셜 오일과 베이스 식물성 오일, 허브 오일을 이용해 고객을 위한 맞춤 마사지와 바디케어 블렌드를 만들면 된다.

중성 피부 (Normal skin)

피부 타입 중에서 중성 피부란 얼굴의 물과 오일 선(gland)이 적당한 양의 수화물(수분을 더하고)을 생산하고 피부를 보호(수분 손실을 방지)한다는 것을 의미한다. 중성 피부는 촉촉하

고, 탱탱하며, 이슬을 머금은 듯하다. 모공 크기는 작거나 중간 정도이다. 중성 피부에는 블레미쉬가 거의 없거나, 없다. 그리고 일광 손상 또한 거의 없다. 피부는 중간 정도 두께이며 얼굴색도 좋다. 중성 피부는 부드럽고, 매끄럽고, 단단하다. "T 존"(이마와 코, 턱)에 약간의 유분감이 있을 수도 있지만 오일이 과도하게 분비되는 것이 아니라면 이 피부는 중성 피부라고 보면 된다.

에센셜 오일: 모든 에센셜 오일. 특히 캐럿 씨드, 클라리 세이지, 유향, 제라늄, 라벤더, 네롤리, 로즈, 샌달우드, 버티버.

식물성 오일: 포도 씨, 호호바, 스위트 아몬드, 살구씨, 시어버터, 해바라기.

지성 피부/ 여드름 피부 (oily skin/acne prone)

지성 피부는 피지선이 지나치게 활동적이다. 모공은 다른 피부 타입보다 눈에 띌 정도로 크며, 중간에서 큰 크기까지 다양하다. 지성 피부는 번들거리며 일반적으로 더 두껍고, 단단하다. 그리고 다른 피부 타입에 비해 덜 민감하다. 지성 피부는 주로 12세~22세 사이에 나타나는데 나이가 들면서 유분이 줄어들기는 하지만 평생 동안 지성 피부를 갖고 사는 사람들도 있다. 지성 피부는 막힌 모공, 블랙헤드, 그리고 블레미쉬 등이 잘 나타나는 경향이 있지만 일반적으로 젊게 보여서 다른 피부 타입에 비해 노화의 징조가 잘 나타나지 않는다는 장점이 있다.

에센셜 오일: 시더우드, 클라리 세이지, 유향, 제라늄, 헬리크리섬, 주니퍼 베리, 라벤더, 레몬, 레몬그라스, 멜리사, 니아울리, 팔마로사, 패출리, 페티그레인, 로즈, 티트리, 일랑일랑.

식물성 오일: 포도 씨, 호호바, 헤이즐넛, 해바라기.

건성 피부 (dry skin)

건성 피부는 유분이 부족하거나, 수분이 부족하거나, 혹은 이 둘이 모두 부족하다. 유분이 부족한 피부는 단순 건성 피부라고 불린다. 수분이 부족한 피부는 수분 부족 피부라고 불린다. 피부가 얇고 모공이 거의 보이지 않는다면 이것은 아마도 유분이 부족한 것이다(수분이 부족할 가능성도 있다). 피부가 두껍고 모공이 눈에 띄는데도 건성 피부의 특징이 보인다면 이는 수분이 부족할 가능성이 크다. 건성 피부는 모든 연령대에서 나타난다. 남성들보다 여성들에게서 건성 피부가 더 많이 나타나며, 피부색이 어두운 사람들보다 피부색이 맑은 사람들에게서 더 많이 나타난다. 건성 피부는 당겨지는 듯한 느낌이 들며 눈에 띄는 피부 박리가 일어날 수 있다. 건성 피부는 예민하고, 쉽게 염증이 일어나며 일반적으로 추운 날씨에 민감하다. 건성 피부는 번들거리지 않으며 거칠게 느껴진다.

에센셜 오일: 저먼 카모마일, 로만 카모마일, 클라리 세이지, 펜넬, 라벤더, 미르, 샌달우드, 버티버, 일랑일랑.

식물성 오일: 살구씨, 스위트 아몬드, 아보카도, 헤이즐넛, 호호바, 올리브, 시어버터, 해바라기, 호두.

민감성 피부 (sensitive skin)

민감성 피부는 외부 영향에 대해 과도하게 반응하는 피부를 말한다. 특정한 화장품, 핸들링, 그리고 환경적 요소 (태양과 바람, 그리고 극단적인 온도) 등은 민감성 피부를 쉽게 흥분시킨다. 이러한 것들에 노출되면 발적, 발진, 가려움, 자통, 또는 화상이 일어날 수 있다. 민감성 피부는 쉽게 알레르기를 일으키며, 넓어지거나 손상된 모세혈관을 악화시키는 경향이 있고 햇볕에도 잘 탄다. 민감성은 중성, 건성, 그리고 지성 피부와 모든 연령에서 나타날 수 있다. 하지만 켈트 혈통에서 가장 흔하며 특히 빨간 머리와 금발, 푸른 눈을 가진 사람들에게서 많이 나타난다. 민감성 피부는 다른 피부 타입보다 피부가 더 얇다. 그리고 신경 말단과 혈관들이 표면에 더 가까이 나와 있는 경향이 있는데 이것이 과민성을 일으키는 요인으로 여겨지고 있다. 민감성 피부는 부드럽게 다뤄야 한다. 자극이 되는 요인들이 개인에 따라 다르기 때문에 다양한 민감성 스킨케어 프로그램이 필요하다. 민감성 스킨 케어 시에는 알코올과 합성 색소, 합성 향료가 들어있는 제품 사용을 피해야 한다. AHA처럼 지나치게 자극적인 성분 사용도 피해야 한다. 에센셜 오일도 이용할 수 있지만, 이용할 수 없을 수도 있다. 에센셜 오일을 사용할 때는 진정 작용이 있는 낮은 농도의 순한 오일을 사용해야 한다. 방부제 역시 어떤 사람들에게는 문제를 일으키는 것으로 알려져 있다.

에센셜 오일: 저먼 카모마일, 로만 카모마일, 유향, 헬리크리섬, 라벤더, 네롤리, 로즈, 샌달우드, 버티버.

식물성 오일: 살구씨, 포도씨, 헤이즐넛, 호호바, 올리브, 시어버터, 해바라기, 호두.

노화 피부 (aging/mature skin)

"노화"는 위의 모든 피부 타입과 결합될 수 있는 속성으로 예를 들면, 노화/민감성 피부, 노화/블레미쉬 피부 등이 있다. 하지만 때로는 단순 노화 피부를 의미하기도 한다. 나이가 들면서 적절한 시기에 노화 증상이 나타나기도 하지만, 어떤 이들에게는 "조기 노화"가 나타나기도 한다. 노화는 시간이 지나면 자연스럽게 나타나는데, 노화가 시작되면 피부 내의 선들의 기능이 약해지고 회춘 기능이 줄어든다. 조기 노화는 태양에의 과도한 노출(첫 번째 원인)과 흡연, 부적절한 스킨케어, 피부 혹사, 좋지 않은 생활 습관, 건강 문제 등의 결과로 나타난다. 이런 경우, 피부가 나이에 비해 늙어 보인다.

에센셜 오일: 캐럿 씨드, 저먼 카모마일, 로만 카모마일, 유향, 제라늄, 헬리크리섬, 라벤더, 레몬, 미르, 네롤리, 팔마로사, 로즈, 샌달우드, 버티버.

식물성 오일: 살구씨, 아보카도, 포도씨, 호호바, 야자, 로즈힙 씨드, 시어버터, 해바라기, 호두.

일반적인 피부 상태 / Common Skin Conditions

부스럼, 여드름, 농가진, 그리고 단순 포진 등과 같은 피부 질환이 있는 부위에는 일반적으로 마사지가 금지된다. 하지만 아래의 질환들은 마사지를 할 경우 이익을 얻을 수 있다.
(**참고:** 셀룰라이트에 대해서는 림프와 면역 건강과 함께 10장에서 다룰 예정이다)

■ 건선 : **건선**은 빠른 세포 분열(일반적인 세포 분열보다 1,000배 정도 빠름)로 인해 경계가 확실한 부풀어 오른 붉은 반점이 생기거나, 피부가 두꺼워지는 증상을 말한다. 피부는 갈라지고 건조해지며, 간지럽고 피가 나기도 한다. 건선은 화학적 또는 물리적 자극이나 기후 변화, 유전적 소인 또는 스트레스와 관련된 반응에 의해 발생한다고 여겨진다. 건선은 몸 전체에서 발생할 수도 있지만 대부분 팔꿈치, 무릎, 두피, 등

주위에서 주로 발생한다. 스트레스가 건선 상태를 악화시키는 것으로 나타났다.

벤수일라(2003)에 의하면, 건선은 특히 치료하기가 힘든 질환으로 증상이 심각할수록 효과적인 트리트먼트를 제공하기가 힘들다고 한다. 하지만 벤수일라는 아로마테라피스트들이 건선의 괴로운 증상들에 대해 말하는 것을 단념해서는 안 된다고 강조했다. 아로마테라피는 건선의 증상의 경감시키고, 스트레스를 줄이며, 자연요법이나 동종요법과 같은 자연 테라피를 지지하는 역할을 한다.

치료적 목적

- 가려움증과 염증 감소
- 피부 치료 도움, 흉터 형성 방지
- 스트레스 경감

에센셜 오일: 저먼 카모마일, 로만 카모마일, 사이프러스, 유향, 헬리크리섬, 라벤더, 미르, 네롤리, 패출리, 로즈, 샌달우드, 버티버, 일랑일랑.

베이스 제품: 시어버터, 카렌둘라, 라벤더와 저먼 카모마일의 하이드로졸이 함유된 알로에베라 겔.

■ 흉터 : 흉터는 부상이나 외상, 수술 등에서 피부가 회복될 때 남는 흔적을 말한다. 피부에 상처가 나면 섬유아세포들이 조직을 보수한다. 가끔은 치유 과정 동안 약간의 콜라겐과 엘라스틱 세포가 나타나기도 하는데 이렇게 되면 피부는 더 단단해지지만 탄력을 잃게 된다. 오래된 흉터는 없앨 수는 없지만 공들여 치료를 하면 개선시킬 수는 있다. 에센셜 오일을 사용해 흉터를 최소화하거나 흉터가 생기는 것을 막을 수 있다. 에센셜 오일을 오래된 흉터 조직에 바르면 흉터도 옅게 만들 수 있고, 그 흉터와 관련된 고통스런 기억과도 더 건강하고 애정 어린 관계로 발전할 수 있다. 베르너와 벤자민 (1998)에 의하면, 마사지는 부상을 입어 손상이 된 급성 상태의 피부에는 어떤 경우에도 금지되지만, 아급성 상태라면 마사지가 치료 과정의 질을 개선시킬 수 있다고 한다.

흉터의 종류 / Types of Scars

■ 켈로이드 : 켈로이드성 흉터는 부상이나 벤 곳의 경계 이상으로 자라난 두껍고, 주름이 진, 덩어리 모양의 간지러운 반흔 조직을 말한다. 켈로이드성 흉터는 종종 눈에 띄는 결절 모양이 된다. 여러분은 켈로이드성 흉터 조직이 주변 피부 조직에 비해 색이 약간 더 어둡다는 것을 알고 있을 것이다. 켈로이드는 상처가 회복되고 난 뒤 인체가 거칠고 섬유질이 많은 단백질(콜라겐이라고 알려진)을 계속해서 생산할 때 만들어지는데 초기에 난 상처나 벤 곳의 경계를 벗어나 부풀어 오른 반흔 조직이 생겨나는 것을 말한다.

■ 비대 : 흉터는 주변 피부에 비해 두껍게 부풀어 올라 있으며 종종 색이 더 어둡다. 비대는 일반적으로 상처를 입은 원래 부위에서 생겨난다는 점에서 켈로이드성 흉터와는 다르다. 비대성 흉터는 정상적인 상처 치료의 결과가 아니며, 오랜 시간에 걸쳐 발전할 수 있다. 이러한 종류의 흉터는 흉터 형성과 깊은 상처 치료에 긴 시간이 걸리는 유전적 성향이 있는 환자들에게 문제가 된다.

치료적 목적

- 염증 감소
- 피부 치료 도움
- 흉터 형성 감소
- 피부 유연성 유지
- 감정적 문제 해소

에센셜 오일: 캐럿 씨드 오일, 저먼 카모마일, 유향, 헬리크리섬, 라벤더, 라벤딘, 미르, 네롤리, 팔마로사, 패출리, 로즈, 로즈마리 ct. 캠퍼 또는 ct. 버베논, 세이지, 샌달우드, 티트리, 일랑일랑.

베이스 제품: 호호바, 로즈힙 씨드 오일, 카렌둘라 오일, 세인트 존스 워트, 시어 버터.

아로마테라피 적용: 마사지 블렌드, 희석도 2.5~5%의 겔 크림 또는 로션

흉터 블렌드 샘플:

25%~30% 로즈힙 씨드 오일

25% 카렌둘라 허브 오일

50% 호호바

에센셜 오일(양이 많은 순서에 따라): 헬리크리섬, 캐럿 씨드, 로즈마리 ct. 버베논, 라벤딘 *(Lavandula × intermedia)*

■ 습진/피부염 : **습진/피부염**은 일반적으로 외부 물질에 의해 야기되는 염증성 피부 질환을 말한다. 피부염은 피부 발진, 적열 상태, 건조하거나 비늘처럼 벗겨지는 피부, 종기를 수반한다. 습진은 더 표면적인 피부염의 형태로 표피층에 영향을 미친다. 습진이 있으면 피부가 붉어지면서 건조해지고, 고름이 나는 발진이 생기기도 한다. 습진에 염증이 생기면 따끔거리면서 아프고 간혹 피가 나기도 한다.

습진에는 여러 종류가 있는데, 화학 물질이나 고무, 철, 비누, 세제와 같은 자극적인 물질에 대한 알레르기 반응으로 일어나는 **접촉성 습진**, 정맥류 환자와 노인들에게서 주로 발생하는 **정맥류 습진**, 건초열이나 천식과 같은 알레르기 가족력이 있는 사람들에게서 종종 발생하는 **아토피성 습진**, 그리고 손발이 비늘처럼 갈라지고, 가렵고, 원형의 덩어리가 생기는 **반상 습진**이 있다.

래트레이와 러드위그(2000)는 "습진과 피부염에 마사지가 완전히 금지되는 것은 아니다. 상처가 열려 있거나 분비물이 나온다면 금지된다. 열려 있는 상처가 없고, 고객이 동의한다면 상처 부위를 에센셜 오일을 이용해 마사지하는 것은 치료에 도움이 된다. 단, 고객이 캐리어, 로션, 에센셜 오일 등에 알레르기 반응을 보이지 않는다는 것을 확인한 뒤에 실시해야 한다"(1147쪽)고 했다.

치료적 목적

- 가려움증과 염증 감소
- 피부 치료 도움, 흉터 형성 방지
- 스트레스 경감

에센셜 오일: 캐럿 씨드, 저먼 카모마일, 로만 카모마일, 사이프러스, 유향, 제라늄, 헬리크리섬, 라벤더, 멜리사, 미르, 팔마로사, 로즈, 티트리, 샌달우드, 버티버, 일랑일랑.

베이스 제품: 호호바, 해바라기, 살구씨, 시어 버터, 카렌둘라, 라벤더와 저먼 카모마일의 하이드로졸이 함유된 알로에베라 겔.

실제 임상적용

사례 연구 6.1

만성 습진과 스트레스 (Chronic Eczema and Stress)

B.는 36세의 여성으로 만성 습진을 앓고 있다. 그녀의 목과 손, 팔에는 작은 것부터 중간 크기의 습진이 나 있다. 피부에는 염증이 있으며 간지럽다. 그녀는 스트레스가 이런 상태를 만든 가장 주요한 원인이라고 생각한다. B.는 현재 이혼 소송 중에 있으며 업무에서도 상당한 압박을 받고 있다. B.는 마사지와 아로마테라피가 스트레스뿐만 아니라 습진으로 인한 염증, 가려움을 완화시켜 주기를 희망하고 있다.

마사지 오일 블렌드: 스트레스 진정/습진

20% 카렌둘라 허브 오일
20% 호호바 오일
60% 살구씨 오일

- 저먼 카모마일(*Matricaria recutita*) – 항염, 스트레스 완화, 가려움증 진정, 5방울
- 헬리크리섬(*Helichrysum italicum*) – 항염, 피부와 감정 진정, 7방울
- 라벤더(*Lavandula angustifolia*) – 항염, 가려움과 스트레스 감소, 12방울
- 제라늄(*Pelargonium graveolens*) – 균형, 감정 진정, 6방울

2온스 유리병/2.5% 희석도

전신 이완 마사지를 실시했다. 남은 마사지 오일 블렌드는 집에서 사용하도록 고객에게 주었다. 그녀는 습진이 있는 부위에 하루에 두 번씩 오일을 발랐으며, 필요한 경우에는 더 자주 발랐다. 그녀는 또한 스트레스 경감을 위해 목에 발랐다. 세션 후 고객은 긴장이 많이 이완되었다고 말했다. 2주 후에 B.는 습진이 많이 좋아졌으며 거의 사라졌다고 말했다. 그녀는 또한 많이 편안해졌으며 블렌드를 사용하는 것이 즐거웠다고 말했다.

요약 /SUMMARY

- 피부는 표피, 진피, 피하, 이 세 가지 층으로 이뤄져 있다. 피부는 보호막으로 기능하며 인체의 첫 번째 방어막이다. 피부는 인체 온도 조절을 도와주며, 중요한 영양소를 흡수하고, 독소를 배출하며, 호흡을 하고, 랑거한스 세포를 통해 면역에서도 중요한 역할을 하는 인체에서 가장 큰 감각 기관이다.
- 에센셜 오일이 피부로 흡수되는 정도에 영향을 미치는 요소로는 피부 온도와 피부의 수분 함량, 피부의 상태, 에센셜 오일의 친유성, 모낭의 수, 피부의 두께, 에센셜 오일이 적용된 부위의 폐쇄 정도 등이 있다.

- 피부에 적용되는 에센셜 오일은 근육과 관절에 영향을 주는 능력이 있어 항염 효과나 진통 효과를 나타내기도 하고, 신경통을 완화하며, 차갑거나 따뜻한 효과를 제공하고, 근육 경련을 감소시키며, 다양한 근골격계 질환의 치료를 돕는다.
- 에센셜 오일은 저먼 카모마일의 항염 작용부터 헬리크리섬의 상처 치료 작용까지 피부에서 참으로 다양한 치료적 활동을 한다.
- 식물성 오일은 캐리어 또는 베이스 오일로 불리며 피부에 적용할 에센셜 오일을 희석하는데 쓰인다. 식물성 오일은 또한 피부에 중요한 영양소들을 제공해 피부가 건강과 색조, 탄력성을 유지하는 것을 돕는다. 마사지에 제일 좋은 식물성 오일은 유기농의 정제되지 않았거나 최소한의 정제만 거친 오일들이다.
- 고급의 정제되지 않은 유기농 식물성 오일은 비타민 A, D, E, 베타카로틴, 레시틴, 필수지방산과 같은 피부를 지지하고, 피부에 영양을 공급해 피부의 기능을 끌어올리는 중요한 영양소들을 공급한다.
- 허브 오일은 약용 식물을 해바라기나 올리브 오일에 넣어 우려낸 것을 말한다. 마사지에 이용되는 가장 일반적인 세 가지 허브 오일은 아르니카와 카렌둘라, 세인트 존스 워트이다. 허브 오일은 다른 식물성 캐리어 오일과 섞어 20%의 농도로 이용된다.
- 다섯 가지 기본적인 피부 타입으로는 중성, 지성 또는 여드름성, 건성, 민감성, 그리고 노화 피부가 있다. 각각의 피부 타입에 따라 피부의 전반적인 건강과 외양을 향상시키고 지지할 수 있는 다양한 에센셜 오일과 식물성 오일이 있다.

새 용어들 /NEW TERMINOLOGY

산성막 (Acid mantle)
항산화제 (Antioxidants)
아토피성 습진 (Atopic eczema)
캐리어 오일 (Carrier oils)
콜라겐 (Collagen)
결합 조직 (Connective tissue)
접촉성 습진 (Contact eczema)
반상 습진 (Discoid eczema)
습진/피부염 (Eczema/dermatitis)
엘라스틴 (Elastin)
허브 오일 (Herbal oils)
히아루론산 (Hyaluronic acid)
랑거한스 세포 (Langerhans' cells)
유사 분열 (Mitosis)
식세포 (Phagocytic cells)
건선 (Psoriasis)
피지선 (Sebaceous glands)
한선(땀샘) (Sudoriferous glands)
정맥류 습진(Varicose eczema)

참고문헌 / References

Balacs, T. (1992). Dermal Crossing. *International Journal of Aromatherapy 4* (2), 23–25.

Bensouilah, J. (2003). Psoriasis and Aromatherapy. *International Journal of Aromatherapy 13* (1), 2–7.

Bowles, E.J. (2003). *The Chemistry of Aromatherapeutic Oils*. Crows Nest, Australia: Allen & Unwin.

Buckle, J. (2003). *Clinical Aromatherapy.* Philadelphia, PA: Elsevier Science.

Cooksley, V. (1996). *Aromatherapy—A Lifetime Guide to Healing with Essential Oils.* Englewood Cliffs, New Jersey: Prentice Hall.

Earle, L. (1992). *Vital Oils.* London: Ebury Press, Random House.

Erasmus, U. (1993). *Fats that Heal, Fats that Kill.* Burnaby, Canada: Alive Books.

Field, T. (2003). *Touch.* Boston, MA: Massachusetts Institute of Technology.

Funnel, R. (nd). *What Is a Dendritic Cell?* Retrieved October 2, 2005, from: http://cmmg.biosci.wayne.edu/asg/dendritic.html

Golan, R. (1995). *Optimal Wellness.* New York: Ballantine Books.

Kusmirek, J. (2002). *Liquid Sunshine.* Glastonbury, England: Foramicus.

Maury, M. (1989). *Marguerite Maury's Guide to Aromatherapy: The Secret of Life and Youth.* Essex, England: C.W. Daniel Company.

Mills, S., and Bone, K. (2000). *Principles and Practice of Phytotherapy.* London: Churchill Livingstone.

Moore, M. (1993). *Medicinal Plants of the Pacific Northwest.* Sante Fe, New Mexico: Red Crane Books.

Murray M., and Beutler, J. (1996). *Understanding Fats and Oils.* Encinitas, CA: Progressive Health Publishing.

Pizzorno, J.E., and Murray, T. (2000). *Textbook of Natural Medicine.* London: Churchill Livingstone.

Rattray, F., and Ludwig, L. (2000). *Clinical Massage Therapy.* Toronto, Ontario: Talus Incorporated.

Werner, J., and Benjamin, B. (1998). *A Massage Therapist's Guide to Pathology.* Baltimore, MD: Williams & Wilkins.

워크시트 / WORKSHEET

아로마테라피와 피부 (1부)

이름: ______________________ 날짜: ______________

캐리어 오일 탐험

1) 세 가지 식물성 캐리어 오일의 질감과 점성을 비교하라. 셋 중 적어도 하나는 상업적으로 조제된 마사지 윤활제이다. 관찰한 것을 아래에 적고 모둠으로 토론하라.

오일 이름/ 질감	점성 상	 중	 하	사용할 피부 타입	비고
	☐	☐	☐		
	☐	☐	☐		
	☐	☐	☐		
	☐	☐	☐		
	☐	☐	☐		

캐리어 오일과 피부 타입

2) 아래에 있는 고객의 프로필을 읽고 주어진 정보들을 기초로 마사지를 위한 베이스 블렌드를 만들 때 어떤 캐리어 오일을 선택할 것인지 결정하라. 사용할 에센셜 오일을 적어도 두 가지 적으라.

a) 질은 바쁜 법률 사무소에서 일하는 비서이다. 질은 22세로 고양이 2마리와 살고 있다. 10대 때 주기적으로 여드름이 나고는 했는데 최근에 다시 등과 어깨에 나기 시작했다. 최근 그녀는 중요한 업무 때문에 평소보다 스트레스를 많이 받고 있다. 질은 중성 내지 지성 피부를 갖고 있다고 말했다. 질은 땅콩과 우유에 알레르기가 있어 이런 음식들은 피하려고 노력한다. 질은 마사지를 통해 스트레스를 줄이고 잠을 더 잘 잘 수 있기를 기대하고 있다.

베이스 오일/재료	%	선택 이유

에센셜 오일: ______________, ______________ ,

____

b) 메리는 45세의 전업주부이다. 그녀는 7살에서 17살 사이의 아이 셋을 키우고 있다. 메리는 건성 피부를 갖고 있으며 엄마가 아파서 최근에 약간 우울해졌다고 말했다. 특별한 알레르기는 없지만

비누와 향수에 매우 민감하며 일반 가게에서 구입한 제품을 사용하면 종종 붉은 반점이 생긴다고 한다. 메리는 기분을 나아지게 해 줄 마사지나 바디워크를 받기를 원한다.

베이스 오일/재료	%	선택 이유

에센셜 오일: ______________ , ______________ ,

____

아로마테라피와 피부(2부)

당신의 피부 타입

3) 당신 몸의 피부 타입을 아래에 있는 리스트를 보고 결정하라. 당신의 피부 타입에 맞는 베이스 오일들을 선택해 1온스 병에 넣고 섞어라. 에센셜 오일은 첨가하지 말라. 표시를 하고 다음 시간까지 보관하라. 당신의 현재 피부 타입에 도움이 된다고 생각되는 에센셜 오일을 적어도 두 가지 적어보라.

당신의 피부 타입을 결정하라 *(한 가지 이상 해당될 수 있음)*

- ▣ 노화 : 약간 늙은, 얇은 피부, 약간의 표정 주름이나 깊은 주름, 탄력성 저하, 검버섯
- ▣ 중성 : 부드럽고 유연, 단단한 질감과 좋은 안색, 일반적으로 블레미쉬나 건조한 부스러기가 없음
- ▣ 중성 내지 지성: 적어도 T존 부위에서는 피비가 과도하게 분비됨, 번들거리는 코, 여드름이 잘 남
- ▣ 중성 내지 건성: 약간 긴장이 됐지만 일반적으로 부드러운 피부; 건조하거나 박편의 부스러기가 입 주위와 볼, 눈 아래에 있음
- ▣ 민감성: 세안 후 또는 특정한 제품을 발랐을 때 피부가 종종 붉어지거나 부스럼이 생김, 열기/냉기, 화학제품, 환경에 반응
- ▣ 여드름성: 여드름과 블레미쉬가 자주 발생함, 모공이 쉽게 막히며, 호르몬과 다이어트, 스트레스 때문에 뾰루지와 블랙헤드가 생김

베이스 오일을 선택하라

베이스 오일/재료	%	선택 이유

에센셜 오일: ______________ , ______________ ,

____

복습 문제 / CHAPTER TEST

1. 피부의 가장 바깥쪽 층의 이름은?
   a. 기저층
   b. 각질층
   c. 유극층
   d. 투명층

2. 랑거한스 세포는 어디에서 중요한 역할을 하는가?
   a. 지방 대사
   b. 지각 인지
   c. 면역
   d. 땀 발산

3. 에센셜 오일이 피부에 흡수되는 정도에 영향을 주는 다섯 가지 요인을 나열하라.
   a.
   b.
   c.
   d.
   e.

4. 에센셜 오일을 피부에 적용하는 것은 누구의 업적에 기인하는가?
   a. 게테포스
   b. 와일드우드
   c. 발넷
   d. 모리

5. 다음 중 어떤 에센셜 오일이 수렴제로 여겨지는가?
   a. 라벤더
   b. 사이프러스
   c. 진저
   d. 저먼 카모마일

6. 다음 중 어떤 오일이 상처 치료제로 여겨지는가?
   a. 스피어민트
   b. 탠저린
   c. 라벤더
   d. 레몬그라스

7. 다음 중 어떤 지용성 비타민이 세포 성장과 인체 조직 회복에 필수적인가?
   a. 베타카로틴
   b. 비타민 E
   c. 레시틴
   d. 비타민 A

8. 어떤 성분이 풍부한 식물성 오일이 더 안정적이고 열과 빛의 유해 영향에 더 내성이 큰가?
   a. 리놀레산
   b. 올레산
   c. 감마 리놀레산
   d. 비타민 D

9. 다음 중 허브 오일은?
   a. 살구씨
   b. 시어 버터
   c. 카렌둘라
   d. 해바라기

10. 벌꿀은 피부를 무엇으로부터 보호하는 천연 효능을 갖고 있는가?
   a. 과도한 피지
   b. 햇빛
   c. 열기
   d. 활성 산소

복습 질문 / REVIEW QUESTIONS

1. 피부의 세 가지 층을 설명하고 피부의 주요 기능을 논하라.

2. 식료품점이나 수퍼마켓에서 대용량 식물성 오일 대신 특수한 오일을 구입하는 것의 치료적 이익에 대해 논하라.

7장

후각의 본질

The Nature of Olfaction

개요
후각: 냄새를 맡는 감각 기관
후각 아로마테라피의 잠재적 효능
후각의 해부학과 생리 기능
후각 상피 세포
수용기와 냄새 구분
냄새의 신경 전달
변연계
편도
시상하부
해마상 융기(해마옆이랑)
아로마 기억에 기초한 반응
1단계: 초기 경험
2단계: 열쇠와 자물쇠 구조
실제 임상적용 7.1: 아로마 기억
감정과 아로마
아로마테라피와 스트레스
스트레스 요인의 지속 기간
스트레스 반응
이완 반응 촉진
후각 이상
실제 임상적용 7.2: 후각 연습
적용 방법
흡입
확산
요약
새 용어들
참고문헌
워크시트: 아로마테라피와 후각
복습 문제와 질문

학습 목표 / LEARNING OBJECTIVES

이 장을 읽은 뒤에는 다음 사항들에 답할 수 있어야 한다.

1. 후각 아로마테라피의 잠재적 효능 다섯 가지를 열거하라.
2. 기초 해부학과 후각의 생리적 기능을 설명하라.
3. 대뇌 변연계의 중요한 구조를 밝히고, 열거하고, 설명하라.
4. 스트레스라는 용어를 정의하고, 스트레스가 몸과 정신에 미치는 영향을 논하라. 그리고 스트레스 경감을 위한 치료적 블렌드를 고안하라.
5. 에센셜 오일에 대한 우리의 감정적 반응을 결정짓는 요인을 서술하라.
6. 기억에 기초한 연상이 갖는 잠재적 이익을 아로마테라피 마사지와 관련해 논하라.
7. 흡입과 확산의 방법을 열거하고 묘사하라.

개요 / INTRODUCTION

만지는 것과 융합된 아로마는 고객의 감정적, 정신적, 영적, 그리고 육체적 웰빙에 대해 깊은 영향력을 가진다. 많은 나라에서 마사지를 전통적 아로마테라피 시술의 첫 번째 방법으로 이용하고 있다. 티서란드(1998)는 전통적 아로마테라피 시술을 "긴장 완화를 유도하고, 에너지를 북돋우며, 스트레스의 영향을 줄이고, 마음과 몸과 영혼이 잃어버린 균형을 되찾는 것을 도와주는, 손으로 하는 친절한 테라피"라고 정의했다(1쪽). 이 장에서는 후각 기능과 함께 후각이 마사지와 결합되었을 때 나타나는 잠재적 치료 효능에 대해 탐험하려고 한다. 후각이라는 주제는 매우 방대하다. 하지만 후각과 아로마, 마사지, 바디워크와의 통합과 관련된 정보를 제공하려는 시도는 계속돼 왔다.

후각: 냄새를 맡는 감각 기관 / OLFACTION: THE SENSE OF SMELL

다섯 가지 감각 — 촉각, 미각, 후각, 시각, 청각—중에서 후각은 가장 무시되어져 왔으며 등한시 되었고, 가장 덜 인식되었거나 평가되어져 왔다. 기븐스(1986)에 의하면 우리의 정서적 삶에 도달한 아로마는 우리 마음 가장 깊은 곳에 있는 동굴로 들어가 우리에게 영적인 제시를 하고, 관계를 자극하며, 우리를 환기하고, 놀라게 하며, 자극한다고 한다. 모리(1989)는 후각적 물질을 이용하는 것은 진정한 감정적, 정신적 자유를 야기하며, 에센셜 오일은 우리의 재능을 손상시키지 않으면서 우리를 속박하는 감정으로부터 해방시킨다고 했다. 장 자끄 루소는 후각은 상상력의 감각이며, 냄새는 인간에게 가장 강력한 감정을 불러일으킨다고 언급했던 사람으로 유명하다.

우리의 후각은 우리의 지각과 감정의 풍경을 바꿀 수 있을 정도로 특별한 감각이다. 식물에서 추출한 순정 에센셜 오일의 형태 안에 존재하는 천연 아로마와 마사지와의 결합은 마음과 몸과 영혼 치료에 깊은 영향을 준다.

후각 아로마테라피의 잠재적 효능 / Potential Benefits of Olfactory Aromatherapy

후각 아로마테라피란 후각과 에센셜 오일의 아로마를 치료적으로 이용해 몸과 마음과 영혼의 웰빙을 추구하는 것을 말한다. 후각 연구와 임상 연구 결과, 아로마는 다양한 영향력을 갖고 있으며 감정적/심리적 건강과 육체적 건강, 특히 스트레스와 관련된 질환에 큰 효능이 있다는 것이 밝혀졌다.

연구 결과 밝혀진 아로마의 중요한 효능에는 다음과 같은 것들이 있다:

- 스트레스와 불안을 완화하거나 경감
- 고통 완화
- 숙면과 긴장 이완 유도
- 각성도와 전반적인 수행 능력 증가
- 체중 조절이나 감량에 이용
- 수면 습관의 균형을 찾고 조절
- 메스꺼움 완화

우리의 후각

■ 후각은 매우 과소평가되어 있다. 냄새는 우리의 첫 번째 방어 기제이다. 청각 자극에 대한 반응이 0.15초로 더 빠르기는 하지만 후각 반응은 0.5초로 0.9초인 고통 반응보다 빠르다(겐더스).

■ 건강한 일반 성인은 잠재의식 속에서 10개에서 4만개(무한대)의 냄새를 구별할 수 있다.

■ 냄새는 외부 세상의 메시지를 우리 뇌에 직접적으로 중계해 몸과 마음, 감정에 영향을 준다.

■ 후각 신경 세포가 30일~60일을 주기로 재생되는 것만 보아도 그 중요성을 알 수 있다.

■ 냄새는 화학적 감각이다: 수용기가 화학적 자극에 반응하는 것이다. 후각을 자극하려면, 물질이 후각 상피 안으로 들어가기 전에 기체 상태가 되어야 한다.

▶ 분위기에 영향을 주고 향상시키며, 전반적인 감정적 웰빙 증가시킴
▶ 자율신경계에 영향을 주는 유용한 스트레스 조절 도구
▶ 육체적 질환, 특히 스트레스성 질환 완화
▶ 자신과 다른 사람에 대한 인상 형성에 도움

후각의 해부학과 생리 기능 / ANATOMY AND PHYSIOLOGY OF OLFACTION

후각은 몸과 마음에 영향을 주는 아로마가 몸으로 들어가는 통로이다. 그림 7.1은 아로마가 흡입되거나 냄새를 맡았을 때의 아로마의 이동 경로를 표시한 것이다. 이 경로를 이해하기 위해 해부학과 후각의 생리학을 탐험해 보도록 하자. 향기, 냄새 또는 아로마는 다양한 물건이나 물질에 의해 방출되는 가스질의 미립자에 의해 만들어진다. 예를 들어 우리가 라벤더 향을 맡으면 보라색의 달콤한 아로마가 비강을 통해 들어오는 것이다.

비강의 주요 기능:

▶ 코를 통해 호흡하는 공기를 덥혀주고, 축축하게 하고, 깨끗하게 걸러줌.
▶ 코털을 통해 공기 중의 작은 입자들을 걸러냄.
▶ 음성이 만들어지는 데 중요한 역할을 하는 공명 소실로 기능함.
▶ 비강 위쪽 부분에 위치해 있는 후각 상피 세포를 담고 있음.

인간의 비강 안에는 후각 부분과 호흡 부분이 있다. 후각 부분은 위쪽 구역과 비강의 중심부 일부분으로 구성되어 있다. 반면 코의 돌출부 근처에 있는 나머지 조직과 중심부의 나머지 구역이 호흡 부분을 구성한다. 코를 킁킁거리면 위쪽 공동으로 들어가는 기류가 증가해 후각 인지와 아로마의 영향력이 증가하게 된다. 코로 들어간 라벤더의 아로마 분자는 제일 먼저 후각 상피 세포에 이르게 된다.

여러 가지 요소들이 어떤 취기제가 얼마나, 어떤 비율로 후각 상피 세포에 흡수되는지에 영향을 주는데, 그 요소들은 다음과 같다:

■ 아로마 자체의 용해도 : **친유성** 물질은 후각 상피 세포 안에서 매우 쉽게 용해되는데, 에센셜 오일은 강력한 친유성 물질로 여겨진다.

그림 7-1 후각 경로

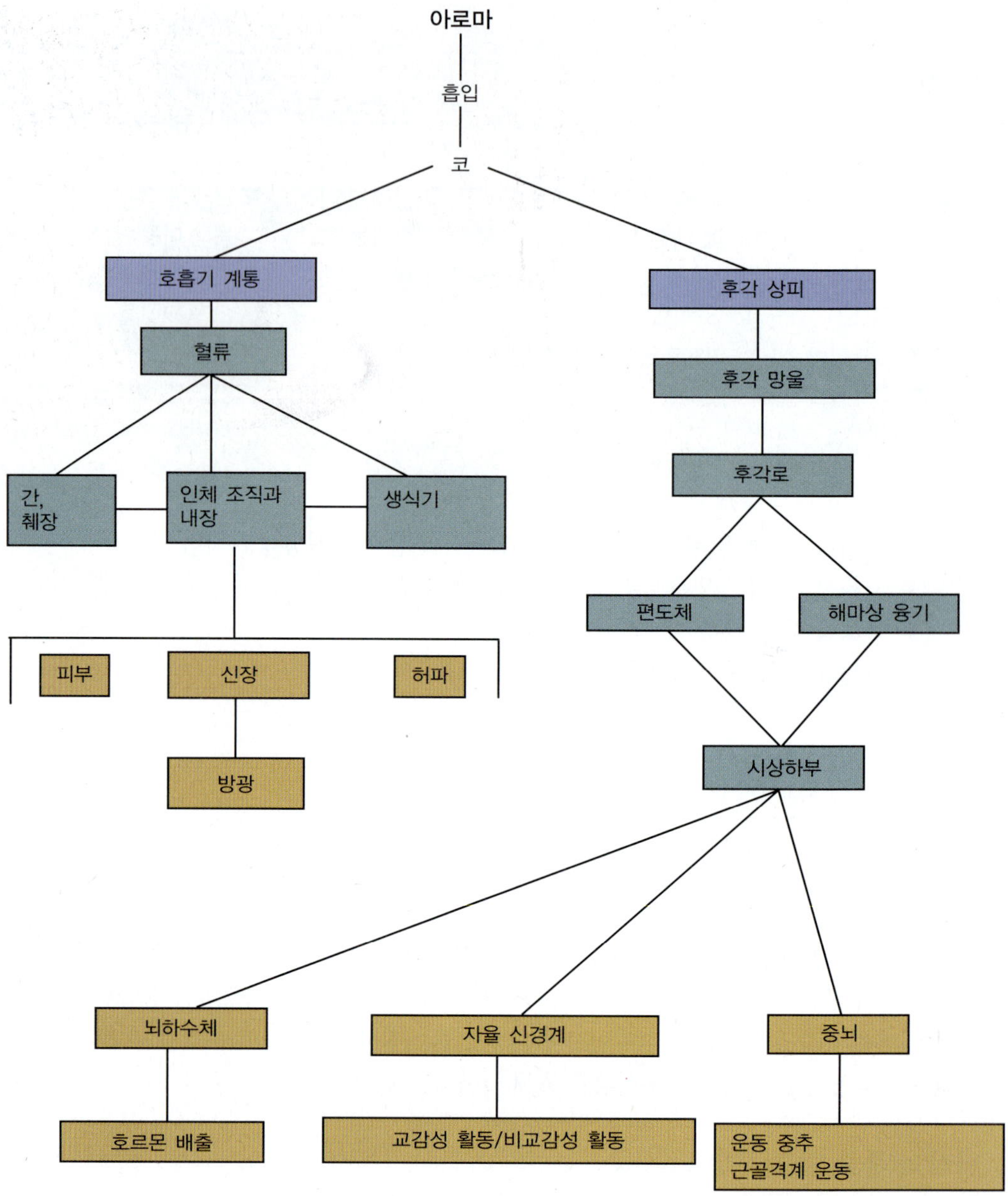

- **취기제의 분자량** : 분자량이 클수록 분자는 공기 흐름 속에서 이동하기가 더 어렵다. 따라서 흡수가 감소된다. 에센셜 오일은 분자량이 적어 후각 상피 세포로 쉽게 흡수된다.
- **점막층의 두께** : 후각 상피 세포의 두께와 점성은 사람에 따라 다르며 호르몬과 다이어트, 건강에 의해 영향을 받는다. 두꺼운 점막층은 취기제에 대한 반응 속도를 느리게 만든다. 그리고 때로는 후각에 대한 반응이 감소하는 부분적 후각 상실(예; 감기에 걸렸을 때)이 일어나기도 한다.

후각 상피 세포 / Olfactory Epithelium

브룬(1994)는 후각 상피 세포가 냄새를 맡는 실제 기관이라고 주장한다. 이것이 없으면 냄새를 맡을 수 없기 때문이다. 후각 상피 세포 조직은 상비강의 윗부분과 양 측면에 위치하고 있으며 작은 우표 크기이다. 이 조직은 세 가지 종류의 세포로 구성되어 있다: 냄새를 전기 신호로 변환시키는 **후각 수용기 뉴런**, 수용기 뉴런을 보호하고 점액을 분비하며 점액과 죽은 감각 세포를 제거하는 **지지 세포**, 그리고 상피 세포 하면에서 발견되는 **기저 세포**이다.

후각 기저 세포는 **신경 생성** 기능이 있는데 이는 오래된 것을 대신하는 새로운 신경 조직을 만들어 낼 수 있다는 의미이다. 후각 섬모는 공기와 공기 중에 있는 모든 것에 직접적으로 노출되어 있어 생명력이 짧다. 후각 상피 세포는 30일에서 60일을 주기로 재생된다. 신경 조직을 재생산하는 후각 조직의 이런 놀라운 능력은 인간 생존과 삶의 경험에 있어서의 후각의 중요성을 대변한다.

콧구멍 안의 후각 상피 세포는 3백만에서 5백만 개의 **수용기 세포**(후각 수용기 뉴런이라고도 알려진)를 갖고 있다 (모두 합치면 6백만 개에서 천만 개가 된다). 이러한 **후각 수용기 뉴런**은 **화학 수용기**로 작용하는데 이는 이들이 에센셜 오일과 같은 휘발성 물질의 화학적 신호 입력을 기록한다는 의미이다. 후각 수용기 뉴런의 수지상 돌기(신경 자극을 받아들이고 세포체에 자극을 보내는 신경 세포의 부분)는 비강 점막에 직접적으로 닿아있는데, 각각의 수지상 돌기는 **섬모**라고 알려진 털처럼 생긴 몇 개의 가는 돌기로 끝이 난다. 이러한 섬모들은 상피 세포 표면 바깥으로 뻗어나가 점막에 닿아 있는데 이들은 노출된 신경 세포라고 여겨진다. 이는 이들이 바깥세상과 직접적으로 접촉하고 있다는 의미이다. 티서란드(1988)는 "후각은 수용기 신경 말단이 바깥세상과 직접적으로 접촉하는 유일한 감각"이라고 지적했다(116쪽). 후각을 위한 수용기는 섬모 안에서 발견된다.

수용기와 냄새 구분 / Receptors and Odor Identification

2004년 10월 4일, 워싱턴 주 시애틀에 있는 프레드 허친슨 암 연구 센터의 린다 벅 박사와 뉴욕 컬럼비아 대학의 리처드 액셀 박사가 노벨 생리 의학상을 수상했다. 칼로린스카 의과대학의 노벨위원회는 취기제 수용기와 후각 체계 조직을 발견한 공로로 두 연구자에게 상을 수여했다고 밝혔다. 두 연구자 외에도 많은 이들이 우리의 오감 중에서 가장 수수께끼 같은 감각이라 불리는 후각에 대해 이해하려고 시도하고 있다.

1991년 벅과 액셀 박사는 *"취기제 수용기를 암호화 하는 신기한 다중 유전자 가계: 냄새 인지를 위한 분자 기초"*라는 제목의 독창적인 글을 발표했다. 이 연구를 통해 액셀과 벅은 350여개의 다른 냄새 수용기를 성공적으로 밝혀냈다. 액셀과 벅은 또한 수용기가 홀로 작용하기보다는 각각의 취기제들이 다수의 수용기와 상호 작용을 한다는 것을 밝혀냈다. 각각의 취기제는 각기 다른 냄새 분자를 갖고 있으며 이러한 개별 분자들이 아로마 또는 취기제를 구별해 내기 위해 함께 작용하는 다수의 수용기와 조화를 이룬다는 것이다. *시애틀 타임즈*(2004)에 실린 액셀과 벅의 글 "성공의 달콤한 향기"라는 글에 의하면, 하나의 수용기가 다양한 취기제를 알아낼 수는 있지만 다양한 취기제들은 다수의 수용기들의 조합에 의해 인식되어진다고 한다.

같은 글에서 벅은 후각 수용기가 어떻게 작용하는지를 이해하는 것은 알파벳을 조합하는 것에 비유할 수 있다고 말했다. 우리는 26개의 글자들을 조합해 단어들을 끝도 없이 만들어 낼 수 있다. 이는 각각의 분자 배합에 따라 다른 후각 수용기가 함께 작용해 다양한 냄새를 제공하는 것에도 똑같이 적용된다.

액셀과 벅은 독립적으로 연구했지만 냄새 정보가 콧속의 수용기로부터 뇌에 있는 후구로 전달된 다음 뇌에 있는 후각 피질로 가게 될 때, 각각의 단계마다 각기 다른 조직과 "지도"가 있다는 것 또한 밝혀냈다. 각각의 향은 작은 조각으로 "해체"되어 다수의 다른 수용기로 가고, 그 향은 결국 후각 피질(림프계) 안에 있는 단일 뉴런 안으로 함께 들어간다. 그리고 후각 피질로부터 나온 정보는 대뇌 피질의 높은 단계로 계속해서 올라간다.

냄새의 신경 전달 / Nerve Transmission of Odors

취기제 또는 아로마가 후각 상피 세포에 의해 받아들여지면, 신경 자극이 후구 안으로 전해진다. **후구(Olfactory bulb)**는 사골의 사상판 꼭대기에 위치해 있는데 후각로와 연결되어 있다. 후각 신경 뉴런의 축색 돌기는 후구 안에 있는 승모 세포의 수지상 돌기와 인접해 있다. 뇌신경은 후각 뉴런의 축색 돌기로 구성되어 있다. 후구는 냄새가 후각로를 따라 지나가기 전에 냄새를 인지하는 첫 번째 장소로 기능한다.

후각로는 위로 약간씩 움직이는 두 갈래 뿌리로 갈라진 흰색 물질의 묶음으로 바깥쪽 뿌리는 직접적으로 림프계와 닿아 있는데 특히 편도체와 격막에 직접 닿아 있다; 그리고 안쪽 뿌리는 후각 피질 쪽으로 튀어나와 있다가 측두엽과 전두엽에 연결된다. 그러면 전두엽과 측두엽이 냄새를 해석하고 인지한다. 이런 식으로 후각 신경 돌기가 뇌의 높은 곳에 있는 후각 구역과 전체 변연부, 이와 연결된 통로를 둘러싸고 있다.

변연계 / THE LIMBIC SYSTEM

감정의 뇌라고도 알려진 **변연계**는 인간의 뇌 중 가장 오래된 부분으로 여겨지고 있으며 선사포유류의 뇌 또는 후뇌라고도 불린다. 우리의 조상들은 현재의 우리들보다 후각을 훨씬 더 많이 이용했다. 진화가 진행되면서 서양 문화는 시각에 더 집중하게 되었고(그 결과 대뇌 피질의 크기가 더 커졌다), 시스템 자체는 본래대로 남아 있기는 하지만 후각 기능은 쇠퇴했다. 변연계는 여전히 우리의 몸의 화학 작용과 감정적 웰빙에 깊은 영향력을 행사한다.

변연계의 주요 기능을 감정과 본능적 행동, 반응, 동기 충동, 학습, 그리고 기억 영역과 관련되어 있다. 아로마 분자에 의해 가해진 신경 자극은 변연계로 들어가 냄새와 관련이 있는 감정과 행동들을 불러일으킨다. 향기 분자들은 고통과 즐거움, 화, 분노, 공포, 슬픔, 성적인 느낌, 유순함, 그리고 애정 등과 같은 여러 감정 내에서 중요한 역할을 담당한다. 신시내티 의과 대학의 신경 생물학자인 마이클 쉬플리 박사(1986)에 의하면 인간의 뇌 조직 중에는 후각과 관련된 부분이 여전히 매우 많다고 한다. 우리는 냄새를 그다지 많이 인지하지 못하는 것 같지만 냄새는 살아 움직이는 뇌의 특정한 부분으로 들어가는 특별하고도 친밀한 통로를 갖고 있다.

변연계에는 편도체와 전측 시상, 중격의지핵, 시상하부, 중격, 그리고 대상 이랑과 해마 이랑이 포함된 해마상 융기가 있다. 후각 절차와 연관이 있는 그 외의 뇌 부분으로는 피질과 전두엽, 측두엽이 있다. 여기서는 편도체와 시상하부, 해마상 융기를 집중적으로 설명할 것이다.

편도체 / The Amygdala

편도체는 아몬드 모양의 덩어리로 측두엽 깊은 곳에 자리 잡고 있으며, 시상하부와 해마상 융기에 근접해 있다. 편도체는 오감으로부터 자극을 받아들인다. 하지만 나머지 감각은 후각처럼 직접적으로 받아들이지는 않는다. 다른 감각 지각과 달리 후각 자극은 시상을 거치지 않고 바로 편도체에 도달한다. 편도체는 본능적으로 공포에 대해 "투쟁 또는 도주" 반응을 나타내는데 이것이 교감신경계를 활성화시킨다. 예를 들어, 불 냄새가 편도체를 자극하면, "투쟁 또는 도주" 반응이 나타나는 것이다. 이것은 인간이 생존 기능을 발휘하기 위해 고안된 본능적 반응인 것으로 여겨지고 있다.

알렉산더(2000)는 "편도체는 우리의 경험을 감정으로 채색하는 주요 회로를 갖고 있다"고 말했다(110쪽). 편도체는 감각 정보에 강도(예를 들면, 약간 흥미로운 것부터 매우 흥미로운

그림 7-2 변연계의 구조

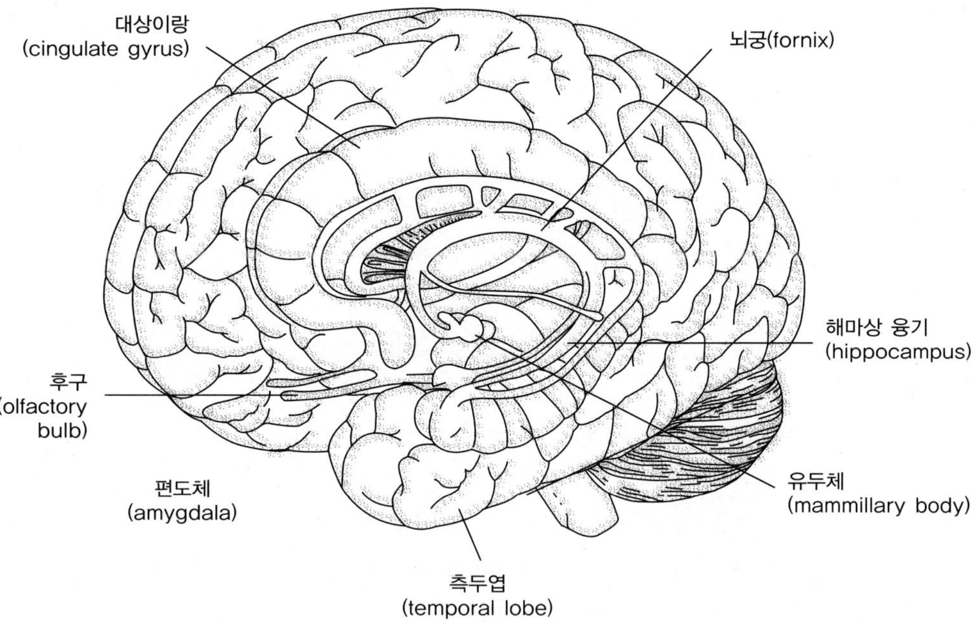

것까지)와 감정적 의미를 부여하는 일을 담당한다.

편도체는 해마상 융기와 함께 기억력 형성에 중요한 역할을 담당한다. 편도체는 학습된 감각 자극(라벤더 = 긴장 완화)과 적응 반응(교감 신경계 안에서의 진정과 활동 감소)을 결부시킨다. "편도체가 감각 정보에 감정적 의미를 부여하면, 그 감정적 평가가 정보를 체계화하고 동일한 감각 세부의 과거 기억과 정보를 통합하는 해마상 돌기로 전해진다" (레이티, 20001, 211쪽).

몰라비(1997)에 의하면, 편도체의 주요 산출물은 시상하부와 뇌간 자율신경 중추로 간다고 한다. 이는 곧 편도체가 자율 신경계뿐만 아니라 내분비계에도 광범위한 영향을 미친다는 의미이다.

아로마 → 편도체 → 시상하부 → 뇌간 → 호흡과 같은 다양한 자율신경 기능 제어와 심장 리듬 조절

시상하부 / The Hypothalamus

시상하부는 시상 아래에 놓여 있으며 뇌의 중심인 뇌하수체 위에 놓여 있다. 시상하부의 주요 기능은 다음과 같다:

- 자율신경계 활동의 제어 센터 : 시상하부는 평활근을 자극하고 심근의 수축율을 조절하며 많은 선의 분비를 통제하는 자율신경계 활동(교감신경계와 부교감신경계)을 제어하고 통합한다. 시상하부는 내장 활동의 주요 조절자이다(예; 심박수, 소화, 발한, 혈관 수축, 눈 깜빡임).

- 감정 표현 : 시상하부는 자율 신경과 본능적 반응을 개인의 감정적 또는 육체적 상태와 통합한다. 예를 들어, 한 개인이 화가 난다고 느끼면, 시상하부가 교감신경계의 활동을

부추긴다. 시상하부는 분노와 두려움, 아픔 그리고 기쁨과 같은 감정적 반응을 나타내는 데 있어 중요한 역할을 한다.

- 체온 조절

- 내분비계의 기능 제어 : 내부적, 외부적 자극에서 얻은 정보에 대한 반응으로 시상하부는 뇌하수체와의 연결을 통해 전체 내분비계를 제어한다.

- 배고픔과 물질대사, 그리고 목마름을 조절한다.

- 뇌의 다른 부위와 함께 잠자고 깨는 것을 조절한다.

- 성적 행동 조절과 표현에 관여한다 : "시상하부의 후면에 있는 특수한 성적 중추 핵이 생식기 안에 있는 촉각수용기의 성적 자극에 반응하다. 오르가즘 경험은 시상하부의 성적 중추, 신경 활동과 관련되어 있다."(드그라프와 팍스, 1985, 391쪽)

후각과 변연계로부터 얻은 정보는 시상하부를 위한 입력 소스가 된다. 시상하부는 후각 정보에 대한 반응으로 자율신경계와 뇌간, 또는 뇌하수체에 신경 신호를 보낸다. "변연계는 시상하부 제어를 통해 내분비계 전체에 영향을 미친다. 이를 통해 신경과 호르몬, 체온, 인슐린 분비, 식욕, 갈증, 칼로리 레벨, 소화, 스트레스, 혐오, 성적 욕구 등에 영향력을 행사한다."(기븐스, 1986).

시상하부에서 나온 메시지는 다음과 같은 다양한 경로를 통해 전달된다:

시상하부 → 자율신경계 → 교감/부교감 반응
→ 뇌간 운동 신경 센터 → 골격근
→ 뇌하수체 → 호르몬

해마상 융기 (해마옆이랑) / The Hippocampus (Parahippocampal gyrus)

해마상 융기는 구부러진 회색 물질 덩어리로 측두엽(인간은 두 개의 해마를 가지고 있으며 뇌 양쪽에 각각 하나씩 있다) 안에 위치하고 있다. 해마상 융기는 변연계의 일부분으로 학습과 기억을 담당한다. 해마상 융기는 단기 기억뿐만 아니라, 단기 기억을 장기 기억 형태로 통합하는 데 있어서도 중요하다. 연구 결과 해마상 융기는 경험된 사건(일시적이거나 자서전적인 기억)과 관련된 새로운 기억의 발달과 형성에 있어 매우 중요한 역할을 한다는 것이 밝혀졌다.

해마상 융기 역시 후각 상피세포처럼 신경 생성이 가능한데 이는 해마상 융기가 새 뉴런을 생산할 수 있다는 것을 의미한다. 사폴스키(2004)에 의하면, 신경생성 비율은 조절이 가능하다고 한다. 예를 들어, 풍부한 학습 환경과 연습은 신경생성 비율을 증가시키지만 스트레스는 신경 생성을 방해한다. 해마상 융기는 개인이 스트레스를 받을 때 크기가 줄어드는 것으로 나타났다. 알렉산더(2000)는 스트레스 호르몬(당질 코르티코이드)을 많이 쏟아내는 사람은 해마상 융기가 줄어들어 새로운 기억을 만들어 내거나 오래된 기억을 끄집어내는 능력이 감소한다고 말했다.

바디워커와 마사지 테라피스트들은 기억과 향기와의 친밀한 관계를 이용해 트리트먼트의 치료적 효능을 향상시킬 수 있다. 세션 중에 사용했던 아로마테라피 블렌드를 작은 병에 담아 고객이 집으로 가져가 사용할 수 있게 하면 아로마와 관련된 기억들이 되살아나 감정적, 육체적, 영적으로 마사지 룸에 다시 온 것 같은 느낌을 고객에게 선사할 것이다. 그렇다면 이것이 어떻게 가능할까?

아로마 기억에 기초한 반응
/ AROMATIC MEMORY-BASED RESPONSE

커크-스미스(n/d)에 의하면, 중성적인 향은 단 한 번의 세션만으로도 쉽게 감정적 상태와 짝지어 질 수 있으며, 시간이 지나 다른 환경에 있을 때라도 동일한 감정적 상태를 불러일으킨다고 한다. 나는 이것을 아로마 기억에 기초한 반응이라고 부른다.

1단계: 초기 경험 / Phase One: Initial Experience

고객이 아로마 마사지나 바디워크 세션을 위해 도착했다. 이 고객은 특별히 요청 한 아로마테라피를 받게 될 것이다. 테라피스트는 고객과의 편안한 대화를 통해 고객을 파악한다. 이는 고객의 요구에 부합하는 맞춤 블렌드를 만들어내는 테라피스트의 능력을 향상시키는데 도움을 줄 것이다. 그런 다음 고객은 자신만을 위해 창조된 블렌드를 이용한 전신 마사지를 받게 된다. 마사지는 편하고, 영양이 풍부하며 상쾌하다. 고객은 긴장이 풀리면서 소중하게 다뤄지고 있다는 느낌을 받는다. 마사지를 받는 동안 방을 가득 메운 아로마가 고객을 매혹하고, 긴장 이완을 부추긴다.

생리학적 수준에서 이 경험은 혈압을 낮추고, 위장과 결장을 편안하게 만들며, 호흡을 늦춘다. 그리고 여기서 더 긴장이 이완되면 근육 경련이 줄어든다. 심리학적 수준에서 이 경험은 평화로움과 즐거움, 행복함의 느낌과 건강해지는 느낌을 불러일으킨다. 활동적인 수준에서 이 경험은 막힌 에너지를 뚫어주고 독성이 있는 에너지 조각들을 배출시킨다. 이런 모든 경험들은 기억의 틀 안에 갇혀 변연계 안에 저장되게 된다.

2단계: 열쇠와 자물쇠 구조
/ Phase Two: Lock-and Key Mechanism

세션이 끝난 뒤, 테라피스트는 고객이 가져갈 수 있게 남아 있는 블렌드를 제공한다. 몇 시간 혹은 며칠 뒤 고객은 테라피스트가 자신만을 위해 만든 블렌드의 냄새를 맡게 될 것이다. 이때 고객은 시술자와 같이 있는 듯한 반응을 보일 것이다. 고객은 내적인 경험에 의해 명령받은 긴장 완화 또는 흥분을 경험하게 될 것이다. 향기 기억에 기초한 연상의 잠재적 효능은 매우 광범위하기 때문에 고객이 마사지 세션 동안 느꼈던 긴장 이완과 편암함의 상태로 들어가는 것이 가능하다.

이것이 가능한 것은 열쇠와 자물쇠 구조 때문인데, 이 구조는 특정한 아로마 또는 복합적 아로마에 대한 장기 기억을 기초로 한다. 아로마가 경험과 감정의 기억을 푸는 열쇠가 되는 것이다.

경험 + 감정 + 아로마 (열쇠) = 기억 (= 경험 + 감정) (자물쇠)

실제 임상적용 7.1

아로마 기억

아로마는 잊었던 기억과 감정을 불러일으킨다. 사실, 특정한 향기/냄새와 연결된 기억은 가장 오래 지속되는 기억의 형태로 여겨진다. 예를 들어, 애플파이 굽는 냄새를 맡으면 집에서 가족과 함께 있을 때가 생각난다면, 당신은 이 냄새를 맡았을 때 편안함을 느낄 것이다. 반면, 소독약이나 그와 비슷한 냄새는 당신이나 당신 가족 중의 누군가가 병원에 있었을 때를 상기시킬 것이다. 기억은 긍정적이거나 부정적인 의미를 함축하고 있다. 특정한 향기나 냄새와 관련된 기억과 감정을 반추해 보는 시간을 가져보라.

고객 또는 자신을 위한 기억에 기초한 치료적 관계 창조

"조절"을 위해 사용할 아로마는 그와 관련된 기억이 없어야 하기 때문에 중성적이거나 새로운 아로마가 제일 적당하다. 고객이 즐겁게 받아들이는 아로마를 사용하라. 기분 좋은 아로마 + 기분 좋은 경험 = 아로마라면 고객은 더 기쁘게 받아들일 것이고, 결과적으로 치료 효과도 더 커질 것이다.

마사지 세션을 시작하기 전에 고객을 위해 만들어 둔 블렌드의 향기를 맡게 하거나, 블렌드를 티슈에 몇 방울 떨어뜨려 얼굴 베게 밑에 놓아두거나, 얼굴 베게 바로 아래 바닥에다 놓아두라. 아니면 얼굴 베게보다는 낮지만 약간 높이가 있는 키가 작은 의자에 블렌드를 떨어뜨린 티슈를 놓아두는 것도 좋다. 이것으로 고객과 아로마, 마사지 경험과의 관계를 더욱 밀접하게 만들 수 있다.

특정한 아로마에 반복적으로 노출이 되면 아로마와 관련된 기억을 증가시킬 수 있다. 따라서 고객의 경험적 반응을 위해 고객이 집에서 사용할 수 있게 동일한 시너지나 블렌드를 제공하는 것이 매우 중요하다.

감정과 아로마 / EMOTIONS AND AROMA

아로마가 행동에 직접적인 영향을 미치는지에 대한 논쟁은 논외로 치더라도, 특정한 아로마가 특정한 감정이나 행동을 야기하는지에 대한 의문은 여전히 남아 있다. 이는 아마 "대부분의 사람들은 냄새를 인지하고 이해하는 것이 서로 다르며, 그 결과로서 일어나는 행동도 다르기 (브룬, 1994, 122쪽)" 때문이거나 감정적 상태가 다르기 때문일 것이다. 특정한 아로마에 대한 이해는 선천적인 반응이라기보다 후천적인 반응인 경우가 대부분이다. 아로마가 위험 신호를 보낼 때는 예외인데 이러한 아로마들은 본능적인 "투쟁 또는 도주" 반응을 불러일으킨다.

따라서 특정한 감정적 상태를 파악하려고 시도하는 아로마테라피 책들은 형태학적인 고찰이나 치료적이고 감정적 설명을 통해-예를 들면, 진정 작용이 있는 라벤더는 감정을 가라앉힌다는 식으로- 특정 에센셜 오일의 일반화된 특징을 밝히려고 한다는 것을 인식해야 한다. 에센셜 오일은 심리학적이며 생리학적인 영향력을 모두 행사하는 것으로 알려져 있다. 그 효력들을 아래에 요약해 놓았다.

- **심리학적/감정적 수준** : 유쾌함 vs. 불쾌함 vs. 특정한 느낌 없음. 아로마의 심리적 영향력은 앞에 놓인 아로마를 맡는 개인의 능력에 따라 크게 달라진다. 개인은 재빠르게 그 아로마를 '유쾌하다, 불쾌하다, 아무런 느낌이 없다' 로 분류할 것이다. 아로마가

에센셜 오일의 치료 작용

진정과 이완 효과가 있는 에센셜 오일들:

안젤리카 루트, 베르가모트, 카다몸, 로만 카모마일, 저먼 카모마일, 클라리 세이지, 사이프러스, 유향, 제라늄, 자스민, 라벤더, 멜리사, 미르, 네롤리, 패출리, 페티그레인, 로즈, 샌달우드, 탠저린, 버티버, 일랑일랑

자극과 활기 부여, 강장에 효과가 있는 에센셜 오일들:

버치, 블랙페퍼, 캐럿 씨드, 유칼립투스, 펜넬, 진저, 그레이프프루트, 주니퍼, 월계수, 레몬, 레몬그라스, 오렌지, 팔마로사, 페퍼민트, 파인, 라벤사라, 로즈마리, 스피어민트, 티트리, 일랑일랑 (조화로운 효과)

유쾌하다면, 특정한 요인에 따라 다수의 감정적 반응이 일어날 것이다. 아로마에 대한 감정적 반응은 고취로부터 진정, 활력부터 진정까지 다양하다.

- 약리적/생화학적 수준 : 자극적인 vs. 가라앉히는 vs. 특정한 느낌 없음.
  티서란드(1998)는 두 명의 이탈리아 박사들, 지오반니 개티와 레나토 카욜라의 에센셜 오일이 신경계에 미치는 영향에 대한 연구를 책에 실어 놓았다. 두 사람은 피실험자에게 몇 가지 에센셜 오일을 묻힌 솜을 주었다. 그 결과 진정 작용이 있다고 확인된 에센셜 오일들은 피실험자가 불안한 상태일 때 도움이 된다는 것이 밝혀졌다. 반면 자극적이라고 판정이 된 에센셜 오일들은 우울증에 효과가 있다는 것이 밝혀졌다. 티서란드는 또한 다른 이탈리아인인 로베스티의 연구에 대해서도 언급해 놓았는데 로베스티는 신경과민을 겪고 있는 개인은 단일 오일보다는 에센셜 오일을 섞어 놓은 것을 더 기분 좋게 받아들인다는 것을 밝혀냈다. 우울증에는 자극적인 오일을 이용하고, 불안 해소에는 진정 작용이 있는 오일을 이용한다는 보편적인 아이디어에도 불구하고, 최종적인 에센셜 오일 선택은 주어진 아로마에 대한 개인의 인식과 관련되어 있다.

무엇이 특정한 아로마에 대한 우리의 일반적인 반응을 결정짓는가?

아로마가 긍정적인 또는 부정적인 영향을 미친다고 단정 지을 수 없고, 특정한 아로마가 특정한 분위기를 유도해 낸다고 단정 지을 수도 없다. 향기가 환기시킨 감정 또는 행동은 그 아로마를 맡았던 자리에서 겪었던 경험을 바탕으로 발달한다. 그것이 의미를 갖기 위해서는 개인 스스로 연상과 실제 경험에 기초한 아로마와의 관계를 발전시켜야 한다.

특정한 아로마 또는 냄새에 대한 일반적인 반응을 결정짓는 몇 가지 요소들:

- 그 아로마 또는 그와 비슷한 아로마에 대한 과거의 경험
- 향기/아로마에 노출되었을 당시의 우리의 감정 상태
- 아로마가 유쾌하게 지각되었는지 아니면 불쾌하게 지각되었는지
- 모든 자기 암시된 관계 (예를 들면, 이 오일은 긴장 완화 또는 불안감 해소로 유명하다 등)
- 아로마가 소개되었던 환경 〔예를 들면, 바쁘게 전화가 울려대고, 사람들이 들어오는 바쁜 사무실 (이런 종류의 환경은 아마도 스트레스가 심할 거라고 인식될 것이다), 또는 당신이 있는 공간이 편안하고, 안락하고, 풍족한가?〕

아로마테라피 연구

아로마테라피 마사지와 감정적 웰빙

해리스(2004)는 영국의 주간 병원에서 실시한 소규모 예비 조사에서 각각의 고객을 위한 맞춤 블렌드를 이용한 아로마테라피 마사지가 기분을 개선하고, 긴장 완화를 증진시키며, 단기적으로 우울증을 감소시켰다고 보고했다(6쪽).

윌킨슨 등은(1999) 에센셜 오일을 사용하든 사용하지 않든 마사지가 불안감의 정도를 낮춰준다는 것을 발견했다. 여기에 에센셜 오일을 추가하면 마사지의 효과가 증대되고 육체적, 심리적 증상들과 전반적인 삶의 질도 개선되는 것으로 나타났다.

아로마 흡입의 효과

바커 등은 (n/d) 페퍼민트의 아로마가 집중력을 강화시켜 참가자들이 주어진 과제에 집중을 하게 만들며, 작업 수행 능력도 강화시킨다는 것을 밝혀냈다.

사에키(2000)는 라벤더 족욕이 사소하지만 중요한 자율 행동 변화와 관련이 있다는 것을 알아냈다.

킴 등은 (n/d) 라벤더, 마조람, 유칼립투스, 로즈마리, 그리고 페퍼민트 흡입이 관절염을 앓고 있는 환자들의 통증 감소와 우울증 레벨 감소에 큰 효과가 있다는 것을 밝혀냈다.

아로마테라피와 스트레스 / AROMATHERAPY AND STRESS

후각의 기초 해부학과 생리학에서도 다뤘듯이, 에센셜 오일과 오일의 아로마가 스트레스뿐만 아니라 스트레스와 관련된 질환 감소에 중요한 역할을 한다는 것은 놀라운 일이 아니다. 사폴스키(2004)는 "현대인의 질병은 심장 질환, 암, 뇌혈관 질환과 같은 손상이 천천히 축적된 결과물 중 하나다. 우리는 또한 우리의 생태와 감정이 얼마나 광대하고 복잡하게 상호 작용을 하는지도 깨닫게 되었다. 감정이라는 끝이 없는 길 안에서 우리의 성격과 감정, 그리고 생각은 우리 몸 안에서 일어나는 사건들을 반영하는 동시에 영향을 미친다. 우리는 스트레스가 우리를 아프게 만든다는 것을 알고 있다. 그리고 만성적으로 축적되어 해를 입히는 질병들 다수가 스트레스에 의해 발생되고 악화될 수 있다는 인식 때문에 의학에 있어서도 중대한 변화가 일어났다"(3쪽)고 말했다.

미국 마사지 테라피 협회(AMTA)의 〈2005 마사지 테라피 산업에 대한 약식 보고서〉는 "미국인들 대부분은 종종 의료적 목적과 긴장 완화, 그리고 스트레스 경감을 위해 마사지를 선택한다. 지난 5년 동안 미국 성인의 32%가 근육통, 근육 경련, 부상 회복, 재활, 그리고 통증 완화와 같은 의료적 목적을 위해 마사지를 받은 것으로 나타났다. 또한 지난 5년 동안 마사지를 받은 26%의 소비자들이 마사지를 받은 첫 번째 이유는 긴장 이완과 스트레스 경감을 위해서였다"라고 적고 있다.

그렇다면, 스트레스란 무엇인가? 스트레스 또는 스트레스 반응은 인체에 부여되는 모든 요구에 대한 반응으로 정의할 수 있다. 스트레스 요인은 스트레스 반응을 야기하는 모든 것을 지칭한다. 각각의 스트레스 인자는 스트레스 인자의 종류, 이것의 지속 시간, 이에 대처하는 개인의 능력, 그리고 개인이 자신의 삶에 대해 받는 사회적 지지의 양에 따라 다른 반응을 이끌어 낸다.

스트레스 인자에는 외부적인 것과 내부적인 것 두 가지가 있다. 메릴랜드 대학 의학 센터(2004)에 의하면, **외부적인 스트레스 인자**에는 다양한 물리적 상태(통증 또는 덥거나 추운 기온), 또는 스트레스가 심한 심리적 환경(열악한 근무 조건 또는 혹사당하는 관계)이 있다.
내부적인 스트레스 인자에는 육체적(감염, 염증)인 것과 심리적인 것이 있다. 심리적인 인자로는 일어날지, 안 일어날지 모르는 해로운 사건에 대한 지나친 걱정을 예로 들 수 있다. 사폴스키(2004)는 이에 대해 다음과 같이 설명했다. "지속적인 심리적 스트레스는 최근에 발견되었는데, 대부분 인간과 몇몇 사회적 영장류에게만 국한되어 있다. 우리는 단순한 생각과 관련된 매우 강한 감정들(우리 몸의 스트레스 반응을 야기하는)을 종종 경험한다" (5쪽).

스트레스 요인의 지속 기간 / Duration of Stressors

모든 스트레스가 해로운 것은 아니다. 인간에게 있어 스트레스란 바이올린 줄에 가해지는 팽팽함에 비유할 수 있다. 덜 팽팽하면 음이 무디고 신경질적이 된다. 반면 너무 팽팽하면 음이 날카로워지거나 줄이 끊어진다. 스트레스 인자 종류와 이들의 지속 기간에 대한 이해는 스트레스에 대처하는 개인의 능력을 키우는 기술 창조에 도움이 된다. 미국 심리학회(n/d)에 의하면 스트레스는 급성(단기간), 에피소드적 또는 만성(장기간)으로 나눌 수 있다고 한다.

급성 스트레스는 스트레스 중에서 가장 흔한 것으로, 우리는 매일 급성 스트레스를 경험한다. 급성 스트레스는 지속 기간이 짧은데 사소한 것일 경우에는 전율과 흥분이 있을 수 있다. 하지만 급성 스트레스를 너무 많이 받게 되면 지치고 질리게 된다. 급성 스트레스의 예로는 약속에 늦어 늦어서 뛰는 것 등이 있다.

급성 스트레스는 지속 기간이 짧기 때문에 건강에 큰 해를 입히지 않는다. 급성 스트레스의 가장 흔한 증상으로는 감정적 피로, 복합적인 화, 과민성, 또는 분노와 우울증; 긴장성 두통; 근육통; 가슴앓이, 위장에 가스가 참, 설사, 변비, 또는 과민성 장증후군 등이 포함되는 소화기 계통 이상; 빨라진 심장 박동; 축축한 손바닥; 편두통; 짧아진 호흡; 또는 가슴 통증 등이 있다. 모든 종류의 급성 스트레스는 제어하기가 쉬운 것이 특징이다.

에피소드적 급성 스트레스는 일반적으로 A 타입 성격이라 불리는 것과 흡사하다. 에피소드적 급성 스트레스는 늘 서두르는 개인에게 종종 볼 수 있다; 이런 사람들은 항상 너무 많은 다리미를 불 속에 넣어둔다. 그리고 항상 뭔가를 하고 있거나 어딘가를 가는 것처럼 보인다. 급하기 때문에 뭔가 잘못 될 수 있고, 또 종종 잘못된다. 에피소드적 급성 스트레스는 급성 스트레스와 유사하다. 하지만 에피소드적 스트레스는 급성 스트레스 인자가 매일 또는 매 시간마다 반복된다는 점이 다르다.

어떤 이들은 이런 상황에서 삶의 방식을 찾아내기도 한다. 에피소드적 급성 스트레스를 안고 사는 사람들은 종종 지나치게 흥분하고, 성을 잘 내며, 성미가 급하고, 분노에 차 있으며, 긴장해 있다. 이들은 자신들만의 고유한 신경 에너지에 의존해 생활하는 것 같다. 에피소드적 급성 스트레스의 증상으로는 지속적인 긴장성 두통, 편두통, 고혈압, 흉통, 그리고 심장 질환 등이 있다.

만성 스트레스는 급성 스트레스가 장기적으로 지속되는 것을 말한다. 이것은 매우 지루한 형태의 스트레스로 시간이 지날수록 사람을 지치게 만든다. 만성 스트레스는 빈곤, 문제 가정, 장기적 관계 문제, 끊임없는 경제적 걱정, 외로움, 힘든 결혼, 또는 일이나 직업에 대한 멸시 등 지속적으로 발생하는 다양한 삶의 사건들로 인해 야기된다.

스트레스 반응 / The Stress Response

자율 신경계는 내장과 혈관, 그리고 선들에 대한 불수의 조절을 통해 외부와 내부의 상태와 관련된 균형을 유지하는 일을 한다. 자율 신경계는 스트레스와 긴장 이완에 대한 인체의 반응을 책임진다. 교감신경계와 부교감신경계가 자율 신경계 양쪽을 구성하고 있는데, 이 두 신경계 사이에 균형이 잡혀 있는 것이 이상적이다. 둘 사이의 장기적인 불균형은 치료를 방해하고 질병을 야기한다.

교감신경계는 주로 행동, 즉 투쟁 또는 도주와 관련된 기능을 제어한다. 스트레스는 교감신경계를 활성화시키는 가장 흔한 요인이다. 반면 부교감신경계는 고요함과 긴장 이완을 책임진다. 부교감신경계는 휴식과 회복 상태를 창조한다. 스트레스 반응은 매우 다양하기는 하지만 주로 이런 식으로 나타난다:

- **저장 장소로부터 에너지의 빠른 동원과 그 이상의 축적 억제** : 만성 스트레스를 겪고 있는 인체는 여분의 에너지를 축적하는 것이 불가능하기 때문에 피로가 더 쌓이게 된다. 이렇게 되면 인체에 축적되어 있던 포도당과 가장 단순한 형태의 단백질, 지방이 필요한 에너지를 공급하게 되는데, 이러한 물질들은 지방 세포와 간, 근육에서 분비된다.
- **심장 박동, 혈압, 호흡 수 증가** : 만성 스트레스는 심혈관 질환을 야기한다.
- **소화 불량** : 만성 스트레스는 소화성 궤양과 기타 소화 불량을 야기한다.
- **성장과 재생 억제** : 만성 스트레스는 정자 수를 감소시키고 남성 호르몬 수치를 낮춘다. 성적 행동과 흥미도 감소된다.
- **성장과 조직 회복 박탈** : 만성 스트레스는 상처 회복 속도를 늦춘다.
- **성욕 감퇴** : 만성 스트레스가 쌓이면 여성들은 임신 기간을 다 채우지 못하거나 배란이 줄어드는 경향이 있으며 남성들은 발기에 문제가 생기며 남성 호르몬을 덜 분비하게 된다.
- **면역력 감소** : 만성 스트레스는 박테리아나 진균과 같은 전염성 질환에 대한 취약성을 증가시킨다.
- **무뎌진 통증 인지** : 급성 스트레스의 통각 상실은 흔히 일어난다.
- **인식력과 감각 기술 감소** : 만성 스트레스는 나이가 듦에 따라 뇌세포 감소 비율을 높여 기억력 감퇴를 조장한다. 개인이 스트레스를 받고 있을 때 해마상 융기는 크기가 줄어드는데, 이는 곧 스트레스로 인한 기억력과 학습 능력의 손상 정도가 매우 다양할 수 있다는 의미한다. 스트레스는 해마상 융기뿐만 아니라 만성 또는 재발성 우울증, 그리고 외상 후 스트레스 증후군과 같은 감정적 스트레스 인자에 영향을 미친다.

위에 언급한 스트레스의 영향력만 보아도, 에피소드적, 만성이나 급성 스트레스가 표 7.1에 적은 것을 포함해 다양한 건강 문제를 야기할 수 있다는 것을 알 수 있다.

스트레스 반응은 인체가 스트레스 인자와 싸우는데 더 많은 시간을 보낼 것을 요구한다. 이로 인해 건강 유지에 필요한 유익한 행동에 쏟을 수 있는 시간이 줄어든다. 스트레스 반응을 줄이고 맞설 수 있는 방법을 찾는다면 우리 모두에게 유익할 것이다.

이완 반응 촉진 / Activating the Relaxation Response

래트레이와 러드위그(2000)는 "스트레스 감소 마사지는 다뤄지는 고객의 상태에 상관없이, 시술되는 모든 마사지 트리트먼트의 기초이다"라고 주장한다. 마사지 테라피가 스트레스 감소를 위한 효과적인 기술이라는 것은 널리 알려져 있다. 그러므로 위에 언급한 여러 가지 스트

표 7.1

표 7.1 스트레스에 의해 유발되거나 악화되는 일반적인 증상들

협심증	성인이 되어 발병한 2형 당뇨	즐거움의 감정 감소
불안	우울증	류머티즘 관절염
천식	두통/편두통	피부 질환: 두드러기, 건선, 주사비, 습진
자기 면역 장애	면역 저하	수면 장애: 불면증
암	과민성 장 증후군	잘 낫지 않는 상처
심혈관 질환	성욕 결여	약물 남용
일반 감기	월경 불순	감염되기 쉬움
변비	근육 긴장	궤양
우울증	근육과 관절 통증	궤양성 대장염
섭식 장애	PMS(Premenstrual syndrome)	
고혈압		

레스성 질환들을 집중적으로 치료하는데 이용될 수 있다. 1998년에 티서란드는 스트레스를 중화하는 아로마테라피의 힘은 긴장을 완화하고, 스트레스와 통증을 줄이며, 혈압을 낮추고, 면역 체계를 자극하고 강화하며, 근육 긴장을 완화하는 능력이 있는 에센셜 오일과 마사지의 조합에서 나온다는 것을 관찰했다. 순정의 에센셜 오일과 마사지의 통합은 스트레스가 우리 몸과 마음과 영혼에 미치는 해로운 영향을 줄일 수 있는 충분한 해결 방법을 제공한다.

치료적 목표 :

- ▶ 통증과 근육 긴장 감소
- ▶ 면역 체계 기능 강화
- ▶ 치유를 촉진하고 감정을 진정시킴
- ▶ 교감신경계 활동 억제
- ▶ 스트레스 감소 행동과 대처 기술 강화

아로마테라피 적용 :

- ▶ 마사지 오일, 2.5%~5% 희석도
- ▶ 인후염과 어깨 또는 두통을 위한 겔
- ▶ 수치료: 집에서 하는 목욕
- ▶ 자가 마사지
- ▶ 확산

스트레스를 위한 블렌딩

스트레스 경감이 목표라면 스트레스의 육체적 징후(예; 뻣뻣한 목과 어깨 또는 변비) 또는 감정적 징후(예; 분노, 걱정, 또는 우울)를 기반으로 에센셜 오일을 선택해야 한다. 반면 블렌딩 목적이 긴장 완화라면 고객이 좋아하는 아로마를 찾아내는 것이 가장 중요하다.

고객에게 가장 효과가 있을 것으로 여겨지는 에센셜 오일을 미리 몇 개 선택한 다음, 병들을 함께 잡고서 향기를 맡게 한 후 고객에게 아로마에 대한 느낌을 제시하게 한다. 고객이 그 향이 마음에 든다고 하면, 마사지하는 동안 그 블렌드가 효과가 있을 거라고 확신을 해도 된다.

표 7.2는 다양한 감정적 상태를 위한 에센셜 오일 적용을 지지하기 위해 만든 것이다. 아래에 제시한 에센셜 오일은 에센셜 오일의 일반적인 생리학적 작용, 성질, 그리고 잠재적 고유의 메시지를 토대로 개별적 감정 상태에 따라 정리한 것이다.

표 7.2

감정적 지지와 회복을 위한 에센셜 오일

감정적 상태	에센셜 오일들
분노, 민감	안젤리카 루트, 베르가모트, 카다몸, 시더우드, 로만 카모마일, 저먼 카모마일, 클라리 세이지, 유향, 자스민, 월계수, 라벤더, 미르, 네롤리, 팔마로사, 페티그레인, 로즈, 샌달우드, 탠저린, 일랑일랑
걱정	안젤리카 루트, 베르가모트, 시더우드, 로만/ 저먼 카모마일, 클라리 세이지, 제라늄, 자스민, 라벤더, 스위트 마조람, 멜리사, 미르, 네롤리, 팔마로사, 패출리, 페티그레인, 로즈, 샌달우드, 탠저린, 버티버, 일랑일랑
최음제, 불감증	카다몸, 시나몬 리프, 클라리 세이지, 펜넬, 진저, 헬리크리섬, 자스민, 네롤리, 패출리, 로즈, 샌달우드, 일랑일랑
쇠약, 피로	바질 ct. 리나룰, 로만/저먼 카모마일, 시나몬 리프, 사이프러스, 유향, 제라늄, 헬리크리섬, 라벤더, 레몬, 오렌지, 페퍼민트, 로즈, 로즈마리, 탠저린
평온/진정	베르가모트, 로만 카모마일, 저먼 카모마일, 클라리 세이지, 라벤더, 멜리사, 미르, 네롤리, 페티그레인, 버티버
맑음	버치, 유칼립투스, 그레이프프루트, 주니퍼, 월계수, 레몬, 레몬그라스, 팔마로사, 페퍼민트, 파인, 로즈마리, 세이지, 스피어민트
정화	캐럿 씨드, 시더우드, 유칼립투스, 그레이프프루트, 주니퍼, 월계수, 레몬, 레몬그라스, 오렌지, 페퍼민트, 로즈마리, 세이지
혼란, 우유부단	안젤리카 루트, 블랙페퍼, 사이프러스, 진저, 월계수, 레몬그라스, 팔마로사, 파인, 로즈마리, 세이지, 버티버
확신, 불안	안젤리카 루트, 블랙페퍼, 카다몸, 유칼립투스, 자스민, 주니퍼, 라벤더, 파인
용기	안젤리카 루트, 블랙페퍼, 월계수, 미르, 페퍼민트, 로즈마리, 세이지, 야로우
우울	베르가모트, 카다몸, 클라리 세이지, 유향, 제라늄, 진저, 그레이프프루트, 자스민, 주니퍼, 네놀리, 오렌지, 팔마로사, 로즈, 탠저린, 일랑일랑
감정적 혼란	안젤리카 루트, 카다몸, 로만 카모마일, 클라리 세이지, 사이프러스, 유향, 자스민, 월계수, 라벤더, 스위트 마조람, 미르, 네롤리, 팔마로사, 패출리, 파인, 로즈, 탠저린, 버티버, 일랑일랑
공포	안젤리카 루트, 블랙페퍼, 사이프러스, 제라늄, 진저, 월계수, 라벤더, 페퍼민트, 로즈마리, 타임

표 7.2 (계속)

감정적 지지와 회복을 위한 에센셜 오일

가라앉음	안젤리카 루트, 진저, 미르, 버티버
슬픔, 상실감	베르가모트, 네롤리, 패출리, 로즈, 탠저린, 일랑일랑
비탄	카다몸, 클라리 세이지, 유향, 자스민, 라벤더, 네롤리, 로즈, 탠저린
영감, 창조력	베르가모트, 카다몸, 클라리 세이지, 펜넬, 그레이프프루트, 자스민, 주니퍼, 월계수, 레몬, 네롤리, 오렌지, 팔마로사, 파인, 로즈마리
놓아줌	유칼립투스, 그레이프프루트, 주니퍼, 월계수, 레몬, 네롤리, 오렌지, 파인
기분 변화	베르가모트, 로만/저먼 카모마일, 클라리 세이지, 사이프러스, 펜넬, 제라늄, 라벤더, 네롤리, 패출리, 로즈, 세이지, 탠저린, 버티버, 일랑일랑
신경과민	안젤리카 루트, 베르가모트, 블랙페퍼, 카다몸, 시더우드, 클라리 세이지, 유향, 라벤더, 미르, 네롤리, 패출리, 탠저린, 일랑일랑
악몽	베르가모트, 로만 카모마일, 클라리 세이지, 유향, 제라늄, 헬리크리섬, 월계수, 라벤더, 스위트 마조람, 네롤리, 오렌지, 로즈, 탠저린, 일랑일랑
공포, 충격	안젤리카 루트, 로만 카모마일, 유향, 라벤더, 네롤리, 오렌지, 팔마로사, 페티그레인, 파인, 로즈, 탠저린, 버티버, 일랑일랑
영적, 보호	안젤리카 루트, 시더우드, 유향, 월계수, 레몬그라스, 미르, 패출리, 파인, 로즈, 세이지
의기 앙양	베르가모트, 카다몸, 클라리 세이지, 제라늄, 주니퍼, 월계수, 레몬, 레몬그라스, 네롤리, 오렌지, 페퍼민트, 페티그레인, 파인, 로즈마리, 탠저린, 일랑일랑.

후각 이상 / DISORDERS OF OLFACTION

냄새는 우리 삶에 강력한 영향력을 행사하며 우리의 육체적, 심리적, 그리고 사회적 삶에 영향을 준다. 냄새가 없는 삶을 상상해 보라! 후각 상실에 관한 심층 연구에 의하면, 냄새가 없는 삶은 욕구와 동기 부족으로 이어지며 우울증과 음식에 관한 흥미 저하로 식욕도 감소되는 것으로 나타났다. 다음은 현재 알려진 후각 이상 증상들이다.

■ **후각 상실** : 모든 향기 물질에 대한 능력을 완전히 상실했음을 의미한다. 후각 상실은 우울증과 성욕 감퇴로 이어지는 경향이 있다. 후각 상실은 선천적으로 나타나는 경우도 있지만 자동차 사고로 머리에 부상을 입어 나타날 수도 있다. 후각 상실은 독성 화학 물질이나 수술에 장기적으로 노출될 때도 발생할 수 있다.

■ **후각 감퇴** : 부분적인 후각 기능 상실.

■ **후각 과민** : 아로마에 지나치게 민감함.

실제 임상적용 7.2

후각 연습

후각도 근육이나 뇌처럼 강해지기 위해서는 연습이 필요하다. 후각이 별로 뛰어나지 않다고 생각하는 사람은 의식적으로 후각을 이용하지 않았기 때문이다. 또한 에센셜 오일 냄새를 좋아하지 않는 사람은 합성향을 맡은 적이 있거나 합성향에 익숙해져 있기 때문일 것이다.

하지만, 후각 훈련을 시작해 에센셜 오일의 천연향에 더 익숙해지게 되면, 합성향과 천연향 사이에 엄청난 차이가 있다는 것을 경험하게 될 것이다.

후각 훈련을 하려면, 주변에 있는 다양한 향기/냄새부터 관찰하면 된다. 그런 다음 꽃이 피어 있는 방향 식물의 냄새를 맡거나 천연의, 진짜 에센셜 오일 냄새를 맡으면 된다. 특정한 아로마의 미묘한 차이를 시간을 갖고 직접 경험해 보라. 여러분이 관찰한 다양한 아로마에 대한 일기를 쓰는 것도 좋다. 여러분의 경험을 다른 이들과 공유하라.

■ 착취증 : 상상 속의 냄새에 대한 왜곡.

후각 이상의 원인 (causes of olfactory disorders)

브룬(1994)에 의하면, 후각 상실을 야기하는 것으로 알려진 질환 중에는 코막힘, 비타민 A 결핍, 급성 바이러스성 간염, 내분비계 질환, 터너 증후군, 측두엽 손상, 파킨슨 병, 알츠하이머 병, 그리고 여성 호르몬 수용기 변화 등이 있다. 최근 유방암이 뇌의 시상하부 손상의 종속물이 된다는 이론이 밝혀졌다.

■ 바이러스성 질환 : 독감, 일반 감기, 그리고 급성 바이러스성 간염과 같은 바이러스성 질환은 후각 상실을 일으키는데, 질환이 일시적이지 않을 때 더 자주 발생한다.

■ 일반 감기 또는 흡연 : 비강 점막의 염증은 향기 물질이 코의 후각 구역에 도달하는 것을 방해해 후각 기능을 일시적으로 상실하게 만든다. 이는 일반 감기에 걸렸거나 흡연 시에 흔히 나타난다.

■ 후각 감퇴와 피로 : **후각 감퇴**는 우리의 후각 체계가 냄새에 적응해 아로마 등록을 멈출 때 일어난다. 후각 감퇴의 예로는 집에서 나는 냄새에 적응이 돼 실제로 나는 냄새 등록하는 것을 멈추는 것을 들 수 있다. 반면 **후각 피로**는 우리의 후각 체계가 단 시간 안에 다수의 다양한 냄새에 노출되었을 때 발생한다. 후각이 피로해지면 더 이상 향기들 간의 차이를 구별할 수 없게 된다. 혹자는 이럴 때 커피 콩 냄새를 맡으면 콧속을 맑게 만드는데 도움이 된다고 한다.

■ 병리학적 돌기 : 점막이나 턱, 공동의 염증으로, 이것은 비강 내에서 일어난다.

■ 부상, 외상, 또는 머리에 가해진 강타.

■ **특정한 약물** : 허쉬(2005)에 의하면, "대부분의 환자들, 그리고 몇몇 의사들조차 많은 약물들이 후각 기능을 감퇴시킨다는 것을 인식하지 못하고 있다.
이에 해당하는 ***가장 일반적인 약물***로는 콜레스테롤 저하제인 *Rosuvastain* (크레스토), 항정신약물인 *Haloperidol* (할돌), 그리고 *Chlorpromazine* (토라진), 항우울제인 *Nortriptyline* (파멜로)과 주의력 결핍 과잉 행동 장애와 노인의 경미한 우울증 치료에 쓰이는 자극제인 *Methylphenidate* (리탈린)를 들 수 있다.

적용 방법 / METHODS OF APPLICATION

이 책에서 우리는 광범위한 적용 방법을 모두 다룰 예정인데 8장에서는 마사지 오일, 겔, 로션, 크림, 연고 등을, 9장에서는 목욕과 증기 흡입, 습포, 핫타월, 아로마 미스트 등을 다룰 예정이다. 모든 적용 방법이 후각적 효능을 갖고 있기는 하지만, 이 장에서는 특히 직접적인 흡입과 확산에 대해서 다루려고 한다.

흡입 / Inhalation

흡입이란 공기 또는 에센셜 오일과 같은 물질을 들여 마시는 행위를 말한다. 아로마 흡입은 호흡기와 다양한 감정적 상태에 영향을 미치기 때문에 일반적으로 많이 이용되고 있다. 아로마 흡입은 점액이나 감염이 지나치거나 부족해서 발생하는 코 막힘이나 가슴 막힘을 치료하는데 매우 효과적이다. 호흡기 질환 치료를 위한 아로마 물질 흡입은 오랜 역사를 갖고 있다. 몇몇 문화권에서는 객담 효과를 얻기 위해 방향 식물 재료를 태우기도 한다. 빅스의 VapoRub® 는 에센셜 오일 전체를 사용하기 보다는 분리한 성분들을 이용하고 있어 완전하고 진정한 아로마테라피 제품이라고 여겨지고 있지는 않지만 현대적 아로마 물질 흡입의 좋은 예라고 할 수 있다.

흡입은 또한 감정적 고민을 완화시키는데 이용되기도 한다. 버클(2003)은 아로마 흡입을 병원에서 이용하면 불안감이 감소되고, 변화가 촉진되며, 의료 현장의 메스꺼움이 줄어든다고 보고했다. 페퍼민트 흡입은 수술 후 메스꺼움을 완화시키며, 클라리 세이지 흡입은 분만 촉진에 도움이 된다. 버클(2003)에 따르면, "응급실에서 우리는 환자들을 진정시켜 무슨 일이 일어났는지 확실하게 말할 수 있게 하기 위해 마조람*(Organum marjorana)*, 라벤더*(Lavandula angustifolia)*와 같은 에센셜 오일을 사용한다. 우리는 또한 메스꺼움을 줄이기 페퍼민트*(Mentha × peperita)*와 스피어민트*(Mentha spicata)*, 진저*(Zingiber officinale)*를 사용하며, 안젤리카 루트나 씨드*(Angelica archangelica)* 또는 로즈*(Rosa damascena)*를 급성 피로에 이용한다"고 말했다 (46쪽).

일반적으로 아로마테라피 흡입은 다음과 같은 경우에 유용하다:

- 호흡기 질환
- 두통/편두통
- 불면증 또는 기타 수면 장애
- 멀미/메스꺼움
- 분노/스트레스/걱정
- 감정 변화

흡입에 사용할 수 있는 기술들:

- **직접 흡입** : 직접 흡입이란 병이나 손수건, 또는 솜에 묻은 에센셜 오일의 아로마를 직접 맡거나 흡입하는 것을 말한다. 직접 흡입법은 감정적 걱정을 더는데 일반적으로 많이 이용되며 호흡기 충혈 또는 기타 호흡기 질환의 완화를 지지하기 위한 테라피로도 이용된다. 직접 흡입은 또한 신경계에 영향을 주기 위해 이용되기도 한다.

- **병을 들고 흡입** : 3~5개의 에센셜 오일을 이용해 시너지(캐리어 오일과 희석하지 않은 에센셜 오일)를 만들어 작은 병 안에 담는다(약 5 ml). 고객에게 병을 코 아래 두고 흔들게 한 다음, 심호흡을 하면서 들이마시게 한다. 필요에 따라 하루에 서너 번 반복하게 한다.

- **소금 냄새 맡기** : 세 개에서 다섯 개의 에센셜 오일을 이용해 양이 20방울~30방울 정도 되는 시너지를 만든 다음, 10 ml(1/3 온스) 병에 담는다. 시너지를 병에 담은 다음, 병의 나머지 부분을 가는 해수염이나 굵은 해수염으로 채운다. 고객에게 병을 코 아래 두고 흔들게 한 다음, 심호흡을 하면서 들이마시게 한다. 필요에 따라 하루에 서너 번 반복하게 한다.

- **손수건 또는 솜** : 에센셜 오일 또는 시너지를 두 방울에서 네 방울을 티슈나 손수건에 떨어뜨린다. 손수건을 손바닥 위에 올려놓은 다음, 두 번에서 세 번 깊이 들이마시게 한다. 솜을 이용할 때는 솜을 코 아래에 놓고 가볍게 흔들어 준다. 필요에 따라 하루에 두세 번 반복하게 한다.

확산 / Diffusion

확산란 특정한 구역 안에 있는 공기 중으로 에센셜 오일을 퍼뜨리는 것을 말한다. 에센셜 오일을 확산시키는 세 가지 중요한 목적은 공기 중에 있는 세균들을 효과적으로 줄이고, 기분/욕구와 감정을 바꾸며, 호흡기 건강을 지지하기 위해서이다. 조사 결과 에센셜 오일은 공기 중의 병원균을 제거하고 없애는데 효과적인 것으로 나타났다. 해리스(2002)는 시나몬(*Cinnamomum Zeylanicum*), 로즈마리(*Rosmarinus officonals*), 유칼립투스(*Eucalyptus globulus*)와 레몬(*Citrus limon*) 에센셜 오일을 확산했을 때 공기 중의 박타레아로 인한 감염이 줄어들었다고 보고했다.

전기 마이크로 디퓨저 (Electric Micro-diffuser)

전기 마이크로 디퓨저는 촛불 디퓨저와 큰 차이가 있으며 전통적이거나 비전통적인 건강관리 환경 모두에서 에센셜 오일을 퍼뜨리는 더 적합한 도구로 여겨지고 있다. 이것은 촛불이나 열기를 이용하지 않는다. 전기 마이크로 디퓨저는 공기 펌프와 특수한 내부 관과 배플이 달린 유리로 된 확장관(분무기), 이 두 개의 부분으로 이뤄져 있다. 공기가 펌프로부터 유리관으로 뿜어지면, 에센셜 오일이 배플 에 부딪혀 "깨지게" 되고, 이렇게 깨진 작은 입자가 공기 중으로 퍼지게 된다.

전기 디퓨저를 통한 대기 분산은 이런 데 이용된다:

- 환경적 앙비앙스
- 스트레스/ 불안감 감소
- 불면증 또는 수면 장애

열이 에센셜 오일의 치료적 활동에 영향을 미치는가?

해리스(2003)에 의하면, 몇몇 연구 결과 "열로 가열하는 디퓨저를 사용했을 때 에센셜 오일의 화학적, 구조적 변화나 변질은 없다" (33쪽)고 한다. 하지만, 열기에 노출된 에센셜 오일은 휘발성이 다른 각각의 성분들이 시간차를 두고 증발한다.

- 기분 또는 욕구 고취
- 각성도 증대
- 공기 정화와 공기 상태 향상
- 공기 중의 병원균 감소

추천 사용법: 에센셜 오일 2 ml 또는 4 ml (40~80 방울)을 유리 수반이나 다른 용기에 넣는다. 디퓨저를 켠다. 분무기형 디퓨저 사용 시 30분 동안 켜 놓았다가 60분이나 80분 동안 꺼놓을 것을 권한다. 이렇게 하는 데는 두 가지 이유가 있다:
첫째, 이온화된 에센셜 오일의 마이크로 입자가 디퓨저가 꺼져 있는 동안에도 공기 중에 머물러 있기 때문이며, 둘째, 디퓨저가 계속 켜져 있으면 에센셜 오일이 공기 중에 너무 과도하게 확산되어 치료적 행위가 역전될 수 있기 때문이다. 따라서, 타이머가 달린 전기 디퓨저를 구입하는 것이 현명하다.

클레이 캔들과 전기 도기 디퓨저

단순한 디자인의 클레이 캔들과 전기 도기 디퓨저는 한 조각이나 두 조각으로 이뤄져 있다. 일반적으로 윗부분에 물과 에센셜 오일을 담을 수 있는 부분이 있으며 그 아래에 티 캔들이나 전자 가열 시스템이 장착되어 있다. 이런 것들은 아로마테라피와 기타 특수 용품 가게에게 쉽게 구할 수 있다. 이런 종류의 디퓨저를 이용하면 집이나 사무실에서 매우 간단하면서도 적당한 가격으로 주위에 좋은 향을 퍼뜨릴 수 있다. 하지만 대부분의 병원과 호스피스, 그리고 기타 건강관리 시설에서는 병실에서 초를 사용하는 것을 금지하고 있다.

일반적으로, 아로마테라피 도기 디퓨저는 다음과 같을 때 유용하다:

- 환경적 앙비앙스
- 스트레스/ 불안감 감소
- 불면증
- 기분 또는 욕구 앙양
- 각성도 증대
- 공격적이거나 불쾌한 냄새 제거

추천 사용법: 도기 디퓨저의 윗부분에 물을 채운 다음, 에센셜 오일을 5방울에서 10방울 떨어뜨린다. 초에 불을 붙이거나 전원을 켠다. 물이 없는 컵에다 에센셜 오일을 넣지 않도록 한다. 이럴 경우 에센셜 오일이 확산이 되지 않고 열기에 의해 타버리기 때문이다. 또한, 벤조인이나 샌달우드, 버티버와 같은 점성이 있는 에센셜 오일은 도기 디퓨저에 사용하지 않는 것이 좋다. 이런 오일들은 도기 안에 수지질의 물질을 남기기 때문에 닦거나 제거하기가 어렵다.

요약 /SUMMARY

- 후각 아로마테라피는 후각과 다양한 에센셜 오일의 독특한 아로마, 그리고 에센셜 오일이 내분비선과 자율신경계, 그리고 뇌간에 미치는 영향을 이용하는 것을 말한다. 후각 아로마테라피에 이용되는 에센셜 오일은 정신과 감정뿐만 아니라 육체적 웰빙에도 영향을 준다.
- 아로마를 흡입하거나 냄새를 맡으면 후각 상피에 의해 아로마가 받아들여지는데 여기서 아로마가 전기 신호로 전환되어 후구로 전달된다. 그런 다음, 후각로를 따라 뇌에 있는 변연계로 들어간다.
- 감정적 뇌라고도 일컬어지는 변연계는 편도체와 전측 시상, 중격의지핵, 시상하부, 중격, 그리고 대상이랑과 해마옆이랑이 포함된 해마상 융기로 이뤄져 있다. 이 장에서 설명한 변연계의 세 가지 부분으로는 편도체와 시상하부, 그리고 해마상 융기가 있다.
- 편도체는 특정한 아로마에 감정적 중요성을 부여하는 일을 담당하며, 해마상 융기와 함께 기억력 형성에 중요한 역할을 한다. 시상하부의 주요 기능으로는 자율신경계 활동 조절과 감정 표현, 체온 조절, 내분비선 기능 조절, 그리고 잠자고 일어나는 것, 배고픔과 목마른 감각, 그리고 성적 행동 표현 조절 등이 있다. 해마상 융기는 학습과 기억력에 있어 중요한 역할을 담당한다.
- 특정한 아로마에 대한 인간의 감정적 반응은 타고난 것이라기보다는 후천적 학습에 의한 것으로 보인다. 특정한 아로마에 대한 우리의 일반적 반응을 결정짓는 요소에는 그 아로마나 그와 비슷한 아로마와 관련된 과거의 경험, 아로마에 노출되었을 때 우리의 감정 상태, 아로마가 유쾌한 것이었는지 아니면 불쾌한 것이었는지, 그리고 아로마를 처음 접했던 환경 등이 있다.
- 스트레스 또는 스트레스 반응은 인체에 부여되는 모든 요구에 대한 인체의 반응으로 정의할 수 있다. 스트레스 인자에는 외적인 것과 내적인 것 두 가지가 있으며, 급성(단기간), 에피소드적 급성 스트레스(매일 받는 급성 스트레스), 또는 만성 스트레스가 있다. 스트레스 종류에 관계없이 스트레스는 인체에 부정적 영향을 미치며, 다수의 질환을 야기하거나 상태를 악화시키는 요인이 된다.
- 변연계, 특히 시상하부에 미치는 아로마의 영향력 때문에 아로마테라피는 스트레스를 줄이고 스트레스와 관련된 질환을 치료하는 유용한 방법이다.
- 마사지에서 사용되었던 동일한 블렌드가 홈케어에 제공되면 아로마 기억에 기초한 연상이 고객 치료에 지속적인 지지를 제공할 수 있다.
- 흡입이란 호흡기와 변연계에 영향을 주기 위해 숨을 쉬어 에센셜 오일을 들이 마시거나, 빨아들이는 행동을 말한다. 오일 마사지, 확산 등 모든 적용 방법이 이런 두 가지 효과를 제공한다.

새 용어들 /NEW TERMINOLOGY

급성 스트레스 (Acute stress)
편도체 (Amygdala)
후각 상실 (Anosmia)
악취 후각 (Cacosmia)
화학 수용기 (Chemoreceptors)
만성 스트레스 (Chronic stress)

기저 세포 (Basal cells)
에피소드적 급성 스트레스 (Episodic acute stress)
외부적 스트레스 인자 (External stressors)
해마상 융기 (Hippocampus)
후각과민증 (Hyperosmia)
후각 감퇴 (Hyposmia)
시상하부 (Hypothalamus)
내부적 스트레스 인자 (Internal stressors)
변연계 (Limbic system)
친유성(Lipophilic)
기억 기반 반응 (Memory-based response)
섬모(Cilia)
신경 생성 (Nerurogenesis)
후각 (Olfaction)
후구 (Olfactory bulb)
후각 상피 (Olfactory epithelium)
후각 쇠퇴 (Olfactory fading)
후각 피로 (Olfactory fatigue)
후각 수용기 뉴런 (Olfactory receptor neurons)
후각로 (Olfactory tract)
착취증 (Parosmia)
지지 세포 (Supporting cells)

참고문헌 / References

Alexander, M. (2000). *How Aromatherapy Works*. Odessa, FL: Spectrum Arts and Publications.

American Psychological Association. (n/d). *The Different Kinds of Stress*. Retrieved March 30, 2006, from http://www.apahelpcenter.org/articles/article.php?id=21.

AMTA (2005). 2005 *Massage Therapy Industry Fact Sheet*. Evanston, IL: American Massage Therapy Association. Retrieved on April 30, 2006, from www.amtamassage.org.

Barker S, Grayhem P, Koon J, Perkins J, Whalen A, and Raudenbush B. Improved performance on clerical tasks associated with administration of peppermint odor. *Perceptual and Motor Skills*, (2003) 97, 1007-10; PubMed ID# 14738372

Buckle, J. (2003). Aromatherapy in the USA. *International Journal of Aromatherapy*, *13* (1), 42–46.

De Graaff, K., and Fox, S. (1985). *Concepts of Human Anatomy and Physiology*, 4th edition. Dubuque, IA: Wm. C. Brown Publishers.

Genders, R. (1972). *Perfumes through the Ages*. New York: G.P. Putnam's Sons.

Gibbons, B. (1986). The Intimate Sense of Smell. *National Geographic*, September 1986.

Harris, B. (2002). Aromatherapy Today Research Notes: Deadly Diffusion. *Aromatherapy Today* 21, pg. 8–9.

Harris, B. (2003). Aromatic Teaser. *Aromatherapy Today* 28, p. 33.

Harris, B. (2004). Research Notes. *Aromatherapy Today*. *30*, 6–7.

Hirsch, A. (2005). *Are You Losing Your Sense of Smell? Bottom Line Secrets*. Retrieved July 25, 2006, from http://www.bottomlinesecrets.com/blpnet/article.html?article_id=35445.

Kim, M.J., Nam, E.S., and Paik, S.I. (n/d). The effects of aromatherapy on pain, depression, and life satisfaction of arthritis patients. College of Nursing, Catholic University of Korea, Korea. Retrieved June 17, 2006 from http://www.kan.or.kr/nurse/nurse_01.php?start=view&year=2005&issue=1&volume=35&spage=186

Kirk-Smith, M. (n/d). Therapeutic Uses of Olfaction. University of Ulster, Newtownabbey, BT37 00QB, Northern Ireland.

Maury, M. (1989). *Marguerite Maury's Guide to Aromatherapy: The Secret of Life and Youth*. Essex, England: C.W. Daniel Company.

Molavi, D.W. (1997). *Neuroscience Tutorial*. Washington University Program in Neuroscience. Retrieved October 10, 2005, from http://thalamus.wustl.edu/course/limbic.html.

Ratey, J. (2001). *A User's Guide to the Brain*. New York: NY: First Vintage Books.

Rattray, F., and Ludwig, L. (2000). *Clinical Massage Therapy*. Toronto, Ontario: Talus Incorporated.

Richardson, S. (1995). The Smell Files. *Discover Magazine*, *16* (8), August 1995. Retrieved November 12, 2006, from http://www.discover.com/issues/aug-95/departments/thesmellfiles553/

Saeki, Y. (2000). The effect of foot-bath with or without the essential oil of lavender on the autonomic nervous system: a randomized trial. *International Journal of Aromatherapy*, *10* (1/2), 57–61.

Sapolsky, R. (2004). *Why Zebras Don't Get Ulcers*. New York: Henry Holt and Company, LLC.

Seattle Times. (2004). The Sweet Whiff of Success. October 5, 2004, pg. A1, A8.

Shipley, M. (1986). The Intimate Sense of Smell. *National Geographic*, September 1986, p. 333.

Tisserand, R. (1988). *Aromatherapy, To Heal and Tend the Body*. Wilmot, WI: Lotus Press.

University of Maryland. (2004). *What is Stress?* Retrieved July 25, 2006, from http://www.umm.edu/patiented/doc31full.html.

Vroon, P. (1994). *Smell, The Secret Seducer*. New York: Farrar, Straus, and Giroux.

Wilkinson, S., Aldridge, J., Salmon, I., Cain, E., and Wilson, B. (1999). An evaluation of aromatherapy massage in palliative care. Palliative Medicine. *13* (5), 409–17. PubMedID10659113.

워크시트 / WORKSHEET

아로마테라피와 후각 (1부)

이름: ____________________ 날짜: ____________________

후각 연습

1) 오늘 창조하고 싶은 개인적 블렌드의 범주를 아래에서 하나 선택하라:

▣ 진정제 또는 긴장 완화

▣ 자극 또는 활력 강화

▣ 향에 대한 기억: ____________________

2) 파트너와 적은 것을 바꿔 본 뒤, 당신의 선택과 필요한 것에 대해 짧은 대화를 나눠보라.

기록: ____

3) 지난 시간(7장, 아로마테라피와 피부)에 만들었던 파트너의 맞춤 베이스 오일 블렌드를 이용해 간단한 마사지 오일을 만들어라— 1온스/2.5% 희석도로 위에서 얻은 정보를 토대로 파트너를 위해 만들어라.

에센셜 오일 블렌드 총량: ____________________ *방울*

에센셜 오일-일반명	에센셜 오일-학명	방울 수	선택 이유?

4) 모든 테라피스트는 상대방에게 무향의 오일을 이용해 짧은 두피 마사지와 어깨 마사지를 실시하라. 그런 다음 개인 맞춤 아로마테라피 블렌드를 이용해 같은 과정을 반복하라. 상대방의 워크시트를 블렌딩 정보와 함께 돌려주라.

5) 무향의 오일 마사지와 아로마 마사지는 어떻게 다른가?

____

아로마 마사지가 여러분의 최초의 블렌딩 목표/범주를 달성했는가?

____

테라피스트로서, 두 가지 마사지를 하면서 감지한 것이 있는가?

____

워크시트 / WORKSHEET

아로마테라피와 후각 (2부)

스트레스와 나

6) 아래의 질문에 답한 다음, 파트너와 토론하라.

나의 현재의 스트레스 레벨:

▣ 매우 낮음 ▣ 높음
▣ 낮음 ▣ 매우 높음
▣ 보통

스트레스를 받으면 어떤 감정적 변화가 일어나는가?

____

스트레스를 받으면 어떤 신체적 변화가 일어나는가?

____

나는 스트레스에 어떻게 대처하는가?

____

7) 워크시트를 교환한 뒤, 위에서 제공된 정보를 바탕으로 파트너를 위한 희석도 3%의 아로마테라피 마사지 블렌드를 만들라. 이용된 각각의 에센셜 오일 방울 수는 블렌딩 계수를 이용해 알아내라.

베이스 블렌드 총량: ______________ 온스

에센셜 오일/재료	%	선택 이유?

에센셜 오일 블렌드 총량: ______________ 방울

에센셜 오일–일반명	에센셜 오일–학명	방울 수	선택 이유?

8) 스트레스 경감 블렌드를 이용해 상대방에게 전신 이완 마사지를 실시하라.

9) 마사지를 받는 동안 기분이 어땠는가? 어떤 종류의 정서적, 물리적 반응을 경험했는가?

____

복습 문제 / CHAPTER TEST

1. 냄새를 맡는 감각을 무엇이라고 하는가?
   a. 후각과민증
   b. 후각 감퇴
   c. 후각
   d. 후각 상피세포

2. 아로마테라피의 다섯 가지 잠재적 후각 효능을 열거하라.
   a.
   b.
   c.
   d.
   e.

3. 코는 후각과 호흡기 부분을 갖고 있다.
   ______ 참 ______ 거짓

4. 며칠 뒤에 있을 시험 때문에 스트레스를 받고 있는 개인이 있다면,
   이 스트레스 인자는 어떤 스트레스 인자인가?
   a. 내적
   b. 급성
   c. 외적
   d. 자극적

5. 후각은 화학적인 감각이다. 그렇다면 후각 뉴런은 무엇으로 기능하는가?
   a. 화학 수용기
   b. 양극 뉴런
   c. 후각 상피세포
   d. 친유성 물질

6. 변연계는 인간 뇌의 가장 새로운 부분 중 하나로 여겨지고 있다.
   ______ 참 ______ 거짓

7. 후각 상피세포 안의 기저 세포의 기능은?
   a. 친유성 작용
   b. 후각 인지
   c. 변연계 자극
   d. 신경 생성

8. 변연계는 또한 무엇으로도 불리는가?
   a. 시상하부
   b. 후각 상피세포
   c. 감정적 뇌
   d. 공포 시스템

9. 편도체는 우리의 경험을 감정으로 채색하는 주요 회로를 수용한다.
   ______ 참 ______ 거짓

10. 해마상 융기 안의 신경 조직은 신경 생성을 할 수 있다.
   ______ 참 ______ 거짓

복습 질문 / REVIEW QUESTIONS

1. 후각 아로마테라피의 잠재적 치료 효능에 대해 논하라.

2. 특정한 에센셜 오일에 대한 감정적 반응을 결정하는 것이 왜 어려운지 논하라.

제 4 부
바디워크와의 통합

8장

아로마 적용과 기술

Aromatic Applications and Techniques

개요
바디워크와 아로마테라피
인체
정신
영혼
개별화된 혹은 일반적인 아로마테라피
개별화된 아로마테라피
일반적인 아로마테라피
실제 임상적용 8.1: 향이 있는 제품의 사용을 피하라
마사지를 위한 아로마 적용
마사지 오일 준비
마사지 로션, 겔, 크림
실제 임상적용 8.2: 시간 절약을 위한 조언
겔, 연고, 페이셜 크림/오일
겔
연고
페이셜 크림/오일
희석하지 않은 제품의 적용
마사지 테크닉와 아로마테라피의 통합
아로마 이완 마사지
아로마 트리트먼트 마사지
아로마 스포츠 마사지
아로마 반사 요법 마사지
아로마 핫스톤 마사지
아로마 페이셜 마사지
요약
새 용어들
참고문헌
워크시트: 아로마 적용
복습 문제와 질문

학습 목표 / LEARNING OBJECTIVES

이 장을 읽은 뒤에는 다음 사항들에 답할 수 있어야 한다.

1. 아로마테라피와의 통합이 마사지와 바디워크가 몸과 정신과 영혼에 미치는 영향을 어떻게 고취시키는지를 논하라.
2. 개별화된 아로마테라피 블렌드와 일반적인 아로마테라피 블렌드의 차이에 대해 논하라.
3. 아로마테라피 블렌드와 시너지의 차이점을 설명하라.
4. 오일과 겔, 연고, 로션, 크림과 같은 다양한 마사지 전달 시스템을 어떻게 만드는지 설명하라.
5. 다양한 마사지 기술과 아로마테라피를 통합하는 방법을 설명하라.
6. 이 장에서 다뤄진 다양한 마사지 기술을 고취하는 에센셜 오일들을 열거하라.
7. 아로마 페이셜 마사지를 실시하라.

개요 / INTRODUCTION

아로마테라피의 진정한 가치는 모든 종류의 마사지 또는 바디워크 기술과 통합되어 이용될 수 있다는 점과, 몸과 마음과 영혼을 동시에 자극할 수 있다는 점에 있다고 할 수 있다. 다양한 범주의 베이스 제품들뿐만 아니라 마사지 기술과도 통합될 수 있는 아로마테라피는 참으로 역동적이다. 이 장의 반은 마사지 시술과 관련된 아로마테라피 적용 방법에 대해 집중적으로 설명할 것이다. 나머지 반은 긴장 완화와 트리트먼트 마사지부터 반사요법과 페이셜 마사지까지 다양한 마사지 기술과 아로마테라피를 통합하는 방법에 대해 설명할 것이다.

바디워크와 아로마테라피 / BODYWORK AND AROMATHERAPY

사람들이 마사지 테라피나 다양한 형태의 바디워크를 찾는 이유는 매우 다양하다. 스트레스를 받아 단순히 긴장을 완화시키기 위해 찾는 사람들도 있지만, 부상이나 만성 통증 때문에 찾는 사람들도 있다. 운동선수들은 종종 유연성을 유지하고 부상을 방지하기 위해 바디워크를 이용한다. 어떤 이들은 카이로프락틱, 생체 자기 제어, 또는 침술과 같은 대체 테라피의 보조 수단으로 바디워크를 이용하기도 한다. 마사지가 주는 많은 건강상의 이로움을 이해하고 정기적으로 마사지를 받는 사람들이 있는가 하면, 어떤 이들은 생일이나 특별한 날에만 이 호사로운 "트리트먼트"에 몸을 맡긴다.

마사지 테라피는 움직임, 기술 그리고 최상의 건강과 웰빙 확립을 돕는 것에 초점을 맞춘 의도와 숙련된 연조직 마사지를 결합시킨다. 마사지와 바디워크는 트리트먼트 기반 이론에서 보면 개인 또는 특정한 인체 부위에 영향을 미치는 특정한 징후나 증상을 집중적으로 치료하는데 이용되는 손을 써서 하는 테라피라고 할 수 있다. 한편 웰빙 기반 이론에서 보면, 마사지와 바디워크는 전인을 치료하기 위해 다양한 마사지 기술과 손을 써서 하는 테라피를 이용하는 것으로, 그 결과 불편함을 없애고, 육체적/정신적 상태를 개선하며, 에너지 균형을 맞추고, 인체의 자각 능력을 증가시키며, 궁극적으로는 수용자에게 웰빙 상태를 확립하고 유지하는 능력을 심어주는 것을 말한다.

아로마테라피를 마사지 또는 바디워크 시술과 통합하는 것은 시술이 트리트먼트 기반인지, 웰빙 기반인지에 상관없이 시술자가 트리트먼트 접근의 수준을 높이는 것을 허락한다. 아로마테라피의 고유한 특성이 몸과 마음과 영혼에 영향을 미치기 때문이다.

인체 / Body

마사지 오일과 로션, 젤, 또는 연고를 이용해 아로마테라피를 적용하는 것은 피부 표면과 인체 내부로 에센셜 오일을 소개하는 방법들이다. 에센셜 오일의 유익한 치료 효능과 화학적 성분들은 모세혈관 등을 통해 혈류 속으로 흡수되는데, 이것들은 세포 간 체액에 의해 림프계로 들어간다. 이때 에센셜 오일은 근육과 관절뿐만 아니라 인체 조직과 장기에도 영향을 미친다. 테라피로서의 마사지는 에센셜 오일과 마찬가지로 인체에 유익하게 작용하기 때문에, 서로의 효과를 고취시키는 마사지와 아로마테라피의 통합은 성공적인 바디워크를 보장하는 자연스럽고도 멋진 한 쌍을 탄생시킬 것이다.

정신 / Mind

몸을 위한 치료적 동인으로서 마사지와 에센셜 오일이 지닌 물리적 특성 이상으로, 트리트먼트 룸을 떠도는 아로마가 가지고 있는 효능도 크다. 아로마는 고객을 이완시키기도 하고 자극하기도 하며, 그 향기가 미래에 재연되었을 때 마사지와 웰빙의 느낌에 대한 기억을 불러일으키는 요소로 작용하기도 한다. 어떤 이들은 심리학적 효능이 있는 특정한 에센셜 오일을 이용해 고객의 감정적 웰빙을 집중적으로 추구하기도 한다. 몸과 마음에 집중할 수 있는 또 다른 접근법으로는 감정만을 위해 특별히 창조된 단순하고 2차적인 블렌드를 만들어 두피라든지, 발, 심장(또는 감정적인 문제가 있는 인체 부위에)과 같은 국소 부위에 마사지 세션 도중 "레이어(layer)"로 이용하는 것이 있다.

영혼 / Spirit

"에센셜 오일"이라는 이름에 대해 곰곰이 생각해 보면, 그 이름이 정수 또는 식물의 삶에 대해 말하고 있다는 사실을 깨닫게 될 것이다. 이것은 곧 에센셜 오일이 식물의 가장 순수하고, 본질적인 에너지라는 의미이기도 하다. 에센셜 오일 안에서 우리는 몸과 마음을 치유하는 화학 물질 또는 아로마뿐만 아니라 몸과 마음과 영혼 치유에 적합한, 식물 자체가 가진 미묘한 에너지와 진동을 발견할 수 있다. 우리는 이러한 물질들이 우리가 가진 에너지 자체와 감정적, 물리적 몸에 영향을 미친다는 것을 알아야 한다. 슈나우벨트 (1999)는 "이용되는 오일의 종류에 관계없이 종종 많은 질병들이 에센셜 오일에 반응한다. 아로마테라피 단독으로 이런 개선을 이끌어 내는 것이다"(121쪽)라고 말했다. "식물 세계를 대표하는" 에센셜 오일은 인간 의식과 존재의 모든 면과 의사소통이 가능하다(슈나우벨트, 1999, 123쪽).

개별화된 혹은 일반적인 아로마테라피 / INDIVIDUALIZED OR GENERALIZED AROMATHERAPY

마거리트 모리에 의해 발전된 전인적 아로마테라피(1장 참고)는 각각의 고객을 위한 치료적 블렌드 창조를 강조한다. 하지만 실제 시술에서 이는 항상 가능하지도 않고, 바람직하지도 않다. 바쁜 병원이나 스파에서는 더욱 그러하다. 따라서, 아로마테라피를 어떻게 시술하느냐 하는 것은 전적으로 개인 시술자인 여러분에게 달려 있다.

개별화된 아로마테라피 / Individualized Aromatherapy

개별화된 아로마테라피 블렌딩은 숙련되고 지식이 풍부한 시술자가 고객의 *현재* 요구와 고객에 대한 평가를 바탕으로 에센셜 오일과 캐리어 제품을 선택해 만들어야 한다. 이러한 **블렌드**(베이스 또는 캐리어 제품과 에센셜 오일을 섞은 것)는 몸과 마음과 영혼의 연결을 염두에 둬야 하며, 특별히 *개인 별로, 바디 워크 세션* 별로 만들어야 한다. 이런 시술 방법은 시간이 약간 더 소요될 수 있다. 하지만 특정한 에센셜 오일과 블렌딩 기술에 대한 지식과 이해만 있다면, 개별화된 블렌드를 만드는데 드는 시간을 줄일 수 있다.

일반적인 아로마테라피 / Generalized Aromatherapy

일반적인 아로마테라피는 미리 섞어 놓은 **시너지**(베이스나 캐리어 없이 에센셜 오일만 섞어 놓은 것)나 **블렌드**(베이스 또는 캐리어 제품과 에센셜 오일을 섞은 것)를 일반적인 증상에 이용하는 것이다. 이것들은 일반적인 관심사이나 목적을 위해 만들어진 것으로, 주어진 어떤 시점에서 *자신의* 요구를 피력한 개인 고객의 요구를 충족시키기 위해 특별히 만들어진 것이 아니다. 미리 섞어 놓은 아로마 제품은 특히, 바쁜 시술 장소나 스파에서 이용하면 시간과 비용을 절약할 수 있어 매우 유용하다. 이런 블렌드가 치료 등급의 에센셜 오일들만 함유하고 있다면, 고객들은 여전히 아로마테라피가 건강에 선사하는 많은 효능을 누릴 수 있을 것이다. 미리 섞어 놓은 시너지를 개별화하는 방법은 이 시너지에 개인의 요구에 부합되는 에센셜 오일을 한두 가지 추가하는 것이다. 표 8.1에 일반적인 시너지 샘플과 개인의 요구에 따라 첨가할 수 있는 에센셜 오일들을 정리해 놓았다.

개별화된 블렌드를 만들거나, 일반적인 블렌드에 에센셜 오일을 추가해 맞춤 블렌드를 만들 때는 항상 고객의 애로 사항과 더불어 그 뒤에 숨어 있는 원인을 고려해야 한다. 예를 들어, 근육통 치료를 위한 기본적인 시너지를 만들 때도 고객에게 근육통이 심한 이유를 물어야 한다. 그 이유가 밤에 잠을 잘 수 없어서라면, 여러분은 그 블렌드에 로만 카모마일이나 라벤더를 몇 방을 추가해야 할 것이다. 하지만 그 통증이 주말에 집중적으로 육체적 활동을 즐기느라 생긴 거라면, 기본적인 시너지에 레몬과 진저를 몇 방울 추가하는 것이 좋다.

각각의 고객을 위한 맞춤 블렌드를 선택하든, 미리 섞어 놓은 아로마 제품을 이용하든, 고객에게 또는 미래의 고객에게 아로마테라피를 어떻게 시술할 것인지 반드시 설명해야 한다. 보편적인 아로마 트리트먼트를 홍보용 또는 일반 서비스용으로 만들어 둔 다음, 맞춤 아로마테라피 세션을 찾는 고객이 있을 경우 옵션을 추가해 개별화된 아로마테라피를 제공하는 것도 한 가지 아이디어라고 할 수 있다.

실제 임상적용 8.1

향이 있는 제품의 사용을 피하라

향이 첨가된 제품들은 대부분 기성품으로 불필요한 화학불질과 합성향을 함유하고 있다. 이런 향들이 종종 "아름답게" 느껴지기도 하지만 이들은 전인적 아로마테라피에 배치될 뿐만 아니라 고객에게 알레르기와 같은 불편한 반응을 일으킬 수도 있다. 합성향은 순정의 진짜 고급 에센셜 오일이 갖고 있는 치료 효능을 갖고 있지 않다; 따라서 그들은 인체에 동일하게 작용하지 않는다. 고객들이 일반적으로 "향에 알레르기가 있다"거나 "매우 민감하다"고 말을 하는 것은 그들이 과거에 합성향이 첨가된 제품이나 마사지 오일에 노출된 적이 있기 때문이다. 합성향이 첨가된 마사지 오일과 순정의 에센셜 오일이 만들어 내는 향기의 차이를 설명하면 많은 이들이 기꺼이 에센셜 오일을 시도해 보려고 할 것이다. 이런 경우 낮은 희석도를 이용할 것을 권한다.

표 8.1

일반적인 블렌드와 고객의 요구에 따라 첨가할 수 있는 에센셜 오일들

시너지	첨가 에센셜 오일
근육통 로즈마리(*Rosmarinus officinalis*) 페퍼민트(*Mentha × piperita*) 유칼립투스(*Eucalyptus globulus*)	– 가온을 위한 진저(*Zingiber officinale*) – 긴장 완화를 위한 라벤더(*Lavandula angustifolia*) – 독소 제거를 위한 레몬(*Citrus limon*)
긴장 완화 라벤더(*Lavandula angustifolia*) 탠저린(*Citrus reticulata*)	– 생리 전 증후군, 근육 경련을 위한 클라리 세이지(*Salvia sclarea*) – 감정적 치유와 자아 성찰을 위한 유향(*Boswellia carterii*) – 불면증 또는 과도한 스트레스를 위한 로만 카모마일(*Chamaemelum nobile*)
활기 충전 그레이프프루트(*Citrus paradisi*) 스위트 오렌지(*Citrus sinensis*)	– 스트레스 경감과 불안감을 위한 라벤더(*Lavandula angustifolia*) – 스트레스 경감과 위안을 위한 일랑일랑(*Cananga odorata*) – 구체화를 위한 버티버(*Vetiveria zizanioides*)

마사지를 위한 아로마 적용 / AROMATIC APPLICATIONS FOR MASSAGE

마사지 전달 시스템이란 에센셜 오일을 피부로 전달하는 물질들을 말하며, 이런 물질로는 식물성 오일과 겔, 로션, 크림 등이 있다. 모든 종류의 마사지 전달 시스템은 고객과 트리트먼트의 목적에 맞춘 특정한 에센셜 오일을 첨가함으로써 그 효능을 배가시킬 수 있다(그림 8-1).

그림 8-1 대용량 재료들
Source: © Dennis Gallaher

마사지 오일 준비 / Preparing Massage Oils

스위트 아몬드, 해바라기, 살구 씨와 같은 다양한 고급 식물성 오일들과 우려낸 허브 오일을 섞어 베이스 오일을 준비한다. 베이스 오일은 트리트먼트의 목표와 6장에서 논의했던 특성/효능에 따라 선택한다. 오일 8온스에 천연 d-알파 토코페롤(비타민 E)을 약 10방울 떨어뜨린다. 이것을 공기가 통하지 않는 병이나 단지에 넣어 열기나 직사광선을 피해 서늘한 곳에 보관한다.

고객 상담과 바디워크 세션의 목표를 바탕으로 세션에 이용할 3개~5개의 에센셜 오일 또는 미리 섞어 놓은 블렌드를 고른다. 1온스 유리컵 또는 **PET 병**(polyethylene terephthalate plastic; 이 플라스틱 병은 중요한 에센셜 오일을 덜 용해하며, 블렌드의 화학적 조성에도 영향을 덜 미친다. 더 자세한 사항은 5장을 참고)의 반을 베이스 오일로 채운다. 여기에 각각의 에센셜 오일을 적당량 첨가한다. 그런 다음 베이스 오일을 더 넣어 1온스 병을 다 채운다. 뚜껑을 닫고 병을 몇 분 동안 세게 흔들어 준 다음, 블렌드를 사용한다.

마사지 로션, 겔, 크림 / Massage Lotions, Gels, and Creams

특별히 마사지만을 위해 만들어진 무향의 마사지 로션, 겔, 그리고 크림은 시중에서 판매되는 일반적인 로션이나 겔, 크림과 다르다. 이런 제품들은 마사지와 아로마테라피 용품 공급 업체에서 쉽게 구할 수 있다. 구입 전에 제품들이 적합한 성분들을 함유하고 있는지 성분 분석표를 반드시 확인하라. 상업적으로 판매되는 대부분의 베이스 제품에는 부패 방지를 위한 극소량의 방부제가 첨가되어 있다. 필요하다면 비타민 E, 그레이프프루트 씨드 추출물, 로즈마리 추출물과 같은 천연 방부제나 식용 등급의 방부제가 첨가된 제품을 찾아 사용하라.

실제 임상적용 8.2

시간 절약을 위한 조언

캐리어 오일들

충분한 양의 베이스 오일을 섞어 몇 주 동안 사용할 수 있는 다양한 블렌드를 만들어 놓는다. 로즈힙, 달맞이꽃, 카렌둘라와 같은 허브 오일은 낮은 농도(10%)로 사용해야 하며, 사용 직전에 작은 병에다 따로 덜어 사용해야 한다.

블렌드

스트레스 경감이나 에너지 강화 등과 같은 일반적인 증상에 사용할 수 있는 2개~3개의 에센셜 오일이 들어간 기본적인 아로마 시너지를 두세 개 정도 만들어 놓는다. 그런 다음, 고객의 말을 듣고 고객의 특별한 요구에 부합되는 에센셜 오일을 한두 개 정도 신중하게 골라 이 시너지에 몇 방울 첨가해 개별화된 블렌드를 만든다. 필요할 경우 이런 시너지들을 선택한 캐리어 제품에 첨가해도 된다.

여러분만의 고유한 마사지 로션이나 젤도 다음과 같은 간단한 방법으로 만들 수 있다.

마사지 로션, 젤, 크림 준비

고객 상담 결과와 고객의 의견, 그리고 바디워크 세션 목표에 따라 3가지에서 5가지 에센셜 오일을 고른다. 마사지 로션과 젤은 1온스나 2온스 단위로 사용하는 것이 가장 편하다. 짤 수 있거나 밀어 올려서 여는 뚜껑이 달린 PET 병을 사용하라. PET 병의 반을 베이스 로션이나 젤로 채운다. 여기에 각각의 에센셜 오일을 적당량 첨가한다. 그런 다음 로션이나 젤을 더 넣어 1온스 혹은 2 온스 병을 채운다. 뚜껑을 닫고 병을 몇 분 동안 세게 흔들어 주면 준비가 다 된 것이다. 마사지 크림의 경우, 유리그릇이나 계량컵, 유리 또는 나무 막대를 이용해 크림과 에센셜 오일을 섞어준다. 그럼 다음 숟가락으로 떠서 유리 단지에 담아 보관한다.

희석도/1회 첨가량에 관한 충고

캐리어 오일, 로션 또는 오일 기반 젤과 블렌딩 할 때, 희석도를 2.5%에서 5%로 할 것을 권한다. 하지만, 국부적인 급성 염증, 만성 통증, 그리고 특별한 국소 부위 테라피에 이용할 때는 희석도를 10%까지 높일 수도 있다. 블렌딩 희석도에 관한 것은 5장에 자세히 나와 있다.

자신만의 마사지 로션 만들기

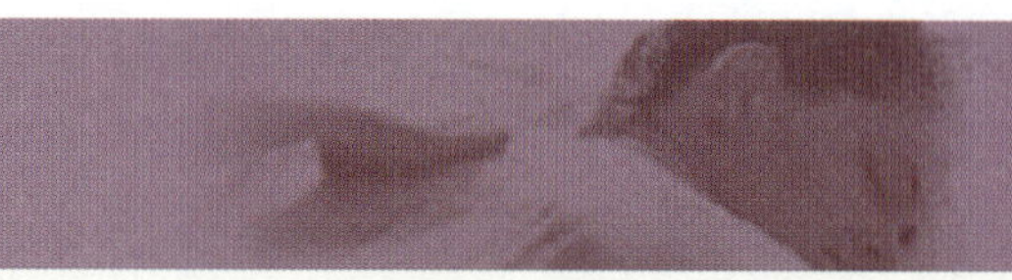

집에서 마사지 로션과 겔을 직접 만드는 것도 꽤 재미있고 경제적이며, 이는 또한 여러분과 고객들에게 고급의 천연 제품들을 제공할 수 있는 방법이기도 하다.

필요한 도구들

16 온스짜리 유리 계량컵
커다란 냄비 (계량컵이 들어갈 수 있는)
가스레인지 또는 난로
짤 수 있거나 밀어 올려서 여는 뚜껑이 달린 8온스 병
식물성 오일 5온스 (스위트 아몬드, 살구씨, 해바라기, 우려낸 허브 오일 등)
증류수 3온스
밀랍 1 작은 술
비타민 E 캡슐 2개 (100% d-알파 토코페롤, 500 iu)
선택한 에센셜 오일들

만들기

계량컵을 냄비 안에 넣고 미지근한 물을 3분의 2정도 붓는다. 식물성 오일과 밀랍을 계량컵 안에 넣는다. 계량컵이 담긴 냄비를 가스레인지에 올리고 중불로 가열하면서 밀랍이 완전히 녹을 때까지 계속 저어준다. 계량컵을 꺼내 옆에다 놓는다. 로션 병에 증류수를 붓는다. 오일과 밀랍 섞어 놓은 것이 약간 식으면 로션 병에붓는다. 즉시 뚜껑을 닫고 몇 분 동안 세게 흔들어 준다. 비타민 E 캡슐 두 개를 따서 로션 병에다 짜 넣은 다음, 캡슐은 버린다. 선택한 에센셜 오일들을 넣고 뚜껑을 다시 닫은 다음, 몇 분 동안 더 흔들어 준다.

다양성

농도가 겔과 비슷한 마사지 윤활제를 만들 때는 오일과 물, 밀랍의 비율을 약간 달리해야 한다. 오일 6온스와 증류수 2온스에 밀랍을 1.5 작은 술 넣도록 한다. 동일한 과정을 따르되 매우 세게 흔들어줘야 한다는 것을 명심하라. 또는 블렌더 안에 물을 넣고 녹인 밀랍과 오일 섞은 것이 유화될 때까지 조금씩 넣은 다음, 병에 부어도 된다.

참고

오염을 방지하기 위해 매번 새 병을 사용하는 것이 좋다. 작업 시작 전에 모든 도구들과 용기들이 깨끗하게 소독이 되었는지 확인해야 한다. 한 번에 모두 사용할 수 있게 작은 용량의 마사지 로션/겔을 만들어라. 남은 것은 냉장고에 일정한 기간 동안 보관해도 되지만, 몇몇 식물성 오일과 에센셜 오일의 유효 성분들은 서늘하고 어두운 곳에 보관하는 편이 더 낫다. 사용 전에 로션/겔을 항상 잘 흔들어 준다. 특히 유리가 일어났을 때는 더 잘 흔들어주다. 로션 안에 덩어리나 얼룩이 생겼거나 이상한 냄새가 날 때는, 오래된 것은 버리고 새 것을 만들어 쓰도록 한다.

겔, 연고, 페이셜 크림/오일 / GELS, SALVES, FACIAL CREAMS/OILS

겔 / Gels

그림 8-2 알로에 베라
Source: © iStockPhoto.com/lubilub

알로에 베라 겔은 마사지 겔과 다르기 때문에 따로 언급할 가치가 있다. 알로에 베라 겔의 냉각 효과와 보습 작용, 그리고 근육통과 정맥류, 화상, 상처 치유를 위한 국부적용 시의 효과 때문에 피부와 근육 시스템을 위한 아로마 적용에 농축된 알로에 베라 겔을 사용하는 사례가 증가하고 있다. 알로에 베라 겔은 최고의 겔 중 하나로, 고유한 치료 특성을 갖고 있다. 알로에 베라는 상처 치료와 화상, 그리고 기타 조직 손상 치료에 이용된다. 알로에 베라는 또한 면역 증강제로 여겨지고 있으며, 항진균 작용이 있다(피조르노와 머레이, 2000, 582쪽). 농축된 알로에 베라 겔은 건강 식품점에서 쉽게 구입할 수 있다.

알로에 베라는 백합과에 속하는 다액질의 다년생 식물로 마다가스카르의 야생에서 자라나며 아프리카 대륙에서도 많이 자란다. 알로에 베라의 치료적 이용이 증가하면서 미국과 일본, 그리고 카리브 해와 지중해 지역에 있는 나라에서도 상업적으로 많이 재배하고 있다. 알로에 베라는 집에서도 화분에 키울 수 있다. 알로에 베라는 치료 효과가 있는 알로에 베라 겔 덕분에 유명해졌는데, 다육질 잎의 안쪽 부분을 눌러 짜거나 긁으면 얇고, 투명하고, 젤리 같은 물질이 나온다. 수딩 주스도 이 겔을 가지고 만든다(그림 8-2).

잠재적 독성: 피조르노와 머레이 (2000)는 드물기는 하지만, 과민 반응이 일어나기도 하기 때문에 알로에 베라 조합제는 제왕 절개 수술 동안 만들어지는 깊은 수직의 상처에는 적용을 피하는 것이 좋다고 보고했다. 이 경우, 알로에 베라가 상처 치료를 더디게 만들기 때문이다. 알로에 베라에 과민 반응을 보이는 개인은 피부에 작열감을 느낄 수도 있다. 알레르기가 있는 고객에게는 알로에 베라에 알레르기가 있는지 물어보거나 알레르기 반응이 있는지 확인하기 위한 피부 반응 테스트를 실시하는 것이 좋다.

일반적으로 겔은 다음과 같은 경우에 유용하다:

- ▶ 염증이 있는 피부
- ▶ 근육통
- ▶ 얇거나 약한 피부 (노인)
- ▶ 정맥류
- ▶ 편두통/두통
- ▶ 화상
- ▶ 상처 치료 (궤양)

겔 준비하기

상점에서 구할 수 있는 알로에 베라 겔에 여분의 물을 더 추가할 수 있다. 겔의 치료 효능은 늘리기 위해, 하이드로졸(라벤다 하이드로졸 등)을 첨가해 원하는 농도로 만든 다음, 3가지에서 5가지 에센셜 오일을 적당한 희석도로 첨가한다. 허브 오일이나 식물성 오일을 첨가해 원하는 농도로 맞춰도 된다. 재료들을 그릇에 넣고 유리막대나 나무 숟가락으로 젓는다. 준비한 재료를 소독한 1온스나 2온스짜리 유리단지에 담는다. 이렇게 만든 겔은 근육통이나 정맥류, 두통, 편두통 등과 같은 국소 부위 치료에 이용할 수 있다.

연고 / Salves

연고는 전형적으로 밀랍과 식물성 오일, 우려낸 허브 오일, 그리고 에센셜 오일을 섞어서 만든다. 연고의 농도는 매우 진하거나 약간 딱딱한 것부터 부드럽거나 반고체인 것까지 다양하다. 연고는 피부와 접촉하면 부드러워지는 경향이 있으며 피부로 스며들려면 약간의 시간이 필요하다. 연고는 피부에 치료와 유연, 진정, 그리고 보호 작용을 제공하며 특별한, 국소 부위에만 사용된다.

일반적으로 아로마테라피 연고는 다음과 같은 경우에 유용하다:

- 피부 염증
- 상처 치료: 염증 감소와 흉터 자극 개선
- 근골격계 통증과 경련
- 피부 질환: 특히 건조하고, 갈라지는 피부 질환
- 상처 치료
- 스트레스/ 불안감/ 감정적 상태

연고 만들기

살구씨 오일 1컵을(또는 카렌둘라 허브 오일 4분의 1컵, 호호바 4분의 1컵, 살구씨 오일 2분의 1컵)을 밀랍 2분의 1온스와 섞는다. 이것을 중불에서 중탕으로 녹인다. 오일과 밀랍이 잘 섞이도록 가끔씩 저어준다. 오일과 밀랍이 녹는 것을 기다리는 동안, 치료적인 아로마 시너지를 만든다. 오일/밀랍이 모두 녹으면, 불에서 내린 다음, 작은 유리 단지(보통 1, 2 온스 정도 크기)에 담는다. 각각의 단지에는 시너지가 30 방울에서 40방울 들어가야 한다. 단지 뚜껑을 닫고 흔든 다음, 굳어질 때까지 그대로 두었다가 사용한다.

참고

연고를 에센셜 오일과 섞기 전에 한 숟가락 떠서 냉장고 안에 넣고 두고 농도를 테스트한다. 연고가 굳을 때까지 기다린다. 연고가 너무 딱딱하거나 진하다면, 연고를 다시 녹인 다음, 오일을 더 추가하도록 한다. 연고가 너무 유동적이거나 묽다면, 연고를 다시 녹인 후 밀랍을 더 추가한다. 다양한 허브 오일들을 실험해 언제, 어떻게 농도가 달라지는지 알아두는 것이 좋다. 허브 오일을 사용하면 연고의 잠재적 치료 효능을 증가시킬 수 있다.

희석도/1회 첨가량에 대한 충고

연고를 만들 때는 희석도가 약간 높아지는 것처럼 보인다. 하지만 이것은 연고가 에센셜 오일을 보유하는 성질이 크림이나 겔, 기타 전달 시스템과 다르기 때문이다. 나는 1온스의 연고에 30~40방울을 떨어뜨리라고 권한다.

페이셜 크림/오일

그림 8-3 아로마 페이셜 크림
Source: © iStockPhoto.com/elanathewise

몇몇 아로마테라피 회사에서 특수한 페이셜 크림을 판매하고 있다(부록 3. 공급자편 참고). 페이셜 크림은 순수한 오일이 아니라 오일과 물을 섞어 놓은 것으로, 피부에 수분을 공급하는 것이 목적이다. 페이셜 크림은 피부에 영양을 공급하고, 피부를 부드럽게 만들며, 수분을 공급한다. 페이셜 오일 또는 크림 선택은 고객의 피부 상태와 트리트먼트의 목적에 따라 달라져야 한다. 고객이 건조하고(유분 부족) 수분이 부족한(물이 부족) 피부를 가졌다면, 크림을 사용하는 것이 더 좋다. 반대로 건조한 피부(유분 부족)지만 수분은 충분하다면, 오일을 사용하는 것이 낫다. 얼굴 피부는 인체의 다른 부분의 피부에 비해 더 민감하므로, 에센셜 오일 사용 시 더 많은 주의가 요구되며, 고객 피부의 민감성도 관찰을 해야 한다 (그림 8-3).

일반적으로, 아로마테라피 페이셜 오일과 크림은 다음과 같은 경우에 유용하다:

- 상처 치료 촉진
- 피부 노화 억제

- 흉터 감소와 외모 개선
- 피부의 면역 세포 지지와 증강
- 피지 분비 조절
- 피부 내의 독소제거 과정 원조
- 국소 부위 순환 증가
- 피부 톤 개선
- 하이드로졸/물 또는 크림과 결합되었을 때, 피부의 수화 장려
- 피부를 부드럽게 하고 진정시킴
- 감정적 문제 치료

페이셜 오일 준비

고객 상담 결과와 트리트먼트 목적을 바탕으로 3가지에서 5가지 에센셜 오일을 선택한다. 1온스 유리병에 각각의 에센셜 오일 적당량을 떨어뜨린다. 뚜껑을 닫고 병을 세게 흔든다. 베이스 오일에 첨가할 시너지가 준비되었다면 1온스 병에 식물성 오일이나 식물성 오일과 허브 오일 섞은 것을 넣는다, 병뚜껑을 닫고 2분 에서 3분 동안 세게 흔들어준 다음, 사용한다.

전문가로서의 관찰: 크림

나의 경험과 관찰에 의하면 ***크림은 식물성 오일이나 겔과는 다른 방식으로 에센셜 오일을 보유한다.*** 크림은 식물성 오일보다 희석도가 낮은 에센셜 오일을 필요로 한다. 얼굴 크림의 경우, 나는 희석도를 1%보다 낮거나 1% 정도로 유지할 것을 권한다. 높은 농도가 필요할 때도 있기는 하지만 일반적인 치료 트리트먼트에서는 희석도가 낮은 것이 더 효과적이다.

페이셜 크림 준비

크림의 경우에는 1 온스나 2 온스짜리 단지를 사용하는 것이 좋다. 시중에서 구입한 크림에 하이드로졸이나 허브 오일을 첨가해도 좋다. 이런 경우, 위의 재료들을 원하는 농도가 될 때까지 첨가한다. 선택한 에센셜 오일도 첨가한다. 에센셜 오일이 베이스 재료와 골고루 섞일 때까지 모든 재료들을 유리막대나 나무 숟가락으로 잘 저어준다.

페이셜 오일/크림 희석도

성인용:

민감성 피부: 0.5에서 1% 희석도 = 1온스 당 3에서 6방울

중성, 건강한 피부: 1%~2.5% 희석도 = 1 온스 당 6에서 15 방울

희석하지 않은 제품의 적용 / UNDILUTED APPLICATION

희석하지 않은(undiluted) 또는 "순수한" 적용은 캐리어나 베이스 오일 없이 에센셜 오일을 직접 피부에 적용하는 것을 말한다. 일반적으로 희석하지 않고 적용하는 것은 특수한 국소 부위에만 국한되며, 대부분 급성 질환과 반사 요법, 지압 시에 주로 이용된다.

희석하지 않은 제품은 적용은 다음과 같은 경우에 유용하다:

- 여드름
- 입가의 발진 또는 화상
- 경미한 피부 외상이나 감염

전문가로서의 관찰: 희석하지 않은 제품의 적용

에센셜 오일을 희석하지 않고 적용하는 것은 아로마테라피 내에서 논란이 계속되고 있는 문제이다. 이 문제에 대한 시술자들과 교육자들의 의견도 갈려 있다. 현재 미국의 아로마테라피 교육에서는 희석하지 않은 에센셜 오일 적용을 금지하지 않고 있다.

*〈고급 아로마테라피와 의학적 아로마테라피〉*의 저자인 커트 슈나우벨트 박사(2004)는 "대부분의 포괄적인 일반화는, 전부는 아니지만, 잠재적 독성에 대한 분석에 의한 것이 아니라, 안전 지침에서 벗어났다는 생각에 의해 초래된 것으로 보인다. 목표는, 분별력이 떨어지는 대중들이 에센셜 오일과 관련된 부작용을 입지 않도록 간단한 규칙을 확립하는 것이다"라고 말했다(44쪽). 그는 각각의 에센셜 오일과 그들의 치료적 효능, 안전을 기초로 더 균형 잡힌 접근을 채택할 것을 권한다.

희석하지 않은 에센셜 오일을 효과적으로 적용하려면, 시술자가 에센셜 오일의 치료적 효능과 우려가 되는 점 사이의 균형을 잡을 수 있어야 한다. 이런 지식이 바탕이 되어야 시술자는 희석하지 않은 적용이 필요하거나 적절하다고 생각될 때 신뢰할 수 있는 전문가적 결정을 내릴 수 있다.

나의 개인적인 경험과 시술에 의하면, 희석하지 않고 에센셜 오일을 적용해야 할 때가 분명이 있다는 것이다. 이럴 때는 두려워하지 말고 이런 종류의 적용이 갖는 잠재적 효능을 더 잘 이해할 수 있게 시도해 보는 것이 중요하다. 그래야 현명하게 이용할 수 있고, 치료적 효능을 위해 이용할 수 있다.

- 편두통
- 반사 또는 지압 요법
- 림프 울혈

희석하지 않고 발라도 안전한 특수한 에센셜 오일로는 티트리(*Melaleuca alternifolia*), 라벤더(*Lavandula angustifolia*), 헬리크리섬(*Helichrysum italicum*), 로만 카모마일(*Chamaemelum nobile*), 로즈(*Rosa damascena*), 그리고 샌달우드(*Santalum album or Santalum spicatum*)가 있다. 이런 오일들은 희석하지 않은 채로 여드름이나 베인 곳, 긁힌 곳, 화상, 그리고 발진 등에 바를 수 있다. 이런 에센셜 오일들은 작은 양(한두 방울)만 사용하는 것이 중요하다. 다른 에센셜 오일들도 반사요법이나 지압에 사용할 수 있다. 하지만 에센셜 오일을 신중하게 선택해야 하며, 자극적이거나 피부를 민감하게 만드는 오일, 알데하이드나 페놀이 풍부한 오일들은 모두 희석하지 않은 채로 적용하는 것을 피하는 것이 좋다.

에센셜 오일을 희석하지 않고 적용하는 것은 아로마테라피 산업 내에서도 매우 의견이 분분한 주제이다. 선구자적인 저자들과 교육자들도 각기 의견이 다른데, 크게 두 그룹으로 나눌 수 있다. 하나는 희석하지 않고 에센셜 오일을 적용하는 것은 매우 유용하며 특정한 환경 내에서 사용할 수 있다고 주장하는 그룹이고, 다른 하나는 희석하지 않은 에센셜 오일을 피부에 적용하는 것은 극도로 위험하고 비전문가적인 행위이므로 절대로 피부에 적용하면 안 된다고 주장하는 그룹이다.

마사지 테크닉과 아로마테라피의 통합
/ INTEGRATING AROMATHERAPY WITH MASSAGE TECHNIQUES

바디워크와 마사지 전문가 협회(n/d)는, "*200가지* 이상의 마사지, 바디워크, 그리고 육체적 테라피가 있으며 많은 시술자들이 다수의 테크닉을 이용한다. 어떤 형식을 공부하고, 숙지할 것인지는 여러분에게 달려 있으며, 지속적으로 아로마테라피를 연구하면, 에센셜 오일을 여러분의 바디워크와 통합하는 혁신적이고도 새로운 방법을 찾을 수 있을 것이다. 면허를 가진 마사지 테라피스트로서 육체적, 감정적 질환, 부상을 진단하거나 처방하는 것은 우리의 시술 영역 밖의 일이라는 것을 명심하라. 고객이나 동료와 아로마테라피의 효능에 대해 논할 때는 가급적 영양을 공급하고, 지지적이며, 긴장을 완화하고, 회춘을 촉진한다와 같은 용어를 사용하도록 하라. 책임감 있는 테라피스트로서의 우리의 목표는 질이 좋은 에센셜 오일과 아로마테라피 블렌드를 현명하게 적용해 고객에게 멋진 바디워크 경험을 선사하는 것이다"라고 말했다.

아로마 긴장 완화 마사지 / Aromatic Relaxation Massage

긴장 완화 마사지는 에플라지, 페트리사지, 마찰법, 타진법 등과 같은 기본적인 스웨디시 마사지 스트로크를 이용한다. 이 마사지의 목표는 고객에게 긴장 이완의 경험을 제공하는 것으로, 마사지를 통해 스트레스를 줄이고, 지나치게 긴장한 근육을 풀어주는 것이다(그림 8-4). 고객이 "긴장 완화" 마사지를 요청할 때는 일반적으로 효과가 지속되는 훌륭하고 충실한 마사지를 원하다고 보면 된다. 따라서 굳어 있는 어깨를 지나치게 풀거나 통증 유발점을 너무 자극해서는 안 된다. 고객은 단순히 편안히 쉬기를 원하기 때문이다. 아로마테라피 긴장 완화 마사지는 육체적 구조 안의 긴장을 이완시켜 마음을 진정시키고 영혼을 편안하게 하는데 중점을 둬야 한다. 근육 시스템 자체에 긴장 이완 효과를 주고 말초 신경계를 편안하게 해줄 수 있는 에센셜 오일을 선택하라(표 8.2를 보라). 또한 "편안함"를 염두에 두고 고객이 상담 시에 언급했던 감정적 측면의 진정을 도울 수 있는 오일도 포함시켜야 한다. 긴장 완화 아로마테라피 마사지를 위한 보편적인 희석도는 2%~2.5%이다.

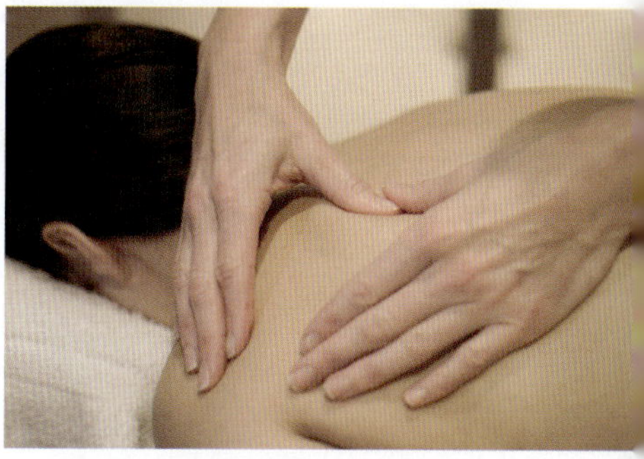

그림 8-4 긴장 완화 마사지
Source: © iStockPhoto.com/actionphotonz

성공적인 마사지를 위한 조언:

- 시작 전에 고객과 함께 오늘 세션의 목표를 세운다.
- 대화 소리나 밖에서 나는 소리는 최대한 작게 만들어서 편안한 분위기를 조성하라.
- 은은한 조명과 긴장을 풀어주는 음악을 준비하고, 초 또는 전기 디퓨저로 방을 향기로 채운다.
- 1 온스 병에 고객을 위해 선택한 에션셜 오일이 든 마사지 오일, 로션, 또는 겔을 담아 준비한다.
- 아로마 습포나 핫타월을 이용해 딱딱한 근육을 마사지하거나, 전자레인지로 가열할 수 있는 라이스 팩에 에센셜 오일을 몇 방울 떨어드려 다른 부위 마사지를 하는 동안 고객의 등을 덥힐 때 사용한다.
- 마무리를 할 때는 고객에게 눈을 감으라고 한 다음, 아로마 미스트를 살짝 뿌려준다.
- 남아 있는 오일이나 로션을 고객에게 줘 집에서 사용하게 한다.

표 8.2
긴장 완화 마사지를 위한 에센셜 오일들

에센셜 오일	학명
라벤더	*Lavandula angustifolia*
로만 카모마일	*Chamaemelum nobile*
클라리 세이지	*Salvia sclarea*
유향	*Boswellia carterii*
만다린	*Citrus reticulata*
버티버	*Vetiveria zizanioides*
일랑일랑	*Cananga odorata*

아로마 트리트먼트 마사지 / Aromatic Treatment Massage

트리트먼트 마사지 또한 스트레스와 긴장을 줄이는데 효과가 있다. 하지만 이 마사지는 주로 만성인 특정한 질환이나 병의 치료에 집중하며, 테라피스트가 다른 때보다 더 특수한 기술을 이용하는 경향이 있다. 통증과 긴장, 경련 또는 염증 감소가 목표일 때는, 테라피에 대해 더 "트리트먼트"에 기반을 둔 접근을 제공해야 하는데 여기에는 수치료(9장)와 스웨디시 마사지 기술뿐만 아니라 근막 이완 마사지, 통증 유발점 또는 지압, 그리고 다양한 손동작 또는 교차 섬유 마찰법 등이 포함된다. 트리트먼트에 기반을 둔 마사지에 아로마테라피의 효능을 포함시키는 것은 기본 로션과 겔, 오일에 아픈 근육을 위한 기본적인 블렌드를 포함시키는 것만큼이나 간단하다. 표 8.3을 보면 에센셜 오일 트리트먼트 샘플이 적혀 있다. 다른 전략으로는 희석도가 높은 연고나 겔을 특정한 근육이나 압통점과 같은 국소 부위 트리트먼트에 이용하는 것이 있다. 10장에 특정한 상태와 그에 알맞은 에센셜 오일을 소개해 놓았다.

성공적인 마사지를 위한 조언:

- 시작 전에 고객과 함께 오늘 세션의 목표를 세운다.
- 고객과 함께 호흡, 저항, 긴장 완화와 같은 중요한 문제에 대해 대화를 나눈 다음, 트리트먼트 세션 동안 자신이 느꼈던 점이나 의견을 고객에게 말한다.
- 세션 동안 한 가지 이상의 블렌드를 이용할 예정이라면, 방에 향기를 더하지 않는다.
- 1 온스 병에 고객을 위해 선택한 에센셜 오일이 든 마사지 오일, 로션, 또는 겔을 담아 준비한다.
- 다른 접시에 미리 섞어 놓은 근육통 연고 1온스나 마사지 오일, 겔, 크림 1 온스에 선택한 시너지(5%)에 20~30 방울을 넣어 특정한 근육이나 국소 부위 마사지에 이용한다.
- 아로마 습포나 핫타월을 이용해 딱딱한 근육을 마사지하거나 전자레인지로 가열할 수 있는 라이스 팩에 에센셜 오일을 몇 방울 떨어드려 다른 부위 마사지를 하는 동안 고객의 등을 덥힐 때 사용한다.
- 얼음, 차가운 겔 팩, 또는 시원한 습포를 손에 올려 트리트먼트 세션을 마무리한다.
- 고객에게 남아 있는 제품을 줘서 집에서 혼자 마사지를 할 수 있게 하거나 목욕물에 넣어 긴장을 풀어줄 수 있는 근육통용 황산마그네슘 블렌드를 만들어준다.

표 8.3

트리트먼트 마사지를 위한 에센셜 오일들

치료 작용	에센셜 오일	학명
항염	저먼 카모마일	*Matricaria recutita*
진통	블랙페퍼	*Piper nigrum*
멍	헬리크리섬	*Helichrysum italicum*
진경	클라리 세이지	*Salvia sclarea*
가온	진저	*Zingiber officinale*

아로마 스포츠 마사지 / Aromatic Sports Massage

대부분의 운동선수들이 몇몇 형태의 마사지 또는 바디워크로부터 엄청난 효능을 얻고 있기는 하지만, 웜업을 하든 즉시 경기에 나가든, 집중하고 경쟁을 해야 하기 때문에 몸에서 너무 많은 향기가 나는 것을 별로 좋아하지 않을 것이다. 일반적으로 스포츠 마사지 시에는 오일과 다른 윤활제를 잘 사용되지 않는다. 대신 테라피스트들은 웜업과 긴장 완화를 위해 압박이나, 핀 앤 스트레치, 니딩, 체조 등을 이용하며, 유연성과 지구력, 그리고 운동 범위를 증가시키기 위해 근육을 식혀준다. 아로마테라피를 스포츠 마사지와 통합하는 것은 여전히 유용하며, "웜업"을 하거나 "쿨다운"을 할 때 모두 운동선수의 육체적, 정신적 상태에 집중해야 한다. 표 8.4에 스포츠 마사지를 위한 에센셜 오일을 적어 놓았다.

성공적인 마사지를 위한 조언:

- 고객과 함께 "웜업"을 할 것인지, "쿨다운"을 할 것인지 얘기한 후 바디워크의 목표를 정한다.
- 1인실에서 마사지를 한다면, 디퓨저를 이용해 활기를 더하거나 (웜업), 긴장을 풀어주고 상쾌하게 만드는(쿨다운) 방향을 한다.
- **사전 작업:** 국소 근육 부위에 이용할 희석도 5%의, 근육을 따뜻하게 만들어 주는 연고 또는 겔을 만든다.
- **사전 작업:** 따뜻한 아로마 습포나 핫타월을 이용해 딱딱한 근육을 마사지하거나, 전자레인지로 가열할 수 있는 라이스 팩에 에센셜 오일을 몇 방울 떨어드려 다른 부위 마사지를 하는 동안 특정한 부위를 덥힐 때 사용한다.
- **사후 작업:** 얼음, 차가운 겔 팩, 또는 시원한 아로마 습포를 손에 올려 아픈 근육과 경미한 부상, 그리고 염증 등을 완화시킨다.
- **사후 작업 또는 마사지 중의 작업:** 기분을 상쾌하게 만드는 아로마 미스트를 준비해 휴식 시간 동안 사용한다. 냉장고나 아이스박스에 보관해 사용하면 더 큰 효과를 낼 수 있다.
- **사후 작업:** 쿨링 겔을 지친 근육을 위한 마무리 제품으로 사용한다. 유분감이 피부에 남아 있지 않게 겔이 완전히 스며들 때까지 문질러 "쿨다운" 효과를 충분히 이끌어 낸다.

표 8.4

스포츠 마사지를 위한 에센셜 오일들

에센셜 오일	학명
웜업(Warm Up)	
블랙페퍼	*Piper nigrum*
진저	*Zingiber officinale*
스위트 마조람	*Origanum marjorana*
페퍼민트	*Mentha × piperita*
쿨다운(Cool Down)	
사이프러스	*Cupressuss sempervirens*
유칼립투스	*Eucalyptus globulus*
페퍼민트	*Mentha × piperita*
로즈마리	*Rosmarinus officinalis*

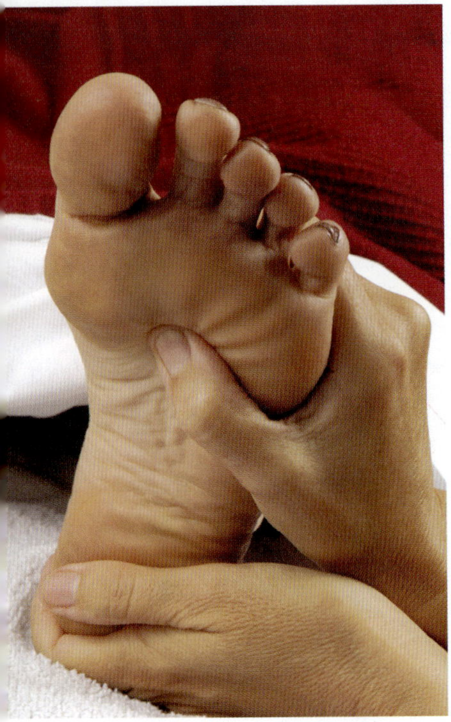

그림 8-5 아로마 반사요법 마사지
Source: © iStockPhoto.com/alwekelo

아로마 반사 요법 마사지 / Aromatic Reflex Massage

다양한 형태의 반사요법 또는 압점 마사지와 바디워크 형식이 있으며, 각각 고유하고 독특한 역사와 적용 방법, 치료 효능을 갖고 있다. 이 책에서는 편의상 에센셜 오일 또는 아로마테라피 블렌드가 손 또는 발 반사요법(그림 8-5), 지압점, 진신도, 또는 시아츠와 대부분 거의 동일한 방식으로 통합되어 질 수 있을 거라고 보고 있다. 하지만 오일 선택은 특별히 사용되는 마사지 형식의 체계나 목표에 대한 믿음에 따라 달라질 수 있다.

성공적인 마사지를 위한 조언:

- 시작 전에 고객과 함께 오늘 세션의 의도와 트리트먼트 목표를 확립한다.
- 세션 동안 한 가지 이상의 블렌드를 이용할 예정이라면, 방에 향기를 더하지 않는다.
- 1 온스 병에 희석도가 2%~2.5%되는 에센셜 오일이 든 마사지 오일, 로션 또는 겔을 담아 준비한다; 이것이 더 크고 일반적인 부위에 이용될 중심 블렌드가 될 것이다.
- 다른 접시에 마사지 오일, 겔, 크림 2분의 1 온즈(1 큰술)를 담아둔다. 여기에 한 가지에서 세 가지로 구성된 단순한 시너지를 20에서 30 방울 떨어뜨린다; 이것은 특정한 반사점이나 압점을 위한 **"포인트" 블렌드**가 된다.
- 가끔 아주 특별한 압점 마사지를 위해 희석하지 않은 에센셜 오일 사용을 결정할 수도 있다. 몇 가지 확실한 오일만 이런 방식으로 이용해야 하며, 아주 적은 양만 사용해야 한다. 다른 "중심" 블렌드나 "포인트" 블렌드와 혼합할 때는 한 번에 한 가지 에센셜 오일만 사용해야 하는데, 위의 경우라면, 에센셜 오일을 두 가지까지 섞을 수 있다.

주요 질환 또는 목표를 위해 "다층적" 트리트먼트 효과를 창조하는 법

1. 매우 특별한 반사점이나 지압점에 희석하지 않은 에센셜 오일을 사용한다. 예를 들어, 변비 해소와 연동 운동 자극이 목표라면, 펜넬 에센셜 오일을 이용해 발바닥에 있는 반사점을 자극하라. 그런 다음 발을 안쪽에서 바깥쪽으로 마사지하면서 위에서 설명한 것처럼 다른 지지적인 블렌드를 덧발라준다.
2. "포인트" 블렌드를 약간 더 넓지만 여전히 국한된 부위에 바른다. 발 반사요법을 예로 든다면, 소화와 배설 촉진을 위해 발에 있는 소화기 관련 부위 전체를 포인트 블렌드를 이용해 마사지하라. 1번에 나온 예를 계속 이용할 경우, 여러분의 포인트 블렌드는 그레이프프루트와 펜넬, 진저를 호호바 또는 살구씨 오일에 희석도가 8%가 되게 섞은 것이 될 것이다. 이 블렌드는 복부 마사지에도 이용할 수 있다.
3. 정신의 전반적인 긴장 이완과 웰빙을 위해 낮은 농도로 만든 핵심 블렌드로 마무리를 한다. 일반적인 마사지 스트로크를 이용해 이 블렌드를 훨씬 더 넓은 부위에 바른다. 2번에서 제시한 예를 완벽하게 만들고자 한다면, 이 핵심 블렌드는 라벤더와 스위트 오렌지, 그리고 진저로 만드는 것이 좋다. 이 블렌드를 발과 종아리뿐만 아니라, 나머지 몸 전체에 발라 세션을 마무리한다.

다층적 트리트먼트 시, 한 가지 블렌드 안에 들어가는 오일의 수와 희석하지 않고 적용할 때 사용하는 에센셜 오일의 수를 제한해야 한다는 것을 명심하라. 오일이 어떤 단계에서 사용되든, 여러분의 사용하는 모든 에센셜 오일은 서로 조화를 이뤄 상승 작용을 이끌어내야 하며, 최종 목표와 부합되는 것을 선택해야 한다.

아로마 핫스톤 마사지 / Aromatic Hot Stone Massage

그림 8-6 아로마 스톤 마사지
Source: © iStockPhoto.com/ alwekelo

핫스톤 마사지는 데이 스파와 데스티네이션 스파, 그리고 심지어는 사적인 시술소에서도 인기가 날로 높아지고 있다(그림 8-6). 운 좋게 핫스톤 마사지를 받아본 경험이 있다면, 테라피스트의 손과 하나가 된 핫스톤이 지친 근육을 마사지할 때 얼마나 근사한 느낌이 드는지 잘 알 것이다. 여러분이 훌륭한 핫스톤 마사지를 할 수 있게 훈련을 받은 테라피스트라면, 여기에 아로마테라피의 여러 장점을 더해보는 것도 좋아. 땅의 요소와 강력하게 결합된 핫스톤 마사지의 열기와 냉기에 에센셜 오일이 더해지면, 트리트먼트 전체의 효과를 고취시킬 수 있는 황금 같은 기회가 생기게 될 것이다. 즐기면서 일하고 창조적이 되라! 그러면 마사지에 아로마테라피를 통합하는 새로운 방법들을 발견하게 될 것이다. 이를 실천할 수 있는 몇 가지 아이디어들을 소개한다.

성공적인 마사지를 위한 조언:

- 시작 전에 고객과 함께 오늘 세션의 의도를 확립한다.
- 디퓨저나 워머를 사용해 방향을 하지 않는다. *대신*;
- 돌과 물이 들어 있는 냄비가 따뜻해지면 거기에 에센셜 오일을 서너 방울 떨어뜨린다.
- 1 온스 병에 고객을 위해 특별히 선택한 에센셜 오일이 든 마사지 오일을 준비한다(핫스톤 마사지 시에는 로션이나 겔을 사용하지 말라); 이 블렌드를 스톤을 위한 윤활제로 사용하라.
- 희석도가 높은 블렌드(5%)를 급성 질환이 있는 국소 부위에 사용하거나 통증 유발점/ 지압점/ 반사점에 적용한다.
- 에센셜 오일을 2~3 방울 떨어뜨린 커다란 돌을 발판이나 받침대에 놓은 다음, 얼굴 베개 아래에 놓아 호흡을 돕는다.
- 트리트먼트 후에 스톤 청소하기: 뜨거운 비눗물에 청소용 스톤과 함께 넣어도 되고, 분무기 안에 티트리 또는 레몬그라스를 넣어 스톤을 한 번 더 소독하는 것도 좋다,
- 스톤의 열기가 피부 자극을 증가시킬 수 있으므로 클로브나 타임 에센셜 오일의 사용은 피한다.

열 테라피, 마사지, 아로마테라피를 핫스톤 마사지와 통합해 긴장 이완과 치료에 좋은 강력한 트리트먼트를 만들 수 있다. 어떤 형식이든 *시술자는 핫스톤 마사지를 안전하고 효과적으로 시술할 수 있도록 철저한 훈련을 받아야 한다.* 특정한 형식을 교육하는 것이 이 책의 범주 밖에 있기는 하지만, 핫스톤 마사지를 포함해 다른 마사지 기술에 대해 배울 기회가 생긴다면, 양질의 교육 기관을 찾아 지속적으로 교육을 받아야 하며, 여러분이 관심이 있는 분야와 관련된 훈련을 받기를 권한다.

아로마 페이셜 마사지 / Aromatic Facial Massage

신중하게 선택한 캐리어 물질과 양질의 에센셜 오일을 마사지 기술과 혼합하면, 아로마 페이셜 마사지 역시 매우 효과적이고 즐거운 것이 될 수 있다. 고객에게 이 세션의 목표에 대해 알리는 것이 중요한데, 마사지 테라피스트로서 여러분이 제공할 수 있는 페이셜 마사지와 자격증이 있는 에스테티션이 제공하는 페이셜과는 차이가 있다는 것을 확실히 이해시켜야 한다. 에스테티션은 익스트랙션과 피부 타입 분류를 포함해 더 깊이 있는 페이셜을 할 수 있는 자격증을 가진 사람으로, 더 눈에 띄는 효과를 이끌어 낼 수 있다. 에스테티션에 의해 행해지는 페이셜은 자격증이 있는 마사지 테라피스트라고 하더라도 그 시술 영역 밖에 있다. 몇몇 주는 마

사지 테라피스트가 이런 종류의 트리트먼트를 하는 것을 법으로 금지하기도 한다. 여러분이 사는 주의 면허 관련 관청을 찾아 이런 종류의 페이셜 마사지가 마사지 테라피스트의 시술 영역 안에 있는지 여부를 확인하는 것이 좋다.

아로마 페이셜 마사지의 치료 목표:

- 얼굴과 머리에 있는 근육과 피부의 혈액순환과 영양 교환 개선
- 건강한 림프 흐름과 기능 자극
- 얼굴과 머리의 체액 정체/부종 감소에 도움
- 각질 탈락과 세포 재생의 자연스러운 과정 지지
- 얼굴 피부에 수분을 공급하고 얼굴 피부의 자연스러운 외양 향상
- 얼굴 근육 자극과 강화
- 이완, 복합적 질감, 온도 변화 등이 포함된 흥미로운 경험 제공

재료 준비

아로마 페이셜 마사지를 위한 에센셜 오일 선택 시에는 신중해야 한다. 얼굴 피부를 민감하게 만들고 자극하는 오일은 반드시 피해야 한다(3장 참조). 부드러운 에센셜 오일을 1%에서 2%의 낮은 희석도로 사용한다. 페이셜 마사지 전에 고객에게 자신의 피부 타입에 대해 알고 있는지, 알레르기나 민감성이 있는지에 대해 추가적으로 물어봐야 한다.

아로마 페이셜 마사지를 하려면 다음과 같은 것들이 필요하다:

- **핫타월 (핸드 타월 2장과 수건 4장)**: 핫타월 캐비닛이나 각각의 고객을 위한 개별 냄비를 이용해 전기냄비 또는 가스레인지로 만들 수 있다. 핫타월을 준비할 때 물에 에센셜 오일을 두세 방울 떨어뜨린다.
- **클렌저 (1/2 온스)**: 천연의, 무향 클렌징 크림 베이스를 사용하거나 알로에 겔과 그레이프프루트 씨드 추출물을 가지고 직접 만들어 써도 된다. 덜 민감한 피부를 가진 고객에게는 낮은 농도의 액상 카스티야 비누를 증류수나 알로에와 섞어 사용해도 된다. 일반 상점에서 파는 비누나 액체 비누는 불필요한 향기나 색소, 기타 화학 물질이 들어있기 때문에 사용하지 않는 것이 좋다. 또한 이런 제품들은 너무 강해서 피부의 천연 pH 균형을 깨 피부를 칙칙하고 건조하게 만든다. 천연 클렌저에 고객 피부 타입에 맞는 에센셜 오일을 서너 방울 떨어뜨린다(6장 참고).

표 8.5

페이셜 마사지를 위한 에센셜 오일

에센셜 오일	학명
유향	*Boswellia carterii*
라벤더	*Lavandula angustifolia*
로만 카모마일	*Chamaemelum nobile*
저먼 카모마일	*Matricaria recutita*
로즈	*Rosa × damascena*
샌달우드	*Santalum album or Santalum spicatum*
티트리	*Melaleuca alternifolia*

- **토너 (1 온스)**: 증류수 1온스와 위치헤이즐 1/2 작은 술을 섞는다. 고객의 피부 타입에 맞는 에센셜 오일을 6 방울 또는 7 방울 떨어뜨린다. 잘 섞거나 흔든다. 사용 직전에 차갑게 식힌다.
- **마사지 오일 (1/2 온스)**: 식물성 기반 오일의 블렌드를 만드는데, 필요할 경우 다양한 치료 효과가 있는 허브에서 우려낸 오일을 첨가한다. 고객의 피부 타입, 상담 결과, 트리트먼트 목표를 기반으로 선택한 에센셜 오일이나 시너지를 3~5 방울 첨가한다. 각각의 캐리어 오일 특성에 대해서는 6장을 참고하라.
- **마스크 (1온스)**: 플레인 요구르트 2 큰술에 화이트 클레이 1 작은 술, 귀리 가루 (너무 곱지 않게 간 것), 고객의 피부 타입, 상담 결과, 트리트먼트 목표에 부합하는 에센셜 오일이나 시너지를 7~10방울 넣어 섞는다. 잘 섞은 다음, 사용 직전에 차갑게 식힌다.
- **로션 또는 크림 (1/2 온스)**: 민감해진 피부에 편하게 바를 수 있는 무자극의 순한 에센셜 오일 블렌드를 낮은 희석도로 이용하라. 마지막에 바르는 이 페이셜 로션 또는 크림은 피부에 남아 피부에 수분을 공급해야 한다. 천연의, 향이 없는 페이스 로션이나 크림 1/2온스에 에센셜 오일 3~5방울을 추가해 잘 섞어준다(그림 8-7).

그림 8-7 페이셜 마사지 도구들
Source: © Dennis Gallaher

조금 전에 언급했던 블렌드 된 재료들 외에 다음과 같은 것들도 필요할 수 있다:

목욕 타월 1장
각질 제거용 장갑 1장 (부드러운 것)
머리띠 1개
화장솜 4장
1인치 붓 1개

페이셜 마사지 테크닉

아로마 페이셜 마사지는 피부를 부드럽게 하고, 매끄럽게 하고, 촉촉하게 만들기도 하지만, 근사한 아로마와 (이름에서도 알 수 있듯이) 다양하고 흥미로운 온도와 질감의 변화 덕분에 놀라운 입체적인 경험을 제공하기도 한다.

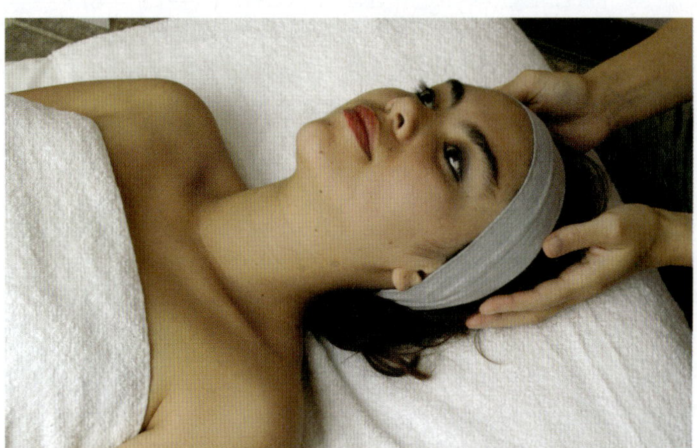

그림 8-8 마사지 준비
Source: © Dennis Gallaher

1. 고객에게 가능하다면 화장을 하지 않고 와 달라고 부탁한다. 천으로 된 머리띠나 끈으로 머리카락을 잘 정리한다. 목욕 수건을 테이블 위쪽에 깔고 (고객의 머리 아래에) 고객이 편하게 누웠는지 확인한다 (그림 8-8).

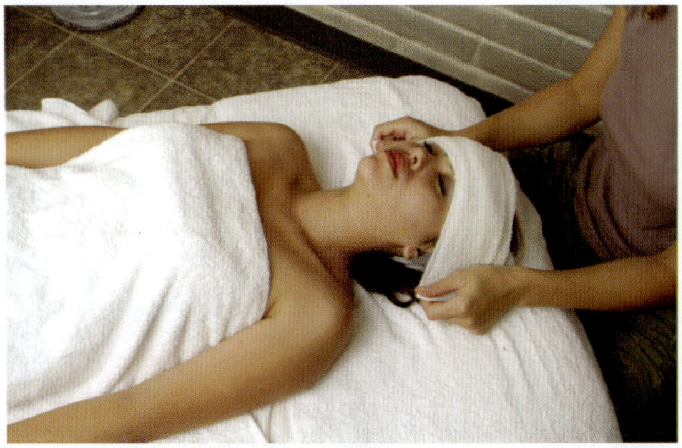

그림 8-9 따뜻한 머리 수건을 이마에 올린다.
Source: © Dennis Gallaher

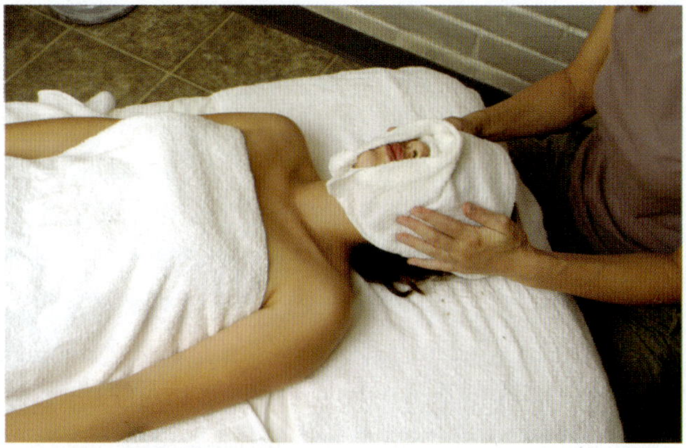

그림 8-10 따뜻한 얼굴 수건으로 얼굴을 감싼다.
Source: © Dennis Gallaher

2. 작은 수건 한 장을 이마에 댄다 (그림 8-9). 그런 다음 수건 양쪽 끝으로 얼굴을 감싼다 (그림 8-10); 얼굴을 누르거나 마사지하고 가볍게 쥔다. 수건에 물기가 너무 많지 않아야 하며, 너무 뜨겁지 않아야 한다.

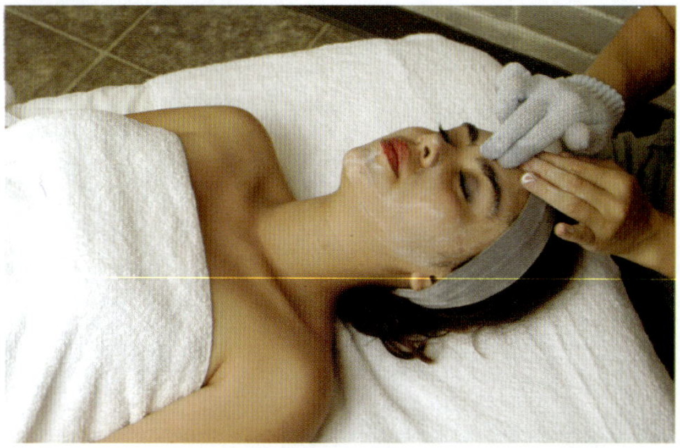

그림 8-11 부드러운 클렌징과 각질 제거
Source: © Dennis Gallaher

3. 각질 제거용 장갑을 끼고 손가락 끝에 미지근한 물과 클렌저를 조금 묻힌다. 반대편 손으로 위로 쓸어 올리는 스트로크를 이용해 클렌저를 바른 다음, 장갑을 낀 손으로 작은 원을 그리며 각질을 제거한다. 부드러운 스트로크로 얼굴 전체를 클렌징 하되, 눈 주위는 피한다. 장갑을 벗는다 (그림 8-11).

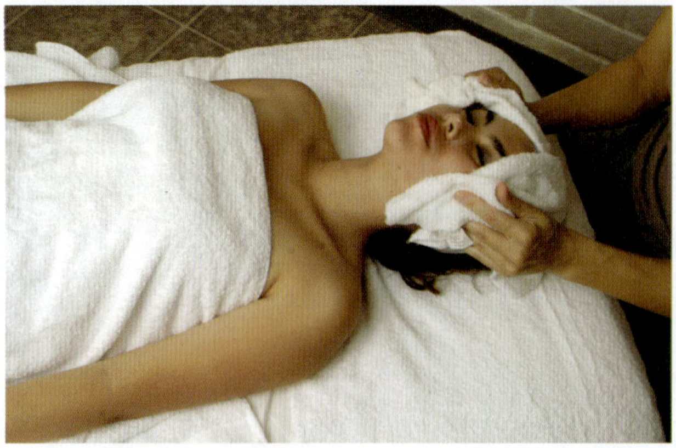

그림 8-12 따뜻한 수건으로 클렌저를 닦아낸다.
Source: © Dennis Gallaher

4. 두 장의 따뜻한/젖은 목욕 수건을 얼굴 양쪽에 각각 한 장씩 놓고 클렌저를 닦아낸다 (고객이 숨을 쉴 수 있게 코는 막지 않는다); 얼굴을 누르거나 마사지하고 가볍게 쥔다 (그림 8-12).

그림 8–13 차가운 토너 바르기
Source: © Dennis Gallaher

5. 두 장의 화장솜에 차가운 토너를 묻힌다. 양손에 하나씩 잡고 부드럽게 위로 쓸어 올리는 스트로크를 이용해 눈 주위를 피해턱과 볼, 이마 순서로 피부에 남아 있는 잔여물이나 클렌저를 닦아낸다 (그림 8–13).

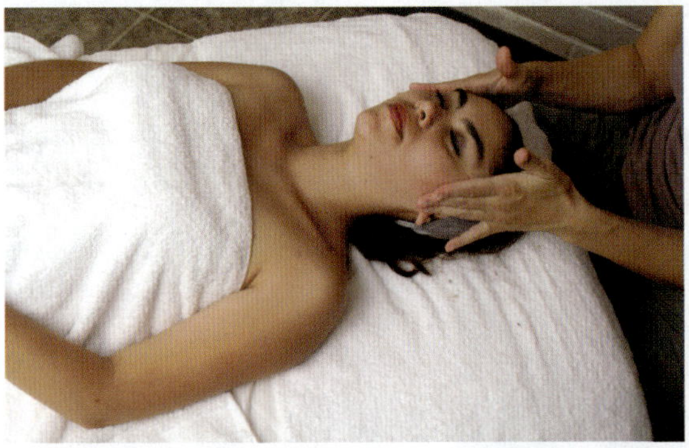

그림 8–14 페이셜 오일로 마사지
Source: © Dennis Gallaher

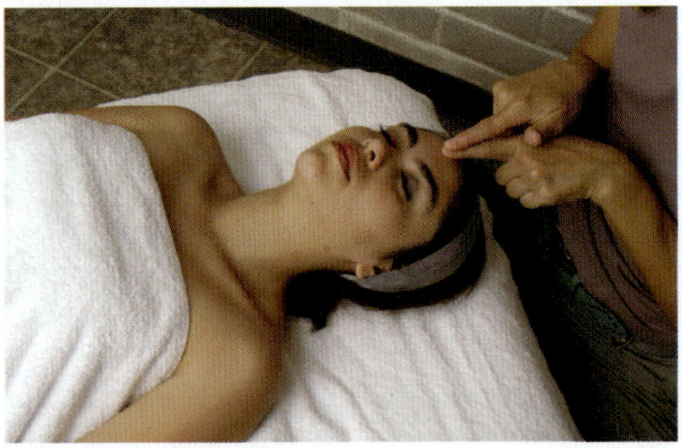

그림 8–15 지압점
Source: © Dennis Gallaher

6. 에플라지, 페트리사지, 작은 원 마찰, 그리고 지압점 또는 통증 유발점 자극 등과 같은 다양한 기술을 이용해 얼굴과 목에 마사지 블렌드를 바른다. 얼굴과 머리에는 더 가벼운 림프 스트로크를 적용하는 것도 고려해볼만 하다.
눈 주위를 피해 약 10분 동안 마사지한다 (그림 8–14, 15).

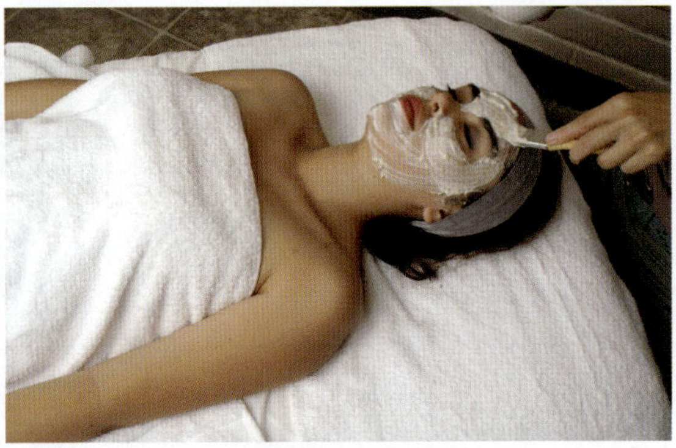

그림 8–16 붓으로 마스크 바르기
Source: © Dennis Gallaher

7. 붓을 이용해 차갑게 식힌 마스크를 조심스럽게 바른다. 붓에 마스크를 묻혀 턱과 볼, 이마에 올려놓은 다음, 마스크를 안쪽에서 바깥쪽으로 펴 바른다. 충분한 양의 마스크를 사용하되, 한 번에 너무 많이 발라 마스크가 떨어지게 하지 말고 그림을 그릴 때처럼 두 번에 걸쳐 모든 부위에 마스크가 골고루 발라 질 수 있게 한다. 눈 주위는 피한다. 마스크가 거의 마를 때까지 약 10분~12분 동안 기다린다(그림 8–16).

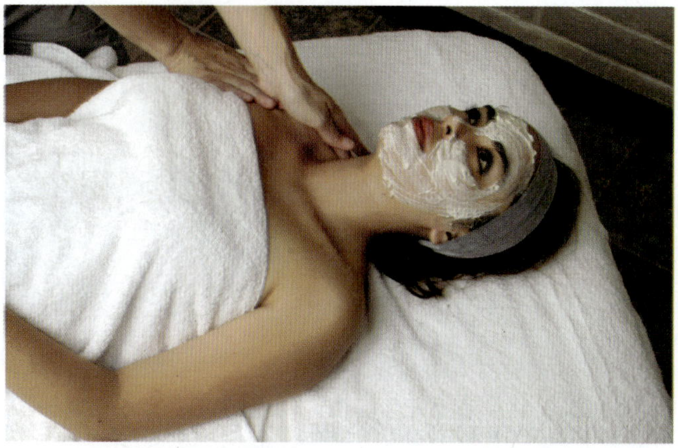

그림 8-17 마스크가 마를 동안 어깨와 팔 마사지
Source: © Dennis Gallaher

8. 마스크가 마를 동안 남아 있는 마사지 오일을 이용해 팔과 손, 두피를 마사지한다. 아로마 페이셜 마사지와 일반적인 전신 마사지를 함께 할 때는 전신 마사지를 먼저 하되, 팔과 손 머리는 페이셜 마사지 중에 트리트먼트 할 수 있게 남겨두는 것이 좋다 (그림 8-17).

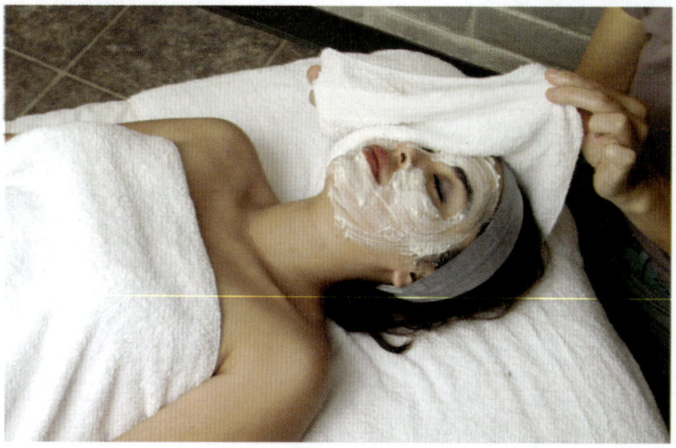

그림 8-18 따듯한 수건으로 마스크 제거
Source: © Dennis Gallaher

9. 두 장의 따뜻한/젖은 목욕 수건을 얼굴 양쪽에 각각 한 장씩 놓고 마스크를 제거한다 (고객이 숨을 쉴 수 있게 코는 막지 않는다); 얼굴을 누르거나 마사지 하고 가볍게 쥔다. 얼굴에 마스크가 남아있지 않게 잘 닦아낸다 (그림 8-18).

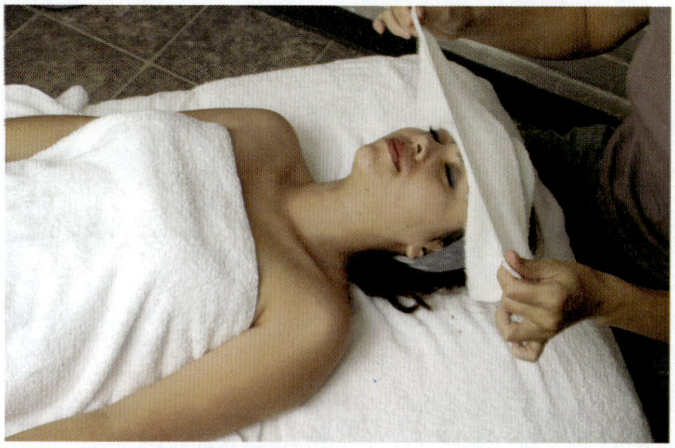

그림 8-19 따뜻한 수건으로 얼굴을 감싼다.
Source: © Dennis Gallaher

10. 작은 수건 한 장을 이마에 댄다. 그런 다음 수건 양쪽 끝으로 얼굴을 감싼다; 얼굴을 누르거나 마사지 하고 가볍게 쥔다. 얼굴에 수건을 놓기 전에 수건에 물기가 너무 많지 않은지, 너무 뜨겁지 않은지 반드시 확인한다 (그림 8-19).

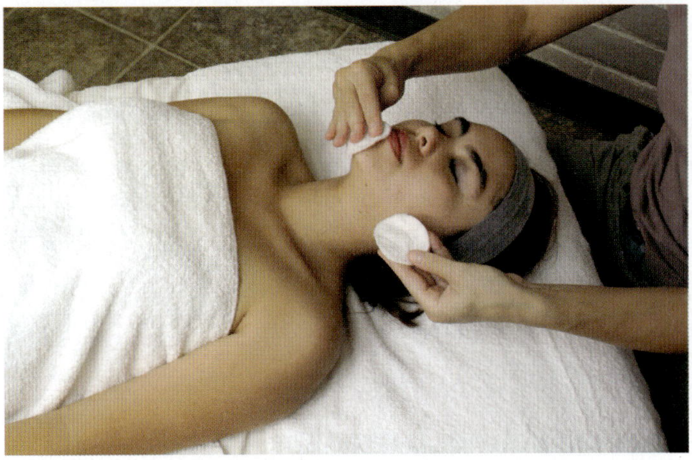

그림 8-20 차가운 토너 바르기
Source: © Dennis Gallaher

11. 두 장의 화장솜에 차가운 토너를 묻힌다. 양손에 하나씩 잡고 부드럽게 위로 쓸어 올리는 스트로크를 이용해 눈 주위를 피해 턱과 볼, 이마 순서로 피부에 남아 있는 잔여물이나 마스크를 닦아낸다 (그림 8-20).

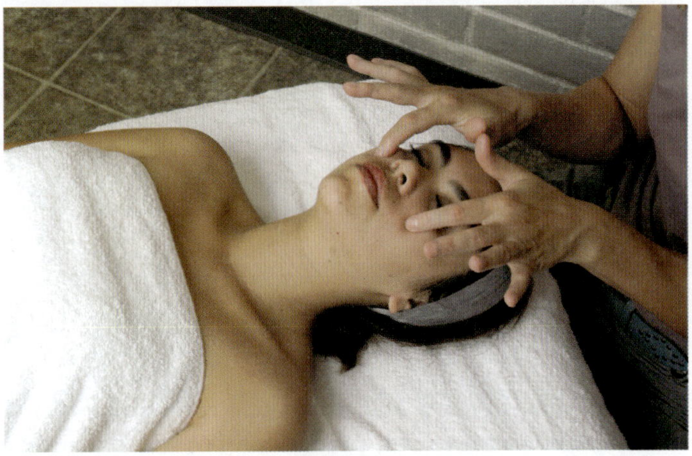

그림 8-21 가벼운 로션으로 마사지
Source: © Dennis Gallaher

12. 부드러운 수딩 스트로크를 이용해 소량의 보습 로션이나 페이셜 크림을 얼굴에 바른다. 너무 많이 발라 고객에게 "번들거린다"는 느낌이 들지 않게 주의한다. 피니싱 제품으로는 가벼운 질감의 크림이나 낮은 희석도의 로션이 좋다(그림 8-21).

요약 /SUMMARY

- 마사지, 바디워크 기술과 에센셜 오일의 통합은 치료적 작용을 통한 인체에 대한 영향과 아로마를 통한 정신에 대한 영향, 에센셜 오일의 정력적인 본성을 통한 영혼에 대한 영향을 고취할 수 있다.
- 전인적 아로마테라피의 기본은 개인의 목표와 요구에 기초해 맞춤 아로마테라피 블렌드를 만드는 것이다.
- 미리 섞어 놓은 아로마테라피 제품들은 대부분 일반적인 목적을 위해 마들어진 것이다. 고객의 요구에 맞춰 한두 가지 에센셜 오일을 추가해 개별화할 수 있다.

- "아로마테라피 블렌드"라는 용어는 보편적으로 에센셜 오일을 식물성 오일, 로션, 또는 크림과 같은 베이스 제품, 캐리어 제품과 섞는 것을 말한다.
- "아로마테라피 시너지"라는 용어는 베이스나 캐리어 제품 없이 두 가지 또는 그 이상의 에센셜 오일만을 섞는 것을 말한다.
- 아로마테라피 시술 시에는 피부와 감정에 부작용을 일으킬 가능성이 높거나, 아로마테라피의 토대를 부정할 수 있는 향기가 나는 제품 사용은 피하는 것이 좋다.
- 포인트 블렌드는 한 개 또는 그 이상의 에센셜 오일을 베이스 또는 캐리어 제품에 높은 농도로 희석한 것을 말하며, 이것은 특정한 반사점이나 압점에 주로 사용된다.

새 용어들 /NEW TERMINOLOGY

아로마테라피 블렌드 (Aromatherapy blends)
아로마테라피 시너지 (Aromatherapy synergies)
마사지 전달 체계 (Massage delivery systems)
PET 병 (PET bottle)
미리 섞어 놓은 시너지 (Pre-blended synergies)
포인트 블렌드 (Point blend)

참고문헌 / References

Associated Bodywork and Massage Professionals (AMBP). (n/d). *Introduction to Massage*. Retrieved on June 20, 2006, from http://www.massagetherapy.com/learnmore/index.php.

Pizzorno, J., and Murray, M. (2000). *Textbook of Natural Medicine*. London: Churchill Livingstone.

Schnaubelt, K. (1999). *Medical Aromatherapy*. Berkeley, CA: Frog, Ltd.

Schnaubelt, K. (2004). *Aromatherapy Lifestyle*. San Rafael, CA: Terra Linda Scent and Image.

Tappan, F., and Benjamin, P. (1998). *Tappan's Handbook of Healing Massage Techniques*. Stamford, CT: Appleton and Lange.

워크시트 / WORKSHEET

아로마 적용 (1부)

이름: ______________________ 날짜: ______________

마사지 로션과 겔 만들기

1) 이 장에 나온 지침에 따라, 베이스 오일을 선택해 마사지 로션이나 겔을 만들라. 미래의 블렌드를 위해 무향으로 두거나, 여러분이 선택한 에센셜 오일을 첨가하라.

2) 사용된 식물성 오일: ______________________

3) 결과물은 어떤가? 질감, 농도, 향기 등에 만족하는가?

____

4) 다르게 만들어 본다면 어떻게 할 것인가?

____

아로마 페이셜 마사지

5) 아래 목록을 보고 여러분의 얼굴 피부 타입을 판단하라. 파트너와 함께 필요한 것을 논의하라.

당신의 피부 타입을 결정하라 *(한 가지 이상 해당될 수 있음)*

▣ 노화: 약간 늙은, 얇은 피부, 약간의 표정 주름이나 깊은 주름, 탄력성 저하, 검버섯

▣ 중성: 부드러고 유연, 단단한 질감과 좋은 안색, 일반적으로 블레미쉬나 건조한 부스러기가 없음

▣ 중성 내지 지성: 적어도 T존 부위에서는 과도한 피지 분비, 번들거리는 코, 여드름이 잘 남

▣ 중성 내지 건성: 약간 긴장이 된 일반적으로 부드러운 피부; 건조하거나 박편의 부스러기가 입 주위와 볼, 눈 아래에 있음

▣ 민감: 세안 후 또는 특정한 제품을 발랐을 때 피부가 종종 붉어지거나 부스럼이 생김, 열기/냉기, 화학제품, 환경에 반응

▣ 여드름: 여드름과 블레미쉬가 자주 발생함, 모공이 쉽게 막히며, 호르몬과 다이어트, 스트레스 때문에 뾰루지와 블랙헤드가 생김

요점

____

____

워크시트 / WORKSHEET

아로마 적용 (2부)

아로마 페이셜 마사지

6) 제공된 정보를 바탕으로, 이 장에서 배운 대로 아로마 페이셜 마사지를 위한 블렌드를 만들어 보라. 사용된 재료들을 아래에 적으시오.

% 또는 방울 수	클렌저	토너	마사지 오일	마스크	로션/크림
베이스 재료					
에센셜 오일					

7) 171쪽에 있는 단계에 따라, 각자의 파트너에게 아로마 페이셜 마사지를 시술하라.

8) 오늘 트리트먼트가 피부와 얼굴 근육에 준 느낌은?

____

9) 이 트리트먼트에 대해 친구나 고객이나 무엇을 말해주고 싶은가?

____

복습 문제 / CHAPTER TEST

1. 마사지 블렌드는 에센셜 오일을 무엇과 섞은 것인가?
   a. 좌욕
   b. 로션, 겔, 오일
   c. 습포
   d. 추가적인 에센셜 오일

2. 유아와 어린이에게 적당한 마사지 오일 희석도는?
   a. 3%
   b. 2.5%
   c. 0.5에서 1%
   d. 15%

3. 페이셜 오일은 페이셜 크림과 다르다. 무엇이 들어있지 않기 때문인가?
   a. 열기
   b. 아로마
   c. 비타민
   d. 물

4. 겔은 전형적으로 어디서 나오는가?
   a. 해수염
   b. 알로에 베라
   c. 물
   d. 오일

5. 아래의 에센셜 오일 중에서 희석하지 않고 사용해도 안전한 것으로 여겨지고 있는 것은?
   a. 시나몬 껍질과 클로브 버드
   b. 래몬그라스와 진저
   c. 티트리와 라벤더
   d. 페퍼민트와 사사프라스

6. 연고는 어디에 탁월한가?
   a. 페이셜 마사지
   b. 우울증
   c. 흉터 치료
   d. 변비

7. 포인트 블렌드는 어디에 쓰이는가?
   a. 전신
   b. 반사점에만
   c. 국소 부위에
   d. 특별히 스포츠 마사지에

8. 긴장 완화 마사지 동안 아로마테라피를 이용하는 이유는?
   a. 스트레스와 불안감 감소
   b. 통증 유발점 경감
   c. 반사적으로 작용
   d. 피부를 뜨겁게 만든다

9. 아로마 페이셜 마사지의 목표는?
   a. 블레미쉬 제거
   b. 주름이나 검버섯 감소
   c. 모공 청소
   d. 혈액 순환과 피부 질감, 밑에 있는 근육 조직 향상

10. 다른 캐리어나 베이스 제품과 에센셜 오일을 보유하는 방법이 다른 페이셜 크림은 몇 %의 희석도를 사용할 수 있나?
   a. 5%
   b. 2.5%
   c. 1%
   d. 25%

복습 질문 / REVIEW QUESTIONS

1. 희석하지 않은 에센셜 오일 적용과 어떤 환경에서 이 방법을 사용해야 가장 좋은지 논하라.

2. 아로마 페이셜 마사지와 에스테틱 페이셜 트리트먼트의 차이점을 어떻게 설명할 것인지를 논하라.

물과 소금의 치유 효능 9장

The Healing Properties of Water and Salt

개요
기본으로 돌아가라: 물
- *인체*
- *정신*
- *영혼*
- *물의 종류와 사용법*
- *아로마 워터: 하이드로졸*

치료로서의 물
- *수치료의 효능*
- 실제 임상적용 9.1: RICE 방법 재검토

물에 기초한 방법의 적용
- *전신 목욕*
- *족욕과 수욕*
- *실제 임상적용 9.2: 분산제*
- *증기 흡입*
- *습포*
- *핫타월 캐비넷*
- *아로마 미스트*

기본으로 돌아가라: 소금
- *인체*
- *정신*
- *영혼*
- *소금의 종류*

트리트먼트에 소금 첨가하기
- *전통적인 소금 글로우*
- *엡섬 또는 해수염을 이용한 아로마 목욕*
- 실제 임상적용 9.3: 아로마 족욕

요약
새 용어들
참고문헌
워크시트: 물과 소금
복습 문제와 질문

학습 목표 / LEARNING OBJECTIVES

이 장을 읽은 뒤에는 다음 사항들에 답할 수 있어야 한다.

1. 하이드로졸과 아로마 미스트의 차이점을 설명하라.
2. 하이드로졸 7개의 일반명과 학명을 열거하고 이들의 치료 효능을 설명하라.
3. 수치료의 네 가지 생리적 효능을 설명하라.
4. 열기가 적용되어야 하는 조건과 냉기가 적용되어야 하는 조건을 열거하라.
5. 물에 기반을 둔 적용 방법 7가지와 이들의 잠재적 치료 효능을 열거하라.
6. 솔트 스크럽을 만들고 소금 글로우 트리트먼트를 실시하라.

개요 / INTRODUCTION

물과 소금은 몸과 정신과 영혼을 치유하는 능력 때문에 오랫동안 인간의 사랑을 받아왔다. 마사지 테라피스트와 바디워커들은 수치료와 스파 트리트먼트를 포함해, 물과 소금을 다양한 목적을 위해 사용해 왔다. 이 장의 첫 부분은 수치료의 기본과 하이드로졸, 에센셜 오일과 수치료의 통합에 대해 다룰 것이다. 나머지 부분에서는 여러분의 시술에 소금을 추가했을 때의 잠재적 효능에 대해 다룰 예정이다. 수치료라는 주제는 매우 광대하다. 하지만 아로마테라피를 바디워크와 마사지와 통합하는 것과 관련해 꼭 필요한 정보들만을 이 주제에 포함시키려는 시도는 계속되고 있다.

그림 9-1 물방울

Source: © iStockPhoto.com/Trout55

기본으로 돌아가라: 물 / BACK TO BASICS: WATER

수세기 동안, 물의 에너지와 신비는 우리의 몸과 정신과 마음과 상상력(imaginations)을 자극해 왔다(그림 9-1). 거의 모든 문화에서 물은 치유 능력을 가진 귀중한 것으로 숭배되고 있다. 또한 생명을 주기도 하고, 빼앗아 가기도 하는 물에 대해 무한한 존경을 표시해 왔다. 인간은 물이 가진 치유 효능을 목욕이라는 형태 안에서 가장 일반적으로 이용하고 있다. 예로부터 목욕은 건강에 유용한 것으로 받아들여져 왔다. 목욕의 치료적 효능에 관한 최초의 글은 약 1500 B.C.에 만들어진 인도의 불교 경전에 실려 있다. 고대 그리스인들 역시 목욕을 숭배했는데 종종 운동과 영양 공급, 그리고 지적인 자극과 함께 목욕을 권장했다. 그들은 마사지와 함께 온욕과 냉욕을 이용했으며 유명한 대중목욕탕에는 향유를 넣기도 했다.

로마가 그리스를 점령했을 때 그리스의 문화를 많이 흡수했는데 특히 그리스의 철학과 의학, 예술 그리고 과학을 많이 받아들였다. 대중목욕탕은 곧 로마 사회의 중심이 되었다. 로마인들은 대중의 건강 유지를 위해 공을 들여 목욕탕을 만든 것으로 잘 알려져 있다. 유명한 그리스의 명의인 히포크라테스는 아로마 오일과 함께 "수치료(hydrotherapy)"를 사용했으며, 목욕이 건강의 핵심이라고 생각했다. 치료적 목욕의 역사는 매우 유구하며 현대 사회에서 목욕은 몸과 정신과 영혼에 미치는는 효능 때문에 다시 부흥기를 맞고 있다.

몸 / Body

물은 우리 몸무게의 약 75%를 차지하고 있다. 우리의 장기와 근육 대부분은 물로 이뤄져 있으며, 우리 뼈의 1/4도 물이다. 또한 혈액, 침, 림프액, 소변과 같은 체액의 대부분도 물이다. "보편적인 용매"로 알려진 물은 혈장의 형태로 우리 몸을 돌아다니는 동안 묽은 세포 간 체액을 통과하면서 조직 세포와 교환한 수용성 영양소와 산소, 노폐물 등을 운반한다. 물은 체온 조절과 체내의 화학 반응을 조절한다. 물은 또한 관절 내의 윤활액과 내장 기관 사이를 채우고 있는 장액, 그리고 뇌와 척수를 보호하는 것을 돕고 완충제 역할을 하는 뇌척수액의 주요 성분이다. 임신 중에는 양수가 엄마 몸 안에서 자라나는 태아를 감싸 보호해 준다. 양수는 우리가 최초로 경험하는 따뜻하고, 영양이 풍부하며, 생명을 주는 물이라 할 수 있다.

우리 몸은 물을 필요로 한다.

여러분은 8온스 컵에 담긴 물을 적어도 하루에 8잔 먹어야 한다는 얘기를 들어봤을 것이다. 우리는 이 습관이 우리에게 좋다는 것을 알고 있다. 하지만 우리 중 몇 명이나 충분히 물을 마시고 있는가?

물을 충분히 마시지 않으면, 우리 몸은 특정한 장기가 보유해야 할 물의 양을 제한한다. 수분 부족은 두통과 피로, 화학적 불균형, 그리고 집중력 저하와 같은 증상을 일으킨다. 수분 부족이 가장 먼저 나타나는 곳은 피부이다. 인체의 가장 큰 기관인 피부는 인체의 다른 기관과 마찬가지로 충분한 물이 있어야 최상의 모습과 기능을 보여준다.

우리는 마사지 또는 바디워크 세션을 마친 고객들에게 혈액순환과 림프액 흐름이 증가한 시스템을 물로 씻어 내고, 조직을 다시 채우기 위해 수분을 충분히 보충하라고 권한다 *(우리는 지금 물을 "처방" 하는 것이 아니다. 고객에게 이것을 어떤 말로 표현하면 좋을지 한 번 고민해 보라!).*

그림 9-2 물병

Source: © iStockPhoto.com/dashek

적절한 수분 보충을 위해 마사지 세션이 끝나고 돌아가는 길에 마시도록 고객에게 물 한 병을 무료로 제공하는 것도 고려할 필요가 있다. 고객들은 기분이 좋아질 것이며, 고마워할 것이다. 또한 고객의 건강과 웰빙에 지속적으로 관심을 가져주는 것에도 감사할 것이다.

정신 / Mind

물은 진정제이자 치료제이며, 정화제이고, 회춘의 샘이다. 우리 몸 안에 있는 분자들은 에너지를 방출하고 수용해 진동을 만들어 내는 특정한 전하를 운반하는데, 이 물결과 같은 힘이 우리의 육체적 몸 밖으로 뻗어 나간다. 이런 "기운"이 규칙적이고 균형 잡힌 패턴으로 나타날 때, 우리는 감정적 육체 안에서 행복과 만족감을 느끼게 된다. 하지만 우리가 슬픈 감정이나 화남, 불안감 또는 혼란을 경험할 때는 이 "기운"이 다른 에너지를 방사한다. 물 분자의 구조적 특성 때문에 물은 수소와 결합하려는 성질이 강하다. 물은 본질적으로 결합하고 흡수하는 것을 좋아한다; 이 속에 물이 가진 독특한, 변화시키는 경향이 있는 특성이 들어 있다. 위대한 "보편적 용매"로서 물은 우리의 감정이 만들어낸 과도한 에너지를 흡수해 정화와 편안함, 그리고 치료를 제공한다. 바위 위로 돌진하고, 해변으로 밀려오고, 폭포 아래로 떨어지는 물소리는 위로와 진정, 그리고 흥분과 활력 충전의 능력을 갖고 있다. 많은 면에서 우리는 물의 진정시키는 성질과 관련되어 있다. 우리가 물이기 때문이다.

영혼 / Spirit

물은 흡수력이 강해 외부의 에너지에 쉽게 영향을 받는다고 알려져 있다. 많은 문화와 종교는 물이 기도하는 사람, 찬송가, 주술 음악, 계율의 떨림에 영향을 받는다고 믿었다. 〈물의 메시지〉라는 책에서 일본 사진작가인 마수로 에모토는 긍정적이거나 부정적인 말과 생각이 물에 미치는 영향을 사진으로 보여주고 있다. 물을 사랑이나 평화와 같은 아름답고 긍정적인 말과 에너지에 노출시키거나, 분노와 미움과 같은 부정적인 말과 에너지에 노출시킨 후 그 물을 얼려 결정을 촬영했는데, 에모토의 사진은 말 그대로 충격적이다. 긍정적인 말이나 기도는 아름답고 섬세한 결정을 형성시킨 반면, 부정적인 말과 에너지는 추하고 보기 싫은 모양의 결정을 만들어 냈다. 에모토의 사진은 다양한 에너지의 영향을 받는 물의 능력을 보여주고 있다. 몇몇 사람들은 에모토의 사진이 비과학적이라며 이의를 제기한다 하지만 물의 역사와, 물이 치유와 정화의 능력을 갖고 있으며 난해한 에너지의 도체로 작용한다는 고대인들과 토착민들의 많은 믿음과 의식을 잘 살펴보면 위안을 받을 수 있을 것이다. 말해졌거나 우리가 생각한 것 이상으로 물은 원석과 달빛, 신성한 장소나 사원, 바하 플라워 요법에 쓰이는 식물, 그리고 당연히, 에센셜 오일과 하이드로졸의 에너지를 흡수하고 전도할 수 있는 능력이 있다.

물의 종류와 사용법 / Types of Water and Uses

오염되어 독성이 있는 물에서부터 증가하는 물 부족 문제까지 물은 오늘날 여러 가지 이유에서 화제가 되고 있다. 물은 우리 삶에 있어 매우 중요하고 필수적인 것이기 때문에 마실 물이든 목욕할 물이든, 우리가 이용하는 물의 질과 종류 또한 중요하다. 물에 대해 더 알고 싶다면 이 장의 마지막에 있는 참고 서적과 기타 자료들을 살펴보기 바란다. 표 9.1에 시술 시에

표 9.1

일반적인 종류의 물

물의 종류와 이용	정보
자분수 *음용수* *아로마테라피 목욕*	피압 지하수라고도 알려져 있으며, FDA는 이 물이 반드시 제한된 대수층에 있는 우물에서 나온 것이어야 한다고 규정하고 있다. 우물 안의 수위는 반드시 대수층 꼭대기 위의 특정 지점까지 올라와 있어야 한다.
증류수 *음용수* *아로마테라피 제품*	물을 증류한 것으로 에센셜 오일과 비슷하다. 불순물과 전해질을 제거했다. 증류수는 조제약과 화장품 제조에 사용된다. 미세 성분과 미네랄이 제거되었기 때문에 어떤 이들을 증류수를 "죽은 물"이라고 부른다. 인간이 증류수 또는 정수된 물을 마셔야 하는가에 대한 논쟁은 여전히 계속되고 있다.
정제수 *음용수* *아로마테라피 목욕* *아로마테라피 제품*	증류수와 마찬가지로, 정제수 역시 "미네랄이 제거"된 물이다. 정제수는 "정제수"가 될 수 있는 법적인 정의에 부합되는 탈이온, 역삼투 또는 기타 과정을 거쳐 생산된다.
불소처리수 *음용수*	FDA 지침에 따라 불소를 첨가한다. 물에 불소를 첨가하는 것은 매우 논란이 많은 건강 문제이다. 어떤 온천은 미량의 불소를 자연적으로 함유하고 있다.
광천수 *아로마테라피 목욕* *음용수*	광천수는 다양한 종류의 광물을 함유하고 있는데, 대부분 마그네슘과 칼슘이 많이 들어있다. 황이 들어 있는 물에서는 썩은 계란 냄새가 나며, 철이 풍부한 물은 오렌지색이나 빨간색이다. 광물이 풍부한 물은 전형적으로 "경수"라고 일컬어진다. 광천수가 음용수가 되려면, 총 용존 고형물 (물속의 광물)이 250 ppm 이하여야 한다. 그리고 지질적, 물리적으로 보호된 수원에서 나온 것이어야 한다.
용천수 *아로마테라피 목욕* *아로마테라피* *음용수*	지각 아래에서 분출된다. 광물이 적은 온천은 기온과 비슷하며 얕은 경향이 있고, 광물이 많은 온천은 더 뜨겁고 지층 깊은 곳에서 나오는 경향이 있다. "뜨거운" 온천은 어떤 핵심 광물이 주어진 장소에서 나오느냐에 따라 목욕으로 얻을 수 있는 효능이 달라진다. 음용수가 되려면, FDA는 용천수가 반드시 지하에서 지구 표면으로 자연스럽게 흘러나와야 한다고 규정하고 있다. 용천수는 온천이나 지하에 있는 온천에 뚫은 시추공을 통해 수집해야 한다.
우물물 *음용수* *아로마테라피 목욕*	기계적으로 땅에 뚫은 구멍에서 나오는 물로 대수층의 물을 끌어올린 것이다. 어떤 우물은 얕아서 물이 마르거나 오염 물질이 들어갈 수 있는 반면 어떤 우물은 매우 깊어서 충분한 양의 물을 공급할 수 있다. 우물물은 종종 마그네슘과 칼슘이 풍부한 경수이다.

외적인 용도(수치료) 또는 내적인 용도(음용수)로 이용할 수 있는 일반적인 물의 종류를 적어 놓았다.

아로마 워터: 하이드로졸 / Aromatic Waters: Hydrosols

아로마 워터는 수치료 적용에 이용될 수 있는 물의 종류를 말한다. 하이드로라트라고도 알려진 **하이드로졸**은 증류 과정의 부산물로 특정한 식물 종에서 추출된 것이다. 하이드로졸은 아로마 식물의 *수용성 성분*과 소량의 에센셜 오일을 함유하고 있다. 캐티(2001)에 의하면 "하

표 9.2

하이드로졸과 치료 효능

하이드로졸/안정도	치료 효능
저먼 카모마일 *Marticaria recutita* 안정적: 2년까지 지속됨	• 습진, 건선, 발진, 여드름, 일광 화상, 그리고 기타 염증성 질환과 같은 다양한 피부 질환에도움이 되는 항염 작용과 냉각 효과가 있다. • 자율 신경계를 진정시키고 균형을 찾아줌: 감정과 스트레스 증상을 진정시키거나 줄여준다. • 진정 작용과 안심시키는 효능이 있는 저먼 카모마일 역시 라벤더처럼 목욕 시에 첨가할 수 있다. • 근육통, 삠, 접질림, 경련, 편타성 손상
로만 카모마일 *Chamaemelum nobile* 안정적: 2년까지 지속됨	• 유아와 어린이들을 위한 최고의 하이드로졸: 기저귀 발진, 편안함과 진정 작용, 숙면을 도와줌 • 정신을 편안하고 안정적으로 만들어 줌: 불면증, 스트레스 경감, 순한 도취 • 피부를 위한 항염제이자 소독제: 발진, 여드름에 효과적 • 불안감과 분노, 그리고 과잉 행동을 줄이는데 효과적임
클라리 세이지 *Salvia sclarea* 안정적: 2년까지 지속됨	• 수렴제로 지성 피부 타입에 사용할 수 있음 • 순한 진경제로 근육 경련, 쥐에 효과적 • 항우울제로 도취감을 주는 특성이 있음 • 여성용 토닉: 경련, 월경 전 증후군, 감정의 동요, 일과성 열감에 효과적 • 감정적 충격, 상심
라벤더 *Lavandula angustifolia* 안정적: 2년까지 지속됨	• 긴장 완화, 진정, 그리고 편안함: 두통, 스트레스 관련 질환에 효과적 • 항염제이자 살균제 • 유아들의 목욕 시, 또는 기저귀 발진과 수면 장애를 위한 미스트 • 근육통과 삠, 접질림, 아프거나 경직된 근육에 사용
오렌지 플라워 *Citrus aurantium var. amara* 안정적: 2년까지 지속됨	• 항우울제, 도취감 • 스트레스 경감, 불면증, 순한 진정제 • 순한 수렴 작용이 있어 여드름과 지성 피부를 위한 토너로 적합
페퍼민트 *Mentha × piperita* 불안정: 지속 기간이 1년 이하이며, 반드시 냉장 보관해야 함	• 소화용 토닉: 변비, 복통, 소화 불량에 좋음 • 근육통과 삠, 접질림, 경련, 정강이 통증, 아프거나 경직된 근육에 사용 • 정신을 자극하고 활기를 부여함
로즈 *Rosa damascena* 안정적: 2년까지 지속됨	• 수렴제, 여드름과 정맥류, 지성 피부, 중건성, 노화, 민감성, 그리고 활력을 잃은 피부에 좋음 • 편안함과 진정, 영양 공급 • 심장과 강한 친근성, 슬픔에 차 있거나 감정적 지지가 필요한, 비탄에 빠진 개인에게 유용함 • 여성용 토닉: 경련, 월경 전 증후군, 감정의 동요, 일과성 열감, 폐경기 증후군에 효과적

이드로졸 1리터에는 그 성분이 물에 녹는 정도와 증류 한계에 따라 0.05~0.2ml의 에센셜 오일이 녹아 있다"고 한다 (12쪽).

하이드로졸은 가끔 플로랄 워터라는 잘못된 이름으로 불리기도 한다. 대부분의 하이드로졸은 꽃에서 추출한 것이 아니며, 꽃향기가 나지도 않기 때문에 이 용어는 잘못된 것이다. 따라서 하이드로졸이라고 하는 것이 훨씬 더 정확한 표현이다. 하이드로졸은 또한 물과 에센셜 오일을 섞은 것과도 상당히 많이 다르다. 물과 에센셜 오일을 섞은 것은, 분산 인자의 유무에 관계없이 **아로마 미스트**라고 불러야 하며 이것의 치료적 효능 또한 진짜 하이드로졸의 치료 효능과는 다르다.

하이드로졸을 신선하게 보관하기 위해서는 직사광선이나 열을 피해 시원한 곳에 보관하는 것이 중요하다. 대부분의 하이드로졸의 유통 기간은 12개월~24개월이다. 하이드로졸을 냉장고에 보관하면 아로마의 신선함과 생생함이 더 오래 간다. 가끔씩 하이드로졸의 향기를 맡아서 상태가 여전히 좋은지 확인하도록 하라.

하이드로졸은 수치료와 목욕, 스프레이, 습포, 내복용 등으로 사용 시 중요한 역할을 할 수 있다. 하이드로졸은 또한 소금 스크럽과 겔, 로션, 크림에도 이용되어 질 수 있다. 하이드로졸도 에센셜 오일처럼 다양한 치료 목적을 위해 다른 재료와 혼합해 사용할 수 있다. 표 9.2에 더 일반적으로 사용되는 하이드로졸과 그들의 치료 효능을 정리해 놓았다.

보습제로서의 하이드로졸

현대인들의 피부는 환경적 조건과 지나친 커피 음용, 물을 적게 마시는 것, 그리고 영양 결핍 등의 이유로 매우 고통 받고 있다. 피부가 수분을 원할 때는, 물을 마시는 것도 중요하지만 하이드로졸을 사용하는 것도 매우 효과적이다. 에센셜 오일이나 식물성 캐리어 오일은 물을 함유하고 있지 않기 때문에 피부에 수분을 공급하지 못하지만 하이드로졸과 모든 천연 스킨케어 크림은 피부가 필요로 하는 수분을 전달할 수 있다 (식이 요법과 물 섭취량을 늘리는 것과 함께 하면 더욱 효과적이다).

그림 9-3 물과 손

Source: © iStockPhoto.com/alephxol

치료로서의 물 / WATER AS THERAPY

우리의 몸은 놀라울 정도로 바닷물과 그 구성 성분이 유사한데 이 때문에 우리는 우리의 몸과 마음과 정신을 채워주고 복원해주는 생명을 주는 물속에 몸을 담그고 싶어하는 것 같다 (그림 9-3). **수치료**는 질병이나 부상을 위한 트리트먼트와 건강 유지를 위해 모든 형태의 물(고체, 액체, 기체)을 이용하는 것을 말한다. 수치료는 마사지 테라피스트와 바디워커가 트리트먼트와 스파 세션, 그리고 고객과 시술자를 위한 자가 케어의 일부분으로 많이 사용한다.

해수 요법은 수치료의 일종으로, 특히 해수나 해초 또는 다양한 해수 추출물을 치료적으로 이용하는 것을 말한다. 해수 치료에 대해서는 뒤에서 더 자세히 다룰 것이다. **광천 요법**은 면역 체계를 강화할 목적으로 목욕을 이용하는 것을 말한다; 림프와 혈액 순환을 포함한 순환 과정 자극, 조직과 혈관 팽창을 통한 세포 활동 촉진, 자가 치유 능력 자연적으로 활성화시키기 (www.balneotherapy.com).

수치료의 일반적인 치료 효능들:

- 통증 완화
- 부상으로 인해 붓는 것을 줄여줌

- 독소 제거
- 림프 흐름 개선
- 경련 경감
- 면역 기능 개선
- 정신적 웰빙 신장과 양육

물을 치료적으로 이용할 때, 우리 몸과 정신과 영혼에 강력한 치료 효과를 제공하는 허브, 에센셜 오일과 같은 유익한 성분들을 포함시키는 것도 좋다.

수치료의 효능 / Effects of Hydrotherapy

수치료를 이용했을 때 일어나는 놀라운 생리적 변화는 다음과 같이 분류할 수 있다:

- **기계적 :** 워터 스프레이, 마찰, 그리고 월풀 등이 인체의 표면에 가하는 충격에 의해 발생되는 효과. 예를 들면, 목욕 시에 고압의 물이 몸에 닿게 되면 혈액과 림프 흐름이 증가해 소변과 독소 배출이 촉진된다.

- **반사적 :** 신경계에 가해지는 물의 영향력에 의해 발생되는 효과; 예를 들면, 한쪽 발에 열기를 가하게 되면 반대편 발의 혈액 흐름이 변화한다.

- **화학적 :** 물을 마셨을 때 발생하는 효과; 예를 들면, 물을 마시면 독소가 몸 밖으로 배출된다.

- **온도 변화 :** 체온보다 높거나 낮은 온도의 물을 적용했을 때 발생되는 효과. 이는 수치료 적용에 있어 가장 중요한 관심사이다. 이용되는 물의 온도는 표 9.3에 나온 것처럼 매우 차가운 물부터 뜨거운 물까지 매우 다양하다.

표 9.3

물의 온도

등급	온도
매우 차가움	0° 에서 12°
차가움	12° 에서 18°
시원함	18° 에서 26°
미지근함	26° 에서 33°
따뜻함	33° 에서 37°
뜨거움	37° 에서 40°
매우 뜨거움	40° 이상

경고: 임신 중에는 중심 체온이 40° 이상 상승하면 안 된다. 따라서 뜨거운 물 목욕, 사우나, 전신 스팀, 그리고 습포 등은 피해야 한다.

수치료 시 원하는 결과를 얻기 위해 일반적으로 고려해야 할 사항들:

- 물의 온도
- 피부와 물의 온도 차이 (차이가 클수록 반응도 커진다)
- 적용 되어지는 표면적의 양 (적용 방법을 통해)
- 적용 지속 지간과 빈도 (짧게, 갑작스러운 노출, 또는 길게)
- 고객의 체중, 연령, 일반적인 건강 상태

테라피스트는 이러한 변수에 따라 특정한 결과를 달성하기 위해 트리트먼트를 조정할 수 있다. 아래의 지침이 언제 뜨겁게 적용하고, 언제 차갑게 적용해야 하는지, 그리고 언제 하면 안 되는지를 결정하는데 도움을 줄 것이다.

열기가 필요할 때:

- 만성 질환
- 치료의 아급성과 화농 단계
- 통증과 경직 감소
- 경축과 근육 경련 완화
- 순환과 노폐물 배출 증가
- 운동 범위와 유연성 개선

열 테라피를 사용하면 안 될 때:

- 최근에 부상당한 조직 (외상을 입은 지 72시간 내)
- 임산부 고객: 중심 체온이 40° 이상 상승하면 안 됨
- 활동성 결핵
- 상승한 체온에 반응하는 고객의 능력을 저하시키는 모든 종류의 질한
- 병력으로 인해 심장 마비가 일어날 위험성이 큰 사람 또는 원인을 알 수 없는 가슴 통증이 있는 사람은 스팀룸, 사우나, 뜨거운 물 목욕을 피해야 함
- 모든 악성 질환. 암환자는 수치료를 받기 전에 반드시 주치의의 사전 동의를 얻어야 함
- 당뇨, 혈관 질환, 심한 고혈압 등의 병력을 가진 고객들과 매일 약을 복용하는 고객들은 온열 요법을 받기 전에 주치의와 반드시 상의해야 한다.

냉기가 필요할 때:

- 최근에 부상을 입은 조직 (외상을 입은 지 72시간 내)
- 치료 과정 중 급성 단계
- 격통과 경련 감소
- 부어오름과 염증 조절
- RICE: 휴식, 얼음, 압박 붕대, 높이 올리기

냉 테라피를 사용하면 안 될 때:

- 레이노 신드롬, 냉기에 대한 반응으로 혈관 수축이 발생할 수 있음
- 동상이 발생했던 병력이 있는 인체 부위
- 감각 지각 능력이 감소해 온도가 유발하는 감각을 정확하게 말 할 수 없는 고객
- 모든 악성 질환. 암환자는 수치료를 받기 전에 반드시 주치의의 사전 동의를 얻어야 함
- 당뇨, 혈관 질환, 심한 고혈압 등의 병력을 가진 고객들과 매일 약을 복용하는 고객들은 냉온 요법을 받기 전에 주치의와 반드시 상의해야 한다.

실제 임상적용 9.1

RICE 방법 재검토

관절이나 연조직 손상과 관련된 통증과 염증 감소를 돕기 위해 부상을 입은 후 즉시 RICE 방법을 사용하는 것이 좋다.

R. **휴식(Rest):** 부상을 입었을 때는 통증이 줄어들 때까지 몸과 부상당한 부위를 쉬게 해주는 것이 제일 좋다.

I. **얼음(Ice):** 부상을 입었을 때는 가능한 빨리 부상을 입은 부위에 얼음을 대주는 것이 좋다. 얼음은 부상당한 부위에 쌓이는 혈액과 체액의 양을 줄여 통증과 염증 발생을 감소시킨다.

C. **압박 붕대(Compress):** 부상 부위를 압박 붕대로 감아 붓는 것을 감소시키고, 부상을 입은 관절과 부위에 지지를 제공한다. 디스틸(distill)에서 시작해 몸 중심 가까이로 이동하며, 너무 단단히 감싸지 않게 주의한다.

E. **높이 올리기(Elevate):** 베개나 버팀대를 이용해 부상당한 부위를 심장보다 높이 올린다. 이렇게 하면 여분의 체액이 부상 부위로 이동하는 걸 도와 붓는 것을 줄일 수 있다.

▶ 루푸스, 류머티즘 관절염과 진행성 경피증과 같은 특정한 질환은 냉온 요법을 이용했을 때 바람직하지 못한 결과가 나타날 위험이 크다.

냉온 테라피 (Contrast therapy)

매우 효과가 좋은 수치료 트리트먼트 방법인 냉온 테라피는 동일한 인체 부위에 열기와 냉기를 교대로 적용하는 것을 말한다. 이 방법의 주요 생리적 효능은 혈관 의 펌프 작용을 만들어 내는 국소 혈관의 확장과 수축이 교대로 일어나게 하는 것이다. 이것은 부상을 입은 조직에 특히 유용한데 영양이 풍부한 혈액을 국소 부위에 공급하고, 노폐물과 부상 부위에 고인 혈액을 씻어내 치료 과정을 촉진하는 효과가 있다.

냉온 테라피는 부상의 아급성 단계를 치료하는데 있어 매우 중요한 치료법으로 부종과 혈종(멍)을 풀어준다. 냉온 테라피 시에는 핫팩이나 콜드팩을 이용하기도 하고, 국소 부위를 물에 담그기도 한다.

기본적인 냉온 테라피 세션은 이런 식으로 진행된다:

따뜻한 물에서 5분
차가운 물에서 5분
따뜻한 물에서 2분
차가운 물에서 4분
따뜻한 물에서 2분
차가운 물에서 6분

실제 시술 시간은 개별적인 요소에 따라 약간씩 달라질 수 있다. 예를 들어, 치료되는 인체 부위와 고객의 일반적 상태에 따라 달라질 수 있다. 하지만 시간은 동일한 비율로 적용되어야 하며, 시작할 때는 차가운 물로 하거나 뜨거운 물로 하거나 상관이 없지만 ***끝낼 때는 반드시 차가운 물로 끝내야 한다***.

수치료의 부작용

수치료 트리트먼트는 일반적으로 더없이 유용하고 순한 것으로 여겨지고 있다. 가끔씩 개인의 생리적 반응이나 신중하지 않은 트리트먼트 때문에, 또는 트리트먼트가 적절하게 적용되지 않았을 때 약간의 부작용을 겪는 사람들이 있다. 다음과 같은 반응 중 한 가지라도 발생하면 즉시 트리트먼트를 중단하고 문제 해결을 위한 중화 조치를 취해야 한다.

고객이 추위를 느낄 때는 재빨리 고객의 몸을 충분한 양의 담요로 감싸거나 웜팩을 손에 올려놓아 몸을 따뜻하게 만든다:

경고

수치료 세션 동안에는 절대 고객을 혼자 두어서는 안 된다. 수치료 세션은 반드시 지식이 있는 시술자가 감독해야 한다.

- 두통: 전신 온열 테라피 동안 차가운 습포를 머리에 올려놓지 않았거나 온열 테라피로 인해 탈수가 일어났을 때 가끔 발생한다.
- 제어할 수 없는 떨림: 차가운 것을 너무 오래 올려놓았거나 몸을 적절하게 감싸 따뜻하게 만들어주지 못했을 때
- 어지러움 또는 가벼운 두통
- 심계항진
- 피부 민감도 증가
- 과도한 호흡
- 메스꺼움
- 불면증

부작용은 트리트먼트 중이나, 트리트먼트가 끝난 후, 또는 트리트먼트가 끝나고 24시간 후에도 나타날 수 있다. 그렇기 때문에 고객에게 트리트먼트와 발생할 수 있는 부작용, 그리고 고객이 취할 수 있는 조치에 대해 시간을 갖고 설명하는 것이 중요하다. 고객에게 홈 트리트먼트를 하라고 권했다면 지시 사항들을 꼼꼼하게 적어 고객에게 주는 것이 고객의 안전과 효과적인 이용을 위해서도 좋다.

물에 기초한 방법의 적용 / WATER-BASED METHODS OF APPLICATION

그림 9-4 꽃물 족욕
Source: © iStockPhoto.com/liewy

이 책은 수치료와 스파 트리트먼트만을 위한 책이 아니기 때문에, 이런 기술들을 가장 일반적으로 이용하는 방법 몇 가지와 이들을 에센셜 오일과 하이드로졸이 가진 뛰어난 치료 능력과 결합시키는 것에 대해서만 설명할 것이다. 전신 목욕을 제외하고는 고객에게 집에서 이용하라고 권할 수 있다. 이런 기술들은 대부분 모든 종류의 바디워크 시술과 쉽게 통합할 수 있으며 고급스러운 욕실이 없어도 가능하다. 각각의 방법에 사용할 에센셜 오일과 하이드로졸 선택은 트리트먼트의 목표와 목적에 따라 달라진다 (그림 9-4).

전신 목욕 / Full-body Baths

전신 목욕은 "몸을 액체 또는 스팀과 같은 증기 매개물 안에 완전히 담그는 것"이라고 정의할 수 있다(그린, 2000, 254쪽). 전신 목욕의 효능은 물의 온도와 목욕 시간에 따라 달라진다. 전신 목욕(물 온도가 37° 일 때)을 위한 평균 시간은 20분 내지 그 이하이다. 황산마그네슘/해수염 목욕은 육체적이나 감정적인 독소 배출을 지지하고 촉진하는데 매우 효과적이다. 황산마그네슘과 해수염이 들어간 아로마 목욕은 소금 테라피 섹션을 참고하기 바란다.

일반적으로, 아로마테라피 전신 목욕은 이런 효과가 있다:

- 스트레스/불안감 감소
- 근육통, 긴장 이완
- 정신적 또는 육체적 피로 진정
- 순환 자극
- 림프 순환 증진
- 통증과 경직 경감

- 국부 순환 증가
- 피부의 색조와 건강 개선
- 독소배출 촉진

치료적 희석도 권고

욕조에 떨어뜨리는 에센셜 오일의 방울 수는 이용하는 에센셜 오일의 종류에 따라 달라진다. 일반적으로 전신 목욕 시에는 에센셜 오일을 5에서 10방울 떨어뜨리면 된다. 하지만, 자스민과 같은 오일은 한두 방울이면 충분하며, 라벤더 같은 오일은 10방울에서 15방울 떨어뜨려야 한다. 피부에 자극적이거나, 피부를 민감하게 만들거나, 점막을 자극하는 에센셜 오일은 목욕 중에 사용을 피하는 것이 좋다. 목욕물에 넣기 전에 에센셜 오일을 분산제와 미리 섞어둔다. 실제 임상적용 사례 9.2에 사용 가능한 분산제를 적어 놓았다.

하이드로졸 추가 : 캐티 (2001)에 의하면, "6개월된 유아의 경우, 유아용 욕조에 선택한 하이드로졸을 1 작은 술 추가한다. 성인용 욕조를 사용할 경우에는 아기 키만큼 물을 채운 다음, 하이드로졸을 2 작은 술 넣는다. 12살까지의 어린이 경우에는 나이 한 살 당 하이드로졸을 1 작은 술씩 넣는데 최대 8 작은 술까지 넣을 수 있다. 성인은 30~250 ml (욕조 당 1에서 8 온스)까지 넣을 수 있다" 고 한다 (171쪽).

목욕 준비하기

물은 원하는 온도로 맞춰져 있어야 하며, 개인이 욕조에 들어간 다음, 에센셜 오일이나 하이드로졸을 넣는다. 욕조에 들어가기 전에 미리 에센셜 오일을 넣어두면 원하는 효능이 날아갈 뿐만 아니라 질과 직장 부위의 점막이 자극받을 가능성이 증가하기 때문이다. 개인이 욕조 안에 들어가면 분산제와 섞어둔 에센셜 오일/시너지를 떨어뜨린다. 그런 다음 오일/시너지가 물 전체에 퍼질 수 있게 물을 저어준다. 에센셜 오일은 지방과는 친하지만 물과는 친하지 않아 피부로 금방 흡수될 것이다.

> **경고**
>
> 목욕 중에 피부에 붉은 반점이나 염증이 발생했다면 이는 에센셜 오일이 너무 많이 들어갔거나, 분산제를 너무 많이 이용했거나, 고객이 특이 체질 반응이나 알레르기 반응을 경험한 적이 있다는 의미이다.
> 염증이 생겼다면, 에센셜 오일이 들어있지 않은 가벼운 크림이나 알로에 베라 겔을 발라주어라. 이런 염증은 1시간 안에 사라진다.

족욕과 수욕 / Foot and Hand Baths

수욕이나 족욕은 손이나 발을 물에 완전히 담그거나 부분적으로 담그는 것을 말한다. 그린(2000)은 "발바닥은 우리 몸에서 가장 중요한 부분 중 하나로 골반과 복부 내장의 순환을 조절하는 신경 중추와 직접적으로 연결되어 있다"고 말했다 (272쪽). 족욕과 수욕은 반사요법이

실제 임상적용 9.2

분산제

수성 분산제 : 폴리소르베이트 20

폴리소르베이트 20는 비이온 계면 활성제로 목욕물, 로션, 미스트, 그리고 바디 미스트와 같은 수성 유상액에 에센셜 오일을 분산시키는데 이용된다. 에센셜 오일 도매협회 (n/d)에 의하면, 폴리소르베이트 20은 설탕(소르비톨)과 올레인산(올리브 오일 소스)을 결합해 만든다고 한다. 그런 다음 이 성분을 에톡실산화 (곡물 에틸 알코올) 해서 물에 분산될 수 있게 만든다.

기타 목욕용 분산제:

꿀
우유: 신선한 우유 또는 분말 우유
코코넛 밀크
해수염 또는 황산마그네슘
식물성 오일

표 9.4

온/냉 족욕와 수욕 개요

온도	치료 작용
뜨거운 족욕/수욕 37° 에서 43°	• 다리의 혈관 확장을 통한 순환 균형을 맞추는데 유용 • 뇌와 인체의 상부에 있는 기관의 울혈 완화 • 자궁과 장, 방광, 그리고 기타 골반과 복부 내장의 불수의근 자극 • 불면증, 폐 충혈, 월경 불순, 월경 억제, 난소 충혈 • 점액 출혈과 머리와 가슴, 또는 복부의 국부 충혈 초기 단계
차가운 족욕/수욕 7° 에서 12°	• 반사 또는 반대 자극제, 효과 생산 • 자궁의 혈관과 근육 수축, 그리고 자궁과 연결된 기관 수축 • 장의 연동 운동과 방광 수축 자극 • 뇌와 위, 간, 방광의 혈관과 그리고 장 수축이 동시에 일어남

나 바디워크 트리트먼트의 부분으로 이용될 수 있다, 표 9.4에 그린(2000)이 제시한 온도에 따른 치료 효과를 정리해 놓았다.

일반적으로, 아로마테라피 족욕과 수욕은 이런 경우에 유용하다:

- 스트레스/불안
- 순환 장애
- 활력 감퇴
- 발 또는 손의 통증
- 관절염과 류머티즘 (아급성 단계)
- 손톱과 발톱의 진균 감염
- 위안 테라피

족욕과 수욕 준비

원하는 온도의 물을 대야에 채운 다음, 선택한 에센셜 오일이나 하이드로졸을 넣는다. 식물성 오일이나 우유와 같은 분산제를 사용해도 되지만 수욕이나 족욕에서는 필수적이지 않다. 대야 안에 발이나 손을 넣고 5분~10분 동안 담그고 있는다. 효과를 배가시키고 싶다면 황산 마그네슘이나 해수염을 반 컵 추가한다.

치료적 희석도 권고

따뜻한/뜨거운 물 한 대야 당 에센셜 오일 5~10방울
선택한 하이드로졸 1~3 작은 술

그림 9–5 증기 흡입
Source: © iStockPhoto.com/lovleah

증기 흡입 / Steam Inhalation

호흡기 계통 치료를 위해 쓰이는 증기 흡입은 에센셜 오일의 객담 효과를 지지하는데 효과적인 방법이라고 할 수 있다(그림 9–5). 보이드와 쉐퍼드(1968)는 증기 흡입은 기도 분비액의 산출과 성분에 영향을 줄 수 있다고 보고했다. 그들은 또한 아로마를 낮은 농도로 단시간 흡입하는 것이 가장 효과적이라고 지적했다. 장기간 노출시키는 것은 증기 흡입의 효율을 떨어뜨리므로 단기간에 낮은 농도의 증기를 흡입하는 것이 최고의 효과를 끌어내는 열쇠이다.

증기 흡입이 필요한 경우:

- 상기도 충혈 (감기 또는 독감)
- 누 감염 또는 부비강염
- 호흡기 기능 향상

증기 흡입 준비

물을 2컵 끓인 다음 불을 끄고 5~10분 동안 식힌다. 물을 유리그릇에 붓고 탁자 위에 놓아 개인이 그릇 위쪽에 앉거나 설 수 있게 한다. 에센셜 오일이나 시너지를 2~5방울 떨어뜨린다. 3분에서 5분 동안 증기를 흡입한다. 흡입량이 늘어날 수 있게 머리 위를 수건으로 덮는 것도 좋다. 특수한 호흡기 질환 치료가 목적이라면 하루에 두세 번 정도 증기를 흡입하게 한다.

> **경고**
>
> 염증이 생기지 않게 눈은 반드시 감고 있어야 하며 점막을 자극하는 에센셜 오일 사용은 피한다 (3장 참고).

치료적 희석도 권고

약 2컵의 뜨거운 물에 에센셜 오일이나 시너지를 2~5방울 첨가해 낮은 농도로 만들어 사용해도 충분하다.

습포 / Compress

습포는 면포나 플란넬 면을 찬물이나 뜨거운 물에 적신 다음, 직접 피부에 적용하는 것을 말한다. 습포는 일반적으로 작은 국소 부위 트리트먼트에 이용된다. 냉습포는 울혈을 예방하거나 완화하고, 특정한 부위로 흘러들어가는 혈류 감소시키고, 염증을 억제하는데 이용된다. 냉아로마 습포는 최근에 삐었거나 접질린 곳, 멍이든 곳을 풀어주기 위해 RICE 기술과 함께 적용할 수 있다. 온습포는 월경 곤란증과 같은 질환의 통증 완화를 위해 이용된다. 온습포는 인체의 특정한 부위의 혈류를 증가시킬 수 있다.

일반적으로, 아로마테라피 습포는 이런 경우에 유용하다:

- 근육통 (온습포 또는 냉습포)
- 삠과 접질림 (온습포 또는 냉습포)
- 월경 곤란증 (온습포)
- 호흡기 충혈 (온습포)
- 멍 (온습포 또는 냉습포)
- 피부 염증 (냉습포)
- 정맥류 (냉습포)
- 위안 테라피 (온습포)

습포 만들기

싱크나 커다란 그릇에 약 1리터의 뜨거운 물이나 차가운 물을 넣는다. 에센셜 오일 5에서 10방울을 분산제와 함께 (원할 경우) 물에 넣는다. 면포 또는 플란넬 면을 물에 담가 휘젓는다. 면포에 원하는 정도의 수분만 남을 때까지 짜준 다음, 치료할 부위에 올린다. 이때, 필요하다면, 선택한 시너지를 1에서 3방울 추가적으로 직접 습포에 떨어뜨린 다음 습포를 올려놓아도 된다. 온습포는 온도가 체온 정도로 내려갈 때까지 놓아두면 된다. 그런 다음, 면포를 물에 적시는 과정부터 반복해 다시 올려놓는다. 이 과정을 3, 4회 반복한다. 냉습포는 5분에서 7분마다 바꿔주도록 한다.

그림 9-6 핫타월 캐비넷
Source: © Dennis Gallaher

치료적 희석도 권고

물 1리터에 에센셜 오일을 5~7방울 떨어뜨리거나 습포에 직접 1~3방울 떨어뜨린다.

하이드로졸 추가: 캐티(2001)에 의하면, 성인의 경우 원하는 온도의 물 1리터에 3~5 작은 술의 하이드로졸을 추가하면 된다고 한다; 어린이의 경우 물 1리터에 2~3 작은 술의 하이드로졸을 추가하면 된다고 한다.

핫타월 캐비넷 / Hot Towel Cabinet

핫타월 캐비넷은 모든 트리트먼트 룸에 간단히 설치할 수 있다. 이 작은 금속 상자는 정해진 온도까지만 가열되며, 상자 안에는 세균 번식을 억제하는 기능이 있는 자외선 전구가 달려 있다. 사용이 간편한 핫타월 캐비넷은 전기를 꽂을 수 있는 콘센트와 캐비넷을 놓아둘 수 있는 선반만 있으면 설치할 수 있다. 미리 아로마 타월을 준비해 놓으면, 기본적인 마사지 세션 동안에도 따뜻하게 덥힌 물수건을 사용할 수 있다 (그림 9-6).

> **경고**
>
> 화상을 입을 수 있으므로 캐비넷에서 타월을 꺼낼 때 손으로 캐비넷 안쪽을 건드리지 않게 주의한다. 또한, 사용하기 전에 타월을 펴서 팔뚝에 대고 온도가 적당한지 테스트한다. 전문가 등급의 캐비넷은 안전한 온도를 유지할 수 있게 되어 있기는 하지만, 고객의 피부에 적용하기 전에 잠깐 동안 수건을 식힌 다음 사용하는 것이 좋다.

일반적으로, 아로마 핫타월은 이런 경우에 유용하다:

- 경직되고 아픈 근육의 긴장 완화
- 전반적인 긴장 이완 증가
- 국소 부위 순환 개선
- 솔트 글로우와 스크럽, 마스크 제거
- 마사지 세션 직전이나, 마사지 세션이 끝난 직후에 환대와 배웅 의식에 이용

핫타월 준비하기

싱크나 작은 욕조에 뜨거운 물을 넣는다, 선택한 에센셜 오일을 5~10방울을 떨어뜨린 다음 섞는다. 몇 분 동안 수건을 담가 두었다가 꽉 짠 다음, 말거나 접는다. 핫타월 캐비넷 안에 수건을 넣고 트리트먼트 전에 적어도 30분 동안 열을 가한다.

아로마 미스트 / Aromatic Spritzers

아로마 미스트는 에센셜 오일과 물을 혼합한 것이다. 종종 에센셜 오일을 물에 녹이기 위해 폴리소르베이트 20과 같은 분산제가 사용되기도 한다. 아로마 미스트는 기도를 맑게 하기 위해 얼굴 베개에 뿌릴 수도 있고, 마사지 오일을 바르기 전에 몸에 뿌려도 된다. 아로마 미스트는 마사지와 아로마테라피 블렌드의 효능을 배가시킨다.

아하!

아로마 미스트는 피부와 감정 모두를 상쾌하게 하고 원상 복귀시키는데 이용하면 좋다. 미스트를 만들려면 다음과 같은 것들이 필요하다:

4온스 유리병 또는 PET 병 1개
분무기 뚜껑 1개
위치헤이즐 1큰술
에센셜 오일 20방울
광천수/증류수 또는 용천수

병이 새 것이거나 소독이 된 것인지 확인한다. 위치헤이즐을 병에 넣는다. 선택한 에센셜 오일을 넣는다. 증류수를 채워 넣는다. 분무기 뚜껑으로 닫고 잘 흔들어 준다. 얼굴에 뿌릴 때는 항상 눈을 감게 해야 하며, 사용하기 전에는 매번 잘 흔들어줘야 한다. 사용 전에 냉장고에 넣어두면 더 시원하고 청량감 있게 사용할 수 있다. 직사광선이나 열을 피해 보관한다.

일반적으로, 아로마 미스트는 이런 경우에 유용하다:

- 방향제
- 아로마 블렌드가 적용될 인체 부위를 위한 바디 스프레이
- 공기 중의 불쾌한 냄새 감소
- 호흡 향상
- 다양한 감정적 상태 진정

기본으로 돌아가라: 소금 / BACK TO BASICS: SALT

그림 9–7 염전
Source: © iStockPhoto.com/dzalcman

인류 역사에 있어 소금은 오래도록 삶의 필수 요소였다. 이 놀라운 물질을 둘러싼 많은 이야기와 전설, 관습이 전해지고 있으며 심지어는 전쟁이 일어나기도 했다. 중국에서 2,700 BC에 출간된, 거의 최초의 것이라고 알려진 약리학 서적 **Peng-Tzao-Kan-Mu**에는 40개가 넘는 소금 종류와 추출 과정이 적혀 있다. 이집트인들은 1450 BC에 소금을 만들었다고 기록해 놓았으며, 고대 그리스에서는 소금이 노예무역에 이용되기도 했는데 이는 소금이 가진 경제적 가치의 중요성을 보여주는 사례라 할 수 있다.

염화나트륨 또는 소금은 전 세계에서 찾아볼 수 있는데 특히 바닷물은 소금의 무한한 원천이다. 바닷물에 녹아있는 총 고체 중의 77%가 소금이다 (그림 9–7). 소금은 또한 지구 어디서나 볼 수 있는데 소금 호수에서는 혼성의 증발암으로 나타나며, 소금 퇴적물의 표면으로 (고대 바다의 흔적으로) 나타나기도 하고, 인간이 만든 소금 평원으로도 나타난다. 소금은 사용 용도에 따라 크기와 색과 품질, 그리고 구성 성분이 매우 다양하다.

몸 / Body

소금은 생명의 필수 요소로 인간은 소금이 없으면 존재할 수 없다. 인체 내의 소금 대부분은 칼슘과 인 안에 포함되어 있으며 특히 뼈와 치아에 많이 들어있다. 소금은 또한 체액 안에서도 발견된다. 소금은 전해질로 이는 용매 안의 전류를 전도한다는 의미이다. 적절한 전해질 균형은 인체가 기능하는 데 있어 매우 중요하다. 미국인들의 하루 평균 나트륨 소비량은 약 3그램인 것으로 추정되는데 이것은 하루에 약 7, 8 그램에 해당하는 소금을 섭취한다는 의미이다. 미국 과학 한림원은 미국인들에게 하루에 소금을 최소량인 500 mg만 섭취할 것을 권고하고 있다. 앞에서도 나온 것처럼 우리는 1일 필요량보다 더 많은 소금을 섭취하는 경향이 있다. 소금을 과도하게 섭취했을 때의 실제적 위험과 가정 속 위험을 두고 과학자들 간에 논쟁과 토론이 계속되고 있다. 생존과 최상의 기능 유지를 위해 소금이 필요하기는 하지만 다른 것들과 마찬가지로 너무 지나친 것은 좋지 않은 것 같다.

정신 / Mind

몸과 정신은 절대 떼어놓을 수 없는 관계이다. 그리고 대부분, 무언가에 좋은 것은 다른 것에도 좋다. 소금이 가진 정화하고, 독소를 배출시키고, 치료하는 능력은 우리의 정신과 감정에도 동일한 효과를 발휘한다. 물이 가진 효능이 더해진 따뜻한 아로마 소금 목욕은 긴장과 슬픔, 불안, 스트레스를 줄이는데 도움이 된다. 만성적 스트레스로 인해 과도하게 분비된 아드레날린은 인체의 마그네슘과 기타 중요한 미네랄을 몸 밖으로 배출시킨다. **마그네슘**은 뇌에서 웰빙과 긴장 완화의 느낌을 유도해내는 적절한 양의 세로토닌을 형성하는 필수 성분이다. 황산마그네슘은 피부로 즉시 흡수될 수 있는 마그네슘과 황의 함량이 높아 소화를 촉진하고 독소 배출을 돕는다. 바쁘고 스트레스가 많은 일과에서 잠깐 벗어나 목욕이나 아로마와 소금에

서 영감을 얻은 바디워크 세션에 시간을 투자하는 것이 마음을 가라앉히고 진정한 치유가 일어날 수 있는 공간을 준비하는 첫 번째 단계임을 명심하라.

영혼 / Spirit

모든 시대를 통틀어 소금은 종교적 믿음과 관습, 그리고 의식에서 중요한 역할을 담당해 왔다. 원시시대부터 구속 없는 순수함의 상징이었던 소금은 그리스 숭배자들에 의해 종교 의식에서 이용되었다. 유대인 사원의 공물에는 소금이 포함되어 있으며, 구식과 신식 트리트먼트 모두 자주 소금을 언급하고 있다. 천주교는 세례식을 포함한 다양한 정화 의식에 소금을 사용한다. "구원(salvation)"이라는 단어 속에서는 소금이라는 의미가 내포되어 있다. 불자들은 소금이 악령을 쫓아준다고 믿는다. 정화와 보호를 위해 소금을 어깨에 뿌리거나 집 주위에 뿌리는 것은 다른 종교에서도 볼 수 있다. 심지어는 인도에서는 오늘날에도 행운의 상징이자 마하트마 간디가 인도의 빈민을 위해 비과세 소금을 모으기 위해 아라비아 해까지 200 마일을 행진했던 독립운동의 상징으로 여겨지는 소금을 선물로 주는 것이 환영받고 있다.

그림 9-8 소금
Source: © Dennis Gallaher

소금의 종류 / Types of Salt

표 9.5에 다양한 소금의 종류와 그 소금들의 치료 효과에 대해 정리해 놓았다. 그림 9-8에서는 몇 가지 소금을 볼 수 있다.

표 9.5 소금의 종류

이름	특징	크기와 사용처
해수염 (Sal Del Mar, Sale Marino) 일반적인 생산지: 지중해, 북해, 프랑스 (대서양), 태평양	소금과 관련된 일반적인 분류는 생명력을 지닌 대양과 바다에서 직접적으로 시작한다. 해수염은 태양과 바다에 의해 자연적으로 수확된다. 전형적인 해수염은 다른 소금들과 달리 정제하지 않는다. 따라서 철, 마그네슘, 칼슘, 칼륨, 아연과 같은 미량 원소들을 함유하고 있다.	굵은 소금 – 목욕용 소금 고운 소금 – 솔트 스크럽 가는 소금 – 소금 습포, 치료적 트리트먼트, 요리
식용 소금 일반적인 생산지: 지역의 소금 광산	식용 소금은 주방에서 흔히 볼 수 있다. 소금 광산에서 생산된 이 소금들은 거의 대부분의 미량 원소들이 제거되며, 순수한 염화나트륨이 될 때까지 정제를 한다. 요오드 처리를 한 소금의 경우, 요오드를 다이어트 보조제로 추가한 것이다. 식용 소금보다는 해수염이 건강에 좋다.	고운 소금 – 요리 굵은 소금 – *민감성 피부를 건조하게 만들고 자극할 수 있기 때문에 바디 트리트먼트에는 적합하지 않음 *스크럽과 소금 글로우 시 잘 녹지 않음
사해 소금 일반적인 생산지: 오직 사해에서만 발견됨	사해의 염분 농도는 약 33%로 해수의 평균 농도인 3%에 비해 대단히 높다. 사해 소금은 또한 마그네슘과 칼륨, 염화칼슘을 함유하고 있으며 브롬화물의 매우 많이 농축되어 있다. 사해 소금의 이런 독특한 구성 성분 때문에 클레오파트라 시대부터 치유 능력이 큰 것으로 찬양받아 왔다. 2000년이 넘는 시간 동안 피부의 휴식과 류머티즘 질환, 상처 치료, 그리고 뷰티 트리트먼트를 위해 많은 여행자들이 사해를 찾고 있다.	고운 소금 – 목욕용 소금 굵은 소금 – 소금 스크럽, 소금 습포, 치료적 트리트먼트

소금의 종류

표 9.5 (계속)

이름	특징	크기와 사용처
켈틱 회색 해수염 (Fleur de sel) 일반적인 생산지: 프랑스	이 특별한 해수염은 색이 회색이며 일반적으로 유기농으로 여겨진다. 이 소금은 손으로 수확하며, 수확한 후에는 어떠한 정제도 가하지 않는다. 세척도 하지 않고 정제도 하지 않기 때문에 미량 원소와 영양분들이 고스란히 남아 있다.	고운 소금 – 목욕용 소금 중간 굵기 소금 – 소금 스크럽 굵은 소금 – 소금 습포, 치료적 트리트먼트
할레이칼라 레드 일반적인 생산지: 하와이	붉은 알레아는 치료 효과가 있는 점토로 붉은 색을 띄며 미량 원소와 산화철이 풍부하게 들어있다. 이 점토는 하와이 제도에서만 발견된다. 이 점토가 해수염에 더해져 탄생된 특별한 소금이 이것이다.	고운 소금 – 요리 굵은 소금 – 목욕용 소금, 소금 스크럽, 소금 습포, 치료적 트리트먼트, 고유한 치료 의식
킬라우에아 블랙 일반적인 생산지: 하와이	이 해수염은 고급 활성탄이 소금과 결합해 독특한 반짝임이 있는 검은색의 혼합물을 형성하는 과정을 통해 만들어지는데 이 소금은 고급스러운 풍미와 함께 활성탄의 증명된 항독성 효능을 지니고 있다.	고운 소금 – 요리 굵은 소금 – 소금 스크럽 *(소량)*, 치료적 트리트먼트, 고유한 치료 의식
발리 해수염 (Fleur de sel) 일반적인 생산지: 발리	발리 해수염은 이것이 만들어지는 전통적인 방식 때문에 유명한데, 이 소금은 건기에만 만들 수 있으며 완성이 되려면 몇 주가 걸린다. 나무줄기에 난 홈으로 바닷물을 통과시켜 풀로 만든 오두막에서 손으로 말린다. 발리 사람들은 이 소금을 정화 능력이 있는 신성한 것으로 숭배한다. 독특한 수작업 공정 때문에 이 소금의 결정은 굵으면서 기하학적이다.	굵은 소금 – 목욕용 소금, 소금 습포, 치료적 트리트먼트
황산마그네슘 일반적인 생산지:	황산마그네슘 또는 엡솜 소금은 종종 목욕과 몸을 위한 치료에 이용된다. 이 소금은 근육통을 완화시키는데 있어 최고일 뿐만 아니라, 체내의 마그네슘 레벨을 높여 순환을 개선하고, 불규칙한 심장박동을 줄이며, 동맥 경화를 예방하고, 혈전을 줄이며, 혈압을 낮추는 것으로 여겨지고 있다. 황산마그네슘은 또한 인체가 인슐린을 이용하는 능력과 독소와 중금속을 세포에서 씻어내는 능력을 개선하고 전해질을 조절해 신경 기능을 개선하는 것으로 알려져 있다.	굵은 소금 – 목욕용 소금, 소금 습포, 치료적 트리트먼트 *스크럽과 소금 글로우 시 잘 녹지 않음
히말라야 핑크 일반적인 생산지: 히말라야 산맥	자연적으로 발생한 순수한 소금으로 히말라야 산맥에서 손으로 직접 채굴한다. 이 소금의 결정은 높은 철분 함량과 48가지나 되는 미량 원소 때문에 분홍색 또는 진한 빨간색을 띈다. 나이가 25억만년이나 되는 이 소금은 순환을 자극하고, 인체의 독소를 제거하는 것을 돕는 등 건강에 좋은 효능을 지닌 것으로 유명하다. 이 소금은 매우 건조하기 때문에 아로마테라피에 특히 좋다.	고운 소금 – 목욕용 소금 작은 소금 – 소금 스크럽 중간 굵기 소금 – 소금 습포 큰 소금 – 치료적 트리트먼트

트리트먼트에 소금 통합하기 / INCORPORATING SALTS IN YOUR TREATMENTS

전통적인 소금 글로우

소금 글로우 또는 스크럽은 순환을 자극하고 불순물과 죽은 피부 세포층을 제거하는 동시에 피부를 부드럽고 반짝거리게 만드는 데 있어 가장 효과적이라고 알려진 바디 트리트먼트이다. 그 결과 소금 글로우 뒤에 바로 이어지는 마사지나 다른 바디 트리트먼트 동안 적용되는 에센셜 오일을 피부가 더 잘 받아들이고, 천연 분비액을 생산하는 것을 가능하게 하는 효과가 있다. 소금 스크럽 시에는 굵은 소금이나 중간 굵기의 해수염을 사용하는 것이 제일 좋다. 너무 굵은 소금은 피부에 상처를 내거나 해를 입힐 수 있으므로 사용하지 않는 것이 좋다. 스크럽을 해면이나 핫타월로 닦아낼 생각이라면 해수염을 사용하는 것이 최선이다. 황산마그네슘은 잘 증발하지 않아 제거하기가 힘들기 때문이다.

테이블 보호를 위해 시트 아래에 플라스틱 라이너를 한 장 깐다. 소금 스크럽 후에 같은 테이블에서 고객에게 마사지 서비스를 제공할 계획이라면, 목욕 수건을 고객의 머리 아래에 한 장 더 깔아두는 것이 좋다. 이렇게 하면 마사지를 시작하기 전에 고객의 머리 아래에서 수건을 조심스럽게 말아 빼낼 수 있다.

커다란 목욕 수건 몇 장을 이용해 고객을 감싼다. 충분한 양의 수건을 옆에 두고 사용한다:

- 작은 그릇에 해수염 2컵, 천연 식물성 오일(아몬드, 살구, 해바라기 오일)을 넣고 섞는다.
- 에센셜 오일 또는 시너지를 10방울 넣고 잘 저어준다.
- 피부에 물을 묻히거나 샤워를 하게 한다 (그런 다음, 물을 잠근다). 또는 하이드로졸이나 아로마 미스트를 뿌린다.
- 소금 글로우 혼합물을 발부터 바른 다음, 다리를 지나 몸통으로 올라간다. 빠르고 힘찬 스트로크를 이용하거나 길고, 느린 스트로크를 이용해 긴장을 풀어준다. 하지만 가장 중요한 것은 혼합물이 피부 위에서 부드럽게 움직이게 하는 것이다.
- 몸의 아래쪽부터 혼합물을 제거하거나 씻어낸다.
- 같은 과정을 팔에도 반복하는데 손에서 시작해 심장 쪽으로 움직인다.
- 등과 어깨에도 동일한 과정을 반복한 다음, 혼합물을 제거하거나 씻어내고 세션을 마무리한다.
- 얼굴 피부는 너무 약하고 상처가 나기 쉬우므로 얼굴에는 적용하지 않는다.
- 각질이 제거되어 수분을 필요로 하는 피부에 천연 보습 오일이나 로션을 발라 최소한의 마사지를 하는 것으로 세션을 마무리한다.

그림 9-9 목욕용 소금
Source: © iStockPhoto.com/Rebecca Picard

전통적인 소금 글로우에 말린 허브나 가루로 만든 나무 열매, 기타 천연 재료들을 섞어 다양한 변화를 줄 수 있다. 이것을 기억하라! 무언가 몸에 바른 다음에는, 반드시 씻어내야 한다! 웨트룸(wet room)이나 샤워 시설이 없을 때는 해수염만을 젖은 핫타월을 이용해 녹여내고 증발시키는 것이 좋다.

어떤 경우든 이것은 고객을 위해 3가지 종류의 아로마테라피 블렌드를 창조할 수 있는 좋은 기회이다: 하나는 미스트(피부를 적시고)를 위해, 하나는 소금 글로우 자체를 위해, 그리고 나머지 하나는 마무리를 위한 보습 마사지를 위해 만들라. 주의할 것은 이 3가지 블렌드가 조화를 이뤄야지 서로를 압도해서는 안 된다는 것이다. 단순하게 만들어 각각의 블렌드가 고객이 가진 주요 질환의 다양한 측면들 또는 일반적인 웰빙의 측면들을 다각적으로 치료할 수 있게 해야 한다.

주의할 점:

- ▶ 상처가 난 피부에는 소금 스크럽을 절대 적용하지 말라.
- ▶ 염증 발생을 피하기 위해 면도나 제모 후에는 24시간~48시간을 기다린다.
- ▶ 가끔 소금 또는 에센셜 오일이 점이나 피부 질환을 자극하기도 한다.
- ▶ 항상 고객과 함께 확인하라; 필요할 경우 신속하게 혼합물을 제거할 수 있게 준비를 해둔다.

황산마그네슘 또는 해수염을 이용한 아로마 목욕 / Aromatic Baths with Epsom or Sea Salts

황산마그네슘/해수염 목욕은 인체의 육체적, 감정적 독소배출을 돕고 지지하는데 매우 효과적이다(표 9.6). 황산마그네슘은 특히, 피부의 노폐물 제거를 촉진하며, 요산이 쌓이는 것을 막아 근육통을 줄여준다. 소금을 목욕에 이용하면 림프와 혈액 순환을 자극해 인체의 면역 반응을 강화하고 활성화시킨다. 해수염이나 황산마그네슘 목욕은 또한 정력적/감정적 정화에 매우 유용하다 (그림 9-9).

적당한 에센셜 오일 희석도: 소금 1컵에 에센셜 오일 5~7방울

실제 임상적용 9.3

아로마 족욕

고객에게 마사지나 바디워크 세션 전에 아로마 족욕이나 소금 스크럽을 제공하는 것을 고려해 보라 (그림 9-10). 족욕을 마사지 또는 반사요법 세션 전에 추가하면 완벽한 세션이 될 수 있으며, 족욕은 고객에게 아로마테라피의 많은 장점을 소개할 수 있는 근사한 방법이기도 하다.

상쾌한 아로마 족욕

1. 대야에 따뜻한/뜨거운 물을 채운다.
2. 대야에 신선한 오렌지 조각을 넣는다.
3. 페퍼민트 에센셜 오일 3방울과 오렌지 에센셜 오일 5방울을 떨어뜨린다.
4. 마사지 전에 고객이 발을 5분~10분 동안 담그고 있게 한다.

그림 9-10 족욕 *Source:* © iStockPhoto.com/lovleah

표 9.6

목욕에 이용되는 다양한 소금 종류들

소금 종류	치료적 목표
황산마그네슘: 클렌징, 독소제거, 독소 배출, 근육통 경감, 마그네슘 보충	시스템의 독성 제거를 위해 황산마그네슘 3컵에 화이트 클레이 1큰술, 에센셜 오일 10에서 20방울 섞은 것을 따뜻한 온도의 목욕물에 풀어준다. 목욕 전과 도중, 후에 물을 충분히 마시게 한다. 15분에서 20분 동안 몸을 담갔다가 시원한 물로 헹군다. 통증이 있는 근육의 부분적인 치료를 위해서 온습포나 냉습포를 만들 때, 물에 1/2 컵의 에프섬 소금을 첨가할 것.
해수염: 피부 치료, 모공 청소, 정화, 미량 원소 회복	독소 제거가 목표라면 해수염이나 사해 소금 1.5 파운드에 에센셜 오일을 10~20방울 섞어 사용한다. 일반적인 건강 유지나 긴장 이완이 목표라면 에센셜 오일을 10~15방울 떨어뜨린 소금을 1컵에서 2컵 이용한다. 약간 따뜻한 물에 풀어 15분에서 20분 동안 몸을 담그게 한다.
혼합: 두 가지의 효능 모두 경험 가능	근육통과 긴장 이완, 그리고 영양분 대체를 위해 황산마그네슘과 해수염을 똑같은 양으로 섞는다.

* 물이 "경수"이거나 피부가 가렵다면, 베이킹 소다를 1큰술 섞도록 한다. 소금 목욕은 피부를 건조하게 만들 수 있으므로, 목욕 후에 잘 헹군 다음 보습 로션이나 크림을 발라준다.

요약 /SUMMARY

- 우리의 몸과 정신과 영혼을 치유하는 능력을 가진 물과 소금은 오래 전부터 인류 역사 속에서 이용되어져 왔다.
- 수치료는 다양한 질병을 치료하기 위해 모든 형태의 물(고체, 액체, 기체)을 이용하는 것이다. 수치료는 다양한 형태의 바디워크와 마사지 테라피와 통합될 수 있다.
- 하이드로졸은 증류를 통해 특수한 식물 종에서 생산되는 아로마 워터를 말한다. 하이드로졸은 수치료에 광범위하게 적용할 수 있는 가치 있는 물질이다.
- 수치료의 생리학적 효능에는 기계적, 반사적, 화학적, 온도적 효능이 있다.
- 다양한 조건과 목적에 따라 특정한 온도의 물을 사용할 수도 있고, 사용할 수 없기도 하다. 언제 뜨거운 물을 적용하고, 언제 차가운 물을 적용할 것인지를 아는 것이 중요하다.
- 하이드로졸을 기반으로 한 적용 방법은 마사지와 바디워크에 쉽게 통합될 수 있는데 족욕과 수욕, 증기 흡입, 습포, 핫타월, 아로마 미스트 등이 그것이다.
- 다양한 바디 스파 트리트먼트에 이용할 수 있는 많은 종류의 소금이 있다. 하지만 조리용 소금은 트리트먼트에 사용하면 안 된다.
- 전통적인 소금 글로우 트리트먼트는 순환을 자극하고, 피부의 죽은 세포를 제거하고, 피부의 생기를 회복시키는데 효과적인 바디 트리트먼트이다.
- 황산마그네슘이나 해수염을 이용하는 아로마 목욕은 근육통을 줄이고, 체내의 독소를 제거하고, 면역 반응을 강화하는데 매우 효과적이다.

새 용어들 /NEW TERMINOLOGY

아로마 미스트 (Aromatic spritzer)
광천 요법 (Balneotherapy)
냉온 테라피 (Contrast therapy)
분산제 (Dispersant)
전해질 (Electrolytes)
할레이칼라 레드 (Haleakala Red)
경수 (hard water)
히말라야 핑크 소금 (Himalayan Pink)
하이드로졸 (Hydrosol)
수치료 (Hydrotherapy)
마그네슘 (Magnesium)
Peng-Tzao-Kan-Mu
염화나트륨 (Sodium chloride)

참고문헌 / References

Boyd, E.M., and Sheppard, E.P. (1968). The effect of steam inhalation of volatile oils on the output and composition of respiratory tract fluid. *Journal of Pharmacology and Experimental Therapeutics*, *163* (1), 250–256.

Catty, S. (2001). *Hydrosols: The Next Aromatherapy*. Rochester, VT: Healing Arts Press.

Essential Wholesale (n/d). Blending Base (Polysorbate 20). Retrieved on December 20, 2006 from http://www.essentialwholesale.com/shop/shopexd.asp?id=225.

Green, J. (2000). *The Herbal Medicine-Maker's Handbook*. Freedom, CA: Crossing Press.

워크시트 / WORKSHEET

물과 소금 (1부)

이름: ______________________ 날짜: ______________

물: 하이드로졸과 미스트

1) 이 장에서 다뤘던 것 중에서 가장 마음에 드는 하이드로졸을 선택하라. 그런 다음 이 장의 지시에 따라 아로마 미스트 2온스를 만들라. 여러분이 가장 좋아하는 하이드로졸(라벤더 등)을 기초로 동일한 에센셜 오일(라벤더 에센셜 오일 등)을 미스트 만드는데 사용하라. 하이드로졸을 공기 중에 약간 뿌린 다음 아로마를 맡아 보고 경험해 보라. 그런 다음, 여러분이 만든 아로마 미스트를 공기 중에 뿌린 다음 아로마를 맡아 보고 경험해 보라. 둘의 차이점을 비교하라.

미스트는: ______________________________

하이드로졸은: ______________________________

물: 족욕

1) 파트너와 함께 냉수 족욕, 온수 족욕, 또는 냉온수 족욕 중 어떤 것이 가장 적당할지 상의해 결정하라. 족욕을 위한 아로마테라피 블렌드를 만들기 위한 기본적인 질문들을 하라.

▣ 냉수 족욕
▣ 온수 족욕
▣ 냉온수 족욕

총 에센셜 오일 블렌드: ________ *방울*

에센셜 오일-일반명	에센셜 오일-학명	방울 수	선택 이유?

2) 물을 준비해 파트너와 번갈아가며 족욕을 한다. 족욕을 하는 동안 상대방의 발을 마사지할 수 있다는 것을 기억하라!

3) 이 트리트먼트를 즐겼는가? 물의 온도는 어땠는가?

____

4) 여러분의 고객이 족욕을 세션의 일부로 즐길 것 같은가?

____

워크시트 / WORKSHEET

물과 소금 (2부)

소금 글로우

5) 파트너와 함께 소금과 식물성 오일, 그리고 피부 타입과 개인적 취향에 따라 선택한 에센셜 오일을 섞어 소금 스크럽을 만든다. 모든 재료와 필요한 도구들을 준비한다. 조금 전에 만들었던 미스트로 피부를 적셔 스크럽을 할 준비를 한다.

소금 글로우 재료들

소금: ______________________________

식물성 오일: ______________________________

에센셜 오일: ______________________________

기타 재료들: ______________________________

6) 이 장에 나온 단계에 따라, 교대로 아로마 소금 글로우를 실시하라.

7) 이 장에 나온 단계에 따라, 교대로 아로마 소금 글로우를 실시하라. 팔과 다리, 등, 팔과 손 중에서 소금 글로우를 시술할 부위를 선택하라.

____

8) 친구나 미래의 고객에게 이 트리트먼트에 대해 무엇을 말할 것인가?

____

9) 다시 한다면 어떤 변화를 주고 싶은가?

____

복습 문제 / CHAPTER TEST

1. 하이드로졸은 증류의 부산물로 에센셜 오일은 전혀 함유하고 있지 않다,
   _____ 참
   _____ 거짓
2. 물은 우리 체중의 몇 %를 차지하고 있는가?
   a. 55%
   b. 65%
   c. 75%
   d. 85%

3. 다음 중 어떤 하이드로졸이 심장과 강한 친근성을 갖고 있는가?
   a. 로만 카모마일
   b. 로즈
   c. 페퍼민트
   d. 저먼 카모마일

4. 수치료 시에 나타날 수 있는 부작용은?
   a. 림프 흐름 증가
   b. 호흡기 기능 향상
   c. 메스꺼움
   d. 수화 감소

5. 근육통에 사용하면 가장 좋은 목욕용 소금은?
   a. 식탁용 소금과 해수염
   b. 황산마그네슘과 사해 소금
   c. 식탁용 소금과 황산마그네슘
   d. 사해 소금과 식탁용 소금

6. 온열 테라피는 어디에 이용되는가?
   a. 만성 근육 경련
   b. 최근에 삔 발목
   c. 심한 당뇨를 가진 고객
   d. 임산부

7. 냉열 테라피는 어디에 이용되는가?
   a. 류마티스 관절염
   b. 최근 또는 급성 부상
   c. 레이노 병
   d. 악성 질환

8. 매우 뜨거운 수치료의 온도는?
   a. 33~37°
   b. 37~40°
   c. 40~43°
   d. 48° 이상

9. 냉온 테라피는 어떻게 해야 하는가?
   a. 항산 찬물로 끝내야 한다.
   b. 항상 뜨거운 물로 끝내야 한다.
   c. 뜨거운 물과 찬물을 섞어야 한다.
   d. 항상 소금을 포함시켜야 한다.

10. 스크럽과 목욕을 위해서는 식탁용 소금을 사용하는 것이 가장 좋다.
   _____ 참
   _____ 거짓

복습 질문 / REVIEW QUESTIONS

1. 소금과 물이 우리 몸과 정신과 영혼의 관계에 있어 어떻게 중요한 역할을 하는지 논하라.

2. 고객에게 물을 많이 마시라고 권할 때 어떤 문구를 사용할 것인지 논하라.

10장

핵심 치료법:

아로마테라피를 이용한 마사지 테라피

Enhancing Massage Therapy with Aromatherapy

개요
근골격 건강
섬유근통
쥐나 경련
족저 근막염
편타성 손상
좌골신경통
삠과 접질림
수근관 증후군 또는 건염
활액낭염
실제 임상적용: 사례 연구 10.1: 수근관 증후군
골관절염
류마티스성 관절염
턱관절(측두하악관절) 장애
신경계 건강
다발성 경화증
두통/편두통
불안
실제 임상적용: 사례 연구 10.2: 불안
신경통
순환계/심혈관계 건강
레이노 증후군
정맥류
실제 임상적용: 사례 연구 10.3: 혈액순환 장애
고혈압
저혈압
림프와 면역계 건강
부종
실제 임상적용: 사례 연구 10.4: 부종
전염병과 면역력
셀룰라이트
생식기 건강
생리불순
무월경
생리 전 증후군
실제 임상적용: 사례 연구 10.5: 생리 전 증후군
불임
소화계 건강
변비
실제 임상적용: 사례 연구 10.6: 변비와 스트레스
과민성 장 증후군
오심

학습 목표 / LEARNING OBJECTIVES

이 장을 읽은 뒤에는 다음 사항들에 답할 수 있어야 한다.

1. 이 장에서 다뤄진 인체의 7가지 계통에 영향을 미치는 일반적 질환/병의 특징을 밝혀라.
2. 에센셜 오일이 이 장에서 다뤄진 7가지 계통에 미치는 핵심 치료 작용을 나열하고 설명하라.
3. 이 장에서 다뤄진 7가지 계통에서 발생하는 다양한 질환을 위한 아로마 적용에 대해 설명하라.
4. 다양한 질환을 위한 마사지 블렌드를 만들라.
5. 다양한 질환을 위한 트리트먼트의 효과적인 목표를 밝히고, 설정하고, 달성하라.
6. 인체의 다양한 계통에 영향을 미치는 에센셜 오일 다섯 가지의 특별한 작용을 밝혀라.
7. 치료 단계에서 언제, 어떻게 에센셜 오일을 이용해야 하는지 알아보라.

호흡기 건강
기관지염
실제 임상적용 사례 10.7: 기관지 충혈과 이완
천식
감기
요약
새 용어들
참고문헌
워크시트: 핵심 치료법
복습 문제와 질문

개요 / INTRODUCTION

> **참고**
> 일반명을 각각의 계통을 위한 에센셜 오일 치료 작용표에 적어 놓았다. 여기에 실린 모든 에센셜 오일은 에센셜 오일 데이터시트 안에 있는 것으로 이 책에서 다뤄진 특별한 에센셜 오일들을 언급하고 있다. 정확한 학명을 위해 이 종이를 참고하기 바란다.

바다워크와 마사지 테라피 기술을 아로마테라피와 통합하는 것은 고객에게 큰 이익이 될 수 있다. 계속되는 연구와 다년간의 시술 결과는 마사지가 통증을 줄이고 관리할 수 있으며; 순환을 촉진하고; 얕은 모세림프관의 림프 흐름을 증가시키고; 호흡기 기능을 개선하며; 호흡기의 점액을 맑게 하고; 면역 체계의 활동을 증가시키며; 스트레스와 불안, 우울증을 줄이는 것 외에도 많은 일을 할 수 있음을 보여주고 있다. 마사지 테라피스트나 바디워커에게 진단을 내리거나 처방을 하라고 권하는 것은 아니지만, 이 장에서는 테라피스트가 마주칠 수 있는 일반적인 질환들과 치료 목표, 바디워크나 마사지 기술 향상을 위해 통합 되었을 때 치료 효과를 증대시킬 수 있는 에센셜 오일에 대해 다루려고 한다.

표 10.1
근골격계를 위한 에센셜 오일의 치료 작용

치료 작용	에센셜 오일
진통제: 통증을 경감시키거나 줄여주는 물질	블랙페퍼, 버치, 시나몬 리프, 클로브 버드, 유칼립투스, 진저, 레몬그라스, 스위트 마조람, 미르라, 페퍼민트, 로즈마리 ct. 캠퍼와 시네올
항염제: 염증을 진정시키고 줄여주는 물질	저먼 카모마일, 유향, 헬리크리섬, 라벤더, 미르라, 패출리, 샌달우드
항류마티스제: 류머티즘 증상 완화를 돕는 물질	블랙페퍼, 저먼 카모마일, 주니퍼 베리, 레몬, 로즈마리 ct. 캠퍼, 버티버
진경제: 민무늬근과 골격근 경련을 완화시키는 물질	안젤리카 루트, 월계수, 저먼 카모마일, 로만 카모마일, 클라리 세이지, 사이프러스, 펜넬, 진저, 라벤더, 스위트 마조람, 네롤리, 페퍼민트, 페티그레인, 세이지
해독제: 체내의 독성 물질 제거를 촉진시키는 물질	캐럿 씨드, 사이프러스, 펜넬, 그레이프프루트, 주니퍼 베리, 레몬
신경진정제: 신경계의 긴장을 완화시키고, 신경 질환을 줄여주는 물질	안젤리카 루트, 베르가모트, 저먼 카모마일, 로만 카모마일, 유향, 라벤더, 만다린, 스위트 마조람, 멜리사, 네롤리, 스위트 오렌지, 페티그레인, 로즈, 샌달우드, 버티버, 일랑일랑
발적제: 국소 부위로의 피부 혈액 흐름을 증가시키는 물질; 피부를 붉어지게 만들고 따뜻하게 만듦	블랙페퍼, 진저, 주니퍼 베리, 스위트 마조람, 로즈마리 ct. 캠퍼, 타임

근골격 건강 / MUSCULOSKELETAL HEALTH

섬유근통 / Fibromyalgia

섬유근통 네트워크 (n/d)는 섬유근통 증후군(FMS)을 만연된 근골격 통증과 피로 장애로 규정하고 여전히 원인을 알 수 없다고 말했다. 섬유근통은 체내의 근육과 인대, 연섬유 조직의 힘줄에 나타나는 통증을 말한다. 섬유근통의 증상으로는 만성 통증과 피로, 경직, 수면 장애, 두통, 하지불안 증후군, 불안, 그리고 우울증 등이 있다. 마사지 트리트먼트는 섬유근통으로 초래되는 스트레스 레벨과 경직, 피로, 통증 등을 줄여주며 고객의 상태를 전반적으로 호전시킨다〔래트레이와 러드윅 (2000)〕. 냉/얼음 수치료와 깊은 마사지는 증상을 악화하고 통증을 증가시킬 수 있기 때문에 금지된다.

그레이스(2001)는 일랑일랑, 로만 카모마일, 네롤리, 베르가모트, 멜리사, 블랙페퍼, 라벤사라, 샌달우드, 진저가 포함된 에센셜 오일 블렌드를 추천했다. 그레이스는 이 블렌드를 "파이브로믹스"라 불렀다. 이 블렌드는 통증과 스트레스를 줄이고 수면 능력을 증가시키는데 성공적으로 쓰이고 있다.

치료 목표:

- ▶ 통증 경감
- ▶ 스트레스와 불안 감소
- ▶ 수면의 질 개선
- ▶ 이 증상을 일으키거나, 이 증상에 대한 반응으로 나타나는 감정적, 육체적 문제 해소

에센셜 오일

안젤리카 루트, 베르가모트, 버치, 블랙페퍼, 저먼 카모마일, 로만 카모마일, 진저, 헬리크리섬, 월계수, 라벤더, 만다린, 스위트 마조람, 네롤리, 라벤사라, 로즈, 로즈마리, 샌달우드, 스피어민트, 버티버, 일랑일랑, 아르니카와 세인트 존스 워트 허브 우려낸 것

아로마테라피 적용:

- ▶ 2.5~5% 희석도의 마사지 블렌드
- ▶ 황산마그네슘/해수염 목욕
- ▶ 수치료
- ▶ 확산 (감정적 측면을 위해)

쥐나 경련 / Spasms or Cramps

쥐나 경련은 근육의 불수의적인 수축이다. 2가지의 가장 큰 차이점은 쥐는 경련에 비해 강도가 심하지 않으면서 오래 지속되는 경향이 있다는 것이고 경련은 지속 시간은 짧지만 급성이라는 점이다. 쥐나 아급성 경련이 있을 때 마사지를 해주면 좋다.

치료 목표:

- ▶ 통증과 경련 경감
- ▶ 독소 제거 촉진

에센셜 오일

버치, 저먼 카모마일, 클라리 세이지, 사이프러스, 유칼립투스, 펜넬, 주니퍼베리, 라벤더, 레몬, 스위트 마조람, 페퍼민트, 페티그레인, 세이지, 스피어민트

아로마테라피 적용:

- 5% 희석도의 마사지 블렌드
- 겔
- 습포

족저 근막염 / Plantar Fasciitis

족저 근막염은 발의 족저 근막에 생긴 부상으로 인해 통증과 염증이 발생하는 것을 말한다. 마사지는 족저 근막을 긴장시키는 심부 하지 근육의 긴장을 이완시키는데 도움을 줄 수 있다.

치료 목표:

- 통증과 염증 경감
- 근막의 요변성 상태 또는 유연성 개선
- 이 증상을 일으키거나, 이 증상에 대한 반응으로 나타나는 감정적, 육체적 문제 해소

에센셜 오일

버치, 카다몸, 저먼 카모마일, 로만 카모마일, 클라리 세이지, 클로브 버드, 유칼립투스, 헬리크리섬, 월계수, 라벤더, 스위트 마조람, 페퍼민트, 로즈마리 ct. 캠퍼 또는 ct. 시네올, 스피어민트, 아르니카와 세인트 존스 워트 허브 우려낸 것

아로마테라피 적용:

- 황산마그네슘 족욕
- 5% 희석도의 마사지 오일 또는 크림
- 수치료
- 반사요법
- 근막이완

편타성 손상 / Whiplash

편타성 손상이란 경추에 발생하는 몇 가지 잠재적 부상을 말한다. 이런 부상으로는 염좌 인대, 접질린 근육, 경추 골절, 턱관절 통증, 그리고 중추신경계 손상 등이 있다. 편타성 손상의 아급성 단계에서 마사지를 시술할 수 있다(베르너와 벤자민, 1998).

치료 목표:

- 통증과 염증, 붓는 것 경감
- 부종 경감
- 근육 이완과 운동 능력 유지
- 편타성 손상으로 인한 개인의 상처 위로

에센셜 오일

버치, 블랙페퍼, 카다몸, 저먼 카모마일, 로만 카모마일, 클라리 세이지, 클로브 버드, 사이프러스, 유향, 진저, 헬리크리섬, 주니퍼 베리, 월계수, 라벤더, 스위트 마조람, 네롤리, 페퍼민트, 페티그레인, 로즈마리 ct. 캠퍼, 스피어민트, 아르니카와 세인트 존스 워트 허브 우려낸 것

아로마테라피 적용:

- 국소 부위 적용을 위한 5~10% 희석도의 마사지 오일
- 겔
- 습포
- 수치료

좌골신경통 / Sciatica

베르너와 벤자민(1998)에 의하면, 좌골신경통이라는 용어는 궁둥신경이 자극받아 염증이 생겨 발생하는 통증과 저린감, 또는 궁둥이부터 다리까지의 감각이 줄어드는 것을 유발하는 모든 상황을 묘사하는데 이용된다고 한다. 좌골신경통을 위한 마사지는 근육 또는 인대의 힘을 이용한다.

치료 목표:

- 통증과 염증 경감
- 만성적으로 수축되어 신경 충돌을 일으키는 근육 이완
- 통증과 싸우느라 발생된 개인의 감정 위로

에센셜 오일

버치, 카다몸, 저먼 카모마일, 로만 카모마일, 시나몬 리프, 클라리 세이지, 클로브 버드, 사이프러스, 유향, 헬리크리섬, 주니퍼, 월계수, 라벤더, 스위트 마조람, 네롤리, 페퍼민트, 로즈마리 ct. 캠퍼, 스피어민트, 아르니카와 세인트 존스 워트 허브 우려낸 것

아로마테라피 적용:

- 국소 부위 적용을 위한 5~10% 희석도의 마사지 오일
- 아르니카와 세인트 존스 워트 허브 우려낸 것이 포함된 겔 또는 마사지 오일(희석도 20%)에 5~10% 희석도의 에센셜 오일

삠과 접질림 / Sprains and Strains

삠은 인대가 찢어져 통증과 적열 상태, 발열, 부어오름이 발생하고 급성 단계에서 관절의 기능이 상실되는 것을 말한다. 아급성 단계의 삠에서는 이러한 증상들은 줄어들지만 통증은 모든 단계에서 지속적으로 나타난다. 삠은 접질림이나 건염보다 더 심각한 것으로 여겨진다. 반면 접질림은 부상당한 근육으로 인해 통증과 경직, 그리고 가끔씩 촉진할 수 있는 발열과 부어오름이 나타나는 것을 말한다. 마사지는 아급성 삠과 근육 접질림에 이용될 수 있다 (베르너와 벤자민, 1998).

치료 목표:

- 통증과 염증 경감
- 부종 경감
- 국소 부위 순환 유지
- 감정 위로
- 운동 범위 증가 (접질림)

에센셜 오일

버치, 블랙페퍼, 카다몸, 저먼 카모마일, 로만 카모마일, 클로브 버드, 사이프러스, 유칼립투스, 그레이프프루트, 헬리크리섬, 주니퍼 베리, 월계수, 라벤더, 레몬, 레몬그라스, 스위트 마조람, 페퍼민트, 스피어민트, 아르니카와 세인트 존스 워트 허브 우려낸 것

아로마테라피 적용:

- 습포
- RICE 테크닉
- 림프 마사지
- 마사지 (아급성과 화농 단계)
- 수치료 (차갑고/따뜻하게)

수근관 증후군 또는 건염 / Carpal Tunnel Syndrome or Tendenitis

수근관 증후군(CTS)은 손목에 있는 정중 신경의 염증으로 부종이나 반복적인 움직임에 의해 발생한다. CTS는 통증과 소양감, 저림감 그리고 손이 부분적으로 약해지는 것을 초래한다 (베르너와 벤자민, 1998). 호리건(2004)은 "아로마테라피가 수동적 운동에 의한 압박을 줄이는 것을 도울 수 있으며, 에센셜 오일 마사지는 체액 감소를 목표로 한다"고 말했다 (117쪽).

치료 목표:

- 통증 경감
- 부종 경감
- 운동 범위 지지
- 이 증상을 일으키거나, 이 증상에 대한 반응으로 나타나는 감정적 문제 해소

에센셜 오일

버치, 블랙페퍼, 카다몸, 클라리 세이지, 클로브 버드, 사이프러스, 유칼립투스, 펜넬, 제라늄, 헬리크리섬, 주니퍼 베리, 월계수, 라벤더, 레몬, 페퍼민트, 로즈마리 ct. 캠퍼 또는 ct. 시네올, 아르니카와 세인트 존스 워트 허브 우려낸 것

아로마테라피 적용:

- 5~10% 희석도의 마사지 오일
- 겔 또는 크림
- 손/손목 목욕

활액낭염 / Bursitis

활액낭염은 활액에 생긴 염증으로 흔히 "하녀의 무릎과 학생의 팔꿈치"라는 이름으로도 불린다. 활액낭염의 증상으로는 염증과 과도한 체액 증가, 통증, 염증이 생긴 부위의 운동 능력 감소 등이 있다. 마사지는 아급성 단계에서 권할 수 있으며, 급성 단계에서는 주변 부분을 마사지하면 된다 (베르너와 벤자민, 2004). 호리건 (2004)에 의하면, "아로마테라피는 자연적인 배농과 진통과 이뇨 작용이 있는 에센셜 오일을 이용해 점진적이고 수동적인 관절의 움직임이 완전한 움직임이 되고, 원래의 능력을 되찾을 때까지 마사지해 본래의 기능으로 돌려놓는 것을 목표로 한다"고 한다 (116쪽).

실제 임상적용

사례 연구 10.1

수근관 증후군

M.은 33세의 성공한 문신 전문가이다. 그는 문신을 새길 때의 반복적 동작에서 비롯된 손목의 만성 통증을 치료하기 위해 친구의 소개를 받아 아로마테라피 마사지 시술자를 방문하기로 결정했다. 그는 또한 문신을 새기느라 구부정하게 앉아 있다 보니 생긴 만성 요통도 호소했다. M.은 자신은 건강하며 육체적 상태도 좋다고 생각한다. 그는 계속되는 인간 관계 문제로 인해 스트레스를 받고 있다고 느끼며 이것이 허리의 경직과 통증을 더 심하게 만드는 것 같다고 덧붙였다.

마사지 블렌드: 1온스, 병, 5% 희석도

아르니카 허브 오일 10%

세인트 존스 워트 허브 오일 10%

살구씨 오일 80%

통증을 줄이고 운동범위 증가를 위한 페퍼민트 *(Mentha x piperita)* : 4 방울

부종을 줄이기 위한 레몬 *(Citrus limon)* : 8 방울

통증과 부종을 줄이기 위한 주니퍼 베리 *(Juniperus communis)* : 7 방울

통증을 줄이고 스트레스 경감을 위한 라벤더 *(Lavandula angustifolia)* : 11 방울

집에서 사용할 수 있는 통증 완화를 위한 겔 : 2온즈, 5% 희석도

알로에 베라 농축 겔을 라벤더 하이드로졸과 섞는다. 모든 에센셜 오일은 통증을 완화시키는 능력이 있는 것으로 선택한다.

페퍼민트 *(Mentha x piperita)* : 11 방울

월계수 *(Laurus nobilis)* : 14 방울

버치 *(Betula lenta)* : 8 방울

라벤더 *(Lavandula angustifolia)* : 27 방울

M.은 손과 손목, 팔, 그리고 등을 위한 국소 부위 마사지를 한 달에 2번씩 4개월 동안 받았다. 그는 2번의 세션 후에 손목과 허리의 통증이 감소했다고 말했다. M.은 한 달에 한 번씩 마사지를 받기로 약속했다. M.은 집에서도 규칙적으로 겔을 쓰고 있으며 그 결과에 만족한다고 말했다. 그는 일터에서 집으로 돌아와 밤마다 겔을 이용하자 스트레스가 줄어들고 그의 등과 손목의 통증도 줄어든 것 같다고 말했다.

치료 목표:

- 통증과 염증 경감
- 부종 경감
- 운동 능력 향상

에센셜 오일

버치, 카다몸, 저먼 카모마일, 사이프러스, 유칼립투스, 그레이프프루트, 헬리크리섬, 라벤더, 레몬, 페퍼민트, 로즈마리 ct. 캠퍼, 아르니카와 세인트 존스 워트 허브 우려낸 것

아로마테라피 적용:

- 5~10% 희석도의 마사지 오일
- 겔
- 습포(온)
- 수치료

골관절염 / Osteoarthritis

골관절염은 관절의 염증으로 평생 동안 계속해서 일어나는 누적된 관절의 닳아 해짐과 찢어짐에 의해 발생한다. 골관절염이 있는 관절은 경직되고, 아프며, 염증이 일어날 가능성이 크다. 이 질환은 무릎과 엉덩이, 손가락 등에서 흔히 나타난다. 아급성 단계에서 마사지를 실시할 수 있다.

치료 목표:

- 염증과 통증과 경감
- 근육 이완
- 운동 능력 향상
- 이 증상을 일으키거나, 이 증상에 대한 반응으로 나타나는 감정적 문제 해소

에센셜 오일

버치, 저먼 카모마일, 클로브 버드, 사이프러스, 유칼립투스, 그레이프프루트, 헬리크리섬, 주니퍼 베리, 월계수, 라벤더, 레몬, 스위트 마조람, 팔마로사, 페퍼민트, 로즈마리 ct. 캠퍼, 스피어민트

아로마테라피 적용:

- 5~10% 희석도의 마사지 오일
- 겔
- 습포
- 수치료

류마티스 관절염 / Rheumatoid Arthritis

류마티스 관절염은 염증성의 파괴적이며 만성적인 자기면역 질환으로 몸 전체에 걸쳐 다수의 관절과 결합조직에서 발생한다. 이 질환은 종종 손과 손목에서부터 시작된다. 염증이 생긴 관절은 열이 나고 부으며, 통증과 경직으로 인해 운동 반경이 줄어든다(래트레이와 러드위그, 2000). 마사지는 운동 능력을 재건하고, 증상의 재발로 인해 촉발될 수 있는 스트레스를 줄이기 위해 아급성 단계에서 권해진다.

치료 목표:

- 통증과 염증 경감
- 스트레스 완화
- 운동 능력 유지와 향상
- 이 증상을 일으키거나, 이 증상에 대한 반응으로 나타나는 감정적 문제 해소

에센셜 오일

버치, 블랙페퍼, 저먼 카모마일, 클로브 버드, 사이프러스, 유칼립투스, 유향, 진저, 그레이프프루트, 헬리크리섬, 주니퍼 베리, 월계수, 라벤더, 레몬, 스위트 마조람, 팔마로사, 페퍼민트, 로즈, 로즈마리 ct. 캠퍼, 스피어민트, 타임, 버티버, 일랑일랑

아로마테라피 적용:

- 5~ 10% 희석도의 마사지 오일
- 겔
- 수치료

턱관절(측두하악관절) 장애 / Temporomandibular Joint Disorder

측두하악관절 장애 (TMJ)는 지속적인 긴장, 스트레스, 그리고 턱의 부정교합으로 인해 턱과 턱 주변에 발생하는 다수의 문제들을 말한다. TMJ의 증상으로는 머리와 목, 어깨의 통증, 귀 통증, 입 통증, 턱 안에서 짤까닥하는 소리가 나는 것, 턱의 운동 반경 감소 등이 있다(베르너와 벤자민, 1998). TMJ에도 마사지가 권고된다.

치료 목표:

- 통증과 염증 경감
- 스트레스 완화
- 운동 범위 유지와 향상
- 이 증상을 일으키거나, 이 증상에 대한 반응으로 나타나는 감정적 문제 해소

에센셜 오일

베르가모트, 버치, 블랙페퍼, 저먼 카모마일, 로만 카모마일, 클로브 버드, 유칼립투스, 유향, 진저, 헬리크리섬, 주니퍼 베리, 월계수, 라벤더, 레몬, 만다린, 네롤리, 페퍼민트, 로즈, 로즈마리 ct. 캠퍼, 스피어민트, 버티버, 일랑일랑

아로마테라피 적용:

- 5에서 10% 희석도의 마사지 오일
- 겔 또는 크림
- 습포

신경계 건강 / Nervous system health

다발성 경화증 / Multiple Sclerosis

다발성 경화증 (MS)은 신경의 탈수초화가 일어나는 질환을 말한다. MS는 염증 반응으로 시작돼 신경 축색돌기를 둘러싸고 있는 미엘린 손실로 이어진다. MS의 증상은 개인별로 차이가 있는데 피로와 근육 경련과 약해짐, 저림감, 따끔거리거나 화끈거리는 느낌, 수족 냉증, 발한 이상, 기분의 두드러진 변화 등 다수가 있다. MS는 만성 퇴행성 질환으로 관해기와 급성 발작이 수반된다(래트레이와 러드위그, 2000). 마사지는 아급성 또는 관해기에 시술할 수 있다. 증상을 악화시킬 수 있기 때문에 열기를 이용할 때는 주의가 요구된다.

치료 목표:

- 경직 감소
- 운동 범위 유지

표 10.2

신경계를 위한 에센셜 오일 치료 작용

치료 작용	에센셜 오일
진통제: 통증을 경감시키거나 줄여주는 물질	블랙페퍼, 버치, 시나몬 리프, 클로브 버드, 유칼립투스, 진저, 레몬그라스, 스위트 마조람, 미르, 페퍼민트, 로즈마리 ct. 캠퍼와 시네올
항우울제: 우울증을 경감해주는 물질	베르가모트, 클라리 세이지, 그레이프프루트, 자스민, 만다린, 멜리사, 네롤리, 오렌지, 패출리, 페티그레인, 로즈, 일랑일랑
항염제: 염증을 가라앉히고 줄여주는 물질	저먼 카모마일, 유향, 헬리크리섬, 라벤더, 미르, 패출리, 샌달우드
진경제: 민무늬근과 골격근 경련을 완화시키는 물질	안젤리카 루트, 월계수, 저먼 카모마일, 로만 카모마일, 클라리 세이지, 사이프러스, 펜넬, 진저, 라벤더, 스위트 마조람, 네롤리, 페퍼민트, 페티그레인, 세이지
신경진정제: 신경계의 긴장을 완화시키고 신경 질환을 줄여주는 물질	안젤리카 루트, 베르가모트, 저먼 카모마일, 로만 카모마일, 유향, 라벤더, 만다린, 스위트 마조람, 멜리사, 네롤리, 스위트 오렌지, 페티그레인, 로즈, 샌달우드, 버티버, 일랑일랑
진정제: 진정 효과가 있으며 불안과 긴장, 불면증을 완화시키는 물질	저먼 카모마일, 로만 카모마일, 라벤더, 스위트 마조람, 멜리사

- 감정적 지지 제공
- 긴장 완화를 장려하고 스트레스를 줄임

에센셜 오일

베르가모트, 버치, 카다몸, 로만 카모마일, 저먼 카모마일, 클라리 세이지, 클로브 버드, 유칼립투스, 유향, 그레이프프루트, 헬리크리섬, 주니퍼 베리, 월계수, 라벤더, 레몬, 멜리사, 네롤리, 팔마로사, 페퍼민트, 페티그레인, 파인, 라벤사라, 로즈, 로즈마리 ct. 캠퍼 또는 ct. 시네올, 샌들우드, 스피어민트, 버티버, 일랑일랑

아로마테라피 적용:

- 2.5~5% 희석도의 마사지
- 수치료 (고객의 요구에 따라 온도 조절)
- 반사요법

두통/편두통 Headaches/Migraines

두통은 일반적인 질환으로 근육 긴장, 두개골 이상, TMJ 장애, 또는 기타 근육 질환 때문에 발생한다. 긴장성 두통에는 마사지를 시술할 수 있다. 드물게, 두통이 더 심각한 근원적인 병의 징후가 되기도 한다. 열과 감염, 중추 신경 장애가 두통과 함께 나타날 때는 마사지가 금지된다(베르너와 벤자민, 1998). AMTA(2005)에 의하면 두통을 겪는 사람들에게 치료적 마사지를 시술하면 증상이 경감되거나 완화된다고 한다.

반대로 편두통은 단순한 긴장성 두통에 비해 더 심각한 것으로 여겨진다. 편두통은 영향을 받은 뇌반구 내의 심한 혈관 수축으로 시작되는데 이때 개인은 잠시 동안 도취감을 느끼기도 한다. 그런 다음 같은 뇌반구 안에서 엄청난 혈관 확장이 일어난다. 이렇게 갑자기 증가된 혈류는 뇌막에 과도한 압력을 가하게 되고 이로 인해 몹시 괴로운 통증이 발생하게 된다(베르너와 벤자민, 1998). 전형적으로 편두통 환자들은 메스꺼움을 느끼고, 빛과 열에 대해 극도로 민감하며, 시야가 흐려지는 것을 경험한다. 편두통의 원인은 다양한데 호르몬 불균형, 음식 알레르기, 과도한 스트레스/긴장, 알코올 등이 이에 포함된다. 편두통의 급성 단계에서는 마사지가 금지된다. 아급성 단계나 재발성 편두통을 앓고 있는 개인을 위한 예방적 치료에 마사지가 이용된다.

치료 목표:

- 통증 감소
- 스트레스 감소

에센셜 오일

베르가모트, 로만 카모마일, 저먼 카모마일, 그레이프프루트, 진저, 라벤더, 레몬, 네롤리, 스위트 오렌지, 페퍼민트

아로마테라피 적용:

- 두피 마사지 (두통 또는 편두통)
- 겔 (관자놀이와 목에 바른다)
- 목욕 (스트레스를 줄임, 두통에만)
- 전신 마사지 (두통에만)
- 냉습포 (편두통)

불안 / Anxiety

미 국립 정신 보건원 (2001)은 일반적인 불안 장애(GAD)를 일상의 사건들과 활동에 대한 항구적이며 과장된 걱정스러운 생각과 긴장이 적어도 6개월 동안 지속되는 것이라고 정의했다. GAD를 겪고 있는 개인은 대부분 그럴 이유가 전혀 없는데도 불구하고 항상 최악의 상황을 상상한다. 불안에는 피로와 떨림, 불면증, 근육 긴장, 두통 또는 메스꺼움과 같은 육체적 증상도 동반되어 나타난다.

치료 목표:

- 감정적 지지 제공
- 긴장 이완을 장려하고 스트레스 감소
- 근육 긴장 감소

에센셜 오일

안젤리카 루트, 베르가모트, 카다몸, 시더우드, 로만 카모마일, 저먼 카모마일, 클라리 세이지, 유향, 제라늄, 진저, 그레이프프루트, 자스민, 라벤더, 레몬, 만다린, 멜리사, 미르, 네롤리, 페퍼민트, 페티그레인, 파인, 로즈, 샌달우드, 버티버, 일랑일랑

실제 임상적용

사례 연구 10.2

불안

B.는 53세 여성으로 활기차고 건강하다. B.는 일주일에 3번 운동하고, 균형 잡힌 다이어트를 하면서 다이어트 보조 식품을 섭취하고, 매년 건강 검진을 받는 건강한 삶을 살고 있다. B.는 자신의 삶의 이런 면에 만족하는 듯하다. 하지만 B.의 직업적인 삶은 약간의 도전을 맞고 있다. B.는 라이프 코치로 일하고 있는데 이 일은 그녀를 만족시키면서도 스트레스를 유발한다. 9월 11일에 발생한 사건 이후, B.의 고객 수가 약간 줄어들었다. 이와 함께 경기 침체가 B.의 투자에도 영향을 미쳐, B.를 매우 불안하게 만들었다. B.는 자신의 재정 상태에 대해 매우 걱정하고 있다.

지난 여름, 불안감이 급격히 커져, B.는 불안 발작을 경험하기 시작했다. 그 증상으로는 짧아진 호흡, 가슴 통증 그리고 빨라진 심장 박동 등이 있었다. B.는 의사를 찾았지만 육체적인 이상은 전혀 발견되지 않았다. 그런 다음 B.는 마사지와 아로마테라피가 그녀의 불안을 경감시켜 주리라는 희망을 갖고 나를 찾아왔다. 그녀는 건강에 투자하는 것이 좋은 투자라고 믿고 있다.

나의 목표는 긴장 이완과 진정, 편안함을 주는 에센셜 오일을 이용한 일반적인 전신 긴장 아완 마사지를 제공하는 것이다.

마사지 블렌드: 1온즈, 2.5% 희석도

호호바, 25%

해바라기, 25%

살구씨, 50%

샌달우드 *(Santalum spicatum)* : 진정, 집중, 내면 자각: 4 방울

로즈 *(Rosa damascena)* : 돌봄, 위안 : 2 방울

탠저린 *(Citrus reticulata)* : 활력, 위안 : 7 방울

버티버 *(Vetiveria zizanioides)* : 침착, 강화 : 2 방울

집에서 사용할 시너지:

라벤더 *(Lavandula angustifolia)*: 평온, 진정 : 20 방울

버티버 *(Vetiveria zizanioides)*: 침착, 강화 : 5 방울

탠저린 *(Citrus reticulata)*: 활력, 위안 : 18 방울

로즈 제라늄 *(Pelargonium graveolens var. roseum)*: 균형 : 7 방울

B.는 아로마마사지를 무척 마음에 들어 했으며, 긴장이 많이 이완되고 잠을 푹 잘 준비가 되었다고 얘기했다. B.는 적어도 4주에서 6주에 한 번 마사지를 받기로 약속했다. B.는 마사지 약속 중간 중간에 집에서 시너지를 사용했다. 그리고 시너지가 불안 발작을 완전히 막아주지는 못했지만 불안 발작의 격렬함을 줄어주었다고 말했다. B.는 자신의 내면에 더 집중하게 되었으며 미래에 대해서도 자신감을 갖게 되었다.

아로마테라피 적용:

- 2.5에서 5% 희석도의 마사지
- 수치료 (고객의 요구에 따라 온도 조절)

신경통 / Neuralgia

신경통 또는 신경 통증은 일반적으로 다른 신경계 장애나 질환의 신호이자 증상으로 감각 말초 신경 통로를 따라 통증이 돌아다니는 것을 말한다. 가장 흔한 신경통은 삼차 신경통으로 제 5 뇌신경과 관련이 있으며 날카롭고 심한 통증과 작열감이 발생한다. 다른 일반적인 신경통으로는 대상포진 감염의 합병증 또는 추간판 헤르니아나 기타 구조적 충돌에 의해 발생한 신경염 증상으로서의 신경통이 있다. 마사지는 급성 단계에서는 국부적으로 제한된다. 하지만 고객의 쾌감대 내에서는 마사지를 실시해도 된다. 염증을 줄이고, 염증 부위를 마비시켜 통증을 줄이기 위해 얼음 또는 냉테라피를 권한다.

치료 목표:

- 통증 감소
- 염증 감소
- 긴장 이완 촉진

에센셜 오일

버치, 저먼 카모마일, 시나몬 리프, 클로브 버드, 월계수, 라벤더, 레몬그라스, 유칼립투스, 스위트 마조람, 멜리사, 네롤리, 팔마로사, 파인, 라벤사라, 스피어민트, 버티버

아로마테라피 적용:

- 2.5~ 5% 희석도의 마사지
- 수치료 (일반적으로 차게)

순환계/심혈관계 건강 / CIRCULATORY/CARDIOVASCULAR HEALTH

표 10 . 3

순환계를 위한 에센셜 오일 치료 작용

치료 작용	에센셜 오일
수렴제: 세포 수축을 일으키는 물질; 조직을 수축하고, 죄고, 묶음	시더우드, 사이프러스, 제라늄, 레몬, 패출리, 로즈
항염제: 염증을 가라앉히고 줄여주는 물질	저먼 카모마일, 유향, 헬리크리섬, 라벤더, 미르, 패출리, 샌달우드
순환 자극: 혈액 순환을 촉진하거나 증가시키는 물질	캐럿 씨드, 블랙페퍼, 주니퍼 베리, 월계수, 레몬, 레몬그라스, 스코츠 파인, 로즈마리 ct. 캠퍼 또는 시네올
해독제: 체내의 독성 물질 제거를 촉진시키는 물질	캐럿 씨드, 사이프러스, 펜넬, 그레이프프루트, 주니퍼 베리, 레몬
혈압 상승: 혈압을 상승시키는 물질	블랙페퍼, 로즈마리 ct. 캠퍼 또는 시네올, 타임 ct. 티몰
혈압 강하: 혈압을 낮추는 물질	저먼 카모마일, 라벤더, 스위트 마조람, 네롤리, 일랑일랑
신경진정제: 신경계의 긴장을 완화시키고 신경 질환을 줄여주는 물질	안젤리카 루트, 베르가모트, 저먼 카모마일, 로만 카모마일, 유향, 라벤더, 만다린, 스위트 마조람, 멜리사, 네롤리, 스위트 오렌지, 페티그레인, 로즈, 샌달우드, 버티버, 일랑일랑

레이노 증후군 / Raynaud' s Syndrome

레이노 증후군은 손가락과 발가락의 동맥이 연속적으로 수축하는 현상을 말한다. 사지에 있는 혈관은 피부를 흰색에서 파란색으로 보이게 만드는 평활근 조직의 경련을 경험한다. 레이노 증후군 외에 다른 질병이 없다면 마사지를 시술해도 된다(베르너와 벤자민, 1998). 호리건(2005)은 "따뜻한 오일을 사용해 따뜻한 환경에서 하는 일반적이고 부드러운 마사지는 이 질환 치료 계획의 가장 핵심적 부분만큼이나 유용하다"고 말했다.

치료 목표:

- 경련 감소
- 순환 촉진
- 따뜻함 제공

에센셜 오일

블랙페퍼, 카다몸, 시나몬 리프, 클라리 세이지, 유칼립투스, 펜넬, 주니퍼 베리, 월계수, 레몬, 페퍼민트, 페티그레인, 로즈마리 ct. 캠퍼 또는 ct. 시네올

아로마테라피 적용:

- 2.5~5% 희석도의 마사지
- 수치료 (고객의 요구에 따라 물 온도 조절)
- 반사요법

정맥류 / Varicose Veins

정맥류는 팽창하거나 넓어진 정맥으로 주로 다리에서 발견된다. 정맥류는 정맥판의 기능이 손상되어 발생한다 (래트레이와 러드위그, 2000). 마사지는 심한 정맥류가 나타나는 곳과 그

실제 임상적용

사례 연구 10.3

혈액순환 장애

J.는 45세의 천연 식품 매장의 점장이다. 그녀는 아로마테라피의 효능에 익숙한데 자신의 손과 발의 혈액 순환 장애에 아로마테라피와 마사지가 도움이 될 수 있는지 알아보려고 왔다. 그녀는 하루의 대부분을 책상에서 보내지만, 일주일에 두세 번 운동을 한다고 말했다. 그녀는 자신의 일과 가정생활에 매우 만족하고 있으며 건강한 식단을 유지하고 있다.

마사지 블렌드: 1온스, 3% 희석도

살구씨, 100%

로즈마리 *(Rosmarinus officinalis)* : 순환 자극: 5 방울

블랙페퍼 *(Piper nigrum)* : 가온, 순환 자극: 6 방울

레몬 *(Citrus limon)* : 독소제거, 자극: 7 방울

J.는 한 달에 한 번씩 정기적으로 마사지를 받기로 약속했다. 나는 4개월 동안 결과가 나타나는 것을 지켜보았다. J.는 처음에는 도움이 될지 확신하지 못했다고 말했다. 하지만 3개월 동안 주기적으로 마사지와 아로마테라피 트리트먼트를 받은 후에 혈액 순환이 굉장히 많이 개선되었음을 느낀다고 말했다. 그녀는 마사지를 계속 받기로 했으며 새로운 아로마테라피 블렌드를 시도하기를 고대하고 있다.

곳의 말단 부위에는 부분적으로 금지된다. 심하지 않은 정맥류에도 깊고, 특수한 마사지는 금지되지만 약한 마사지는 해도 안전하다(베르너와 벤자민, 1998).

치료 목표:

- 순환 촉진
- 정맥류 악화 방지
- 통증 경감

에센셜 오일

시더우드, 저먼 카모마일, 사이프러스, 유향, 제라늄, 헬리크리섬, 라벤더, 레몬, 레몬그라스, 패출리, 페퍼민트, 샌달우드, 버티버

아로마테라피 적용:

- 겔
- 경미한 정맥류를 위한 가벼운 마사지
- 습포: 냉/온

고혈압 / Hypertension

고혈압은 장기간에 걸쳐 혈압이 정상 이상으로 상승하는 것을 말한다(래트레이와 러드위그, 2000). 베르너와 벤자민에 의하면, 경계선상에 있거나 심하지 않은 고혈압에는 마사지가 스트레스를 조절하고 전반적인 건강을 증진시키는데 유용하다고 한다. 고혈압을 위한 마사지는 다른 근원적인 병증이 있을 수 있기 때문에 원칙적으로 금지된다.

치료 목표:

- 스트레스 경감
- 전반적인 건강과 웰빙 개선

에센셜 오일

안젤리카 루트, 베르가모트, 로만 카모마일, 저먼 카모마일, 클라리 세이지, 유향, 제라늄, 그레이프프루트, 라벤더, 만다린, 스위트 마조람, 네롤리, 스위트 오렌지, 패출리, 페티그레인, 샌달우드, 버티버, 일랑일랑

아로마테라피 적용:

- 2.5~5% 희석도의 마사지

저혈압 / Hypotension

많은 사람들이 고혈압에는 관심이 큰 반면, 저혈압에는 관심이 별로 없다. 저혈압은 일반적으로 수축기 혈압이 100 mm Hg 이하인 것을 말한다. 대부분의 경우, 저혈압은 큰 걱정거리를 만들어내지 않으며 일반적으로 건강하다는 반증이다. 가끔, 나이와 임신, 약물 치료 또는 혈액 순환 장애와 같은 고려해야 할 다른 건강 요인들이 있을 수도 있다. 저혈압인 고객을 마사지할 때는 주의를 기울여야 하며, 테이블에서 일어날 때 도와주거나, 트리트먼트 후에 천천히 일어나라고 말해야 한다.

치료 목표:

- ▶ 순환 촉진
- ▶ 근육 긴장 개선
- ▶ 긴장 이완 촉진과 탈진 완화

에센셜 오일

블랙페퍼, 그레이프프루트, 진저, 주니퍼, 팔마로사, 페퍼민트, 로즈마리, 스피어민트, 타임

아로마테라피 적용:

- ▶ 2.5~5% 희석도의 마사지

림프와 면역계 건강 / LYMPH AND IMMUNE HEALTH

부종 / Edema

부종은 세포 사이에 체액이 쌓이는 것으로 염증 또는 혈액 순환 장애와 관련이 있다. 어떤 경우든, 정체된 체액은 모세 림프관으로 보내 림프 계통에 의해 처리할 필요가 있다. 부종이 아급성 근골격계 부상과 관련돼 있을 경우 마사지를 시술할 수 있다(베르너와 벤자민, 1998). 호리건 (2005)은 부종과 림프 충혈은 에센셜 오일과 림프 배농 마사지 또는 손을 이용한 림프 배농으로 성공적으로 치료할 수 있다고 보고했다.

치료 목표:

- ▶ 순환 증진
- ▶ 체액의 이동 또는 독소배출 조력

에센셜 오일

블랙페퍼, 캐럿 씨드, 사이프러스, 펜넬, 그레이프프루트, 제라늄, 주니퍼 베리, 월계수, 레몬, 레몬그라스, 패출리, 페퍼민트, 파인, 로즈마리 ct. 캠퍼, 스피어민트, 타임

표 10.4

림프와 면역계를 위한 에센셜 오일 치료 작용

치료 작용	에센셜 오일
항염제: 염증을 가라앉히고 줄여주는 물질	저먼 카모마일, 유향, 헬리크리섬, 라벤더, 미르, 패출리, 샌달우드
순환 자극: 혈액 순환을 촉진하거나 증가시키는 물질	캐럿 씨드, 블랙페퍼, 주니퍼 베리, 월계수, 레몬, 레몬그라스, 스코츠 파인, 로즈마리 ct. 캠퍼 또는 시네올
해독제: 체내의 독성 물질 제거를 촉진시키는 물질	캐럿 씨드, 사이프러스, 펜넬, 그레이프프루트, 주니퍼 베리, 레몬
면역 강화제: 면역 체계를 자극하거나 세균을 파괴해 면역을 강화시키는 물질	유향, 월계수, 레몬, 니아울리, 라벤사라, 티트리, 타임

실제 임상적용

사례 연구 10.4

부종

R.은 45세 간호사로 지방 병원에서 일주일에 4번 2교대 근무를 한다. 그녀는 16년 동안 간호사로 일했다. 그녀는 다리와 발의 부종을 하소연했다. 또한 발에 만성 통증도 갖고 있다. R.은 마사지를 받은 적이 없지만 마사지가 증상을 개선시켜 주기를 희망하고 있다.

다음과 같은 과정에 따라 세션을 시작했다:

족욕

주니퍼 베리 (*Juniperus communis*) : 독소 배출 : 2 방울

로즈마리 (*Rosmarinus officinalis* ct. camphor) :
순환 강장제 : 3 방울

레몬 (*Citrus limon*) : 독소제거 촉진, 배출: 3 방울

R.은 약 10분 동안 따뜻한 물에 발을 담그고 아로마 족욕을 즐겼다. 발을 말린 후, 마사지 룸으로 이동했다. 그녀는 손으로 하는 림프 배농 기술을 이용한 전신 마사지 트리트먼트를 받았다.

다음은 마사지에 사용된 아로마 블렌드이다:

살구씨 오일, 50%

유기농 해바라기 오일, 50%

주니퍼 베리 (*Juniperus communis*) : 독소 배출 : 6 방울

그레이프프루트 (*Citrus paradisi*) : 독소 배출 : 8 방울

월계수 (Laurus nobilis): 림프 순환 증가: 4방울

집에서 사용할 발 전용 크림

페퍼민트 (*Mentha x piperita*) : 진통제, 진정 : 7방울

라벤더 (*Lavandula angustifolia*) : 진정 : 10방울

2온스 크림

사용 방법 : 매일 밤 발과 발목에 발라준다.

나는 R을 한 달에 한두 번 정도 마사지를 하면서 4개월 동안 지켜보았다. 그녀는 결과에 만족했다. 그녀의 다리와 발의 부종이 약간 줄어들었다. 하지만 그녀가 가장 좋아했던 것은 발 전용 크림으로 그녀는 이 크림이 "춤을 추고 싶게 만든다"고 말했다. 그녀는 또한 몸의 상태가 훨씬 나아졌다면서 전처럼 딱딱하거나 아프지 않다고 말했다. 우리는 그녀의 아픈 발을 치료하기 위해 아로마테라피와 함께 반사 요법 세션을 시작하기로 결정했다.

아로마테라피 적용:

- 2.5~5% 희석도의 마사지
- 손을 이용한 림프 마사지
- 해수염 목욕
- 드라이 브러싱
- 반사요법

전염병과 면역 / Infections and Immunity

전신 감염 시 발열이 있거나, 국부 감염으로 인한 부종이 있을 경우에 마사지가 금지된다. 고객이 충분히 회복이 되었다면 마사지와 아로마테라피가 강하고, 건강한 면역 체계를 재건을 도와줄 것이다.

치료 목표:

- 인체의 자연 치유 능력 지지
- 면역 체계의 기능 고취

- 체액 이동 또는 독소 배출 조력
- 불필요한 박테리아나 바이러스 제거를 돕는 항균 물질 소개

에센셜 오일

시나몬 리프, 유칼립투스, 제라늄, 그레이프프루트, 주니퍼 베리, 월계수, 라벤더, 레몬, 레몬그라스, 네롤리, 라벤사라, 로즈마리, 티트리, 타임

아로마테라피 적용:

- 2.5~5% 희석도의 마사지
- 5~15%의 높은 농도로 국부 (스팟) 적용
- 황산마그네슘과 해수염 목욕
- 드라이 브러싱
- 습포 (냉/온)
- 공기와 환경 정화를 위한 디퓨저 또는 아로마 미스트

셀룰라이트 / Cellulite

Cellulite.com (n/d)에 의하면, 셀룰라이트는 최상위층의 지방 조직(지방)이 피부에 침투하면서 만들어지는 것으로 혹과 "움푹 들어간 곳", 함몰 등이 생긴다. 셀룰라이트는 지방 조직과 관련된 콜라겐의 파괴로 생성된다고 믿어지고 있으며, 변화된 혈액과 림프 순환이 독소 성분의 축적을 초래한다고 여겨진다. 지방 조직 구성이 다르기 때문에 남성보다 여성에게서 셀룰라이트가 더 잘 생기는 경향이 있다.

치료 목표:

- 림프 순환 지지와 강화
- 독소 배출 조력

에센셜 오일

사이프러스, 유칼립투스, 진저, 그레이프프루트, 주니퍼 베리, 레몬, 레몬그라스, 네롤리, 패출리, 로즈마리 ct. 캠퍼 또는 시네올

아로마테라피 적용:

- 2.5~5% 희석도의 마사지
- 황산마그네슘과 해수염 목욕
- 드라이 브러싱

생식기 건강 / REPRODUCTIVE HEALTH

생리불순 / Dysmenorrhea

생리불순은 생리통을 기술적으로 이르는 용어로 가임기에 있는 여성의 활동을 방해하고 제한하기에 충분할 정도로 심각한 통증이다. 다른 근원적인 질병이 없거나 생리 양이 많은 기간이 아니라면, 마사지를 시술할 수 있다 (베르너와 벤자민, 1998).

표 10.5

생식기를 위한 에센셜 오일 치료 작용

치료 작용	에센셜 오일
진통제: 통증을 경감시키거나 줄여주는 물질	블랙페퍼, 버치, 시나몬 리프, 클로브 버드, 유칼립투스, 진저, 레몬그라스, 스위트 마조람, 미르, 페퍼민트, 로즈마리 ct. 캠퍼와 시네올
항우울제: 우울증을 경감해주는 물질	베르가모트, 클라리 세이지, 그레이프프루트, 자스민, 만다린, 멜리사, 네롤리, 오렌지, 패출리, 페티그레인, 로즈, 일랑일랑
진경제: 민무늬근과 골격근 경련을 완화시키는 물질	안젤리카 루트, 월계수, 저먼 카모마일, 로만 카모마일, 클라리 세이지, 사이프러스, 펜넬, 진저, 라벤더, 스위트 마조람, 네롤리, 페퍼민트, 페티그레인, 세이지
정력제: 성적 자극과 흥분을 증가시키는 물질	카다몸, 시나몬 리프, 클라리 세이지, 진저, 자스민, 일랑일랑
호르몬 균형제: 내분비계의 균형 잡는 것을 도와주는 물질	클라리 세이지, 제라늄, 라벤더, 로즈, 세이지
신경진정제: 신경계의 긴장을 완화시키고 신경 질환을 줄여주는 물질	안젤리카 루트, 베르가모트, 저먼 카모마일, 로만 카모마일, 유향, 라벤더, 만다린, 스위트 마조람, 멜리사, 네롤리, 스위트 오렌지, 페티그레인, 로즈, 샌달우드, 버티버, 일랑일랑
진정제: 진정 효과가 있으며 불안과 긴장, 불면증을 완화시키는 물질	저먼 카모마일, 로만 카모마일, 라벤더, 스위트 마조람, 멜리사

치료 목표:

- ▶ 통증 감소
- ▶ 감정 진정
- ▶ 호르몬 균형

에센셜 오일

안젤리카 루트, 버치, 블랙페퍼, 로만 카모마일, 시나몬 리프, 클라리 세이지, 펜넬, 유향, 제라늄, 진저, 헬리크리섬, 라벤더, 스위트 마조람, 만다린, 네롤리, 스위트 오렌지, 패출리, 페퍼민트, 스피어민트, 버티버, 일랑일랑

아로마테라피 적용:

- ▶ 2.5~5% 희석도의 마사지
- ▶ 습포
- ▶ 수치료

무월경 / Amenorrhea

무월경은 월경이 없거나 휴지 되는 것을 말한다. 무월경의 가장 흔한 원인은 스트레스이다.

기타 원인으로는 시상하부 장애, 뇌하수체 또는 갑상선 결함, 스트레스, 과도한 운동, 난소 호르몬 결핍, 거식증, 그리고 자궁이나 난소 제거 등이 있다.

치료 목표:

- 스트레스를 줄이고 감정을 진정시킴
- 호르몬 균형
- 이 증상을 일으키거나, 이 증상에 대한 반응으로 나타나는 감정적 문제 해소

에센셜 오일

안젤리카 루트, 베르가모트, 로만 카모마일, 클라리 세이지, 펜넬, 제라늄, 자스민, 라벤더, 스위트 마조람, 만다린, 네롤리, 스위트 오렌지, 패출리, 버티버, 일랑일랑

아로마테라피 적용:

- 2.5~5% 희석도의 마사지
- 흡입/확산
- 수치료

생리전 증후군 / Premenstrual Syndrome

생리전 증후군(PMS)은 다방면에 걸친 장애로 거의 모든 전 세계의 여성들이 겪는다. PMS의 증상으로는 유방이 부어오르고, 수분 저류가 일어나며, 부풂, 아픔과 통증, 신경과민, 자극 감응성, 감정적 동요, 두통, 우울, 피로, 긴장, 불안, 집중력 저하 등이 있다. PMS 증상은 개인별로 큰 차이가 있으므로 나타나는 각각의 증상에 대해 정확히 이해하는 것이 중요하다.

치료 목표:

- 수분 저류와 부풂 경감
- 월경통 완화
- 호르몬 균형
- 스트레스와 불안감 감소

에센셜 오일

안젤리카 루트, 베르가모트, 블랙페퍼, 카다몸, 로만 카모마일, 클라리 세이지, 펜넬, 유향, 제라늄, 진저, 헬리크리섬, 자스민, 주니퍼 베리, 월계수, 라벤더, 스위트 마조람, 만다린, 멜리사, 네롤리, 스위트 오렌지, 패출리, 페퍼민트, 스피어민트, 버티버, 일랑일랑

아로마테라피 적용:

- 2.5~5% 희석도의 마사지
- 습포
- 수치료

실제 임상적용

사례 연구 10.5
생리전 증후군

S.는 29세의 여성으로 스트레스를 줄이고 잠재적인 호르몬 문제를 치료하기 위해 아로마테라피 마사지를 받으러 왔다. 그녀는 생리 7, 8일 전부터 매우 신경질적이 된다. 그녀는 매우 감정적이 되며 친구들이나 가족에 대한 인내력이 없어지고 쉽게 화를 내거나 욕구 불만이 된다. 그녀는 또한 생리 전에 수면 패턴이 변한다는 것을 알아차렸다. 생리가 시작되면 불쾌한 월경통이 발생한다. 생리 주기는 규칙적이다.

마사지 블렌드: 2온스, 병, 3% 희석도

살구씨, 100%

제라늄 *(Pelargonium graveolens)* : 균형 : 6 방울

클라리 세이지 *(Salvia sclarea)* : 진경제, 균형 : 6 방울

베르가모트 *(Citrus bergamia)* : 스트레스 완화, 진정 : 10 방울

라벤더 *(Lavandula angustifolia)* : 욕구 불만과 분노 진정 : 14 방울

전신 마사지

S.는 마사지와 아로마테라피를 좋아했다. 그녀는 긴장이 많이 이완됐다고 느꼈으며 블렌드를 집에서도 계속 사용하고 싶다고 말했다. 그녀는 남은 블렌드를 집으로 가져갔다. 나는 그녀에게 생리 5일 전부터 블렌드를 사용하고 필요할 경우, 생리 중에도 사용할 것을 권했다. S.는 한 달에 한 번씩 마사지를 받고 있다. 5개월이 지난 뒤 그녀는 욕구 불만과 과민성이 두 달 동안 나타나지 않았으며 생리 중에도 심한 월경통이 발생하지 않았다고 말했다. 그녀는 목욕 시에 사용할 라벤더를 구입했는데 라벤더가 밤에 잠을 더 잘 자게 해준다고 느끼고 있다.

불임 / Infertility

부부가 임신이 되지 않는 것을 불임이라고 한다. 불임의 원인은 매우 다양하며 광범위한데 남성의 정자가 약하거나 숫자가 적어서 일 수도 있고, 여성의 몸이 배란을 하지 않거나, 가족을 만들 준비가 되지 않아 정자를 거부할 수도 있고, 혹은 단순히 타이밍이 좋지 않아서 일 수도 있다. 어떤 경우든 불임 문제 해결을 위해 노력하는 부부는 주변 상황과 반복적인 치료 때문에 많은 스트레스와 불안감을 느낀다. 이런 이유들 때문에 아로마테라피를 찾게 되는 것이다.

치료 목표:

- 호르몬 균형
- 주변 상황이나 이 문제를 일으키는 스트레스와 불안감 감소
- 절대적인 위로와 지지

에센셜 오일

베르가모트, 카다몸, 로만 카모마일, 클라리 세이지, 사이프러스, 펜넬, 제라늄, 멜리사, 네롤리, 로즈

아로마테라피 적용:

- 2.5~ 5% 희석도의 마사지
- 전신 목욕
- 습포
- 수치료

소화기계 건강 / DIGESTIVE HEALTH

변비 / Constipation

변비는 대장 내의 배설물이 느리고, 힘들게 또는 드물게 움직이는 것을 말한다. 변비의 원인은 빈약한 식사, 스트레스, 비뚤어진 자세와 같은 생활습관 요인부터, 명상의 부작용, 위장 불균형 그리고 빈약한 근육 조절과 같은 생리학적 요인들까지 매우 다양하다 (래트레이와 러드위그, 2000). 장폐색 또는 염증성 장질환과 같은 부적용증만 아니면 마사지를 시술해도 된다.

치료 목표:

- 스트레스 감소
- 통증 감소
- 배설 조력

에센셜 오일

안젤리카 루트, 카다몸, 캐럿 씨드, 블랙페퍼, 클라리 세이지, 펜넬, 진저, 그레이프프루트, 주니퍼 베리, 라벤더, 만다린, 스위트 오렌지, 페퍼민트, 페티그레인, 스피어민트

아로마테라피 적용:

- 5% 희석도의 마사지
- 복부 습포

표 10.6

소화기 위한 에센셜 오일 치료 작용

치료 작용	에센셜 오일
진통제: 통증을 경감시키거나 줄여주는 물질	블랙페퍼, 버치, 시나몬 리프, 클로브 버드, 유칼립투스, 진저, 레몬그라스, 스위트 마조람, 미르, 페퍼민트, 로즈마리 ct. 캠퍼와 시네올
진경제: 민무늬근과 골격근 경련을 완화시키는 물질	안젤리카 루트, 월계수, 저먼 카모마일, 로만 카모마일, 클라리 세이지, 사이프러스, 펜넬, 진저, 라벤더, 스위트 마조람, 네롤리, 페퍼민트, 페티그레인, 세이지
구풍제: 복부 팽만감을 완화하고 위장 안의 잉여 가스를 없어주는 물질	블랙페퍼, 카다몸, 캐럿 씨드, 클로브 버드, 펜넬, 진저, 페퍼민트, 스피어민트
해독제: 체내의 독성 물질 제거를 촉진시키는 물질	캐럿 씨드, 사이프러스, 펜넬, 그레이프프루트, 주니퍼 베리, 레몬
소화제: 소화를 돕고 소화기계의 강장제로 쓰이는 물질	안젤리카 루트, 블랙페퍼, 카다몸, 캐럿 씨드, 펜넬, 레몬
신경진정제: 신경계의 긴장을 완화시키고 신경 질환을 줄여주는 물질	안젤리카 루트, 베르가모트, 저먼 카모마일, 로만 카모마일, 유향, 라벤더, 만다린, 스위트 마조람, 멜리사, 네롤리, 스위트 오렌지, 페티그레인, 로즈, 샌달우드, 버티버, 일랑일랑

실제 임상적용

사례 연구 10.6

변비와 스트레스

K.는 38명의 사업가로 자주 변비가 생기며 업무 때문에 과도한 스트레스를 받고 있다. 그녀는 최근 식단을 바꾸고 물을 더 많이 마시기로 했다. 그녀는 변비와 스트레스를 줄여줄 수 있는 아로마테라피 마사지를 받고 싶어 한다.

마사지 블렌드: 1온스, 병, 3% 희석도

살구씨, 100%

스위트 펜넬 *(Foeniculum vulgare)* : 소화 강장제 : 3 방울

카다몸 *(Elettaria cardamomum)* : 소화 강장제 : 4 방울

레몬 *(Citrus limon)* : 청소, 지지 : 4방울

라벤더 *(Lavandula angustifolia)* : 스트레스 경감 : 7 방울

전신 마사지

K.는 첫 번째 마사지 세션 후 상태가 많이 나아졌다고 느꼈다. 그녀는 치료 3일 후 전화를 걸어 배변이 훨씬 편안해졌을 뿐만 아니라 주기적 대장 운동을 경험했다고 말했다. 그녀는 마사지와 아로마테라피 세션을 계속하고 싶어 했다.

- 반사요법
- 수치료

과민성 장 증후군 / Irritable Bowel Syndrome

과민성 장 증후군 (IBS)은 소화기 계통에서 종종 발생하는 질환으로 주로 계속되는 불안이나 스트레스와 관련된 상황 때문에 발생한다. 또한 밀, 커피, 과일, 유제품과 같은 식품 불내성과 유당 불내성 때문에 발생하기도 한다. 장기간에 걸쳐 변비와 설사 (과민성 대장 증후군 또는 무통 설사라고도 알려진)를 경험하는 개인은 종종 복통을 함께 겪기도 한다. 과민성 장 증후군의 다른 증상으로는 부풂, 가스가 차는 것, 그리고 두통 등이 있다. AMTA(2005)에 의하면, 치료적 마사지가 과민성 대장과 변비와 같은 위장 질환을 줄여주고 경감시킨다고 한다.

치료 목표:

- 스트레스 감소
- 경련과 가스통 감소
- 필요하다면, 연동 운동 자극
- 배설 조력
- 증상을 일으키거나 원인이 되는 감정적 문제 해소

에센셜 오일

베르가모트, 블랙페퍼, 카다몸, 캐럿 씨드, 클라리 세이지, 펜넬, 진저, 그레이프프루트, 주니퍼 베리, 라벤더, 만다린, 네롤리, 스위트 오렌지, 페퍼민트, 페티그레인, 스피어민트

아로마테라피 적용:

- 5% 희석도의 마사지
- 복부 습포

오심 또는 배탈 / Nausea or Upset Stomach

그 자체로는 질병이나 질환이 아닌 오심이나 배탈은 멀미, 독감, 임신 또는 소화 불량과 같은 다른 것이 원인이 되어 나타난다. 테라피스트는 잠재적이며 근원적 인 금지 사항이 있는지 질문하고 이해하는 것이 중요하다. 만약 고객에게 마사지를 할 수 있다면, 낮은 희석도의 에센셜 오일을 이용해 증상을 경감시켜주는 것을 고려하라.

치료 목표:

- 스트레스 감소
- 소화와 흡수 개선
- 경련과 가스통 경감
- 증상을 일으키거나 원인이 되는 감정적 문제 해소

에센셜 오일

카다몸, 캐럿 씨드, 로만 카모마일, 펜넬. 진저, 그레이프프루트, 라벤더, 만다린, 페퍼민트, 로즈마리, 스피어민트

아로마테라피 적용:

- 1~2.5% 희석도의 마사지
- 5%의 희석도로 복부 마사지
- 복부 습포
- 지압점
- 반사요법
- 흡입

호흡기계 건강 / RESPIRATORY HEALTH

기관지염 / Bronchitis

만성 기관지염은 적어도 석 달에서 길게는 2년이 넘는 기간 동안 연속해서 기관지 점액이 생산된 결과로 나타나는 질환을 말한다. 기도는 기관지 점액의 증가로 인해 만성적인 염증이 일어나거나 막힐 수 있다(래트레이와 러드위그, 2000). AMTA(2005)에 의하면 치료적 마사지가 천식과 기관지염의 여러 증상을 줄이거나 경감시킨다고 한다.

치료 목표:

- 기관지 염증 감소
- 면역 체계 강화

표 10.7

호흡기 계통을 위한 에센셜 오일 치료 작용

치료 작용	에센셜 오일
항염제: 염증을 가라앉히고 줄여주는 물질	저먼 카모마일, 유향, 헬리크리섬, 라벤더, 미르, 패출리, 샌달우드
항균제: 병원성 미생물을 파괴하거나 이에 저항하는 물질	로만 카모마일, 시니몬 리프, 클로브 버드, 유칼립투스, 레몬, 레몬그라스, 티트리, 타임
진경제: 민무늬근과 골격근 경련을 완화시키는 물질	안젤리카 루트, 월계수, 저먼 카모마일, 로만 카모마일, 클라리 세이지, 사이프러스, 펜넬, 진저, 라벤더, 스위트 마조람, 네롤리, 페퍼민트, 페티그레인, 세이지
진해제: 기침을 경감시키는 것을 돕는 물질	사이프러스
진통제(balsamic): 폐를 진정시키는 물질	유향, 샌달우드
울혈 제거제: 코의 울혈을 줄이고 경감시키는 물질	유칼립투스, 스코츠 파인, 로즈마리 ct. 캠퍼
거담제: 담 또는 점액 제거를 돕는 물질	카다몸, 유칼립투스, 펜넬, 월계수, 니아울리, 스코츠 파인, 페퍼민트, 라벤사라, 로즈마리 ct. 시네올 또는 캠퍼, 세이지, 티트리
면역 강화제: 면역 체계를 자극하거나 세균을 파괴해 면역을 강화시키는 물질	유향, 월계수, 레몬, 니아울리, 라벤사라, 티트리, 타임
점액 용해제: 점액을 녹이거나 점액을 파괴하는 물질. 점액 용해제는 과도하거나 굳어진 점액 분비와 관련된 흉부 질환을 치료하는데 이용된다	시더우드, 헬리크리섬, 로즈마리 ct. 캠퍼 또는 시네올 또는 버베논, 세이지

- ▶ 불필요한 점액 제거 조력
- ▶ 기관지 계통의 건강 지지
- ▶ 긴장 이완 촉진

에센셜 오일

카다몸, 시더우드, 저먼 카모마일, 시나몬 리프, 클로브 버드, 사이프러스, 유칼립투스, 펜넬, 유향, 진저, 헬리크리섬, 월계수, 레몬, 니아울리, 페퍼민트, 파인, 라벤사라, 로즈마리 ct. 캠퍼 또는 시네올, 티트리, 타임

아로마테라피 적용:

- ▶ 5에서 10% 희석도의 마사지
- ▶ 연고
- ▶ 반사요법
- ▶ 수치료
- ▶ 증기 흡입

실제 임상적용

사례 연구 10.7

기관지 충혈과 이완

고정 고객 중 한 명이 최근 마사지 세션을 많이 필요로 하고 있다. 트리트먼트 전에 그녀와 대화하면서 그녀가 간헐적으로 기침을 하는 것을 보고 충혈이 있다는 것을 알았다. 그녀는 너무 아파서 한동안 오지 못했다고 말했다. 멀리서 온 그녀의 친구들이 몇 주 동안 그녀의 집에 머물렀는데 그들이 털이 많은 강아지를 데리고 왔다고 말했다. 이 기간 동안 나의 고객은 천식 발작 발생 횟수가 늘었다고 한다. 그녀는 또한 최근에 지은 집으로 이사를 했는데 공사와 카펫으로 인한 먼지와 섬유에 시달리면서 천식 발작이 일어났고 결국 감염이 되어 만성 기관지염으로 발전하고 말았다. 다행히 중요한 고비는 넘겼지만 그녀는 여전히 지난 몇 주 동안 계속되었던 기침으로 인한 몸의 통증과 가슴, 갈비뼈, 횡경막 주변의 통증을 호소하고 있다. 그녀는 긴장이 이완되고 통증이 완화되기를 바라고 있다.

마사지 블렌드: 1온스, 2.5% 희석도

살구씨, 50%

해바라기, 50%

유칼립투스 *(Eucalyptus globulus)* : 충혈 제거, 호흡 쉽게 : 7 방울

라벤더 *(Lavandula angustifolia)* : 스트레스 완화, 가슴 경직 : 9 방울

*기관지를 열고 경직을 풀기 위한 복부와 가슴 마사지에 이용함. 남은 블렌드를 집으로 가져 가 사용하라고 주었음.

아로마 미스트: 1온스

증류수

페퍼민트 *(Mentha × piperita)* : 누 열기: 5 방울

유칼립투스 *(Eucalyptus globulus)* : 누 열기: 8 방울

*얼굴 베개에 뿌린다

전신 마사지를 위한 마사지 오일: 1온스, 2% 희석도

살구씨, 100%

라벤더 *(Lavandula angustifolia)* : 긴장 이완과 진정 : 10 방울

로즈 *(Rosa damascena)* : 편안한 셀프케어, 이완 : 2 방울

마사지 후에 고객은 가슴 주위의 통증이 줄어들었으며 누가 더 열렸고, 대부분의 통증이 가라앉았다고 말했다. 그녀는 더 강해지고 기분이 나아졌다고 느끼고 있으며, 잘 지내고 있다. 그녀는 다시 마사지를 받겠다고 예약을 했으며 다시는 털이 달린 강아지를 집에 들이지 않겠다고 말했다.

천식 / Asthma

천식은 폐의 만성 염증성 장애로 기관지 경련이 일어나거나 허파의 기도가 좁아져 호흡이 곤란해지는 특징이 있다(래트레이와 러드위그, 2000). 천식에는 외인성 천식과 내인성 천식 두 가지가 있다. 외인성 천식은 담배 연기, 알레르겐 (꽃가루), 동물 비듬, 음식에 대한 알레르기 반응과 같은 인체 외부의 자극적인 원인에 의해 발생한다. 내인성 천식은 치료가 더 어려운 경향이 있는데 유전적, 구조적 문제, 감염, 오염 물질, 그리고 스트레스와 같은 것들이 원인이 되어 발생한다. 내인성 천식이 가장 흔하다. 베르너와 벤자민(1998)은 마사지는 천식의 스트레스를 줄여주고 호흡을 어렵게 하는 근육 문제를 해결하는데 도움이 된다고 말했다. 천식 발작 중에는 마사지가 금지된다.

치료 목표:

- 경련 감소
- 과도한 점액 제거 조력

- 기관지 계통의 건강 지지
- 스트레스 경감과 긴장 이완 촉진

에센셜 오일

베르가모트, 카다몸, 시더우드, 저먼 카모마일, 로만 카모마일, 클라리 세이지, 유칼립투스, 미르, 네놀리, 패출리, 페퍼민트, 페티그레인, 파인, 라벤사라, 로즈마리 ct. 캠퍼 또는 시네올, 일랑일랑

아로마테라피 적용:

- 2.5에서 5% 희석도의 마사지
- 반사요법
- 수치료

감기 / Common Cold

일반 감기는 수백 가지가 넘는 바이러스에 의해 일어나는 상기도 감염이다. 베르너와 벤자민 (1998)에 의하면, 다른 심각한 합병증 때문에 악화되지 않을 경우 감기 자체로는 별로 위험하지 않다고 한다. 우리는 모두 코 막힘, 재채기, 부은 목, 두통과 같은 감기의 일반적인 증상에 익숙하다. 감기가 매우 심할 동안에는 몸이 불편하기 때문에 마사지가 금지된다. 하지만 회복 단계나 아급성 단계에서는 마사지를 권한다.

치료 목표:

- 면역 체계 강화
- 불필요한 점액 제거 조력
- 기관지 계통의 건강 지지
- 휴식과 긴장 이완 촉진
- 근육통 완화

에센셜 오일

카다몸, 저먼 카모마일, 로만 카모마일, 시나몬 리프, 사이프러스, 유칼립투스, 펜넬, 유향, 진저, 헬리크리섬, 월계수, 라벤더, 레몬, 미르, 니아울리, 페퍼민트, 파인, 라벤사라, 로즈마리 ct. 캠퍼 또는 시네올, 샌달우드, 티트리, 타임

아로마테라피 적용:

- 5~10% 희석도의 마사지
- 황산마그네슘 또는 해수염 목욕
- 연고
- 반사요법
- 수치료
- 증기 흡입

요약 /SUMMARY

- 근골격 계통에 대한 에센셜 오일의 주요 치료 작용으로는 진통, 항염, 항류마티스, 진경, 독소 제거, 신경 진정, 그리고 발적 등이 있다.
- 신경 계통에 대한 에센셜 오일의 주요 치료 작용으로는 진통, 항우울, 항염, 진경, 신경 진정, 진정 등이 있다.
- 순환기 계통에 대한 에센셜 오일의 주요 치료 작용으로는 수렴, 항염, 순환 자극, 독소 제거, 고혈압, 저혈압, 신경 진정, 등이 있다.
- 림프/면역 계통에 대한 에센셜 오일의 주요 치료 작용으로는 항염, 순환 자극, 독소 제거, 면역 강화 등이 있다.
- 생식기 계통에 대한 에센셜 오일의 주요 치료 작용으로는 진통, 항우울, 진경, 호르몬 균형, 신경 진정, 그리고 진정 등이 있다.
- 소화기 계통에 대한 에센셜 오일의 주요 치료 작용으로는 진통, 진경, 구풍, 독소 제거, 소화, 신경 진정 등이 있다.
- 호흡기 계통에 대한 에센셜 오일의 주요 치료 작용으로는 항염, 항균, 진경, 진해, 진통, 울혈 제거, 거담, 면역 강화, 점액 용해 등이 있다.
- 에센셜 오일은 다양한 범주의 일반적인 질환을 위한 마사지와 바디워크 적용의 효능을 높일 수 있다.

새 용어들 /NEW TERMINOLOGY

월경 불순 (Amenorrhea)
점액낭염 (Bursitis)
수근관 증후군 (Carpal tunnel syndrome)
월경 곤란 (Dysmenorrhea)
부종 (Edema)
섬유근통 (Fibromyalgia)
과민성 장 증후군 (Irritable bowel syndrome)
신경통 (Neuralgia)
족저근막염 (Plantar fasciitis)
라이노 증후군 (Raynaud' s syndrome)
턱관절 장애 (Tempuromandibular joint disorder)

참고문헌 / References

AMTA. (2005). *Massage Therapy Facts for Physicians*. Evanston, IL: American Massage Therapy Association. Retrieved on August 10, 2005, from www.amtamassage.org.

Cellulite.com. (n/d). *What is cellulite*? Retrieved on March 12, 2006, from http://www.cellulite.com/what_is_cellulite.htm.

Fibromyalgia Network. (n/d). *Fibromyalgia Basics*. Retrieved on April 13, 2006, from http://www.fmnetnews.com/pages/basics.html.

Grace, U. (2001). Treating Fibromyalgia Syndrome with Essential Oils. *International Journal of Aromatherapy 11* (1), 20–25.

Horrigan, C. (2004). Aromatherapy in the management and treatment of rheumatoid and musculoskeletal autoimmune disorders. *International Journal of Aromatherapy 14* (3), 110–118.

Horrigan, C. (2005). Aromatherapy in the management and treatment of rheumatoid and musculoskeletal autoimmune disorders, Part III. *International Journal of Aromatherapy 15* (1), 15–23.

National Institute of Mental Health. (2001). *Facts about anxiety disorders*. Retrieved on April 10, 2006, from http://www.nimh.nih.gov/publicat/adfacts.cfm.

Rattray, F., and Ludwig, L. (2000). *Clinical Massage Therapy*. Toronto, Ontario: Talus Incorporated.

Werner, J., and Benjamin, B. (1998). *A Massage Therapist's Guide to Pathology*. Baltimore, MD: Williams and Wilkins.

워크시트 / WORKSHEET

핵심 치료법 (1부)

아로마테라피로 세션의 효과 향상

1) 아래에 있는 고객의 프로필을 읽고 주어진 정보에 기초해 각각의 고객을 위한 블렌드를 창조할 때 어떤 에센셜 오일과 어떤 적용 방법을 사용할 것인지 결정하라.

a) 메리는 37세의 자영업자로 최근 자신이 맡은 대형 프로젝트 때문에 엄청난 스트레스를 겪고 있다. 메리는 목과 어깨가 지나치게 긴장이 되어 있다고 느낀다. 최근 그녀는 경미한 두통을 앓고 있으며 밤에는 잠을 잘 자지 못한다. 메리는 아로마테라피 마사지가 그녀가 느끼고 있는 스트레스를 줄여줄 것을 기대하고 있다. 메리에게 특별한 알레르기는 없으며 현재 복용 중인 약도 없다.

적용 방법: ______________________

베이스: ______________ 희석도: ______________

에센셜 오일	방울수	선택 이유?

적용 방법: ______________________

베이스: ______________ 희석도: ______________

에센셜 오일	방울수	선택 이유?

b) 톰은 사흘 전에 연석에서 발을 헛디뎌 발목을 삐었다. 그는 즉시 RICE 기술을 이용했고 하루 동안 휴식을 취했다. 현재 그의 발목은 살짝 부어있는 상태이며 멍이 조금 남아 있고 몸무게가 실리면 조금 아프다. 톰은 직장으로 복귀했고 목발 없이 걷는다. 톰은 나머지 신체 부위의 긴장을 풀고 발목이 운동 능력을 잃는 것을 예방하기 위해 마사지를 받으러 왔다.

적용 방법: ______________________

베이스: ______________ 희석도: ______________

에센셜 오일	방울수	선택 이유?

워크시트 / WORKSHEET

워크시트: 핵심 치료법 (2부)

2) 아래의 질문지를 완성하고 파트너와 교환하라. 서로를 짧게 인터뷰를 할 다음, 상대의 특정한 불편함을 해소할 수 있고, 트리트먼트 목표에 부합되는 블렌드를 디자인하라. 트리트먼트를 파트너와 교환하라.

현재 복용 중인 약이나 약을 복용해야 했던 질환을 적어 보라. 아스피린, 해열제, 허브 건강 보조제 등도 포함된다.

____

수술, 경미한 질환, 입원 치료, 또는 사고

____

과거 건강력

현재 갖고 있거나 과거에 가졌던 모든 증상에 표시하라. 같은 라인 안에 나열된 둘 또는 그 이상 적용할 수 있는 증상에 동그라미를 하라. 왼쪽과 오른쪽 중 어느 쪽이 적절한지 표시하라.

현재	과거	증상
		신경 계통
☐	☐	대상포진
☐	☐	무감각/저림
☐	☐	삼차신경통
☐	☐	구안와사
☐	☐	좌골 신경통
☐	☐	바싹 죄어진 신경(pinched nerve)
☐	☐	기타: ____________
		근골격 계통
☐	☐	뼈 또는 관절 질환
☐	☐	건염/활액낭염
☐	☐	관절염/통풍
☐	☐	삠/접질림
☐	☐	요통
☐	☐	엉덩이/다리 통증
☐	☐	목 통증
☐	☐	어깨/팔 통증
☐	☐	경련/쥐
☐	☐	턱 통증/TMJ
☐	☐	낭창
☐	☐	기타: ____________
		피부 질환
☐	☐	알레르기: ____________
☐	☐	발진
☐	☐	무좀
☐	☐	포진/입가의 발진
☐	☐	사마귀
☐	☐	기타: ____________

현재	과거	증상
		소화기 계통
☐	☐	만성 통증
☐	☐	변비/설사
☐	☐	가스/부풂
☐	☐	게실염
☐	☐	과민성 장 증후군
☐	☐	궤양
☐	☐	기타: ____________
		기타 질환/의견
☐	☐	____________
☐	☐	____________
		순환기 계통
☐	☐	심장 질환: ____________
☐	☐	정맥염/정맥류
☐	☐	혈전
☐	☐	고/저혈압
☐	☐	림프수종
☐	☐	혈전증/색전증
☐	☐	기타: ____________
		호흡기 계통
☐	☐	호흡 곤란/천식
☐	☐	폐기종
☐	☐	알레르기
☐	☐	누 질환
☐	☐	기타: ____________
		생식기/비뇨기 계통
☐	☐	임신: 단계 ____________
☐	☐	난소 질환: ____________

현재	과거	증상	현재	과거	증상
☐	☐	월경 불순: ______________	☐	☐	만성 피로
☐	☐	PMS	☐	☐	수면 장애
☐	☐	전립선 질환: ____________	☐	☐	우울증
☐	☐	방광/요로 감염	☐	☐	불안/스트레스 증후군
☐	☐	신장 질환: ______________	☐	☐	염증/부어오름(swelling)
		기타: ___________________	☐	☐	열
			☐	☐	감염: ______________
		기타 질환	☐	☐	전염성 질환: ______________
☐	☐	암/종양	☐	☐	콘택트렌즈: 소프트/하드
☐	☐	당뇨	☐	☐	교합 장치/치열 교정기
☐	☐	약물/알코올 중독	☐	☐	발 질환: ______________
☐	☐	카페인/담배 중독			

복습 문제 / CHAPTER TEST

1. 다음 중 항염 작용이 있다고 여겨지는 에센셜 오일 그룹은?
   a. 유향, 월계수, 레몬
   b. 저먼 카모마일, 헬리크리섬, 라벤더
   c. 그레이프프루트, 주니퍼 베리, 일랑일랑
   d. 레몬그라스, 스코츠 파인, 로즈마리 ct. 캠퍼

2. 다음 중 진통 작용이 있다고 여겨지는 에센셜 오일 그룹은?
   a. 블랙페퍼, 버치, 클로브 버드
   b. 레몬, 라벤더, 자스민
   c. 네롤리, 캐럿 씨드, 그레이프프루트
   d. 샌달우드, 버티버, 일랑일랑

3. 삠과 접질림은 언제 마사지로 치료해야 하는가?
   a. 급성 단계에서 최대한 빨리
   b. 아급성 단계 또는 화농 단계
   c. 우선 아로마 흡입을 하게 한다
   d. 응급실에서

4. TMJ는 어떤 질환인가?
   a. 스트레스와 전혀 관계가 없다
   b. 매우 엄격히 구조적이다
   c. 대부분 항상 수술이 필요하다
   d. 머리와 목의 통증이 포함된다

5. 다음 중 변비를 완화시킬 수 있는 에센셜 오일은?
   a. 일랑일랑, 로만 카모마일
   b. 자스민, 네롤리
   c. 펜넬, 진저
   d. 샌달우드, 저먼 카모마일

6. 일반적으로 얘기해서, 부종(edema)이란?
   a. 마사지 기술이 도움이 되지 않는다
   b. 간섭하거나 줄여서는 안 된다
   c. 에센셜 오일과 림프 마사지 기술이 성공적으로 도울 수 있다
   d. 물을 너무 마실 때 일어날 수 있다

7. 다음 중 PMS 증상을 완화시키는데 이용될 수 있는 에센셜 오일 그룹은?
   a. 유칼립투스, 월계수, 티트리
   b. 파인, 라벤사라, 레몬
   c. 페퍼민트, 로즈마리 ct. 캠퍼, 블랙페퍼
   d. 라벤더, 제라늄, 클라리 세이지

8. 다음 중 면역 강화제로 여겨지는 에센셜 오일 그룹은?
   a. 일랑일랑, 네놀리, 페퍼민트
   b. 진저, 카다몸, 캐럿 씨드
   c. 니아울리, 티트리, 타임
   d. 저만 카모마일, 로만 카모마일, 클라리 세이지

9. 다음 중 거담제로 여겨지는 에센셜 오일 그룹은?
   a. 유칼립투스, 라벤사라, 로즈마리 ct. 시네올
   b. 안젤리카 루트, 베르가모트, 저먼 카모마일
   c. 일랑일랑, 버티버, 그레이프프루트
   d. 블랙페퍼, 진저, 주니퍼 베리

10. 다음 중 순환 자극을 돕는 데 이용될 수 있는 에센셜 오일 그룹은?
   a. 진저, 베르가모트
   b. 로즈마리, 블랙페퍼
   c. 라벤더, 클라리 세이지
   d. 탠저린, 베라니움

복습 질문 / REVIEW QUESTIONS

1. 고객의 특별한 불편함 해소를 위해 치료적 세션과 에센셜 오일을 어떻게 통합할 것인지 논의하라.

2. 치료를 받기 위해 여러분을 찾아온 고객에게 뭐라고 말할 것인가?

11장 실질적인 아로마테라피 : 특수한 집단과 환경

Special Populations and Settings

개요
아로마테라피와 특수한 집단
산전과 산후
영아와 어린이들
노화와 노인들
병증의 일시적 완화, 호스피스, 말기 환자 간호
실제 임상적용: 사례 연구 11.1 호스피스 간호
테라피스트 셀프 케어
아로마테라피와 시술 환경
1인 시술자와 그룹 환경
데스티네이션과 데이 스파
현장 환경
입원 병원과 호스비스 환경
실제 임상적용 11.1: 개인 시술소와 병원, 스파 환경의 아로마테라피
요약
새 용어들
참고문헌
워크시트: 시술에서의 아로마테라피
복습 문제와 질문

학습 목표 / LEARNING OBJECTIVES

이 장을 읽은 뒤에는 다음 사항들에 답할 수 있어야 한다.

1. 바디워크와 아로마테라피의 통합으로 이익을 얻고 있는 4부류의 특수한 집단을 나열하고 설명하라.
2. 적어도 5개의 산전/산후 질환/증상을 밝히고 사용 가능한 에센셜 오일, 적용 방법, 그리고 특히 주의할 점 또는 고려할 점을 설명하라.
3. 유아와 어린이 질환/증상을 적어도 5가지 밝히고 사용 가능한 에센셜 오일, 적용 방법, 그리고 특히 주의할 점 또는 고려할 점을 설명하라.
4. 노인 집단이 겪고 있는 질환을 적어도 5가지 밝히고 사용 가능한 에센셜 오일, 적용 방법, 그리고 특히 주의할 점 또는 고려할 점을 설명하라.
5. 호스피스/말기 환자 간호의 어려움을 적어도 5가지 밝히고 사용 가능한 에센셜 오일, 적용 방법, 그리고 특히 주의할 점 또는 고려할 점을 설명하라.
6. 마사지 또는 바디워커 전문가들의 셀프케어 중요성을 논하고 이를 실천하기 위해 자신의 생활 방식에 통합될 수 있는 다양한 방법을 설명하라.
7. 아로마테라피와 에센셜 오일을 다양한 시술 환경에 통합할 수 있는 잠재적 방법에 대해 설명하라.

개요 / INTRODUCTION

어떤 타입의 고객들을 상대하고 싶은지, 어떤 종류의 환경이나 시설에서 일하고 싶은지와 관련해 전문 바디워커와 마사지 테라피스트들이 선택할 수 있는 것들은 매우 다양하고 광범위하다. 이 장에서는 특정한 고객 집단과 장소, 환경에 에센셜 오일이 가진 효능을 어떻게 통합시킬 것인지에 대해 생각해 보려한다. 바디워크에 적절하게 아로마테라피를 통합시키는 것에 더해, 자신이 관심을 갖고 있는 특정한 고객 집단을 안전하고 효과적으로 관리할 수 있는 자신만의 특별한 바디워크 양식을 익힐 수 있는 훈련을 받는 것도 적극적으로 권하고 싶다. 각각의 집단과 관련된 특수한 요구와 금지 사항이 매우 다양하기 때문이다.

아로마테라피와 특수한 집단 / AROMATHERAPY AND SPECIAL POPULATIONS

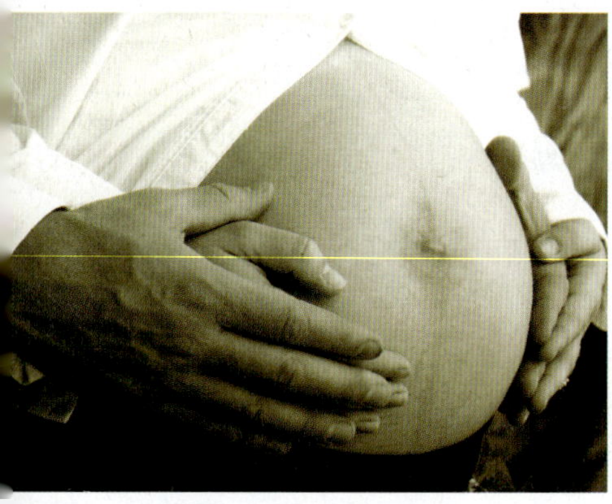

그림 11-1 임산부의 배
Source: © iStockPhoto.com/BigPoppa

산전과 산후 / Prenatal and Postpartum

임신과 출산은 여성의 생애에 있어 가장 중요한 사건이다(그림 11-1). 임신을 하게 되면 많은 육체적, 심리적, 그리고 영적인 변화가 일어나는데, 임신은 여성의 몸의 형태와 사이즈뿐만 아니라 호르몬 수치에도 영향을 미쳐 피부 질감(skin texture)과 색조(tone), 소화(digestion), 순환(circulation) 그리고 감정적 상태(emotional states)까지도 변화시킨다. 이러한 변화들은 가장 긍정적인 상황에서도 종종 스트레스를 유발하며, 스트레스는 곧 심리적, 육체적 불쾌감의 원인이 된다. 임신의 불편함은 다양하고 방대하며, 임신 기간 전반에 걸쳐 여러 가지 걱정거리가 발생한다.

마이애미 의과 대학 촉각 연구소의 티파니 필드 박사에 의하면, 임신 중에 주기적으로 마사지를 받은 고객에게서는 노에피네프린이라는 자궁 스트레스 호르몬의 수치가 감소하며, 출산 중의 합병증도 줄어든다고 한다. 또한 임신 중에 마사지를 받게 되면 불안감 감소와 기분 개선, 더 나은 숙면, 그리고 요통이 줄어드는 것을 경험한다고 한다. 이들의 태아 또한 출산 후 합병증을 겪는 것이 줄어들며, 조산아로 태어나는 확률도 적다고 한다(필드 등 1998). 임신 중인 고객을 위해 마사지에 아로마테라피를 통합하는 것은 마사지의 이러한 효능을 잠재적으로 더 높일 수 있다. 버클(2003)은 "아로마테라피는 임신으로 인해 발생하는 일반적인 피로, 통증, 메스꺼움, 불면증, 그리고 요통과 같은 증상에 도움이 된다"고 말했다(324쪽).

임신 전이든 초기든, 중기든, 후기든, 출산 또는 출산 후든 다른 것들보다 더 안전하다고 여겨지는 에센셜 오일이 있으며, 피해야 할 것으로 여겨지는 것들도 있고, 더 특정한 상황을 위해 선택해야 할 것들도 있다(표 11.1과 11.2 참고). 일반적으로, 임신이 안정기에 접어들 때까지 즉, 12주까지는 에센셜 오일(라벤더는 제외하고)과 몇몇 양식의 바디워크, 정력적인 양식 적용은 피하는 것이 좋다. 임신 중에는 모든 에센셜 오일을 조심스럽게 잘 살펴서 적당히 사용해야 한다. 모든 여성과 모든 임신이 다르다는 것을 명심하라. 의심이 가는 건강력이나 염려되는 점이 있다면 안전을 염두에 두고 더 순한 오일을 사용해야 하며, 숙련된 아로마테라피스트에게 소개하거나, 출산을 할 때까지 기다렸다가 에센셜 오일을 다시 사용하는 것이 좋다.

표 11.1

임신, 출산, 출산 후의 일반적인 질환, 적용 방법 그리고 에센셜 오일

증상	적용 방법: 에센셜 오일
불안	*흡입, 마사지 오일, 확산, 목욕:* 라벤더, 유향, 만다린, 샌달우드, 네롤리, 로즈
요통	*겔, 마사지 오일, 연고:* 라벤더, 로즈마리 ct. 캠퍼 또는 시네올, 페퍼민트, 클라리 세이지, 스위트 마조람
변비	*흡입, 족욕, 마사지 오일:* 페퍼민트, 진저
우울증	*흡입, 마사지 오일, 확산, 목욕:* 자스민, 패출리, 로즈, 만다린, 네롤리
부종	*족욕:* 레몬, 주니퍼 베리, 로즈마리 ct. 시네올 또는 캠퍼
소화불량	*흡입, 마사지 오일:* 페퍼민트, 진저
다리통증/경련	*겔, 마사지 오일, 연고:* 라벤더, 저먼 카모마일, 로만 카모마일
메스꺼움	*흡입:* 페퍼민트, 진저
산후 우울증	*흡입, 마사지 오일:* 패출리, 로즈, 네롤리, 만다린/탠저린, 스위트 오렌지
지연분만/난산	*흡입, 확산, 마사지 오일:* 라벤더, 클라리 세이지, 자스민, 로즈
튼살	*연고, 마사지 오일:* 라벤더, 유향
정맥류	*겔, 마사지 오일:* 사이프러스, 레몬, 제라늄, 저먼 카모마일

치료적 희석도 / Therapeutic Dilution

임신 중이거나 수유 중인 여성에게는 일반적으로 희석도 2%(캐리어 1온스에 9-10방울)나, 욕조에 에센셜 오일을 3~7방울 떨어뜨리거나, 온습포나 냉습포를 만들기 위한 1쿼트의 물에 에센셜 오일을 4방울 떨어뜨릴 것을 권한다.

표 11.2

임신, 출산 그리고 수유 중에는 피해야 할 에센셜 오일

에센셜 오일	학명
아니스 씨드	*Pimpinella anisum*
바질 ct. 에스트라골	*Ocimum basilicum*
버치	*Betula lenta*
캠퍼	*Cinnamomum camphora*
히솝	*Hyssopus officinalis*
머그워트	*Artemisia vulgaris*
파슬리 씨드 또는 리프	*Petroselinum sativum*
페니로열	*Mentha pulegium*
세이지	*Salvia officinalis*
탠지	*Tanacetum vulgare*
타라곤	*Artemisia dracunculus*
튜자	*Thuja occidentalis*
윈터그린	*Gaultheria procumbens*
웜우드	*Artemisia absinthium*

임신 중과 산후의 아로마 처방

순한 마사지 오일 1온스/ 희석도 2%

탠저린 5 방울
라벤더 5 방울

베이스 오일: 카렌듈라 10 %
살구씨 70 %
호호바 20 %

튼살을 위한 블렌드 1 온스/ 희석도 2%

유향 7~10 방울
또는
네놀리 3~5 방울이면 충분함
호호바 오일/시어 버터/비타민 E

하이드로졸 미스트 2온스 병

9개월째와 출산
로즈 하이드로졸 50 %
로만 카모마일 하이드로졸 50 %
마사지 시작 직전에 방에 뿌리거나, 차갑게 식혀 출산 중의 기분 전환을 위해 사용한다

요통 블렌드 1온스/ 희석도 2%

라벤더 7 방울
로만 카모마일 3 방울
또는
유향 5 방울
라벤더 5 방울
베이스 오일: 살구씨 80 % / 호호바 20 %

불안과 우울증 블렌드 1 온스/ 희석도 2 %

로즈 3 방울
만다린 5 방울
베티버 2 방울

또는 1온스 당 로즈만 5 방울 떨어뜨려도 충분함

베이스 오일: 카렌듈라 10%
살구씨 70 %
호호바 20 %

반사요법 소화 강장제 블렌드 1 온스 / 희석도 2%

펜넬 4 방울
페퍼민트 3 방울
라벤더 3 방울

아로마 적용 아이디어들:

- 아프거나 피로한 근육 마사지를 위한 로션, 오일, 또는 겔
- 경련이 난 곳, "지친" 다리와 정맥류를 위한 가벼운 알로에 겔 마사지
- 디퓨저, 분무기, 솜, 또는 아로마 미스트는 메스꺼움와 불안감, 우울증, 분만 지연/난산을 완화하는데 쓰일 수 있다.
- 보습 크림 또는 진한 마사지 오일은 건조하고, 지나치게 늘어난 피부의 탄력을 보충하고, 되돌릴 수 있다
- 에센셜 오일이 첨가된 반사요법은 소화를 촉진하고 출산을 지지하며 아프고 지친 발을 진정시킨다.
- 산후 좌욕은 불편함을 줄여주며 찢어진 곳이나 회음을 절개한 곳의 회복을 돕는다.
- 아프거나 충혈 된 유방을 위한 온습포 또는 가벼운 오일 마사지
- 출산 과정과 출산을 지지하는 냉습포 또는 특한 마사지 블렌드

예방과 특별히 주의할 점

임신 중에는 더 순한 에센셜 오일만을 사용해야 하며, 출산 전까지는 자궁 수축에 직접적인 영향을 주는 오일 사용을 피해야 한다. 위에서 언급했던 것처럼 임신 중에 블렌드를 사용하고

자 한다면, 임신이 안정기에 접어들 때까지 기다려야 한다. 임신 중에는 냄새에 대한 민감성이 증가하기 때문에 몇몇 아로마들은 낮은 희석도임에도 불구하고 메스꺼움이나 강한 감정/반응을 일으킬 수 있다는 것을 숙지해야 한다. 아로마테라피와 통합할 때도 희석도를 낮게 유지해야 하며, 임신 중과 출산 후의 산모를 대상으로 한 바디워크의 첫 번째 목표는 삶의 커다란 변화에 수반되는 기본적인 불편함을 줄여줄 수 있는 편안함과 무조건적인 지지, 휴식, 이완, 위안를 제공하는 것임을 명심해야 한다. 이 특별한 고객들을 안전하고 효과적으로 관리할 수 있는 적절한 방법을 여러분의 특정한 바디워크 방식 안에서 찾아보라.

영아와 어린이들 / Infants and Children

우리가 유아나 어린아이였을 때 겪었던 일들은 우리의 생애 내내 육체와 감정, 그리고 기억에 많은 영향을 미치며, 우리가 성인으로 성장하는데 중요한 기여를 한다. 아이들을 갖고 있는 많은 이들이 하루가 다르게 성장하는 아이들의 모습과 놀라운 적응 능력을 목격한다. 어린이들을 대상으로 바디워크 시술을 할 수 있는 사람은 행운아다. 우리는 신생아들의 유연성과 민감성 그리고 트리트먼트에 즉각적으로 반응하는 그들의 작은 몸에 감사해야 한다(그림 11-2).

아기들도 성인처럼 스트레스를 받고 긴장을 한다. 그 중 가장 강한 스트레스가 출산인데 출산이 아기들이 가장 최근에 겪었던 스트레스가 된다. 아기들에게는 또한 특정한 냄새 기억을 발달시킬 수 있는 능력이 있으며 사실 이러한 능력은 자궁 안에서부터 길러진다. 아기들은 몸은 작지만 감각이 무디어지고, 손상되고, 무시되기 전이기 때문에 정신적, 육체적으로 훨씬 더 민감하다.

필드(2001)에 의하면, "유아 마사지 테라피스트들은 건강한 유아 마사지가 부모와 아기의 결속 강화를 돕는다고 말한다; 마사지는 예방 접종과 같은 고통스러운 절차에 수반되는 아픔을 줄여주며, 배앓이, 변비, 젖니가 날 때의 통증을 줄여주고, 수면 문제를 줄여준다; 그리고 아기들을 마사지하는 부모의 기분을 좋게 만들어 준다고"고 한다 (118쪽). 유아 마사지에 아로마테라피를 더하게 되면 표 11.3에 나와 있는 증상들에 효과가 있다.

치료적 희석도(Therapeutic Dilution)

신생아에게 에센셜 오일을 직접적으로 사용하고 싶다면 생후 6주가 될 때까지 기다리는 것이 좋다. 그 전에 꼭 사용해야 할 충분한 이유가 있다면, 분무기를 이용하거나, 김이 나는 물을 그릇에 담아 아기 방에 놓고 거기에 에센셜 오일을 한두 방울 떨어뜨려 에센셜 오일 분자가 방 안으로 흩어지게 하는 확산법을 사용하는 것이 좋다.

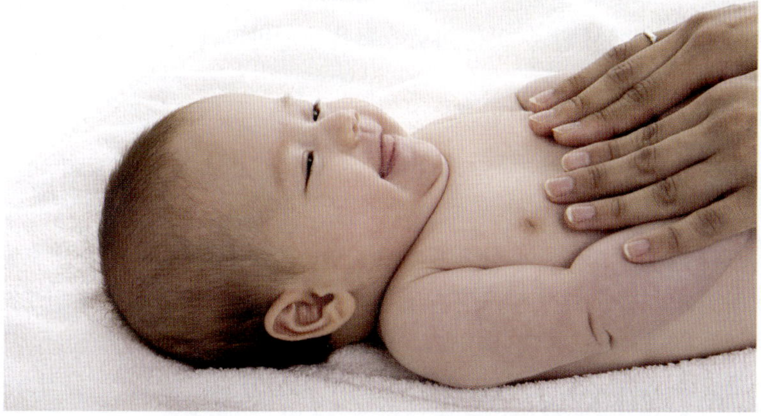

그림 11-2 유아 마사지
Source: © iStockPhoto.com/Bennewitz

표 11.3

일반적인 증상, 적용 방법, 그리고 유아와 어린이를 에센셜 오일

증상	적용 방법: 에센셜 오일
잠을 자지 않음	*목욕, 마사지 오일, 확산:* 라벤더, 로만 카모마일
기저귀 발진	*목욕:* 라벤더 하이드로졸, 로만 카모마일 *목욕, 크림, 연고:* 라벤더, 로만 카모마일
배앓이	*목욕, 확산, 마사지 오일:* 라벤더, 로만 카모마일, 네롤리, 로즈
지루성 피부염	*마사지 오일:* 라벤더, 로즈
과잉행동	*마사지 오일, 목욕, 확산, 흡입:* 라벤더, 로만 카모마일, 네롤리, 샌달우드
찰과상/멍	*마사지 오일, 연고, 크림:* 라벤더, 티트리, 저먼 카모마일, 헬리크리섬
성장통	*마사지 오일, 연고, 크림, 로션:* 로즈마리 ct. 시네올 또는 캠퍼, *유칼립투스 스미디* 또는 *라디아타*, 라벤더, 로만 카모마일
감기	*마사지 오일, 연고, 흡입, 확산:* 레몬, 로즈마리 ct. 시네올 또는 캠퍼, *유칼립투스 스미디* 또는 *라디아타*, 티트리

생후 6주에서 12개월까지의 유아 — 0.5% 희석도: 캐리어 1온스에 에센셜 오일 3방울. 전신 목욕 시에는 에센셜 오일을 한 방울이나 두 방울 사용하라. 하지만 욕조 안에 있는 아기 몸에 바르기 전에 반드시 우유와 같은 유화제에 섞어 사용하라.

1세~7세의 어린이 — 0.75 ~ 1% 희석도: 캐리어 1온스에 에센셜 오일 4~6방울.

7세~12세의 어린이 — 2 ~ 2.5% 희석도: 캐리어 1온스에 에센셜 오일 12~15방울.

아로마 적용 아이디어들:

- 긴장을 이완시켜 잠을 더 잘 자게하고, 과잉 행동을 줄이며, 소화를 촉진하고, 배앓이를 완화시키는 것을 돕는 로션, 오일, 또는 겔
- 염증이 있거나 갈라진 피부를 위한 아기용 연고
- 디퓨저, 분무기, 솜, 또는 아로마 미스트는 코 막힘을 줄이고, 숙면을 돕고, 불쾌한 냄새가 나는 환경을 정화시키는데 도움이 된다(에센셜 오일이 눈에 들어갈 수 있으므로 어린이들이 미스트를 뿌리지 못하게 하라).
- 목욕할 때 무향의 거품 목욕 베이스, 우유, 또는 가벼운 오일에 에센셜 오일을 낮은 농도로 희석해 사용하라.
- 부모나 돌보는 사람에게 사용하고 남은 목욕 블렌드, 마사지 오일 또는 로션과 함께 집에서 할 수 있는 아로마 목욕과 일반적인 마사지 방법을 알려주라.

예방과 특별히 주의할 점

유아와 어린이들에게는 천연 베이스 재료와 순한 에센셜 오일만을 사용해야 한다. 알 수 없는 화학 성분, 유황, 인공 색소, 향기 또는 방향 물질이 들어간 캐리어 제품 사용은 피한다. 반드시 환경을 정화해야 할 필요가 없다면, 생후 6주까지는 에센셜 오일의 사용을 피해야 한다. 안전하고 순한 에센셜 오일을 낮은 희석도로 사용하고 있는지 반드시 확인하고 (표 11.4), 유아들은 민감하므로 지나치게 많이 사용하지 말라. 해리스(2005)는 성장한 후에 알레르기를 일으킬 수 있으므로 유아와 어린이들에게 에센셜 오일을 매일, 규칙적으로 적용하는 것을 피하

유아와 어린이를 위한 에센셜 오일

표 11.4

연령	안전한 에센셜 오일
생후 6주～6개월 유아	저먼 카모마일, 로만 카모마일, *유칼립투스 스미디*, 라벤더, 만다린/탠저린, 네롤리, 스위트 오렌지, 로즈, 샌달우드
생후 6개월～1살 유아	추가: 유향, 그레이프프루트, 티트티, 패출리
1～2살 어린이	추가: 베르가모트, 클라리 세이지, 사이프러스, 제라늄, 진저, 레몬, 로즈마리 ct. 캠퍼 또는 시네올
2～7살 어린이	추가: 헬리크리섬, 30개월 이상 된 어린이만을 위한 페퍼민트, 버티버, 일랑일랑

라고 말했다. 영아와 유아의 피부는 에센셜 오일을 매우 잘 흡수하기 때문에 7살이 될 때까지는 낮은 희석도(1% 이하)로 사용해야 한다. 하이드로졸과 에센셜 오일을 대기 중으로의 확산하는 것은 이용해도 좋다.

모든 에센셜 오일과 아로마테라피 제품은 어린이의 손이 닿지 않는 곳에 보관해야 한다. 어린이가 우연히 에센셜 오일을 삼켰다면, 즉시 병원으로 데려가야 한다. 영아에게 아로마테라피를 국부적으로 적용할 때는 손과 눈, 코, 그리고 입 주위는 항상 피해야 한다. 염증이 발생하면, 무향의 식물성 베이스 오일을 그 부위에 바르고, 사용을 중지해야 한다.

노화와 노인들 / Aging and Elderly

한 때는 유아였고 어린이였던 우리 모두는 언젠가는 생의 스펙트럼의 다른 한쪽 끝을 경험하게 될 것이며, 결국 완전한 성숙에 이를 것이다. 시간의 경과는 우리 몸에 일정한 타격을 준다. 40대 중후반을 넘기면 인체 시스템이 느려지고, 운동 능력이 저하되며, 연결 조직들이 변

생후 6주에서 6개월 된 유아를 위한 마사지 블렌드

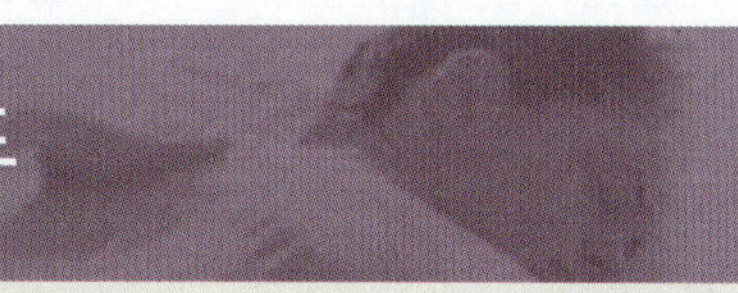

목욕과 방안 미스트를 위한 하이드로졸

로만 카모마일
오렌지 플라워
라벤더

아기의 첫 번째 마사지 오일 1 온스 / 0.5 % 희석도

100 % 호호바, 스위트 아몬드 또는 쿠쿠이 오일에

로만 카모마일	1 방울
라벤더	2 방울
또는 라벤더만	3 방울
또는 로만 카모마일만	3 방울

어린이 마사지 블렌드

1세 ～ 7세

과잉 행동 진정 1온스/1% 희석도

만다린	3 방울
로만 카모마일	1 방울
라벤더	2 방울

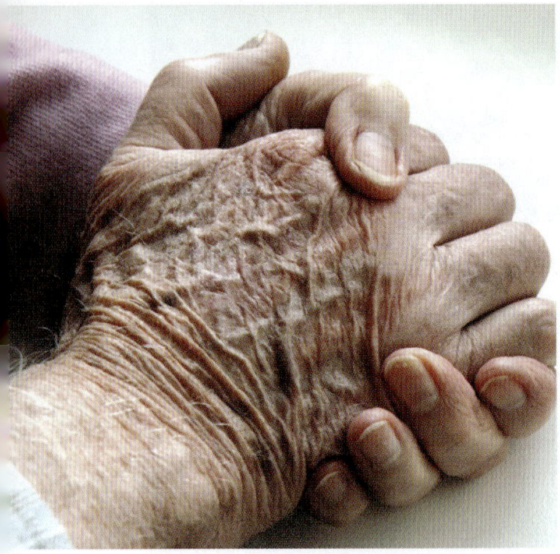

그림 11-3 노인의 손
Source: © iStockPhoto.com/trigga

화하고, 탄력을 잃은 피부가 얇아지는 것을 경험하기 시작할 것이며, 오랫동안 인체에 가해진 스트레스의 영향을 피부로 느끼기 시작할 것이다(그림 11-3). 나이가 들면 이러한 육체적 변화 외에 종종 기억력 감퇴, 사고 절차 감소와 같은 정신적, 감정적 변화도 일어나며 심하면 경미한 치매도 발생한다.

나이가 드는 과정 중에 배우자나 파트너, 또는 친구를 잃는 경험을 흔히 하게 되는데 이런 경험들은 노인들을 더욱 외롭고 타인에게 의존적으로 만들며, 자신의 선택권이 줄어들었다고 느끼게 만들어 종종 개인적인 관계 또는 누군가의 손길을 갈망하게 만든다. 넬슨 (2001)에 의하면, "노인들을 관찰하고 노인들과 일했던 경험에 비춰보면 육체적 접촉이 결여되게 되면 노인들은 삶의 질이 떨어지는 것을 경험하며, 그 결과 다른 사람과 관계 맺으려고 하는 욕구가 줄어들고, 이미 약해져 있던 물리적 현실과의 관계가 더 약해지는 경향이 있다"고 한다.

마사지와 기타 바디워크 양식은 노화의 여러 물리적, 감정적 측면에 대항하는데 있어 매우 중요하며, 삶의 질을 향상하고, 편안한 케어를 제공하며, 건강한 노화라는 콘셉트를 장려하는 데 있어서도 중요하다. 이러한 세션 안에 아로마테라피를 통합하면 더 효과가 커지게 돼서 여러분과 여러분의 노인 고객 모두 즐거움을 누릴 수 있다. 표 11.5에 노인에게 나타나는 일반적인 증상들과 에센셜 오일의 적용 방법, 에센셜 오일 등을 정리해 놓았다.

> "노년층은 특히 종종 만족스럽지 못한 채로 남겨진 촉각적 자극에 대한 욕구가 매우 크다. 하지만 유감스럽게도 이것의 희생자들은 정작 그들의 욕구에 대해 서먹서먹해지는 경향이 있다."
>
> (몬태규, 1986, 396쪽)

표 11.5

일반적인 증상, 적용 방법 그리고 노인을 위한 에센셜 오일

증상	적용 방법: 에센셜 오일
불안	*흡입, 목욕, 마사지 오일, 확산:* 안젤리카 루트, 베르가모트, 저먼 카모마일, 로만 카모마일, 유향, 라벤더, 만다린, 스위트 마조람, 멜리사, 네롤리, 스위트 오렌지, 페티그레인, 로즈, 샌달우드, 버티버, 일랑일랑
욕창/종기	*목욕, 겔:* 저먼 카모마일, 유향, 헬리크리섬, 라벤더,미르, 네롤리
우울증	*흡입, 목욕, 마사지 오일, 확산:* 베르가모트, 클라리 세이지, 유향, 자스민, 라벤더, 스위트 오렌지, 만다린/탠저린, 로즈, 일랑일랑
소화불량	*목욕, 마사지 오일, 반사요법:* 안젤리카 루트, 블랙페퍼, 카다몸, 캐럿 씨드, 펜넬, 그레이프프루트, 레몬
불면증	*흡입, 목욕, 마사지 오일, 확산:* 저먼 카모마일, 로만 카모마일, 라벤더, 스위트 마조람
면역력 저하	*흡입, 목욕, 마사지 오일, 확산:* 유칼립투스, 유향, 월계수, 레몬, 니아울리, 라벤사라, 티트리, 타임
근육통	*목욕, 마사지 오일, 연고, 겔:* 블랙페퍼, 로만/저먼 카모마일, 클라리 세이지, 유칼립투스, 진저, 헬리크리섬, 라벤더, 스위트 마조람, 페퍼민트, 로즈마리 ct. 캠퍼 또는 시네올
순환 부족	*목욕, 족욕, 마사지 오일, 겔:* 캐럿 씨드, 블랙페퍼, 진저, 주니퍼 베리, 월계수, 레몬, 레몬그라스, 스코츠 파인, 로즈마리 ct. 캠퍼 또는 시네올

치료적 희석도(Therapeutic Dilution)

노인들을 위한 시술 시에는 일반적으로 1.5~2.5%의 희석도 또는 캐리어 오일이나 로션 1온스 당 에센셜 오일을 9~15방울 떨어뜨릴 것을 권하고 있다. 만약 3%의 희석도를 원한다면, 마사지 오일, 겔, 또는 연고 1온스에 에센셜 오일을 18~20방울 떨어뜨려 손, 발, 또는 통증이 있는 관절과 같은 국소 부위에만 제한적으로 적용하라. 습포를 준비할 때는 뜨거운 물이나 찬물 한 컵에 에센셜 오일을 3~5방울 떨어뜨리거나, 욕조에 가득 채운 물에 3~8방울 떨어뜨려 이용한다. 욕조에 넣기 전에 오일이 우유와 같은 유화제와 잘 섞였는지 반드시 확인하도록 한다.

아로마 적용 아이디어들:

- 아프거나 지친 근육 마사지를 위한 로션, 오일, 또는 겔
- 통증이 있는 관절을 위한 마사지 겔이나 연고
- 욕창이나 종기에 바를 알로에 겔
- 공기를 정화하고, 누 충혈을 완화하고, 숙면을 도우며, 불필요한 냄새가 나는 환경을 정화하기 위한 디퓨저, 분무기, 솜, 아로마 미스트, 또는 증기
- 건조한 피부의 탄력을 보충하고 되돌릴 수 있는 보습 크림이나 진한 마사지 오일
- 소화와 연동을 돕는 에센셜 오일과 결합된 반사요법
- 경직되었거나 아픈 관절과 근육을 위한 온 또는 냉습포
- 남은 아로마 마사지 오일 또는 로션을 집으로 가져가 셀프케어 트리트먼트를 하게 하면 냄새 기억이 자극돼 마사지 테라피에 대한 긍정적인 감정적, 생리적 반응을 되살릴 수 있다.

예방과 특별히 주의할 점

나이가 든 고객들은 체형이나 사이즈가 모두 다르며, 건강 상태도 고객마다 많이 다르다. 건강한 노인이라면, 젊은 고객에게 하듯이 다양한 기술과 에센셜 오일을 사용할 수 있을 것이다. 하지만 몸이 허약한 고객에게는 낮은 희석도의 에센셜 오일을 이용한 가벼운 마사지가 적당하다. 특정 고객층과는 반드시 면담을 실시해야 한다. 그래야 현재 가지고 있는 질환과 복용중인 약에 대해 파악할 수 있다. 면담은 부적용증이 있는지 결정하는 데도 도움을 줄 것이다.

노인 중에는 아로마나 국부 적용에 대해 지나치게 민감한 사람도 있다. 하지만 대부분은 후각 기능이 약해져 잘 반응하지 않기 때문에 상황에 맞게 아로마 블렌드와 압력을 조절해야 한다. 노인들은 멍이 쉽게 들고 뼈가 약하다는 것을 명심하라. 세심한 주의를 기울여 이용되는 압력의 양을 잘 살피고, 고객이 트리트먼트 테이블이나 의자에서 눕고 일어날 때나, 몸의 위치를 바꿀 때 도와줘야 한다.

통증 완화 간호, 호스피스, 그리고 말기 환자 간호 / Palliative, Hospice, and End-of-Life Care

통증 완화 간호, 호스피스, 그리고 말기 환자 간호에서 마사지와 바디워크 테라피스트들의 역할이 점점 더 커지고 있다. 미 통증 완화 간호 국가 위원회(2005)는 통증 완화 간호와 호스피스 케어가 "진행성 질병이 있는 환자에 대한 능동적 전인 치료. 통증과 기타 증상에 대한 관리, 그리고 탁월한 심리적, 사회적, 영적인 지지를 공급한다"며 "통증 완화 간호의 목표는 환자와 환자 가족을 위한 최상의 삶을 제공하는 것이다"라고 정의했다. 통증 완화 간호는 병의 말기 모든 단계에서 어느 때나 제공할 수 있다. 그에 비해 말기 환자 간호는 환자가 삶의 끝부

분에 거의 도착했다는 것을 의미하는 경향이 있다. 오하이오 호스피스는 마사지와 호스피스의 효과를 다음과 같이 요약했다:

마사지는:

- 고립감, 외로움, 공포, 그리고 지루함 같은 감정을 치료한다.
- 자기 수용과 자신감이라는 감정의 복구를 돕는다.
- 능동적인 죽음을 위로한다.
- 배려와 애정 어린 돌봄을 제공한다.
- 감정 배출을 촉진한다.
- 관계 구축을 위한 기회를 제공한다.
- 긍정적인 촉각 경험의 기억을 자극해 편안함과 기쁨, 사랑을 제공한다.
- 가족 구성원을 위한 돌봄을 제공하는데 도움을 준다 (훌륭한 스트레스 완화제).

통증 완화 간호와 호스피스 서비스는 환자와 환자의 가족, 그리고 간병인들이 병의 말기를 거쳐 죽음에 이르는 과정을 거치는 동안 이들에게 육체적, 사회적, 감정적, 영적인 위안을 제공한다. 어떤 형식을 선택하든, 이런 고객들을 상대로 하는 바디워크 세션은 부드럽고, 조심스러워야 하며, 때로는 시술 시간도 줄여야 한다. 마사지 블렌드에 아로마테라피를 통합하는 목적은 편안함과 즐거움, 상쾌함, 배려를 제공하기 위함이다. 고객이 개인적으로 좋아하는 것, 좋았던 기억과 경험을 항상 염두에 두었다가 블렌드를 만들면 고객은 물론 고객과 관련된 사람들까지도 편하게 만들 수 있다. 버클(2003)은 "보완적인 아로마테라피가 통증과 메스꺼움을 다스리는 것을 돕기도 한다. 하지만 통증 완화 간호에 있어 아로마테라피의 가장 큰 장점은 감정적, 영적인 수준에서의 의사소통을 가능하게 해 환자에게 편안함과 기쁨을 주는 것이다"라고 말했다(305쪽). 표 11.6에 호스피스와 말기 환자 간호의 일반적 증상과 적용 방법, 에센셜 오일을 정리해 놓았다.

표 11.6

일반적인 증상, 적용 방법 그리고 호스피스와 말기 환자 간호를 위한 에센셜 오일

증상	적용 방법: 에센셜 오일
식욕 변화	*흡입, 마사지 오일, 확산:* 안젤리카 루트, 바질 ct. 리나롤, 블랙페퍼, 카다몸, 캐럿 씨드, 펜넬, 레몬
우울증	*흡입, 목욕, 마사지 오일, 확산:* 베르가모트, 클라리 세이지, 유향, 자스민, 라벤더, 스위트 오렌지, 만다린/탠저린, 로즈, 일랑일랑
두려움/불안	*흡입, 목욕, 마사지 오일, 확산:* 안젤리카 루트, 베르가모트, 저먼 카모마일, 로만 카모마일, 유향, 라벤더, 만다린, 스위트 마조람, 멜리사, 네롤리, 스위트 오렌지, 페티그레인, 로즈, 샌달우드, 버티버, 일랑일랑
통증	*마사지 오일, 습포, 족욕:* 블랙페퍼, 버치, 시나몬 리프, 클로브 버드, 유칼립투스, 진저, 레몬그라스, 스위트 마조람, 미르, 페퍼민트, 로즈마리 ct. 캠퍼 또는 시네올
불면증	*흡입, 목욕, 마사지 오일, 확산:* 저먼 카모마일, 로만 카모마일, 라벤더, 스위트 마조람
말기 환자 간호를 위한 영적인 오일	*확산, 마사지 오일, 크림:* 유향, 미르, 로즈, 샌달우드

치료적 희석도(Therapeutic Dilution)

병의 말기에 있는 환자이거나 호스피스 케어 고객인 경우, 일반적으로 0.5~2.5%의 희석도가 적당하다. 이는 캐리어 오일 또는 로션 1온스에 에센셜 오일을 3~7방울 떨어뜨리는 것을 말한다. 하지만 희석도는 고객의 상태에 따라 큰 차이가 있다. 병의 말기에 있는 어린이나 성인, 혹은 극도로 민감하거나 약한 고객에게는 이보다 더 낮은 희석도로 희석해 적용해야 하지만 약간 더 높은 희석도를 원하는 사람들도 있을 수 있다. 고객이 현재 어떤 치료 단계에 있는지에 따라서도 희석도를 달리해야 한다. 새로운 약 복용이나 치료, 갑작스러운 육체적, 감정적 쇠퇴 또는 새롭게 생겨난 민감성 등이 희석도에 영향을 준다. 습포를 준비할 때는 뜨거운 물이나 찬물 한 컵에 에센셜 오일을 3방울 떨어뜨린다. 수욕이나 족욕 시에는 물 1쿼트에 3~6방울 떨어뜨린다.

아로마 적용 아이디어들:

- 편안한 마사지를 제공하기 위한 로션, 오일, 또는 겔
- 공기를 정화하고, 누 충혈을 완화하고, 숙면을 도우며, 불필요한 냄새가 나는 환경을 정화하기 위한 디퓨저, 분무기, 솜, 아로마 미스트, 또는 증기
- 건조한 발이나 손을 위해 소량의 보습 크림이나 진한마사지 오일을 이용하라. 가족들이나 간병인에게 아로마테라피를 이용해 손과 발을 부드럽게 마사지하는 법을 보여주라.
- 불편함을 없애는데 도움이 되는 에센셜 오일을 이용한 가벼운 터치의 반사요법
- 온 또는 냉습포와 족욕 또는 수욕
- 지쳐 있는 간병인 또는 가족들의 에너지 재충전을 돕고 영혼에 활력을 주는 아로마 목욕 블렌드 (목욕할 시간이 없다면 샤워 겔도 괜찮다), 베개 아래에 넣을 수 있는 향낭 또는 미스트를 제공하는 것을 잊지 말라!

호스피스 블렌드

아로마 위안 블렌드 1 온스 / 희석도 1.5%

로만 카모마일	2 방울
라벤더	4 방울
만다린	3 방울

베이스 오일: 살구씨 오일 50%와 해바라기 오일 50%

호흡을 편하게 하는 블렌드 1 온스 / 희석도 2.5%

유칼립투스 라디아타	5 방울
로즈마리	5 방울
레몬	2 방울
페퍼민트	3 방울

불안감과 우울증을 위한 블렌드 1 온스 / 희석도 2%

네롤리	4 방울
만다린	8 방울

베이스 오일: 살구씨 오일 50%와 해바라기 오일 50%

가족 지지 미스트 4온스 병에 증류수 75%와 라벤더 하이드로졸 25%를 넣고 에센셜 오일을 20방울 넣는다

로즈	3 방울
라벤더	7 방울
만다린	10 방울

실제 임상적용

사례 연구 11.1
호스피스 간호

잭은 66세의 남성으로 매우 공격적인 암인 흑색종 4기 환자였다. 나는 아로마테라피 상담을 위해 그를 만나러 갔다. 내가 도착했을 때 그는 매우 졸려 보였다. 그는 13시간 동안이나 잠을 잤다. 우리는 그가 진통제 때문에 잠을 자는 것인지, 전이가 시작된 것인지 확신할 수 없었다. 내가 아로파테라피에 대해 간단하게 설명하자 그를 위한 아로마테라피 블렌드를 만들어 달라고 부탁했다. 그의 부인은 그가 겪고 있는 불안감을 치료하고 그의 영혼을 열어줄 수 있는 블렌드를 만들어 달라고 말했다. 우리는 함께 다음과 같은 오일들을 선택했다:

잭의 영적/불안 시너지

로즈(*Rosa damascena*)는 편안함을 주며 슬픔을 줄여준다.

시더우드(*Cedrus atlantica*)는 신과 우리의 결속을 강하게 해준다.

유향(*Boswellia carterii*)는 우리를 더 높은 자아와 연결시켜 현세에서 집착을 버리는데 도움을 준다. 라벤더(*Lavandula angustifolia*)는 마음을 열어주고, 편안함을 제공하며, 감정의 균형을 잡아준다. 라벤더는 또한 불안감을 줄이는 데도 엄청나게 도움이 된다. 환자에게는 흡입 방법을 써서 이 블렌드를 전달했다(티슈나 솜에 2방울을 떨어뜨림). 또한 이 시너지를 크림 베이스에 희석도가 1%가 되게 섞어 긴장 이완을 촉진하고 그의 영혼이 열리는 것을 돕기 위해 하루에 2, 3회 발과 손 마사지를 실시했다.

결과

나는 화요일 아침에 아로마테라피 시술을 위해 방문했다. 수요일 오후, 부인이 그의 발과 손을 아로마테라피 크림 블렌드를 가지고 마사지해 주었다. 그는 몇 시간 후에 사망했다. 곧 목사가 왔고, 그 아로마테라피 블렌드를 가지고 도유식을 했다. 그들은 또한 아로마 크림 블렌드를 그의 몸에 발랐다. 이 얼마나 멋지게 누군가를 떠나보내는 방법인가! 부인은 또한 그 시너지 블렌드가 남편을 잃은 후에도 그녀를 매우 편하게 만들어 주었다고 말했다.

이 사례는 워싱턴 주 시애틀에 사는 미쉘 티버트가 제공해 주었다.

예방과 특별히 주의할 점

이런 고객들을 상대할 때는 아로마테라피를 포함해 여러분이 어떤 양식을 이용하든 천천히, 서두르지 않아야 한다. 고객과 충분한 면담 시간을 갖는 것은 언제든지 매우 중요하다. 하지만 특히 이런 고객들은 더 신중하게 면담을 해야 그들이 앓고 있는 모든 병과 복용 중인 약에 대해서 알 수 있으며, 부적용증에 대해서도 파악할 수 있다. 아로마나 국부적용에 대해 매우 민감한 말기 환자들도 있지만, 어떤 환자들을 후각 기능이 약해져 잘 반응하지 않기 때문에 아로마 블렌드의 희석도를 낮게 유지하고, 일어날 수 있는 부작용에 대해 숙지하는 것이 필요하다. 이런 특수한 고객들을 안전하고 효과적으로 관리할 수 있는 적절한 교육을 받도록 하라.

테라피스트 셀프케어 / Therapist Self-Care

위에서 언급했던 것처럼 특수한 집단은 아니지만, 이들 역시 충분히 언급할 가치가 있다고 생각한다. 테라피스트로서 우리는 종종 일인 다역을 해야 하며, 다양한 역할을 소화해야 한다. 여러분이 혼자서 시술을 하는 사람이라면, 여러분이 전화 받는 것부터 시작해 시트 빨기, 회계, 마케팅, 그리고 마사지까지 다 해야 한다. 고용이 된 테라피스트라고 하더라도 여러분 역시 다양한 책임을 져야 할 것이며 많은 수의 고객들을 상대해야 할 것이다. 테라피스트나 바디워커로 일하는 것에 더해 우리는 부모, 배우자, 자원봉사자, 친구 또는 확장된 가족 또는 지역 사회의 일원으로 살아야 한다. 나는 이렇게 많은 할 일 중에 셀프케어가 첫 번째가 되길 원한다.

마사지 테라피스트와 다른 건강관리 제공자를 위한 셀프케어 마사지가 요즘 들어 중요한 문제로 부각되고 있다. 그 이유는 모든 이들이 종종 간병인에게도 케어가 필요하다는 것을 잊기 때문이며, 누구에게나 자기-회춘과 돌봄을 위한 시간을 갖는 것이 중요하기 때문이다. 바디워크와 마사지테라피는 원래 육체적, 감정적으로 엄청나게 부담이 큰 일이다. 테라피스트 중에는 육체적 탈진, 수근관 증후군, 또는 기타 반복성 긴장 장애 등의 이유로 몇 년 만에 일을 그만두는 사람들도 있다. 마사지 테라피스트로서 자신을 돌보는 것은 당연히 해야 할 의무이다. 콘(2003)은 "셀프케어는 사치처럼 보이지만 그렇지 않다. 셀프케어의 원칙 중 하나는 자신을 위한 케어를 신중하게 골라야 한다는 것이다"고 했다.

자신을 위한 케어를 시작하는 몇 가지 효율적인 방법에는 다음과 같은 것들이 있다: 마사지 받기, 아로마테라피 목욕하기, 또는 아로마 테라피 마사지 받기! 마사지 테라피스트들은 매우 자주 마사지의 효능에 대해 다른 이들에게 얘기하고, 또 규칙적으로 마사지를 받으라고 권한다. 사실 이것은 마사지 테라피스트와 바디워커 모두에게도 적용되는 진리이다. 바디워크 분야에 종사하면서 얻을 수 있는 가장 큰 이익 중의 하나는 다른 테라피스트와 마사지를 주고받을 수 있다는 것이다. 그 외의 셀프케어로는, 일하는 동안 건강한 신체 역학 유지를 확보하고(이는 몸에 가해지는 스트레스를 줄여준다), 몸을 유연하고 강하게 유지하기 위해 운동과 스트레칭을 규칙적으로 하고, 물을 충분히 마셔 수분을 공급해 순환이 잘 되게 하고, 아로마테라피를 여러분의 삶에 더하는 것을 들 수 있다. 아로마테라피는 집에서 하는 셀프케어 프로그램에도 쉽게 통합할 수 있다. 표 11.7에 셀프케어에 에센셜 오일을 통합하는 몇 가지 기본적인 아이디어를 정리해 놓았다.

치료적 희석도

2.5~5%의 희석도 또는 캐리어 1온스에 에센셜 오일을 15~30방울 떨어뜨린다. 통증이나 감정적 정화가 필요하다면, 희석도가 높은(에센셜 오일 10~20방울, 오일에 따라) 황산마그네슘이나 해수염 3컵을 욕조를 가득 채운 물에 넣고 목욕하면 좋다.

아로마 적용 아이디어들:

- 아프거나 지친 근육 마사지를 위한 로션, 오일, 또는 겔
- 아픈 관절, 스트레스를 받았거나 긴장되어 있는 조직을 위한 마사지 겔 또는 연고
- 심신을 상쾌하게 하고 에너지를 부여하는 아로마 미스트나 하이드로졸
- 경직되었거나 아픈 관절과 근육을 위한 온/냉습포
- 손과 팔뚝 (시술 사이 사이에)을 위한 냉욕
- 전신 이완과 감정 진정을 위한 따뜻한 황산마그네슘/아로마테라피 목욕

표 11.7

마사지 테라피스트를 위한 아로마 셀프케어

증상	적용 방법: 에센셜 오일
근육	*목욕, 마사지 오일, 연고, 겔:* 블랙페퍼, 로만/저먼 카모마일, 클라리 세이지, 유칼립투스, 진저, 헬리크리섬, 라벤더, 스위트 마조람, 페퍼민트, 로즈마리 ct. 캠퍼 또는 시네올
안정/집중	*목욕, 흡입, 마사지 오일, 확산:* 안젤리카 루트, 샌달우드, 버티버
이완/독소제거	*목욕(소금), 흡입, 마사지 오일, 확산:* 그레이프프루트, 주니퍼 베리, 레몬
자기 배려	*목욕, 마사지 오일, 확산:* 로즈, 탠저린, 샌달우드, 일랑일랑

테라피스트를 위한 아로마테라피

테라피스트에게 활기를 부여하는 블렌드: 1 온스 / 희석도 3%

로즈마리	6 방울
페퍼민트	3 방울
진저	5 방울
클라리 세이지	4 방울

베이스 오일: 살구씨 오일 50%와 해바라기 오일 50%

스트레스를 줄여주는 전신 목욕 블렌드: 1 온스 / 희석도 2.5%

라벤더	8 방울
로만 카모마일	3 방울
버티버	4 방울

베이스 오일: 살구씨 오일 또는 우유 또는 황산마그네슘이나 해수염

간병인을 위한 배려: 1온스 / 희석도 2%

로즈	3 방울
버티버	3 방울
탠저린	6 방울

베이스 오일: 살구씨 오일 50%와 해바라기 오일 또는 로션 50%

그림 11-4 스파의 난초

Source: © iStockPhoto.com/elenaray

예방과 특별히 주의할 점

셀프케어 기술을 익힐 수 있는 시간을 마련하고, 규칙적으로 바디워크 세션을 받을 시간표를 짜라. 지나치게 피곤하거나, 부상을 입을 때까지 일하지 말라. 우리는 모두 자신의 건강에 책임이 있으며, 바디워커라고 해도 예외는 아니다. 다이어트, 운동, 휴식, 신체 역학을 항상 염두에 둬야 한다. 에센셜 오일과 셀프케어 기술을 자신의 건강과 웰빙 증진을 위해 사용하라. 개인적 상황과 관계있는 모든 아로마테라피 안전 사항과 부적용증도 파악해야 한다.

아로마테라피와 시술 환경 / AROMATHERAPY AND PRACTICE SETTINGS

개인 영업소에서부터 현장까지, 마사지와 바디워크 시술 환경이 매우 다양해지고 있다. 약간의 창의성을 가지고 신중하게 계획을 짠다면 고객이 누구든, 고객이 어디에 있든 에센셜 오일과 아로마테라피의 효능을 제공할 수 있다. 여기서는 다양한 트리트먼트 환경에서 아로마테라피를 제공할 때의 애로 사항과 이점에 대해 살펴보려 한다.

1인 시술자와 그룹 환경 / Single Practitioner and Group Settings

많은 마사지 테라피스트와 바디워커들이 자기가 직접 경영을 하거나, 소규모 클리닉에서 일하거나, 다른 보완요법 테라피스트들과 협동해 시술하는 것을 선호하는데 이는 이런 종류의 환경이 다양성과 유연성을 더 크게 보장하기 때문이다. 여러분이 직접 경영을 하면서 아로마테라피를 시술 중이라면, 에센셜 오일과 시술 환경에 대한 고객들의 선호도에만 신경을 쓰면

된다. 하지만 그룹 시술의 일원이라면, 다른 테라피스트와 그들 고객들의 아로마테라피에 대한 반응에 대해서도 신경을 써야 한다. 양쪽 사례 중 특히 후자의 경우에는 트리트먼트 구역 환기의 중요성을 염두에 둬야 한다. 또한, 합성 또는 저질의 에센셜 오일을 이용할 경우, 민감한 고객에게는 즉각적으로 부작용이 나타날 수 있다. 에센셜 오일을 단일 테라피스트 시술 또는 그룹 세팅에 성공적으로 통합하는 방법에 대해서는 실제 임상적용 사례 11.1에 언급한 사례를 참고하라.

데스티네이션과 데이 스파 / Destination and Day Spas

요즘에는 테라피스트들이 일을 할 수 있는 환경이 매우 다양하기 때문에 일이 지루하게 느껴질 이유가 없다. 스파에서 일하는 것이 더 선호한다면, 축하한다! 여러분은 다양한 경험을 하게 될 것이며, 다양한 바디 트리트먼트와 양식을 접할 수 있을 것이며, 고객들의 범위도 훨씬 더 커질 것이다. 그리고 여러분은 혼자가 아니다. 2005년 ABMP 회원 조사에 의하면, 설문에 응한 ABMP 마사지 테라피스트의 약 33%가 스파에서 시간제로라도 일을 하고 있는 것으로 나타났다.

세계적으로 유명한 데스티네이션 리조트에서부터 지역 사회에서 운영되는 데이 스파, 살롱, 그리고 최근에 탄생한 메디컬 스파까지 많은 곳들이 미국 전역에서 생겨나고 있으며 휴식과 긴장 이완 그리고 자기 개선을 약속하는 다양한 건강, 웰빙 그리고 미용 서비스를 받기 위해 많은 미국인들이 이런 곳으로 몰려들고 있다. 대부분의 스파는 시술 시에 사용하는 일련의 제품들을 갖고 있다 (그림 11-4). 이 중에는 종종 미리 섞어 놓은 아로마테라피 제품도 있을 것이다. 이런 경우라면 여러분은 다음 두 가지 중 하나를 하면 된: 여러분이 사용하게 될 제품 라인에 대해 교육을 받고, 각각의 제품에 포함된 에센셜 오일과 이들의 잠재적 치료 효능과 부적용증을 이해한다: 또는 여러분이 상대할 고객들을 위한 맞춤 마사지 블렌드 창조를 제안한다. 스파에 아로마테라피를 통합하는 기본적인 아이디어는 실제 임상적용 사례 11.2에 잘 나와 있다.

현장에서 제공해야 하는 환경 / The On-Site Environment

일반인들 사이에서 마사지와 바디워크에 관한 인지와 수용이 증가하면서 많은 이들이 이러한 보완적 테라피의 놀라운 건강상의 효능을 직접 경험하고 있다. 전문점, 쇼핑 몰 그리고 백화점이 작은 매점 안에서 직원들과 고객에게 간단한 의자 마사지를 제공하기 시작했다. 고용주들은 건강한 노동력의 중요성을 깨달은 고용주들은 작업 현장에서 제공하는 마사지가 고용인들의 스트레스를 줄여주며, 통증과 관련된 증상들을 완화하고, 관절 혹사를 막아주며, 사기를 진작시키고, 집중력을 높이는 방법이 될 수 있다고 보고 있다. 그리고 작업에 전반적으로 긍정적 효과를 줘 근무 중의 부상과 결근, 종업원 이동으로 인한 비용을 줄여준다고 생각한다.

작은 조직, 전문 이벤트 기획자, 그리고 개인들도 다양한 행사, 가족 모임, 파티, 승진과 같은 행사에서 마사지 서비스를 제공하기 위해 테라피스트를 고용한다. 이런 이벤트성 현장에서 제공하는 서비스에도 아로마테라피를 통합하는 것이 가능하다. 이 때는 시설 관리인이나 감독자와 미리 만나 아로마/향기 사용을 금지하는 조항이 있는지 확인할 필요가 있다. 현장에서 제공하는 모든 마사지에서는 윤활제를 사용할 수 없으므로 개인 사무실이나 매점에서 서비스를 제공할 때는 아로마 미스트로 얼굴 베개를 적시거나, 작은 디퓨저를 이용하는 등 그 장소에 적합한 방법을 찾아봐야 한다.

병동과 호스피스 환경 / Inpatient Hospital or Hospice Setting

전통적인 건강관리의 현대적인 모델이 지속적으로 성장하고 진화함에 따라,점점 더 많은 의사와 간호사, 테라피스트, 직원들이 보완적인 테라피를 받아들이고 있다. 마사지, 바디워크,

실제 임상적용 11.1

개인 시술소와 병원, 스파 환경에서의 아로마테라피

- 고객의 건강 정보를 수집하고, 확인할 시간을 가진다. 여러분이 일하는 시설에서는 이것이 관례가 아니라면, 트리트먼트에 에센셜 오일을 사용하기 전에 적어도 일반적인 건강, 스트레스 레벨, 그리고 잠재적 알레르기와 관련된 기본적이고 필수적인 질문을 한다.
- 고객이 원한다거나 혹은 아로마 오일을 좋아할 것이라고 추측하지 않는다. 항상 먼저 물어봐야 하며, 만약의 경우에 대비해 무향의 재료도 함께 준비한다.
- 고객이 매우 민감하다거나, 트리트먼트 중에 어떤 향도 사용하기를 원하지 않는다면, 향수나 향이 나는 제품과 순정의 에센셜 오일을 적당한 희석도로 사용하는 것은 다르다는 것을 설명하는 것이 매우 중요하다. 이 차이를 이해하는 고객들은 트리트먼트에 순한 블렌드를 사용해 보려고 할 것이다.
- 고급의 순정, 진짜 에센셜 오일만을 사용해야 한다는 것을 강조한다.
- 무향의 베이스 오일, 로션, 겔, 바디 스크럽 등을 준비한다. 그런 다음, 각각의 세션 직전에 1회 분량의 에센셜 오일을 첨가한다.
- 근육통, 스트레스 또는 감정적 동요와 같은 일반적인 증상을 위해 2~3가지 정도의 에센셜 오일로 구성된 시너지를 미리 만들어 놓는다. 그런 다음 특정한 고객을 위해 블렌딩을 할 때, 고객의 요구에 기초에 한두 가지 오일을 시너지에 추가한다. 이렇게 하면 시간을 절약하면서 개인을 위한 아로마테라피 트리트먼트를 할 수 있다.
- "활력 충전", "긴장 이완" "조화"와 같은 기본적인 마사지 블렌드를 만들어 고객이 직접 선택할 수 있게 한다.
- 창문, 에어 리턴 또는 송풍기를 이용해 방을 확실하게 환기한다.
- 하루 종일 하나의 트리트먼트 장소에서 다수의 고객들에게 다양한 에센셜 오일을 이용한다면, 디퓨저를 이용하거나 해서 방에 향기를 더하지 않는다.
- 제품 창조, 다양한 블렌드 또는 많은 양의 아로마 트리트먼트 재료 제작을 위해 사무실이나 트리트먼트 공간을 이용해야 한다면, 고객이 오지 않는 날이나 그날의 마지막 시술이 끝난 뒤에 하도록 계획을 짠다.

침술, 그리고 심지어는 아로마테라피까지도 미국 전역의 건강관리 시설 내에서 시술되고 있다. 보완적인 테라피는 종종 병원과 인접한 건물 또는 병원이나 건강센터 구내에서 제공되며, 입원 간호 모델의 중요한 부분으로 통합되고 있다.

여러분이 병원에서 일을 하는 계약 직원이거나 일반 직원이라면, 펌프 뚜껑이 달린 플라스틱 병만 사용해야 한다거나, 사용되는 로션 또는 오일의 종류, 환자 기록에 접근할 수 있는 자격 등 병원 정책에 대한 엄격한 지침을 전달받을 것이다. 이 때 아로마테라피를 마사지에 통합하는 것이 그 시설에서 가능한지 의논하는 것이 중요하다. 이런 경우, 여러분의 믿음이 가장 중요한데 여전히 많은 의료 전문가가 전인적 아로마테라피를 이해하지 못하기 때문이다. 그러므로 그들을 교육할 준비도 하는 것이 좋다!

병원, 호스피스, 또는 진료 환경에서의 에센셜 오일 이용

- 환자의 현재 상태, 부적용증과 병의 발병 위치, 지속 기간, 압력 또는 자세 제한에 있는지에 대해 담당 간호사 또는 주치의와 항상 상의할 것
- 염증을 일으키거나 민감성을 유발하는 에센셜 오일은 피하고 상처가 있거나 절개가 된 곳에 적용도 피한다. 에센셜 오일 사용에 관한 안전 예방책은 3장을 참조하라.
- 활동이 자유롭지 못하거나(예를 들면, 최중증 환자), 수술 후 환자에게 심정맥 혈전증 발생 가능성이 증가했는지 파악하라.

- 다양한 아로마에 대한 모든 민감성, 알레르기 또는 혐오 등에 관해 환자들과 의논하라.
- 특수한 고객과 민감한 고객들에게는 낮은 희석도를 이용하라.
- 개인적인 공간이 아닐 경우 아로마나 에센셜 오일로 같은 방에 있는 환자에게 해로운 영향을 주지 않도록 주의를 기울여라. 환기가 가능한지 반드시 확인하라.
- 마사지 오일 또는 로션을 발에 바를 때는, 환자가 방을 떠나기 전에 남아 있는 것이 없도록 발을 잘 닦은 다음, 미끄럼방지가 되어 있는 양말이나 슬리퍼를 신겨준다.
- 병원 침대에 누워있는 고객을 관리할 때는, 여러분 몸에 불필요한 부담을 주지 않도록 침대를 올린다. 시술을 다 마쳤거나 방을 나가기 전에 침대를 낮추는 것을 잊지 않아야 한다.
- 병원이나 진료 환경 내에서 사용되는 모든 에센셜 오일의 재료 안전 보건 자료를 제공하라. 부록 2 참고.

요약 /SUMMARY

- 특정한 고객들을 상대로 시술하려면, 적절한 훈련과 지속적인 교육을 받는 것이 중요하다.
- 아로마테라피와 산전/임신 중 마사지는 통증, 메스꺼움, 순환 부족, 소화, 불면증, 불안, 요통처럼 임신으로 인해 나타나는 많은 증상들을 완화시키는데 도움을 줄 수 있다.
- 아로마테라피를 산전 마사지와 통합할 때는 태아가 자리를 잡을 때까지 기다리는 것이 좋은데, 일반적으로 12주까지는 기다려야 한다.
- 유아와 어린이들은 다양한 일반적인 증상(잠을 자지 않는 것부터 성장통까지)치료를 위한 낮은 희석도의 순한 에센셜 오일에도 매우 잘 반응한다.
- 아로마 마사지와 바디워크는 노화의 많은 육체적, 감정적 측면에 저항하는데 있어 매우 중요하며, 삶의 질을 긍정적적으로 향상시키는데 이용될 수 있다.
- 통증 완화 간호와 호스피스, 말기 환자 간호에 있어 마사지, 바디워크, 그리고 아로마테라피의 역할이 커지고 있다. 전인적 철학과 접근을 유지한다면, 이러한 테라피들은 이러한 테라피를 시술받는 개인의 감정적, 영적, 육체적, 사회적 삶에 긍정적인 영향을 줄 수 있다.
- 셀프케어는 마사지와 바디케어 테라피스트의 삶에 있어 매우 중요한 부분으로 셀프케어를 하지 않는 테라피스트는 일찌감치 쇠약해지거나, 육체적, 감정적 탈진을 경험하게 될 가능성이 크다.
- 마사지와 바디워크 시술자들이 시술을 할 수 있는 환경이 매우 다양해지고 있다. 이런 다양한 환경에 아로마테라피를 통합하는 것은 때로는 힘이 들기도 하지만 지식과 자각, 그리고 신중한 계획만 있다면 장애물들은 쉽게 극복할 수 있다.

새 용어들 /NEW TERMINOLOGY

이 장에는 새로 나온 용어들이 없음.

참고문헌 / References

Associated Bodywork and Massage Professionals (ABMP). (2006). ABMP Member Survey Summary. *Different Strokes*, *21* (1).

Buckle, J. (2003). *Clinical Aromatherapy*. New York: Churchill Livingstone.

Field, T. (2001). *Touch*. Boston: First MIT Press.

Field, T., Hernandez-Reif, M., Hart, S., Theakson, H., Seharberg, S., Kuhn, C., and Burman, I. (1998). Pregnant women benefit from massage therapy.

Harris, R. (2005). The use of essential oils in child care. *International Journal of Clinical Aromatherapy*, 2.2, 27–34.

Hospice of Ohio. (n/d). *Massage therapy*. Retrieved on June 20, 2006, from http://www.hospiceohio.org/massage_therapy.asp.

Korn, C. (2003). Taking Care. *Massage Today*, *3* (7).

National Council for Palliative Care. (2005). *Palliative Care Explained*. Retrieved on June 20, 2006, from http://www.ncpc.org.uk/palliative_care.html.

Nelson, D. (2001). Growing Old with Massage in Facility Care. *Massage and Bodywork Magazine*, February/March 2001.

Additional support

England, A. (1994). *Aromatherapy for Mother and Baby*. Rochester, VT: Healing Arts Press.

Fawcett, M. (1993). *Aromatherapy for Pregnancy and Childbirth*. Boston: Element Books, Inc.

Tappan, F., and Benjamin, P. (1998). *Tappan's Handbook of Healing Massage Techniques*. Stamford, CT: Appleton and Lange.

Worwood, V. (1991). *The Complete Book of Essential Oils and Aromatherapy*. Navato, CA: New World Library.

워크시트 / WORKSHEET

시술에서의 아로마테라피

이름: ______________________ 날짜: ______________________

특정한 고객 관리

1) 다음에 나오는 특정한 고객 중에 적어도 두 그룹을 골라 어떤 아로마테라피가 효과가 있는지 파트너와 번갈아 가며 설명하라:
   - 산전과 산후 고객
   - 유아와 어린이들
   - 노인 고객들
   - 말기 환자와 죽어가는 고객
   - 테라피스트와 셀프케어

2) 산전 고객에게 사용하지 않아야 할 에센셜 오일을 네 가지 적어라.
   1. ______________________ 3. ______________________
   2. ______________________ 4. ______________________

3) 다음 주 동안 셀프케어 기술을 이행할 방법 두 가지를 적어보라.
   a) ______________________
   b) ______________________

4) 셀프케어 계획 또는 기술과 함께 이용할 블렌드를 만들라.

   1 온스 / 희석도: ______________________

   베이스: ______________ *에센셜 오일 총* ______________ *방울 수*

에센셜 오일-일반명	에센셜 오일-학명	방울 수	선택 이유?

5) 특정한 고객에게 사용할 수 있는 마사지 오일 블렌드를 만들라.

   대상 고객: ______________ 1 온스 / 희석도: ______________

   베이스: ______________ *에센셜 오일 총* ______________ *방울 수*

에센셜 오일-일반명	에센셜 오일-학명	방울 수	선택 이유?

복습 문제 / CHAPTER TEST

1. 특정한 고객을 상대하려면 다음 중 무엇이 필요한가?
   a. 당장 시작하는 것
   b. 적절한 교육을 받는 것
   c. 더 좋은 품질의 에센셜 오일 확보
   d. 다른 자격증을 따는 것

2. 다음 중 임신 중인 여성이 피해야 할 에센셜 오일 그룹은?
   a. 라벤더와 탠저린
   b. 유향과 샌달우드
   c. 네롤리와 로만 카모마일
   d. 페니로열과 웜우드

3. 마사지와 아로마테라피는 나이가 들 때 발생하는 많은 육체적, 감정적 문제에 대항하는 것을 도울 수 있고, 삶의 질을 높이며, 안락한 간호를 제공하며, 건강하게 나이 드는 것을 도울 수 있다.
   ________ 참 ________ 거짓

4. 나이가 든 노인 고객들의 일반적인 특징은?
   a. 바디워크와 접촉을 즐긴다
   b. 손이 닿는 것을 싫어한다
   c. 마사지를 하기에는 너무 많은 건강 문제를 갖고 있다
   d. 아로마테라피를 하기에는 너무 얇은 피부를 갖고 있다

5. 병의 말기에 있는 고객은 어떻게 트리트먼트해야 하는가?
   a. 다른 고객들과 동일하게 케어한다
   b. 부드럽고 조심스럽고 케어한다
   c. 라벤더만으로 케어한다
   d. 고객 가족이나 간병인과는 별개로 케어한다

6. 생후 6개월 미만의 유아에게는 어떤 종류의 에센셜 오일을 사용해도 안전하다.
   ________ 참 ________ 거짓

7. 유아에게 가장 안전한 에센셜 오일 그룹은?
   a. 페퍼민트와 로즈마리
   b. 튜자와 타임
   c. 레몬그라스와 페퍼민트
   d. 탠저린과 라벤더

8. 아로마테라피와 마사지로부터 이익을 볼 수 있는 가장 일반적인 임신 중의 증상을 5가지 적으시오.
   1.
   2.
   3.
   4.
   5.

9. 말기 환자에게는 아로마테라피가 첫 번째 트리트먼트로 이용되어야 한다.
   ________ 참 ________ 거짓

10. 마사지 테라피스트와 바디워커는?
    a. 셀프케어를 배울 필요가 있다
    b. 특별한 경우에만 자신들을 위한 트리트먼트가 필요하다
    c. 일을 하는 동안 충분한 치유 에너지를 얻는다
    d. 지칠 때까지 일을 해야 한다.

복습 질문 / REVIEW QUESTIONS

1. 여러분이 관리하고 싶어 하는 특별한 고객들과 어디서 적절한 교육을 받을 수 있는지에 대해 토론하라.

2. 어떤 종류의 시술을 하고 싶으며 어떤 곳에서 일을 하고 싶은가? 그리고 그 이유는 무엇인가?

12장

아로마테라피 비즈니스

The Business of Aromatherapy

학습 목표 / LEARNING OBJECTIVES

이 장을 읽은 뒤에는 다음 사항들에 답할 수 있어야 한다.

1. 시술을 시작할 때 사용할 기본적인 에센셜 오일 세트를 선택하라.
2. 시술을 시작할 때 사용할 기본적인 베이스 캐리어 세트를 선택하라.
3. 에센셜 오일과 베이스 제품, 그리고 병의 가격을 산출하라.
4. 아로마테라피 시술에 필요한 기본적인 장비들에 대해 논하라.
5. 일반적인으로 필요한 보관 장소를 설명하라.
6. 특히, 아로마테라피를 위한 보험이 필요한 이유를 논하라.
7. 여러분의 아로마테라피 사업을 홍보하기 위한 다양한 방법을 나열하고 설명하라.

개요
아로마테라피 공급처
에센셜 오일
식물성 오일과 특수 오일, 기타 캐리어 오일들
유리병과 단지들
제품 가격 산출하기
기초 원가 계산: 실제로 얼마나 돈이 들 것인가?
실제 임상적용 12.1: 가격 산출 연습
기타 장비들
기본 장비들
족욕기
핫타월 캐비넷
확산기
청소 용품들
보관 장비들
보험 적용 범위
자신의 환경에 맞는 아로마테라피 마케팅
실제 임상적용 12.2: 아로마테라피 공유하기
재교육
워크시트: 시술에서의 아로마테라피

개요 / INTRODUCTION

여러분이 마사지나 바디워크 시술에 아로마테라피를 보완제로 사용하는 여정을 시작했다면 아로마테라피를 시술에 어떻게 통합할 것인가, 맞춤 블렌드를 만들 것인가, 아니면 다수의 일반적인 블렌드나 미리 섞어 놓은 블렌드를 이용할 것인가, 아로마테라피 가격을 어떻게 결정할 것인가, 고객이 집에서 사용할 아로마테라피 제품을 제공할 것인가, 아로마테라피 제품을 판매할 것인가, 아로마테라피 상품을 어떻게 홍보할 것인가, 그리고 어떤 보험이 여러분에게 필요한가 등 중요한 문제를 결정할 필요가 있다. 이 장에서는 필요한 비품과 비용 견적 내기, 그리고 약간의 마케팅 정보 등 아로마테라피 사업과 관련된 몇 가지 기본적인 사항들을 다루도록 하겠다.

참고

이 책에 있는 다른 장들과 달리 이 장의 마지막에는 아로마테라피를 여러분의 시술에 통합하는 것을 지지할 수 있는 일련의 워크시트를 수록해 놓았다. 부록 3, 4를 참고하라.

아로마테라피 비품 / AROMATHERPY SUPPLIES

지금까지 여러분은 기본적인 에센셜 오일 48종과 다양한 식물성 오일, 특수 오일뿐만 아니라 크림, 로션, 젤과 같은 기타 캐리어에 대해서도 배웠다. 여러분은 또한 시술 시에 사용되는 족욕기와 핫타월 캐비넷과 같은 여러 가지 장비에 대해서도 알게 되었을 것이다. 시술 장소에 어떤 비품을 들여놓을 것인가 하는 것은 시술자로서 여러분이 갖고 있는 목표와 어떤 종류의 마사지 또는 바디워크를 시술할 것인가, 고객이 누구인가, 그리고 어떤 서비스를 제공할 것인가에 달려있다.

에션셜 오일 / Essential Oils

아로마테라피 시술을 시작하는 것은 상당히 값비싼 시도처럼 보일지 모른다; 중요한 것은 처음에는 여러분이 시술할 바디워크 또는 마사지 기술에 꼭 필요한 에센셜 오일의 범위를 좁혀 10개~20개 정도만 선택하는 것이다. 만약 긴장 이완 마자시를 주로 시술하기로 결정했다면, 표 12.1에 나와 있는 필수 에센셜 오일을 구입하는 것을 고려해 보는 것이 좋을 것이다. 하지만 트리트먼트 마사지에 중점을 두기로 했다면, 표 12.2에 나와 있는 약간 다른 종류의 에센셜 오일을 구입하라고 권하고 싶다. 마사지나 바디워크 종류에 관계없이 포괄적인 치료 효능을 가진 "반드시 필요한" 에센셜 오일은 표 12.3에 정리해 놓았다. 처음에는 여러분이 시술하기에 즐거운 오일과 가격이 저렴해 구입 부담이 적은 오일을 선택해 사업을 시작하는 것이 현명하다. 시술에 처음으로 사용할 에션셜 오일 선택하는 것은 전적으로 여러분에게 달려 있다.

시술 장소에 비치할 에센셜 오일의 종류를 결정했다면, 어떤 오일을 대용량으로 구입할 것인지 생각해 보는 것도 좋다. 예를 들어, 라벤더는 가장 흔하게 이용되는 에센셜 오일이기 때문에 한 번에 2에서 4온스를 사는 것도 괜찮다. 반면, 비싼 가격 때문에 자주 사용할 수 없는 네놀리는 2ml~4ml 정도의 소량만 구입하는 것이 좋다.

식물성 오일과 특수 오일, 기타 캐리어 오일들 / Vegetable and Specialty Oils and Other Carriers

에센셜 오일처럼 어떤 식물성 오일과 특수 오일을 여러분의 시술에 통합할 것인지를 결정하는 것도 전적으로 여러분에게 달려 있다. 어떤 것을 사용할 것인지 잘 모를 때는 다양한 오일과 캐리어들을 시험해 볼 것을 권한다. 일반적으로 이런 목적으로 사용하는 것은 소량으로

표 12.1

긴장 이완 바디워크에 필요한 필수 에센셜 오일 15개

에센셜 오일	학명
로만 카모마일	*Chamaemelum nobile*
클라리 세이지	*Salvia sclarea*
유향	*Boswellia carterii*
제라늄	*Pelargonium graveolens*
진저	*Zingiber officinale*
라벤더	*Lavandula angustifolia*
만다린	*Citrus reticulata*
스위트 오렌지	*Citrus sinensis*
로즈	*Rosa damascena*
버티버	*Vetiveria zizanioides*
일랑일랑	*Cananga odorata*
베르가모트	*Citrus bergamia*
자스민	*Jasminum grandiflorum*
네롤리	*Citrus aurantium var amara*
샌달우드	*Santalum album* or *S. spicatum*

표 12.2

트리트먼트 바디워크에 필요한 필수 에센셜 오일 15개

에센셜 오일	학명
블랙페퍼	*Piper nigrum*
저먼 카모마일	*Matricaria recutita*
클라리 세이지	*Salvia sclarea*
유칼립투스	*Eucalyptus globulus*
진저	*Zingiber officinale*
헬리크리섬	*Helichrysum italicum*
주니퍼	*Juniperus communis*
라벤더	*Lavandula angustifolia*
레몬	*Citrus limon*
페퍼민트	*Mentha x piperita*
로즈마리 ct.캠퍼와 시네올	*Rosmarinus officinalis*
버치	*Betula lenta or B. alleghaniensis*
클로브 버드	*Syzygium aromaticum*
월계수	*Laurus nobilis*
스코츠 파인	*Pinus sylvestris*

표 12.3

혼합 시술을 위한 필수 에센셜 오일 15개

에센셜 오일	학명
로만 카모마일	*Chamaemelum nobile*
클라리 세이지	*Salvia sclarea*
유칼립투스	*Eucalyptus globulus*
펜넬	*Foeniculum vilgare*
유향	*Boswellia carterii*
제라늄	*Pelargonium graveolens*
진저	*Zingiber officinale*
라벤더	*Lavandula angustifolia*
페퍼민트	*Mentha × piperita*
로즈마리 ct.캠퍼와 ct.시네올	*Rosmarinus officinalis*
티트리	*Melaleuca alternifolia*
버티버	*Vetiveria zizanioides*
일랑일랑	*Cananga odorata*
그리고 적어도 두 가지의 시트러스 오일: 그레이프프루트 (Citrus paradisi), **레몬** (Citrus limon), **만다린** (Citrus reticulata), **스위트 오렌지** (Citrus sinensis) 또는 **베르가모트** (Citrus bergamia)	

구입이 가능하다. 이렇게 하면 오일과 돈을 낭비하지 않아도 된다. 내가 가장 좋아하는 식물성 오일 블렌드는 살구씨 오일 50%에 유기농 해바라기 오일 40%, 유기농 호호바 오일 10%를 섞은 것이다. 대부분의 마사지 테라피스트와 바디워커들이 오일, 크림, 로션, 겔과 같은 다양한 베이스 제품을 사용하고 있다.

유리병과 단지들 / Bottles and Jars

그림 12.1 병에 담긴 에센셜 오일
Source: © Dennis Gallaher

병을 주문할 때는(그림 12-1), 대량으로 주문하는 것이 좋다. 가능하다면 대량으로 주문해서 나눌 사람을 찾아보는 것도 괜찮다. 대량으로 주문할수록 비용이 절감되기 때문이다.

아로마테라피 마사지 시술을 위해 필요한 기본적인 병들은 다음과 같다:

1 또는 2온스 황갈색 유리병 또는 PET 플라스틱 병

1 또는 2온스 황갈색 유리병 또는 PET 플라스틱 단지

케이스 안에 들어 있으며 펌프가 달린 8온스 PET 플라스틱 병

(매일 사용하는 미리 섞어 놓은 마사지 로션을 대량으로 보관하기 위한 것, 선택 사항)

아로마 미스트나 하이드로졸을 위한 스프레이가 달린 2 또는 4온스의 황갈색 또는 군청색의 유리 병

제품 가격 산출하기 / COSTING OUT YOUR PRODUCTS

아로마테라피 시술 개발에 있어 가장 중요한 항목 중의 하나는 들어간 비용을 충당하고 이익을 남길 수 있도록 서비스와 제품에 적절한 가격을 매기는 것이다. 처음 에센셜 오일을 판매하는 시술자들은 종종 최종 가격에 운반비를 더하는 것을 잊는 실수를 저지른다. 그리고는 얼마 안가손해를 봤다는 것을 깨닫는다. 이것은 모든 시술에 타격을 줄 수 있기 때문에, 아로마테라피를 위한 제품에 가격을 매기는 유용한 정보를 몇 가지 소개하고자 한다.

기초 원가 계산: 실제로 얼마나 돈이 들 것인가? / Basic Cost Accounting: How Much did It Really Cost You?

에센셜 오일 가격을 산출할 때나 이용하려고 계획 중인 다른 제품의 가격을 산출할 때는 운반비와 사용할 마개 등, 원가 계산에 어떤 항목들이 포함되어야 하는지를 아는 것이 중요하다. 에센셜 오일을 직접 배달해주는 곳에서 구입을 했다면, 지불한 운반비도 계산에 포함시켜야 한다. 하지만 직접 차를 가지고 가서 구입한다면, 기름 값만 들이면 된다. 얼마나 많은 오일을 사고, 그 크기가 얼마냐에 따라 운반비나 기름 값이 추가로 들 것이다. 예를 들어, 배달을 해주는 가게에다 다음과 같은 주문서를 넣었다고 하자. 송장은 다음과 같다:

로만 카모마일 1 온스	49 달러
유칼립투스 4 온스	15 달러
네롤리 2 ml	32 달러
진저 10 ml	12 달러
라벤더 8 온스	75 달러
운반비	15 달러
합계 :	198 달러

각각의 에센셜 오일 가격을 산출해 보자:

1 단계 : 구입한 에센셜 오일의 총 개수로 운반비를 나눈 것(15달러 ÷ 5 = 3달러)을 각각의 에센셜 오일 가격에 더한다

로만 카모마일 1 온스	49 달러 + 3 = 52 달러
유칼립투스 4 온스	15 달러 + 3 = 18 달러
네롤리 2 ml	32 달러 + 3 = 35 달러
진저 10 ml	12 달러 + 3 = 15 달러
라벤더 8 온스	75 달러 + 3 = 78 달러

2 단계 : 한 방울과 1 ml 당 가격이 어떻게 되는지 계산해 보자. 1 ml는 약 20방울이며, 1온스는 약 30 ml 정도 된다는 것을 기억하라. 또한, 피펫으로 옮길 때 흘리거나 해서 손실되는 양이 있기 때문에 전체 방울 수에서 적어도 5방울~10방울은 빼야 한다.

로만 카모마일 30 ml　　52 달러 ÷ 30 ml = 1 ml 당 1.73 달러

1 ml 당 20방울이라면, 한 방울도 흘리지 않을 때 1온스에는 600방울이 들어 있게 된다. 일단 600방울에서 10방울을 빼기로 하자. 600 − 10 = 590.

유칼립투스 4 온스　　18 / 120 ml = 0.15 per ml
120 ml × 20 방울 = 240 방울
손실된 양 (10 방울)　　18 / 230 = 0.08 per ml

3 단계: 고객이 집에 가져가는 시너지, 싱글 노트, 또는 블렌드에 넣어 에센셜 오일을 판매할 때는 병이나 단지, 레이블의 가격도 포함시켜야 한다. 부록 4에 병 도매상들의 연락처를 기록해 놓았다. 운반비를 포함해 병 값이 얼마나 되는지 계산한 후, 다음 단계에서 추가하라.

4 단계: 이익을 내기 위해 한 방울 당, 혹은 ml 당 가격을 얼마로 할 것인지를 결정하라. 일반적으로는 가격을 적어도 100% 인상하는데 이것은 값을 두 배로 매긴다는 뜻이다.

로만 카모마일	가격 1.73 per ml × 2 =	3.46 per ml
	가격 0.09 per ml × 2 =	0.18 per ml

여러분의 트리트먼트에 아로마테라피를 포함시키는 비용이 얼마나 되는지 결정하는 것도 중요하다. 하지만 이것은 블렌드 또는 집으로 가져가는 시너지의 일부분이므로 다음을 더한다:

베이스 제품 (로션, 오일, 젤, 등)	가격 0.45 per oz × 1 oz. (또는 사용된 온스)
병과 레이블	가격 0.25
에센셜 오일	가격 0.72 (이용된 각각의 오일 방울 수 당 가격을 토대로 한 총 가격)

총 단가: 로션 1 oz $ 1.42
× 2 =
총 소비자 단가: 로션 1 oz $ 2.84

5 단계: 시술에 사용할 각각의 에센셜 오일, 기본적 캐리어 제품, 병, 레이블 등의 가격 책정에 관한 사항을 자세히 기록해 둔다. 옆에 두고 트리트먼트와 제품의 총 비용 계산에 활용한다.

실제 임상적용 12.1

가격 산출 연습

다른 종이에 네롤리, 진저, 라벤더의 가격을 계산해 보라.

그림 12-2 계량 도구들
Source: © Dennis Gallaher

기타 장비들 / OTHER EQUIPMENT

요즘에는 테라피스트의 시술을 보조해 주는 좋은 도구와 제품들이 시중에 많이 나와 있다. 최소의 비용만 투자해 가장 필수적인 몇 가지 비품들만 가지고 사업을 시작하려고 한다면, 여러분의 시술에 아로마테라피를 통합할 때 다음과 같은 것들을 고려해야 한다.

기본 장비들 / The Basics

- 목욕용 소금 혼합이나 스크럽을 위해 제품을 대량으로 만들 때 사용할 수 있는 8컵짜리 특대형 계량컵을 포함함 다양한 크기의 유리 계량컵
- 크림 등을 소량으로 블렌딩 할 때 쓰기 위한 작은 컵들
- 스테인리스 계량 스푼 세트

- 트리트먼트 동안 아로마 재료들을 담아둘 수 있는 도자기나 유리 재질로 된 작은 것부터 중간 크기까지 다양한 크기의 그릇들 (그림 12-3)
- 플라스틱 스패출라와 재료를 떠서 담을 수 있는 커다란 숟가락
- 막대기: 유리 막대는 과학 실험 도구를 파는 가게에 가면 구할 수 있다. 하지만 나무 막대를 사용해도 된다. 나무는 오일을 흡수하기 때문에 트리트먼트 동안이나 장시간 동안 블렌드 안에 담가두지 않도록 주의한다.
- 크림과 로션 등을 대용량으로 만들 때 사용하는 유리 피처가 딸린 전기 블렌더. 손과 손목이 재료를 젓느라 지치지 않게 만들어주는 전기 핸드 믹서도 매우 유용한 장비이다.

그림 12-3 믹싱 볼
Source: © Dennis Gallaher

족욕기 / Footbaths

튼튼한 플라스틱으로 만들어진 월풀 타입 족욕기도 구입 가능한데, 월풀에 플러그를 꽂으면 거품이 일어나면서 발에 진동이 전달된다. 더 화려한 모델 중에는 열선과 멋진 색의 빛이 나오는 것도 있다! 전기 족욕기의 단점이라면 시끄럽고, 관리하기 성가시며, 청소하기가 무척 까다롭다는 것이다. 크고 납작한 바닥을 가진 세라믹 볼은 조용하고, 아름다우면서도 우아하며, 세척이 간편하고, 골동품 가게나 마켓에서도 살 수 있기 때문에 비교적 저렴하다는 장점이 있다. 족욕기는 반드시 있어야 하는 비품이다. 아로마테라피를 기반으로 한 시술을 창조하려면 아로마 족욕은 필수이기 때문이다.

핫타월 캐비넷 / Hot Towel Cabinet

핫타월 캐비넷은 하루 동안 필요한 여러 장의 수건을 한꺼번에 데울 수 있는 효과적인 장비이다. 하지만 처음부터 구입하기에는 비용이 만만치 않다. 핫타월 캐비넷이 있으면 고객 한 명당 사용하는 수건의 양이 늘어나기도 하는데, 수건을 다시 데우기 위해서는 사용했던 수건을 몇 분 안에 캐비넷 안으로 다시 넣어야 하기 때문이다. 슬로우 쿠커나 전기 버너 위에 올려놓은 커다란 스테인리스 스틸 냄비는 근사한 핫타월 캐비넷 대용품이 될 수 있다. 이렇게 하면 사용하는 수건 수도 줄일 수 있는데 마사지나 트리트먼트를 하는 동안 냄비에 넣어 수건을 금방 다시 데울 수 있기 때문이다. 게다가 수건을 꺼내 짤 때마다 나는 물이 떨어지는 사랑스러운 소리는 긴장 이완에 큰 도움이 된다. 냄비가 크다면, 랩을 할 때 쓰는 더 큰 린넨도 여기에 넣어 데울 수 있다. 이것의 한 가지 단점이라면, 냄비의 개수가 충분하지 못할 경우, 시술 사이사이에 냄비를 깨끗이 씻을 시간을 확보해야 한다는 것이다. 또한 온도 측정을 잘 해야 여러분 자신과 고객이 화상을 입는 것을 방지할 수 있다. 이에 비해 핫타월 캐비넷은 온도가 일정하게 유지된다는 장점이 있다.

확산기 / Diffuser

디퓨저 없이 훌륭한 아로마테라피스트가 될 수 있을까? 에센셜 오일 분자를 공기 중으로 퍼뜨릴 수 있는 전기 디퓨저나, 작은 접시에 물을 담고 에센셜 오일을 몇 방울 떨어뜨려 전기나 초로 데울 수 있는 디퓨저를 구입하라. 이런 장비들은 누군가가 여러분의 공간으로 들어오는 순간부터 아로마 경험을 하게 하는 것을 도울 것이다.

청소 용품들 / Clean Up

스프레이 통에 담은 소독용 알코올을 이용해 사용했던 도구에 남아 있는 에센셜 오일과 캐리어 오일 찌꺼기를 제거하라. 충분한 양의 뜨거운 비눗물도 필요하다. 종이 타월을 여러 장

준비해 나무로 된 카운터나 작업대 표면이 에센셜 오일에 오염되지 않게 잘 닦아내라. 오일 자국이 옷에 묻지 않게 앞치마를 착용하는 것도 고려해 볼만 하다. 적절한 소독 기술에 대한 장비와 지식이 없다면, 신선한 제품들은 한 번 사용했던 로션 병이나 단지에 담지 않는 것이 좋다.

보관 장비들 / STORAGE NEEDS

에센셜 오일은 서늘하고 어두운 곳에 보관되어 지는 것을 좋아한다는 것을 안다면, 낮 동안 직사광선이 들어오는 창턱이나 선반에 에센셜 오일을 두는 실수는 저지르지 않을 것이다. 항상 하는 얘기지만, 시원한 방에 있는 작은 상자나 캐비넷이면 충분하다. 가능하다면, 에센셜 오일을 운반용 상자에 담아 일터에서나 집에서나 냉장고에 보관하라.

에센셜 오일에 레이블을 붙여 두면 오일을 찾을 때 병들을 모두 들어보지 않아도 되기 때문에 매우 유용하다. 각각의 병뚜껑 위에 이름을 적은 작은 스티커를 붙여 두라. 어떤 방식으로 셋업을 하더라도, 트리트먼트 공간 안에 필요한 최소한의 장비들을 손이 닿는 곳에 둘 수 있는 공간을 충분히 마련해야 하며, 블렌딩을 위한 튼튼한 작업대도 마련해 둬야 한다.

보험 적용 범위 / INSURANCE COVERAGE

모든 테라피스트들은 반드시 전문인 배상 책임을 확인해 면허가 있는 마사지 테라피스트로서 에센셜 오일을 사용하는 것이 일반 보험으로도 보장이 되는지 확인해야 한다. 보험 회사마다 아로마테라피나 다른 양식들을 보장하는 방식이 약간씩 다르기 때문이다. 여러분이 블렌드를 해서 파는 제품의 양이 아로마테라피 사업의 주요 사업이 될 만큼 많지 않을 경우에는 어떤 회사는 제품까지 보장해 주기도 한다. 아로마테라피 제품을 대량으로 판매할 계획을 갖고 있다면, 제품 배상 책임과 관련된 보험 정책에 대해서 더 알아봐야 한다. 독립 뷰티 네트워크에 접속해보는 것도 좋다(www.indiebeauty.com)

자신의 환경에서의 아로마테라피 마케팅 / MARKETING AROMATHERAPY IN YOUR SETTING

어떤 시술자들은 트리트먼트에 사용하는 에센셜 오일에 대해 추가로 요금을 부과하기도 하지만 자신의 세션을 다른 서비스와 구별하기 위해 세션 안에 포함시키기도 한다. 반면 어떤 이들은 여전히 복합적인 접근을 선호한다: 일반적인 세션의 일부분으로 미리 만들어 놓은 기본적인 아로마 경험을 제공하고, 요청이 있을 때 고객 맞춤 아로마테라피 블렌드를 추가 요금을 받고 제공하는 것이다. 어떻게 셋업을 할 것인지는 전적으로 테라피스트로서 개인적 선호와 사업 전략에 달려 있다. 어떤 것을 선택하든, 각각의 트리트먼트를 위한 기본 재료들과 에센셜 오일 가격을 전체 가격에 포함시켜 들어간 비용을 확보하는 것이 중요하다. 아로마테라피를 통합하고 홍보하는데 도움이 되는 추가적인 정보들이다:

- **고객과 직원들을 교육하라.** 에센셜 오일을 적절하게 이용하고 이해하는 가장 중요한 열쇠는 교육이다. 진정한 아로마테라피는 무엇이며, 여러분이 제공하는 서비스의 특징과 효능에 대해 명확하게 설명한다.

- 고객이 집으로 가져갈 수 있는 소책자를 직접 만들어 아로마테라피와 에센셜 오일의 치료 효능에 대해 자세히 설명하거나 기존에 나와 있는 책자를 구입해 홍보용으로 사용한다.

- 아로마테라피를 여러분의 시술에 어떻게 통합할 지를 결정한 다음, 일반 서비스 메뉴 안에 포함시킨다. 고객에게 아로마테라피를 시술하게 돼서 기쁘다는 것과 에센셜 오일의 효능에 대해 알려준다. 여러분이 고급의 오일과 숙련된 기술을 이용하기 위해 노력하고 있다는 것을 확신시켜준다. 아로마테라피를 현재 제공 중인 기존 트리트먼트나 양식에 포함시켜도 되고, 특별한 아로마 경험을 할 수 있는 새로운 트리트먼트를 만들거나 아로마테라피 세션을 만들어도 된다.

- 가을을 위한 향료 냄새가 나는 마스크나 여름을 위한 시트러스 소금 글로우와 같은 특정한 블렌드나 "향기"에 집중하는 계절 트리트먼트를 개발한다. 동일 블렌드의 트리트먼트와 제품을 여러 개 만들어 고객들이 구입도 하고, 집에서도 사용할 수 있게 한다. 특별 제품들은 적극적으로 홍보한다. 만나는 사람마다 제품이 얼마나 근사한지 얘기하고, 인쇄물이나 엽서를 만들거나 대기실에 홍보물을 비치해 두도록 한다. 홍보 기간이 끝나는 날짜를 반드시 적어 두고, 고객이 요청하면 시술할 수 있다는 것도 밝혀둔다. 사무실을 방문한 모든 사람들에게 제품을 약간씩 사용하게 하거나, 계절 트리트먼트를 위해 사무실을 방문한 사람이 아니더라도 샘플을 준비해 한 번 발라보게 하는 것이 좋다. 특별 블렌드를 경험한 사람들은 분명히 예약을 하고 다시 방문 할 것이다!

- 아로마테라피에 관심이 많은 고객들을 대상으로 다과회나 설명회를 개최해 아로마테라피와 특정한 에센셜 오일, 그리고 여러분이 제공하는 바디워크 서비스 종류에 대해 소개한다. 질의응답 시간을 갖고 짧게 시연을 해보이거나 무료 샘플을 나눠주도록 한다. 재미있으면서도 가벼운 분위기를 유지하되 호기심을 최대한 자극하도록 한다.

- 얼굴 베개 커버에 아로마 미스트를 반드시 사용한다. 각각의 세센을 마무리를 할 때 고객의 몸에 미스트를 뿌려주는 것도 좋다. 고객들이 사용해 볼 수 있게 미스트, 로션, 손 세정제, 그리고 기타 샘플들을 화장실에 비치해 둔다.

- 특별히 힘든 시간을 보낸 고객에게 도움이 될 것 같다는 생각이 든다면, 고객들이 테이블에 누워 있는 동안 1온스짜리 맞춤 블렌드를 만들어라. 세센 중에 사용한 다음, 남은 것은 고객에게 줘서 집으로 가져가게 하면서 무료로 제공하는 것이라고 말한다. 이렇게 해서 여러분이 고객들의 감정과 현재의 상황 또는 상태에 관심이 있다는 것을 알리도록 한다.

- 세일이나 홍보를 통해 새 고객을 유치하고 싶다면, 기본 세션 가격 할인을 제안하는 것보다는 서비스 계약을 할 때 무료 아로마 선물을 제공하는 것이 낫다. 제대로만 된다면, 고객에게는 매우 감각적인 선물이 될 것이며 여러분은 계약을 할 때마다 돈을 더 벌 수 있다. 가격을 할인해 주는 것보다 제품을 만들어 나눠주는 것이 훨씬 저렴하기 때문이다. 그리고 더 많은 고객들이 여러분의 아로마 블렌드를 경험할 수 있기 때문에 미래의 아로마테라피 트리트먼트와 추가적인 제품 판매로 이어질 수 있다.

- 자신이 가장 좋은 홍보물이라는 것을 명심하라. 일상생활에서 자신만의 에센셜 오일을 사용한다. 어떤 것이 자신과 어울리는지 알아보고 고객, 친구, 가족과 자신의 경험을 공유한다. 이렇게 멋지고 유용한 자연의 선물을 알게 되어 얼마나 기쁜지 사람들에게 알리도록 한다. 아로마테라피에 대한 여러분의 지식과 애정을 만나는 사람들과 나누고, 여러분의 사무실이 어디에 있는지, 어떤 서비스를 제공하는지 사람들에게 알리도록 한다.

실제 임상적용 12.2

아로마테라피 공유하기

난 장기간 여행을 갈 때 작은 병에 다양한 에센셜 오일을 담아 가는 것을 좋아한다. 이렇게 하면 일광화상, 건조한 피부, 멀미, 변비, 또는 불면증과 같은 뜻하지 않은 일이 일어났을 때 나한테 필요한 오일을 늘 곁에 두고 사용할 수 있기 때문이다.

하지만 내가 제일 좋아하는 일은 여행을 하면서 만난 사람들에게 오일을 하나씩 나눠주는 것이다. 여행을 좋아하는 이유는 세계 여러 곳에서 온 사람들을 만나고 얘기할 수 있기 때문이다. 대화를 하다보면, 어떤 오일을 그들에게 줘야 할 것인지에 대한 약간의 힌트(때로는 약간 더)를 얻을 수 있다. 난 이렇게 짧기는 하지만, 아로마테라피의 효능을 공유하는 시간을 즐긴다. 희석하지 않은 에센셜 오일을 줄 때는 항상 기본적인 안전 수칙을 알려주는 것도 잊지 않는다.

재교육 / CONTINUING YOUR EDUCATION

마사지와 바디워크의 가장 큰 장점은 자격증을 따기 위해 필요한 것을 배운 다음에도 다른 것을 계속 배워 다른 자격증도 딸 수 있다는 것이다. 이 분야에는 마스터해야 할 많은 전문 분야가 있으며 갈 수 있는 길도 여러 가지이다. 아로마테라피 역시 마찬가지이다. 많은 이들에게 이것은 시술 양식이나 기술일 뿐만 아니라, 삶의 방식이기 때문이다.

모든 지식이 자신의 것이 되려면 시간이 걸린다. 하지만 한 번 자기 것으로 만들어 두면 누구도 그것을 빼앗지 못한다! 다른 테라피스트들과 차별화될 수 있게 전문 기술이나 특기를 개발해 두면, 여러분의 하는 일에 능숙해지는 것은 물론, 테라피스트로서 사업적인 측면이나 시장성 등에서 차별화를 이끌어 낼 수 있다.

이제 기본적인 지식들을 습득했으므로, 자유롭게 즐기면서 실험하고, 시술하라! 삶의 다른 모든 것들처럼 이 분야에서도 항상 더 배울 것이 생길 것이다. 혹시 실력이 줄었다면 그 분야에 대한 추가적인 훈련을 받도록 하라. 교육 정보는 부록 4에 수록해 놓았다.

워크시트 / WORKSHEET

시술에서의 아로마테라피 (1부)

아로마테라피 마케팅

1) 아래에 있는 4 " × 6 " 우편엽서(앞과 뒤)에 고객들이 알았으면 하는 아로마테라피의 특별한 점을 부각시키는 디자인을 고안해 보라.

앞

뒤

워크시트 / WORKSHEET

시술에서의 아로마테라피 (2부)

이 책에서 다뤘던 에센셜 오일 48종 중에서 여러분의 사무실에 비치하고 싶은 15개의 에센셜 오일을 선택하고 어떤 사이즈로 구매할 것인지와 그 오일을 판매하는 회사에 대해 조사하라. 필요한 정보가 확보되면 각각의 에센셜 오일의 ml나 한 방울 당 가격을 계산하라 (운반비, 기름값, 손실되는 양 등을 더하는 것을 잊지 말라). 아래의 차트에 그 정보들을 기입하라.

에센셜 오일	사이즈	총 구입 가격	ml 당 가격	한 방울 당 가격

워크시트 / WORKSHEET

시술에서의 아로마테라피 (3부)

이 책 전반과 이 장 안에서 여러분은 여러분의 사무실에 비치하고 싶은 다양한 비품에 대해 배웠다. 아래에 있는 표에 사무실에 비치하고 싶은 물품들을 적은 다음, 그 물품들을 구입하려면 비용이 얼마나 드는지를 조사하라.

일반적 그룹	특정한 필요	제품 가격
베이스 오일과 기타 캐리어	예; 살구씨 오일	갤런 당 25달러
병	예; 1온스 갈색병	250개 들이 한 상자에 75달러
장비	족욕기	전기 족욕기 25달러
기타 물품들	예; 시술용 테이블	50달러

제 5 부
에센셜 오일 데이터 시트

13 장

48개의 에센셜 오일

에센셜 오일 24개: 자세하게
에센셜 오일 24개: 기초

학습 목표 / LEARNING OBJECTIVES

이 장을 읽은 뒤에는 다음 사항들에 답할 수 있어야 한다.

1. 일반명과 학명을 알아보고 말해보라.
2. 식물과를 밝혀라.
3. 주요 향기 특징을 밝혀라.
4. 블렌딩 계수를 밝혀라.
5. 두 가지 치료 능력을 설명하라.
6. 다섯 가지 핵심 아로마 적용을 설명하라.
7. 안전 데이터의 지식을 토론하고 적용하라.
8. 화학적 특징을 밝혀라.

개요 / INTRODUCTION

이 장에서는 마사지 테라피와 바디워크 시술에 안전하고 효과적으로 통합할 수 있도록 24개의 에센셜 오일은 자세하게, 그리고 추가적인 24개의 에센셜 오일은 간단하게 소개하려 한다. 각각의 데이터 시트에는 에센셜 오일에 관한 가장 최근의 정보가 실려 있다. 각각의 에센셜 오일의 실험적 사용에 관한 역사의 발달과 함께 임상 실험이 계속되고 있으며, 임상 실험을 통해 각각의 오일의 특징과 함께 핵심 기능을 밝히려는 시도가 계속되고 있다. 에센셜 오일 데이터 시트는 각각의 에센셜 오일의 일반명과 학명, 식물학과 역사, 블렌딩 데이터, 화학적 정보, 치료 작용, 그리고 핵심 아로마 적용 등을 제공한다. 추가적인 에센셜 오일 24개에 관해서는 치료적 적용과 안전 정보를 중심으로 기본적인 사항만을 적어 놓았다.

에센셜 오일 데이터 시트 읽기 / READING AN ESSENTIAL OIL DATA SHEET

일반명과 학명 / Common Name and Latin Name

- 일반명: 일반명은 각각의 데이터 시트 맨 앞에 제공된다. 식물에게 다른 나라에서 사용되는 추가적인 일반명(이명)이나 역사적인 이용과 관련된 이름이 있을 경우, 식물학 섹션에 이명을 적어 놓았다.

> 참고
>
> 모든 학명은 미국 유전자원 정보망과 미 농무부 자연자원 보전국을 이용해 검증했다.

- 학명: 학명은 일반명 옆에 적어 놓았는데, 학명은 설명할 에센셜 오일이 속한 정확한 속과 종을 가리킨다. 에센셜 오일 데이터 시트는 속, 종 등 식물학자가 정한 정확한 식물학적 형식을 이용한다. 그 종의 이름을 붙이는데 기여한 식물학자는 머리글자나 성을 짧은 양식으로 표기하는데, 예를 들면, *Lavandula* (속명) *angustifolia* (종명) L. (Linnaeus: 이 식물에 이름을 붙인 식물학자) 이런 식이다. 가끔 한 가지 이상의 학명을 가진 식물도 있는데 이때는 "동일한"이라는 의미의 "syn" 또는 "synonym"을 써서 표기한다. 이 책 앞부분에서는 전반적으로 에센셜 오일의 학명을 표기할 때 식물학자 이름 또는 머리글자를 포함시키는 것이 누락되었다. 여기서는 정확성을 위해 포함시켰다.

식물학과 역사 정보 / Botany and History Information

- 식물학적 종: 에센셜 오일을 보유하고 있는 각각의 식물은 특정한 식물학적 종에 속한다. 같은 식물학적 종에 속하는 한 무리의 식물들은 종종 화학적 혹은 치료적 효능에 있어 공통적인 특징을 갖는다. 가끔 두 가지 이름이 있을 때도 있는데 다른 이름은 "syn" 즉, "동일한"이라는 뜻을 가진 단어 뒤에 적어 두었다. 첫 번째 이름은 현재 가장 일반적으로 통용되는 것이며, 두 번째 이름은 전에 쓰이던 것이다. 이것은 에센셜 오일을 조사할 때 과거와 현대의 이름 아래에 나열된 정보를 모두 수집할 수 있어 유용하다.

- 식물학: 이 섹션에서는 특정한 에센셜 오일이 추출되는 식물에 관한 기본적인 설명을 제공한다.

■ 역사와 신화: 이 섹션에는 에센셜 오일에 관한 역사적/신화적 정보가 담겨 있다.

추출 정보 / Extraction Information

■ 원산지: 원산지는 에센셜 오일의 원산지가 어디인지, 또는 어디서 재배되고 수확 되었는지와 증류되었는지를 반영한다. 원산지는 생산된 오일의 품질에 영향을 미칠 수 있다. 예를 들어, 많은 아로마 테라피스트들은 불가리안 장미 (*Rosa damascena*)가 같은 종인 터키 장미보다 훨씬 우수하다고 믿는다. 그리고 프랑스 고산지대가 원산지인 라벤더(*Lavandula angustifolia*)가 같은 종인 태즈메이니아, 크로아티아, 또는 아메리카 라벤더 에센셜 오일보다 우월하다고 생각한다.

■ 이용되는 식물 부분: 여기에는 에센셜 오일을 얻기 위해 증류되는 식물 부분이 표시 된다. 알림: "플라워링 탑"은 꽃과 천엽을 함께 증류한다는 의미이다.

■ 증류 방법: 가장 일반적인 추출 방법이 제공된다.

■ 오일 산출량: 오일 산출량이란 식물 재료 안에서 발견되는 에센셜 오일 양을 말한다.

■ 오일 색: 각각의 에센셜 오일 색에 대한 묘사가 제공된다.

블렌딩 정보 / Blending Information

■ 향기 묘사: 각각의 에센셜 오일 향에 대한 일반적인 묘사가 제공된다.

■ 블렌딩 계수: 블렌딩 계수란 에센셜 오일의 아로마 강도를 측정한다는 의미이다. 이것에 대해서는 5장에 자세히 설명되어 있다.

안전 정보 / safety Information

이 섹션에는 에센셜 오일에 대한 현재의 안전 데이터가 적혀 있다.

화학적 특징 / Chemical Feature

각각의 에센셜 오일은 그들의 치료 작용에 영향을 준다고 여겨지는 활성 또는 주요 화학적 성분을 갖고 있다. 예를 들면, 에스테르가 풍부한 에센셜 오일은 일반적으로 신경 계통을 진정시킨다고 여겨지며, 페놀이 풍부한 에센셜 오일은 강력한 항균 작용이 있다고 여겨진다. 에센셜 오일 안에서 발견되는 이러한 주요 화학 성분들을 화학적 특징 섹션 안에 요약해 놓았다. 더 자세한 사항은 4장에 나와 있다.

화학 분석 / Chemical Profile

이 섹션에는 에센셜 오일 안에서 발견되는 일반적인 화학 성분의 간단한 샘플과 주요 성분의 백분율을 나열해 놓았다.

치료적 기능 / Therapeutic Actions

이 섹션에는 에센셜 오일의 대표적인 약리 작용을 정리해 놓았다. 여기에 적힌 약리 작용들은 경험적으로 수용된 것이거나, 연구 조사에 의해 밝혀진 것들이다. 오일이 가진 핵심 작용 중 가장 많이 이용되고, 유명한 것은 굵은 글씨로 표시해 놓았다.

키워드: 핵심 특징만 따로 모아 키워드로 정리해 놓았다. 이 단어들은 에센셜 오일 적용을 고려할 때 가장 먼저 떠오르는 것이 될 것이다.

핵심 아로마 적용 / Core Aromatic Applications

이 섹션은 에센셜 오일의 가장 일반적이고 전통적인 이용법을 보여주기 위해 고안되었다. 치료적 기능 섹션처럼 이런 핵심 아로마 적용 역시 경험적으로 수용된 것이거나 연구 조사에 의해 구체적으로 밝혀진 것들이다. 대다수의 아로마테라피 책들이 질릴 정도로 많은 잠재적 작용과 적용 방법을 적어놓고 있다. 하지만 너무 많은 정보는 읽는 이를 당황하게 하며, 부정확한 정보는 판단을 그르치게 한다. 핵심 아로마 적용 섹션은 경험적 수용 또는 임상 조사에 의해 밝혀진 특정한 에센셜 오일의 치료적 잠재성을 집중적으로 제공하려고 노력할 것이다.

실제 임상적용: 블렌딩 표본 / In Practice: Sample Blends

이 섹션은 각각의 에센셜 오일의 두 가지 샘플 블렌드를 제공할 것이다.

에센셜 오일 데이터 시트
/ ESSENTIAL OIL DATA SHEETS

그림 13-1 블랙페퍼
Source: Reprinted by permission of David Monniaux

블랙페퍼 / Black Pepper/ *Piper nigrum* L.

식물학과 역사적 정보

식물 과: 후추과 (Piperaceae)

식물학: 블랙페퍼는 인도 서부의 언덕이 원산이지다. *Piper nigrum*은 열대가 원산지인 다년생 반연 식물로 20피트까지 자라며, 더 크게 자라기도 한다. 몇몇 후추 종들은 다양한 물리적 특징을 갖고 있다. 재배 품종은 대부분 양성이다. 잎은 하트 모양이며 진한 녹색이다. 한 나무에 검정, 흰색, 녹색 후추 열매가 동시에 열린다. 녹색 후추를 싱싱할 때 햇볕에 통째로 말리면 검정색이 된다. 흰색 후추 열매는 다 익은 것으로 껍질을 벗긴 다음 말린다. 블랙페퍼 덩굴은 축축한 땅에서 주로 발견되며 특히 아시아 몬순 지역의 저지대 숲에서 많이 발견된다.

역사와 신화: 블랙페퍼는 아유르베다 의학에서 수천 년 동안 애용되었다. 블랙페퍼는 초기 동서 무역에서 매우 중요한 상품이었다. 후추는 초기 로마 기록에도 등장한다. 그리브(1982)에 의하면, 아틸라 왕은 로마에게 후추 3천 파운드를 공물로 요구했다고 한다(627쪽). 히포크라테스가 활동하는 동안 후추는 음식의 양념과 약으로 이용되었다. 후추는 가스가 찬 위장 치료에 이용되었으며 열병약 조제에도 이용되었다. 아시아에서는 후추를 독소배출 기능이 있는 중요한 향신료로 보았으며 항노화제로도 중요시했다.

추출 정보

원산지:	인도네시아, 말레이시아, 마다가스카르, 중국, 인도
이용되는 식물 부분:	열매(후추열매), 익지 않은 말린 실과
추출 방법:	수증기 증류
오일 함유량:	1.0~4.0%
오일 색:	투명하거나 연한 노랑/녹색

블렌딩 정보

향기 묘사:	매운, 얼얼한, 싸한, 따뜻한
블렌딩 계수:	3 내지 4

안전 정보:

- 희석하지 않고 적용하면 피부를 자극할 수 있음
- 얼굴 피부에 사용하는 것은 피하라
- 유아와 어린이들에게 사용하는 것은 피한다

화학적 특성

세스퀴테르펜에 의해 지지되는 모노테르펜이 풍부함.

화학 분석

모노테르펜(70~90%): 리모넨(20%까지), 베타피넨(25%까지), 피시멘(28%까지), 베타펠란드렌(20%까지)

세스퀴테르펜: 베타카르요필렌(9~33%)

치료적 효능

진통, 항박테리아, 항균, 살균, 진경, **항바이러스**, 최음, **구풍**, 해독, 발한, **소화**, 이뇨, 해열, **발적**, **자극(소화와 순환)**, 식욕 증진, 신경 계통 강장

키워드: 자극, 가온, 의지 강화, 힘을 줌

핵심 아로마 적용:

순환기 계통: 순환 부진, 동상, 레이노 신드롬, 추위에 대한 민감성

소화기 계통: 소화 불량, 연동 운동 촉진, 위장에 가스가 참, 소화 부진, 식욕 촉진

근골격 계통: 근육통, 좌골통, 통증 완화, 류머티즘, 근육 경직, 관절염 통증 완화

신경 계통: 신경염, 말초신경 장애, 피로

호흡기 계통: 감기, 독감, 기관지염, 오한, 카타르, 금연 보조 (로즈와 벰, 1994)

정신과 감정: 일반적인 피로, 감정적 냉담, 무관심, 인내력 결여, 초조함, 의지 박약, 여린 신경, 동기 상실, 정신적/감정적 탈진, 자신 또는 타인에 대한 불안

창의적/정력적 아로마테라피: 강함과 용기, 강한 신념 대표; 개인의 의지 강화에 이용됨; 동기, 인내, 그리고 정력에 도움; 감정적 봉쇄, 우유부단, 감정적 냉담, 무관심, 정신적 피로에 사용(워우드, 1996). 모제이(1997)는 이렇게 썼다: "블랙페퍼 오일은 결정력 강화에 도움이 된다. 배꼽 아래에 위치한 매우 중요한 센터인 한 사람의 *하라* 또는 *탠*든과의 내면 연결에서 생겨나는 확고한 단 하나의 정신."

실제 임상 적용: 블랙페퍼를 이용한 샘플 처방

경련을 동반한 근육통	소화 강장제
블랙페퍼	블랙페퍼
페퍼민트	진저
라벤더	레몬

저먼 카모마일 / German Chamomile / *Matricaria recutita* L. syn. *Chamomilla recutita* L. syn. *Matricaria chamomilla* L.

그림 13-2 저먼 카모마일
Source: Reprinted by permission of Peter Firus

식물학과 역사적 정보

기타 일반명: 헝가리 카모마일, 와일드 카모마일

식물 과: 국화과 (Asteraceae syn. Compositae)

식물학: 저먼 카모마일은 1~2피트 정도로 자라는 1년생 식물이다. 데이지를 닮은 흰색 꽃과 노란색 중심부에서 강한 향기가 난다. 잎과 꽃 모두 향이 강한 로만 카모마일과 달리 저먼 카모마일은 꽃에서만 향기가 난다. 저먼 카모마일은 늦은 봄에서 초여름까지 꽃이 핀다. 한여름과 늦여름의 열기를 싫어한다. 유럽과 아시아가 원산지이다.

역사와 신화: 저먼 카모마일은 고대부터 중요한 치료 식물이었으며 이집트인들과 그리스, 로마인들이 특히 중요하게 생각했다. 이름은 그리스 단어 *카모스*(땅)과 *멜로스*(사과)에서 유래한 것으로, 이 이름에는 이 식물의 자라는 방식과 함께 사과처럼 달콤한 향을 갖고 있다는 뜻이 내포되어 있다. 히포크라테스, 디오스콜리데스, 갈레노스는 모두 저먼 카모마일을 약 조제에 사용했던 것으로 알려져 있다.

추출 정보

원산지:	헝가리, 유럽 동부, 북미, 호주
이용되는 식물 부분:	꽃
추출 방법:	증류
오일 함유량:	0.4~1.0%
오일 색:	진한 파란색. 이 에센셜 오일은 쉽게 산화가 되는 것으로 알려져 있는데 색이 파랑에서 초록, 갈색으로 변한다. 오일이 산화되면 치료적 가치가 없이 때문에 사용하지 말아야 한다.

블렌딩 정보

향기 묘사:	달콤한, 강한, 잡초와 비슷한 풀 향기
블렌딩 계수:	1

안전 정보:

- 같은 식물 과에 속하는 두드러기쑥에 과민증이 있는 사람에게는 피부 반응 테스트 실시

화학적 특성

세스퀴테르펜, 카마줄렌, 세스퀴테르펜 알코올, (−)알파비사볼롤 풍부

화학 분석

세스퀴테르펜: 카마줄렌(36%까지), 트랜스알파파네센(25%까지)
알코올: 알파비사볼롤(67%까지)

치료적 효능

진통, 항알레르기, 항박테리아, 항진균, **항염**, 항류마티스, 살균, **진경**, 구풍, 소화, **근육 이완**, 신경 진정, 진정, 식욕 증진, 발한, 상처 치료

키워드: 항염, 진정, 스트레스와 불안 완화, 부상/피부 치료제

핵심 아로마 적용:

소화기 계통: 스트레스와 관련된 소화불량, 일반적인 소화기 병, 위장 경련, 치질, 복통, 부은 잇몸

림프와 면역 계통: 열

근골격 계통: 섬유근통, 정강이 통증, 경련, 쥐, 족저근막염, 건염, 수근관 증후군, 통증, 류머티즘, 관절의 통증이나 부어오름, 점액낭염

신경 계통: 신경 불안, 경미한 수면 장애, 두통

생식기/내분비 계통: 생리통, PMS, 갈라진 유두, 산후 불안, 월경불순, 폐경과 관련된 감정

호흡기 계통: 상기도 감염과 염증

피부: 염증성 피부염과 습진(블루멘탈 등, 1998), 여드름, 염증성 피부 질환, 화상, 건조하고 가려운 피부, 부상, 베인 곳과 긁힌 곳, 문신을 벗기기 위한 박피; 삼출을 줄이고 조직 치료 지지(블루멘탈 등, 1998), 박테리아성 피부 질환, 모세혈관 파열, 방사선 화상을 포함한 화상, 느리게 회복되는 부상, 기저귀 발진, 산후 회음 치료, 욕창

정신과 감정: 동요, 분노, 발작, 어린이 과잉 행동, 스트레스와 관련된 질환, 불안, 문제 행동, 자해, 헤드뱅잉(정신적으로 문제가 있는 자폐아)

창의적/정력적 아로마테라피: 침착하고, 평화롭고, 치료적인 특징이 있음; 지나친 자아 욕망과 욕구 불만, 분노, 그리고 종종 수반되는 우울증의 긴장 완화; TCM에서 카모마일은 *기 에너지*의 흐름을 편하게 함(모제이, 1997). 분노, 해가 되는 자아, 악의 없이 의사소통 할 수 있게 도와주며, 감정적 긴장을 줄이는 데 도움이 됨(리히, 2001). 리히는 저먼 카모마일이 목의 차크라에 좋다고 추천한다.

실제 임상 적용: 저먼 카모마일을 이용한 샘플 처방

항염 블렌드	스트레스 완화 블렌드
저먼 카모마일	저먼 카모마일
헬리크리섬	만다린
라벤더	패출리

로만 카모마일 / Roman Chamomile / *Chamaemelum nobile* L. All. syn. *ANthemis nobilis* L.

그림 13-3 로만 카모마일

식물학과 역사적 정보

기타 일반명: 잉글리시 카모마일

식물 과: 국화과 (Asteraceae syn. Compositae)

식물학: 작고 낮게 자라는 다년생 식물로 유럽에서 주로 볼 수 있으며 특히 지중해 지역에 흔하다. 로만 카모마일은 깃털 같은 잎을 갖고 있는 지피 식물이다. 잎과 꽃에서 강한 향기가 난다. 늦은 봄에서부터 이른 봄까지 피며, 데이지처럼 생긴 꽃이 핀다.

역사와 신화: 로만 카모마일은 고대부터 질병 치료에 쓰여 왔다. 색슨 시대에 로만 카모마일은 메이덴으로 알려져 있었으며 신성한 식물로 여겨졌다. 튜더 시대에 카모마일은 아로마 잔디 창조에 이용되었는데, 종종 그네 아래와 벤치 근처에서 심었다. 그리스인들은 로만 카모마일을 "카마이 멜론" 또는 대지의 사과라고 불렀는데 로만 카모마일의 향기가 잘 익은 사과와 비슷하기 때문이다. 스페인 사람들 또한 이런 특징을 알아차리고 "만자닐라"또는 "작은 사과"라고 불렀다. 중세를 거치면서 로만 카모마일은 향기를 퍼뜨리고, 공기를 청소하고 정화하기 위해 뿌려놓는 허브가 되었다.

추출 정보

원산지:	이탈리아, 프랑스, 미국
이용되는 식물 부분:	꽃
추출 방법:	증류
오일 함유량:	0.4~1.0%
오일 색:	노란색, 연한 노란색 또는 투명

블렌딩 정보

향기 묘사:	달콤한, 과일향, 사과 같은, 강한
블렌딩 계수:	1

안전 정보:

- 같은 식물 과에 속하는 두드러기쑥에 과민증이 있는 사람에게는 피부 반응 테스트 실시

화학적 특성

에스테르가 풍부한(약 80%)

화학 분석

세스퀴테르펜: 사비넨(0~10%), 카르요필렌(0~10%), 카마줄렌

알데하이드: 미르테날(0~10%)

에스테르: 이소부틸 안젤레이트(13.1%), 프로필 안젤레이트(9~12%), 이소부틸 부티레이드(15~25%), 3-메틸펜틸 안젤레이트(16%)

치료적 효능

순한 진통, 항이뇨, 항진균, **항염**, **항균**, **진경**, 소화, 해열, **신경 진정**, **진정**, **상처 치료**

키워드: 진정, 항염, 분노, 분노 발작(어린), 부상 치료, 강력한 진경제

핵심 아로마 적용:

머리: 종기, 결막염(로만 카모마일 플로랄 워터 이용), 이통, 치통

소화기 계통: 소화불량, 복통, 스트레스성 배탈, 치질

근골격 계통: 경련, 쥐, 족저근막염, 건염, 섬유근통, 수근관 증후군, 점액낭염

신경 계통: 두통, 불면증, 편두통, 어린이의 과잉 행동

림프와 면역 계통: 열, 만성 피로 증후군(증상 완화와 삶의 질 향상)

생식기/내분비 계통: 월경불순, 경련, PMS, 불규칙한 주기, 아픈 유방, 산후 회음 치료

호흡기 계통: 건초열, 기침에 도움이 될 수 있음

피부: 피부염, 습진, 건선, 모세혈관 파열, 두드러기성 구진, 여드름, 진균 감염, 피부 궤양, 회복이 느린 부상

정신과 감정: 불안, 지나치게 활동적인 정신, 분노, 오해 받고 있다고 느끼거나 심하게 상처받아 민감한 사람, 욕구 불만, 동요, 신경성 스트레스, 분노 발작, 어린이 과잉 행동, 스트레스와 관련된 질환, 문제 행동, 자해/절단

창의적/정력적 아로마테라피: TCM에서 카모마일은 *기 에너지*의 흐름을 편하게 하고 생체 에너지의 움직임을 조절해 신경을 이완시키고 경련을 완화하며 통증을 줄여줌(모제이, 1997). 리히(2001)는 로만 카모마일이 최고의 영적 레벨 치유에 도움을 주며, 더 높은 영적인 진실을 찾고 정보와 지각을 이어주는 것을 돕는다고 말했다. 리히는 또한 로만 카모마일이 머리의 차크라에 이용될 수 있다고 말했다.

연구 결과와 부가적 정보

허브 약품을 위한 PDR(2000)에 의하면, "로만 카모마일의 에센셜 오일은 그램 양성 박테리아와 피부진균에 대항해 활동한다는 것이 밝혀졌다. 동물 실험 결과 이 에센셜 오일은 또한 세포 분열을 억제하며 중앙 신경 계통에 작용해 공격적 행동을 줄여주는 것으로 나타났다"고 한다(270쪽).

실제 임상 적용: 로만 카모마일을 이용한 샘플 처방

족저근막염	수면 시간 지지
로만 카모마일	로만 카모마일
라벤더	제라늄
클라리 세이지	만다린
페퍼민트	라벤더

클라리 세이지 / Clary Sage / *Salvia sclarea* L.

그림 13-4 클라리 세이지

Source: Reprinted by permission of Kurt Stueber

식물학과 역사적 정보

기타 일반명: 클리어 아이, 씨 브라이크, 아이브라이트(Simin 등,1984), 유럽 세이지, 크레리워트

식물 과: 꿀풀과 (Lamiaceae syn. Labiatae)

식물학: *Salvia sclarea*는 중간 크기의 다년생 혹은 이년생 식물로 2에서 3피트까지 자란다. 지중해 국가가 원산이지다. 클라리 세이지는 작은 파란색, 보라색, 흰색 꽃이 분홍빛이 나는 커다란 보라색 포엽에서 핀다. 잎은 중간 크기의 하트 모양 또는 타원형이며 주름이 약간 있다. 클라리 세이지는 건조한 땅에서도 잘 자란다. 중앙 유럽, 영국, 모로코, 미국, 구 소련 공화국 일부에서 재배된다.

역사와 신화: 영어 이름 클라리는 라틴 이름 *sclarea*에서 유래된 것으로 이 단어는 "맑다"라는 의미를 가진 *clarus*에서 파생되었다. 클라리 세이지는 "클리어 아이"로 불렸는데 씨앗에서 우려낸 물이 눈에 생긴 염증이나 감염을 줄여 눈을 맑게 만들어 주는 효능이 있기 때문이다. 그리브(1982)는 "클라리 세이지는 그리스와 로마 시대의 식물지에도 실려 있으며 유럽의 산파들의 비공식적으로 이용했다"고 지적했다(203쪽). 클라리 세이지는 영국에서 맥주 제조에 이용되었는데 이 식물에 취하게 하고 흥을 돋우는 효능이 있는 것으로 여겼기 때문이다. 클라리 세이지로는 와인을 만들기도 했으며 중세 시대에는 의학적으로 이용되었다. 클라리 세이지는 최근 들어 이용량이 줄어들고 있기는 하지만 정착제로서의 효능 때문에 향수 제조에도 이용되고 있으며 신경 계통을 이완하는 효능 때문에 담배 회사들도 이용하고 있다.

추출 정보

원산지:	프랑스, 독일, 러시아
이용되는 식물 부분:	플라워링 탑
추출 방법:	증류
오일 함유량:	0.12~0.15%
오일 색:	무색 또는 연한 노란색

블렌딩 정보

향기 묘사:	달콤한, 견과향, 꽃향, 과일향, 흙내음
블렌딩 계수:	2~3

안전 정보:

- 비자극성, 비민감성
- 알코올과 통증 약물의 효능을 증가시킴
- 임신 초기 3개월과 불안정한 임신 중인 여성에게는 남용하는 것을 피하는 것이 현명하다

화학적 특성

주요 성분은 진정 작용이 있는 알코올, 리나롤(20%까지)이며, 에스테르가 75%까지 포함되어 있는데 주로 리나릴 아세테이트이다.

화학 분석

알코올: **리나롤**(8.88~8.48%), 시트로넬롤, 네롤, 제라니올, 보르네올, 테르피넨-4-올, 알파비사볼, 스칼라레올(0.2~2%)

에스테르: **리나릴 아세테이트**(49~74.18%), 시트로넬릴 아세테이트, 제라닐 아세테이트, 네릴 아세테이트

치료적 효능

항경련, **항우울**, **진경**, **최음**, 진통, 구풍, 탈취, 통경, **도취**, **호르몬 균형**, 혈압 강하, 근육 이완, 신경 진정, **만삭**, 진정, 식욕 증진, **자궁 이완**

키워드: 여성(호르몬 균형제), 도취, 최음, 항우울, 진경, 중추 신경 계통 이완

핵심 아로마 적용:

순환기 계통: 정맥류, 치질, 모세 혈관 파열

근골격 계통: 통증, 관절염, 류마티즘, 강력한 근육 이완, 정강이 통증, 경련, 쥐, 좌골신경통. 수근관 증후군, 족저근막염

신경 계통: 진정, 신경 강장제 특히 신경 계통이 지쳤을 때, 불안, 긴장, 편두통, 두통, 쇠약, 회복기, 불면증

생식기/내분비 계통: 월경 주기 불규칙, PMS와 그와 관련된 혼란, 경련, 폐경, 출산, 발기 부전, 월경 곤란, 안면 홍조, 식은땀, 호르몬 과민성과 불균형, 월경불순

호흡기 계통: 천식 발작(기관이 경련을 줄여줌), 아프고 건조한 목, 후두염, 기관지염

피부: 스트레스 또는 불안에 의해 발생한 습진, 염증성 피부 질환, 노화 피부, 주름, 과도한 피지 분비, 건조하고 간지러운 피부

정신과 감정: 흥분, 분노, 정신적 피로, 무기력, 신경 불안, 불면증, 우울증, 산후 우울증, 과도한 업무로 인한 탈진, 성 문제, 과잉 행동, 균형이 깨진 감정적 상태, 그리고 스트레스

창의적/정력적 아로마테라피: TCM에서 클라리 세이지는 고갈된 *기 에너지*를 강화하며 "정체된" *기 에너지*를 이완해 순환을 촉진한다. 클라리 세이지는 위장과 장의 *기 에너지*의 흐름을 편하게 한다(모제이, 1997).
리히(2001)는 클라리 세이지를 여성 균형제로 불렀으며 제 3의 눈, 또는 통찰력이라고 언급했다. 클라리 세이지는 피상적인 감정과 감정적 태도를 재빨리 몰아내 진짜 감정에 날개를 달아 도취감을 높인다(홈즈, 1993). 궁극적으로 클라리 세이지는 흙과 불, 우리의 물리적 몸과 감정 그리고 우리의 열망을 조화시키는 효과가 있다(홈즈, 1993).

실제 임상 적용: 클라리 세이지를 이용한 샘플 처방

진경 블렌드	통증 완화
클라리 세이지	클라리 세이지
페퍼민트	블랙페퍼
사이프러스	라벤더

사이프러스 / Cypress / *Cupressus sempervirens* L.

그림 13-5 사이프러스

식물학과 역사적 정보

기타 일반명: 이탈리아 사이프러스, 지중해 사이프러스, 커먼 사이프러스클

식물 과: 측백나무과 (Cupressaceae)

식물학: *Cupressus sempervirens*는 40~60피트 또는 그 이상 자라는 나무이다. 사이프러스의 가지는 수평으로 뻗어나가거나 위로 좁게 자란다. 나무껍질은 얇고, 부드럽고, 회색빛이 도는 갈색이며, 약간 갈라져 있다. 잎은 흐리고 진한 녹색이다. 작은 꽃은 흰색이며 갈색이 도는 회색 솔방울이나 둥근 열매가 열린다. 사이프러스는 이란 북부, 소아시아, 크레타, 그리고 사이프러스 산맥이 원산지이다. 사이프러스는 고대에 이탈리아에 소개되었으며 지금은 영국, 프랑스, 이탈리아, 스페인, 포르투갈 등 많은 국가로 이식되었다.

역사와 신화: sempervirens라는 이름은 "늘 푸른" 또는 "영생"이라는 의미로 번역할 수 있다. 고래 그리스인들은 이 나무를 명부의 신인 플루톤에게 바쳤다. 히포크라테스는 사이프러스를 출혈이 있는 치질 치료에 이용했으며 발한 또는 월경과 같이 지나치게 체액이 많이 손실되는 질환 치료에 이용했다. 중국인들은 사이프러스를 다한증에 이용했으며 호흡기 계통에도 이용했다. 어떤 이들은 사이프러스가 강한 수렴 작용을 한다고 말한다.

추출 정보

원산지:	프랑스, 이탈리아
이용되는 식물 부분:	잎, 가지, 솔방울
추출 방법:	증류
오일 함유량:	알려지지 않았음
오일 색:	연한 노란색

블렌딩 정보

향기 묘사:	파인향, 나무향, 상쾌한
블렌딩 계수:	5

안전 정보:

- 특히 알레르기 민감성이 있는 개인에게는 장기간 노출을 피한다
- 비자극성, 비민감성, 비광독성

화학적 특성

모노테르펜이 풍부함(45%까지)

화학 분석

모노테르펜: **알파피넨**(35~40.9%), 베타피넨, 델타캄펜, 리모넨, 테르피놀렌, 미르센, 로시멘, 사비넨, 감마테르피넨

알코올: 세드롤(5.3~7%, 알파테르페네올, 보르네올)

에스테르: 알파테르페닐 아세테이트(4~5%)

치료적 효능

지한, 항류머티즘, **살균**, 진경, 발한 억제, **진해**, **수렴**, 소염, 탈취, **독소배출**, 이뇨, 해열, 살충, 신경 진정, 강장, 진정, 지혈, **혈관 수축**, 상처 치료

키워드: 수렴, 다한, 혈관에 대한 강장 효과

핵심 아로마 적용:

순환기 계통: 정맥류, 코피, 농루(잇몸 출혈), 동상, 셀룰라이트, 멍, 부종

소화기 계통: 설사, 치질

림프 계통: 림프 계통의 충혈

생식기/내분비 계통: 월경 중의 지나친 혈액 흐름(월경 과다), 월경 곤란, 경련

호흡기 계통: 목과 코, 또는 기관지의 초기 감염 단계(슈나우벨트, 1995), 기침 중에서도 연축 기침, 기관지염, 천식, 독감, 인후염

피부: 지성, 땀이 많은 피부와 발, 모세 혈관 파열, 멍, 셀룰라이트, 지지적인 부상 치료제

정신과 감정: 긴축적 감정, 당황한, 전이와 사별 중에 도움이 됨. 불안, 지나친 수다, 지나치게 많은 생각

창의적/정력적 아로마테라피: 사이프러스 에센셜 오일은 생각과 당황한 감정을 포함해 여러 가지를 끌어당기는 근사한 에너지를 갖고 있다; 집중과 재집중을 돕는 유용한 오일이다; TCM에서는 정맥에 강장 효과를 줘 혈액의 흐름을 조절하고 활기차게 하는데 이용된다(모제이, 1997); 육체적, 정력적 공간을 정화하는데 이용되며 가까운 사람을 잃은 슬픔을 경험한 이들에게 편안함과 강함을 제공하기 위해 심장 차크라에 이용된다(리히, 2001).

실제 임상 적용: 로만 카모마일을 이용한 샘플 처방

정맥류 블렌드	경련성 질환 블렌드
사이프러스	사이프러스
레몬	클라리 세이지
제라늄	라벤더

유칼립투스 / Eucalyptus / *Eucalyptus globulus* Labill.

그림 13-6 유칼립투스
Source: Reprinted by permission of David Monniaux

식물학과 역사적 정보

기타 일반명: 블루검 유칼립투스, 오스트레일리아 피버트리리프, 피버트리리프, 태즈메이니아 블루검리프

식물 과: 도금양과 (Myrtaceae)

식물학: *Eucalyptus globulus*는 중간 크기의 삼림지대 상록수로 60m까지 자란다. 호주가 원산지이다. 다 자란 삼림지대의 나무는 넓게 뻗은 뿌리를 갖고 있는데 종종 깊게 뿌리를 내리기도 하지만, 농장에서 배재하는 나무들은 뿌리를 조금 더 얕게 내리는 경향이 있다. 일반적으로 하나의 줄기에서 많은 가지가 자란다. 낮은 곳의 껍질은 거칠고, 회색이나 갈색인 반면 높은 곳의 껍질은 부드럽고 연하며, 종종 옅은 푸른색을 띠며 긴 줄무늬가 있다. 다 자란 잎은 반짝거리는 진한 녹색이며 단단하다. 다 자라면 향기가 나는 흰색 꽃이 핀다.

역사와 신화: 유칼립투스 종은 호주 원주민이 오랫동안 이용했던 역사를 갖고 있는데 이들은 유칼립투스를 "*말리(malee)*"라고 불렀다. 그리브(1996)에 의하면 "속명인 *유칼립투스*는 그리스어인 *eucalyptos*에서 왔는데 이는 '잘 싸여진' 이라는 의미이며, 꽃봉오리일 때는 컵처럼 생긴 얇은 막으로 싸여 있다가 꽃이 개화하면서 떨어지는 모양을 묘사한 것"이라고 한다(287쪽). 유칼립투스는 중국과 인도의 아유르베다, 그리고 Greco-European의 전통적인 의료 시스템에 통합되었다.

추출 정보

원산지:	호주, 스페인
이용되는 식물 부분:	잎과 다 자란 가지들
추출 방법:	증류
오일 함유량:	1~3%
오일 색:	연한 노란색 내지 투명

블렌딩 정보

향기 묘사:	강함, 캠퍼 같은, 강장, 신선한
블렌딩 계수:	1

안전 정보:

- 동종 요법의 해독제로 일반적으로 사용하기에 안전함
- 성문에 경련이 일어날 위험이 있으므로 유아의 콧구멍 주위에는 바르지 않는다. 호흡기 계통에 냉각 효과가 있다; 어린이에게는 유칼립투스 스미디나 라디아타를 이용하라.
- 에센셜 오일은 어린이 손이 닿지 않는 곳에 보관한다. 이 오일은 복용하게 되면 중독이 될 수 있으며 중추 신경, 위장, 호흡기 계통에 영향을 미칠 수 있다 (블루멘탈 등, 1996)

화학적 특성

유칼립톨과 모노테르펜과 동일한 산화물 1,8시네올이 풍부함

화학 분석

모노테르펜(20~25%): 알파피넨(10.2~27%), 로시멘, 리모넨, 캄펜, 베타피넨
산화물: 1,8 시네올(58.6~85%) 알파피넨 에폭시드

치료적 효능

진통(실바 등, 2003), **항박테리아**, 항염, 항류머티즘, 살균, 진경, 진해, **항바이러스**, 진통, **울혈 제거**, 청정, 이뇨, **거담**, 해열, 살충, 발적, 자극, 구충, 상처 치료

키워드: 쿨링, 자극, 정화, 항박테리아, 거담

핵심 아로마 적용:

순환기 계통: 자극, 블랙페퍼 또는 주니퍼의 자극 작용을 지지하기 좋은 오일, 독소배출 프로그램 지지

소화기 계통: 설사(바이러스 감염에 의한), 장기생충, 칸디다 알비칸스

근골격 계통: 근육통, 관절염, 류머티즘, 족저근막염, 접질림

신경 계통: 신경통, 두통, 편두통

호흡기 계통: 만성 기관지염(Lu X Q 등, 2004), 급성 기관지염, 부비동염, 천식, 인후염과 감염에 효과 좋은 살균제, 후두염, 로즈마리, 페퍼민트와 함께 사용하면 머리를 맑게 함, 누 충혈

피부: 단순 포진, 대상포진, 수두, 홍역, 여드름, 궤양, 상처, 부스럼, 화상, 벤 곳

정신과 감정: 탈진, 에너지 균형, 싸운 뒤에 나타나는 부정적인 에너지

창의적/정력적 아로마테라피: TCM을 위한 *허파 가래*를 제거하는 탁월한 능력이 있으며 일반적인 *허파 기*의 강장제이다(모제이, 1997); 감정적인 문제에 둘러싸여 있다고 느끼는 사람이나 주변에 의해 압박을 받는 사람에게 적당하며 "숨 쉴 공간"를 제공하는 것을 돕는다(모제이, 1997); 감정적, 에너지 균형제로 이용될 수 있으며 집중력이 부족한 사람이나 주의가 산만하거나 자극적인 생각이 많은 사람에게 도움이 된다(워우드, 1996); 리히는 유칼립투스가 부정적인 생각을 없애주며, 첫 번째 또는 기본 차크라에 이용하면 좋다고 했다(2001).

실제 임상 적용: 유칼립투스를 이용한 샘플 처방

호흡기 블렌드	호흡 공간 블렌드
유칼립투스	유칼립투스
로즈마리 ct. 시네올 또는 캠퍼	레몬
페퍼민트	
티트리	

펜넬 / Fennel / *Foeniculum vilgare* P. Mill. var. *dulce*

그림 13-7 펜넬

식물학과 역사적 정보

기타 일반명: 펜켈, 와일드 펜넬, 스위트 펜넬

식물 과: 산형과

식물학: 펜넬은 키가 큰 다년생으로 꽃이 필 때 6피트까지 자란다. 펜넬은 속이 비어 있는 수직으로 자라는 줄기를 갖고 있으며 깃털 같은 잎은 여름이면 아주 작은 노란색의 아름다운 산형화를 피워낸다. 노란색 꽃은 성숙하면 갈색의, 향이 강한 씨앗이 된다. 스위트 펜넬은 주로 유럽 남부에서 발견된다.

역사와 신화: 펜넬에 "Foeniculum"이라는 이름을 붙인 것은 로마인들로, 라틴어로 *foenum*은 건초를 뜻한다. 그리브(1996)에 의하면, 그 이름은 중세에 fanculum으로 전와되었으며 거기서 더 일반적인 이름인 펜켈이 되었다고 한다. 고대에서부터 펜넬은 세인트 존스 워트와 함께 널리 알려졌으며 많은 이들의 사랑을 받아왔다. 펜넬은 시력을 개선하고, 체중을 줄이고, 수명을 늘이는데 주로 이용되었다. 펜넬은 힘과 용기를 제공하는데도 이용되었다.

추출 정보

원산지:	프랑스, 스페인, 독일
이용되는 식물 부분:	씨앗
추출 방법:	으깬 씨앗을 증류
오일 함유량:	1~4%
오일 색:	연한 노란색 내지 투명

블렌딩 정보

향기 묘사:	아니스 같은, 싸한, 따뜻한, 달콤한, 감초 같은
블렌딩 계수:	3

안전 정보:

- 에스트라골이 풍부한 쓴맛이 나는 펜넬 에센셜 오일 사용은 피해야 한다

화학적 특성

페닐프로파노이드, 트랜스아네톨, 모노테르펜이 풍부함

화학 분석

모노테르펜: 알파피넨(1.4~10%), 리모넨(1.4~17%), 캄펜, 베타피넨, 사비넨, 미르센, 베타펠란드렌, 감마테라피넨(10.5%), 시소시멘(12%), 테르피노렌

페닐프로파노이드: 메틸차비콜(2~10%), 시스아네톨, **트랜스아네솔**(50~90%)

치료적 효능

항염, 항균, **진경**, 기관지 확장, **구풍**, **독소 제거**, 발정, 월경 촉진, 거담, **소화**, 최유, **위장 운동 촉진**, **건위**

키워드: 소화기 계통, 월경 장애, 자극

핵심 아로마 적용:

소화기 계통: 배앓기, 소화 불량, 과다한 가스, 변비, 과민성 장 증후군, 메스꺼움, 식욕 부진 또는 감소, 복통, 비특이성 대장염(밀스와 본, 2000)

근골격 계통: 근육 경련 또는 쥐, 일반적인 근육통

생식기/내분비 계통: 호르몬 균형, PMS, 월경 곤란(해리스, 2001), 무월경증, 성욕 부진 또는 감소, 수유 중인 여성의 모유 분비 부진 또는 감소, 경련

호흡기 계통: 기관지염, 기침

피부: 순환 부진, 충혈된, 흡연자의 피부(미세순환과 독소배출 자극하는 효능), 펜넬 하이드로졸은 결막염을 위한 습포에 이용될 수 있음

정신과 감정: 변하지 않는 감정, 표현되지 않은 생각이나 감정, 긴장, 공포 또는 자기 표현 억제, 독창적인 장애물

창의적/정력적 아로마테라피: 씨앗 오일로서 펜넬은 잠재이며 창조적인 에너지를 갖고 있다. TCM에서 펜넬은 위와 장의 *기 에너지* 활동을 조절하며 신장과 비장의 *기 에너지*를 북돋는다(모제이, 1997). 워우드(1996)는 펜넬을 감정적, 정신적 장애물, 적응 능력 부족, 지루함 등에 추천했다. 워우드는 펜넬이 기운을 도우고, 동기를 부여하며, 정신을 강하게 할 뿐만 아니라 자신감과 주장을 키워준다고 주장한다. 리히(2001)는 펜넬을 세 번째 또는 태양 신경총 차크라에 추천하면서 힘과 용기과 필요할 때 펜넬을 제공하면 도움이 된다고 말했다.

실제 임상 적용: 펜넬을 이용한 샘플 처방

소화 강장제	호르몬 불균형
펜넬	펜넬
그레이프프루트	클라리 세이지
진저	제라늄

유향 / Frankincense / *Boswellia carterii* Birdw. syn. *Boswellia sacra* Fleuckiger

그림 13-8 유향

식물학과 역사적 정보

기타 일반명: 퓨어 인센스, 올리바넘

식물 과: 감람과 (Burseraceae)

식물학: *Boswellia carterii*은 각각 5가지 유향의 종 중 하나이다. 유향은 낙엽성의 관목으로 키가 작고 가지가 많으며 25피트까지 자란다. 유향은 나무 전체에 함유되어 있는 수지 때문에 매우 강한 향을 내뿜는다. 유향 수지는 나무줄기에 깊게 상처를 내 추출한다. 유향은 소말리아와 아라비와 반도와 같은 사막 지역에서 주로 자란다.

역사와 신화: *Frankincense*이라는 이름은 고대 프랑스어에서 파생된 것으로 순수한 향을 뜻한다. 유대교와 기독교를 포함해 모든 서양 종교가 유향을 숭배해 왔다. 힌두교와 불교도 유향을 일상의 의식과 봉납 시에 향으로 이용했다. 일본에서는 신토 명상, 의식과 통합되었다. 유향은 매우 소중한 것으로 여겨졌으며 예수가 태어났을 때 가져간 세 가지 선물 중 하나였다. 유행은 한때 금보다 더 귀한 것으로 여겨졌다. 낙타를 이용해 유향을 나르는 무역은 프랑킨센스 유적과 실크로드를 따라 이뤄졌다. 고대 이집트인들은 유향을 이용해 이집트 여자들이 눈꺼풀을 검게 칠하는데 사용했던 콜*(kohl)*을 만들었다. 현대에도 유향은 계속 사용되고 있다; 사우디아라비아에서는 유향을 검으로 씹고, 구강 청정제로 이용하며, 생일과 결혼식, 장례식과 매일 기도를 드릴 때 쓰는 향의 주요 재료로 이용한다. 고대에 유향은 여러 지역에서 시체의 방부 처리에 쓰였으며 종교적 의식을 위한 향으로 이용되었다. 중국 의학에서는 유향을 조직 외상과 통증 완화, 면역 강화에 이용했으며, 유향의 거담 작용을 이용해 호흡기 계통 질환을 치료했고, 우울증에 이용했다. 클레오파트라 여왕이 유향을 엄청나게 애용했다는 얘기도 전해진다. 유향은 또한 라틴어로 올리바넘 오일로 불리기도 했는데 이는 레바논의 오일이라는 의미이다.

추출 정보

원산지:	소말리아, 인도, 북아프리카, 오만
이용되는 식물 부분:	나무줄기
추출 방법:	검과 흰색 수지를 증기 증류
오일 함유량:	3~9%
오일 색:	연한 노란색, 투명

블렌딩 정보

향기 묘사:	깨끗하고, 신선한, 흙 내음, 나무 내음
블렌딩 계수:	3 내지 4

안전 정보:

- 비독성, 비광민감성, 비민감성으로 여겨짐

화학적 특성

테르펜과 에스테르가 풍부함. CO_2추출물은 테르펜과 세스퀴테르펜, 세스퀴테르펜 알코올이 풍부함(하스, 2004)

화학 분석

모노테르펜: 알파피넨, 리모넨
세스퀴테르펜: 알파거주넨(하스, 2004)
에스테르: 옥틸아세테이트(13.4~50%), 옥틸포메이트(1.4%)

치료적 효능

항우울, **항염**, **살균**, 수렴, **진통**, 구풍, 거담, **면역 강화제**, **신경 진정**, 진정, **상처 치료**

키워드: 상처 치료, 광범위한 치료제, 진정, 명상

핵심 아로마 적용:

림프와 면역 계통: 면역 감소 또는 손상(Schnaubelt, 1995)

근골격 계통: 부은 관절, 근육통, 관절염

호흡기 계통: 기관지염, 누 충혈, 천식

피부: 노화 피부, 주름, 반흔 조직, 수술 후 상처 치료(봉합선이 일단 제거된 후), 습진, 여드름, 염증성 피부 질환, 블랙헤드, 두드러기성 구진, 건조하고 염증이 있는 피부 진정

정신과 감정: 불안, 긴장, 집중력 부족, 욕구 불만, 자신과의 분리, 영적인 불안

창의적/정력적 아로마테라피: 유향은 심리적, 영적인 웰빙에 대한 강력하고 깊은 영향력 덕분에 명상, 묵상, 기도를 올리는 이들이 오랫동안 애용해 왔다. TCM에서 유향은 침체된 *기 에너지*의 흐름을 부드럽게 만든다(모제이, 1997). 워우드(1996)는 유향을 가치 없음, 자기 파괴, 불안, 절망과 같은 기분에서 벗어나는 것을 도와주는 오일로 추천했다. 유향은 개인을 더 영적이고, 명상적인 곳으로 끌어올릴 때 유용하다. 리히(2001)는 유향이 자기 안의 신성과의 연결뿐만 아니라 신의 위대한 신성과의 연결도 도울 수 있다고 믿었다. 리히는유향을 일곱 번째 또는 머리 차크라에 쓸 것을 권한다.

연구 결과와 부가적 정보

미카엘 등(2003)의 연구에 의하면, “림프구 분열 증식 분석에 의해 평가한 결과 유향 오일은 강력한 면역 자극 능력(90%의 림프구 변환)이 있는 것으로 나타났다”고 한다.

실제 임상 적용: 유향을 이용한 샘플 처방

건조/염증 피부 블렌드	면역 강화제
유향	유향
저먼 카모마일	레몬
라벤더	

제라늄 / Geranium / *Pelargonium graveolens* L' hér. ex Ait. var. *roseum*, syn. *Pelargonium capitatum*(L.) L' hér. ex Ait. and Pelargonium asperum Wild

그림 13-9 제라늄

식물학과 역사적 정보

기타 일반명: 스위트 신트 제라늄, 로즈 제라늄

식물 과: 쥐손이풀과 (Geraniaceae)

식물학: Lis-Balchin(1996)은 이렇게 썼다: "제라늄 오일 생산에 이용되는 향이 강한 *Pelargonium* 품종은 커다란 덤불 같은 나무로 장미를 닮은 꽃과 깃꽃잎을 갖고 있으며, 둥글거나 뾰족한 모양의 나뭇잎은 길이가 약 5cm까지 자란다. 잎에서는 민트향 또는 장미향이 나며 어두운 녹색이다. 제라늄은 250종이 넘는 자연종이 있으며 수많은 잡종과 재배종이 있다."

역사와 신화: 제라늄의 사용 역사에 관한 조사는 거의 없다. 커(2001)에 의하면, 제라늄을 상업적, 서민적으로 이용하기 시작한 것은 1800년대 초반이라고 한다(9쪽).

추출 정보

원산지:	레위니옹 섬, 이집트, 마다가스카르, 중국
이용되는 식물 부분:	잎과 줄기
추출 방법:	증류
오일 함유량:	0.30~0.45%
오일 색:	연한 노란색, 녹색

블렌딩 정보

향기 묘사:	신선한, 강한, 초록의, 여성의
블렌딩 계수:	3

안전 정보:

- 비자극성, 비광독성

화학적 특성

알코올과 에스테르가 풍부함.

화학 분석

알코올: **시트로넬롤**(20.89~40.23%), **제라니올**(8.7~24.97%), 리나룰(1.89~12.9%), 네롤, 알파테라피네올, 유제놀(17.3%)

에스테르: 시트로넬릴 포메이트(8~18%), 제라닐 포메이트, 시트로넬릴 프로프리오네이트, 제라닐 프로프리오네이트, 제라닐 아세테이트, 시트로넬릴 부티레이트

치료적 효능

진통, 항응고, 항우울, **항균**, 살균, **수렴**, 방취, 이뇨, 통경, **호르몬 균형제**, 살충, 지혈, 강장, 혈관 수축제, 상처 치료

키워드: 균형(특히 호르몬), 조화, 의기 앙양, 이완, 상쾌, 클렌징

핵심 아로마 적용:

일반적 효능: 항공 시차 증후군 치료 또는 여행으로 인해 깨진 균형을 되찾는데 매우 유용

순환기 계통: 순환 부진, 부종, 모세혈관 파열

소화기 계통: 설사, 신경과민으로 인한 배탈, 치질

림프와 면역 계통: 림프의 순환 불순, 림프액 배농

근골격 계통: 근육 경련

생식기/내분기 계통: 월경 주기, 폐경, 사춘기의 호르몬 불균형, PMS 증상을 줄이고 폐경기 증상인 열과 안면 홍조를 줄여줌, 부신 피질을 지지해 호르몬 균형을 찾아줌

피부: 습진, 건선, 아토피 피부염, 가려움, 여드름, 늘어진 흡연자의 피부, 독소 배출 도움, 백선, 머릿니, 비듬, 구강 궤양, 아구창, 잇몸 감염, 상처 치료, 농양, 셀룰라이트

정신과 감정: 우울, 동요, 일반적 피로, 욕구 불만, 불안, 기분 변화, 경직감, 불균형한 삶, 힘든 의사 결정, 감정적 또는 육체적 스트레스

창의적/정력적 아로마테라피: 모제이(1997)는 "제라늄은 조용한 힘과 안전의 느낌을 전달하는 힘이 있어 만성, 급성 불안에 효능이 있으며 특히 스트레스와 과중한 업무로 인한 신경 탈진이 있을 때 유용하다. 제라늄 오일은 우리를 감정적 민감성, 이완된 자발성, 기쁨과 즐거움에 대한 건강한 욕구와 같은 삶의 느낌에 다시 연결해 준다"(76-77쪽)라고 썼다. 리히(2001)는 제라늄을 우아함과 아름다움, 균형을 불어넣는 것을 도와주는 에센셜 오일로 묘사했다. 리히는 제라늄 오일이 네 번째 또는 심장 차크라에 도움이 될 거라고 믿는다. TCM에서 제라늄은 시원하고, 촉촉한 에너지로 열기와 염증을 가라앉히며, *기 에너지*를 강화하고, *기*와 혈액의 순환을 촉진시킨다(모제이, 1997).

실제 임상 적용: 제라늄을 이용한 샘플 처방

진정	PMS
제라늄	제라늄
로만 카모마일	클라리 세이지
라벤더	라벤더
	스위트 오렌지

진저 / Ginger / Zingiber officinale Roscoe

그림 13-10 생강

식물학과 역사적 정보

기타 일반명: 가든 진저

식물 과: 생강과 (Zingiberaceae)

식물학: *Zingiber officinale*는 똑바로 자라는 잎이 많은 다년생 식물로 약 1미터 길이로 자라며 일반적으로 일 년 단위로 재배된다. 녹색의 갈대 같은 줄기에는 폭이 좁은 창 모양의 잎이 달린다. 난꽃을 닮은 흰색, 노란색, 보라색의 꽃이 피며, 튼튼한 뿌리줄기는 흙의 표면 근처에서 수평으로 자란다. 이 단단한 뿌리줄기는 품종에 따라 6~20cm까지 자란다. 껍질색은 담황색에서 어두운 갈색(검정색에 가까운)까지 다양하며 과육의 색은 연한 노란색에서부터 진한 주황색을 띈다. 물과 습기와 열기를 좋아하는 진저는 많은 열대 기후 지역에서 상업적으로 재배되고 있다. 인도와 중국이 원산지이다.

역사와 신화: 고대부터 진저는 그 의학적 효능 때문에 매우 중요하게 여겨졌다. 그리스인, 로마인, 그리고 아랍인들은 모두 진저를 의학적 목적으로 이용했다. 수천 년 동안 전통 중국 의학은 생 진저 또는 말린 진저를 열병, 기침, 메스꺼움 치료에 이용했다. 진저는 중세 시대에 유럽 전역으로 보급되었으며 발한 작용이 있어 흑사병을 물리치는데 이용되었다고 알려진다.

추출 정보

원산지:	스리랑카, 중국, 인도, 나이지리아
이용되는 식물 부분:	뿌리줄기; 껍질을 벗기지 않은 뿌리줄기에서 오일 추출량이 더 많다
추출 방법:	증류
오일 함유량:	1.5~3%
오일 색:	투명하거나 연한 갈색; 시간이 경과하고 공기 중에 노출되면 오일이 진해짐

블렌딩 정보

향기 묘사:	가온, 싸한
블렌딩 계수:	4

안전 정보:

- 민감성 피부에는 자극적일 수 있음
- 페루 발삼에 민감한 개인들에게는 역알레르기 반응이 나타날 수 있음

화학적 특성

모노테르펜과 비자극성 알데하이드의 지지를 받는 세스퀴테르펜이 풍부함.

화학 분석

세스퀴테르펜: **진지버렌**(20~50.9%), 베타세스퀴펠란드렌(1.6~9%), 아르커큐민(8~19%), 베타파네시스(19.8%), 베타비사볼렌(0.2~12%)
알데하이드: 제라니알(3~20%)
산화물: 1.8 시네올(4.1~13%)

치료적 효능

진통, 항박테리아, **구토 방지**, **진경**, 식전주, **최음**, **구풍**, **소화**, 거담, 해열, 발적, 자극, **건위**, 발한

키워드: 진통, 가온, 소화

핵심 아로마 적용:

순환기 계통: 순환 부진, 수족 냉증

소화기 계통: 위통, 메스꺼움, 구토, 아침의 구토, 지나친 가스, 변비 또는 설사, 수술 후 또는 약으로 인한 메스꺼움(밀스와 본, 2000, 394쪽), 식욕 부진

림프와 면역 계통: 열병(팅크 또는 CO_2추출)

근골격 계통: 근육통, 관절염, 삠, 류머티즘, 관절 통증과 경직

신경 계통: 신경 탈진, 무기력, 신경통

생식기/내분기 계통: 성욕 부진과 감퇴, 발기 부전, 월경통, 입덧(흡입), 월경 곤란과 월경 불순

호흡기 계통: 카타르, 기관지염, 충혈, 부비동염, 부비동 두통, 아픈 목, 열병, 일반 감기

정신과 감정: 우유부단, 혼란, 떠 있는 듯한 느낌, 의지 상실이나 감소, 동기 상실, 만성적 스트레스로 인한 심적인 탈진

창의적/정력적 아로마테라피: 진저는 정서적으로 따뜻한 오일로, 성적인 불안, 방향 감각 결핍, 중심 결핍, 냉담, 외로움, 사직 등에 적용된다(워우드, 1996). TCM에서 진저는 비장, 위, 심장, 폐, 신장의 *음(yang)* 에너지를 자극하고 강화한다(모제이, 1997). 리히(2001)에 의하면 진저는 물리적 몸을 열어 친밀함을 높이고, 개인이 여러 명을 유혹하는 것을 돕는다고 한다. 리히는 진저를 여덟 번째 또는 에테르 차크라에 사용하라고 권한다.

연구 결과와 부가적 정보

홈즈(1996)는 "진저는 오래 전부터 땀을 내게 하는데 이용되었다. 진저의 자극적인 성분이 이런 작용을 하는 것으로 여겨진다. 진저 에센셜 오일은 자극적인 성분을 함유하고 있지 않으며 따라서 발한제로 이용되지 않는다. 이러한 소인을 가진 것은 진저 팅크와 CO_2추출물로 이런 것들이 발한제로 이용된다"(18쪽)고 말했다. 버클(2003)에 의하면 "진저 에센셜 오일 흡입은 메스꺼움 치료에 매우 효과적이며 특히 임산부에게 효과가 크다"(210쪽)고 한다.

실제 임상 적용: 진저를 이용한 샘플 처방

가온/편안한 블렌드	호흡기 블렌드
진저	진저
블랙페퍼	유칼립투스
	유향

헬리크리섬 / Helichrysum / *Helichrysum italicum* (Roth) G. Don

그림 13-11 헬리크리섬

식물학과 역사적 정보

기타 일반명: 에버래스팅, 임모텔

식물 과: 국화과 (Asteraceae syn. Compositae)

식물학: 이 향이 강한 방향 식물은 20인치까지 자란다. 황금색의 공 모양 꽃이 한 덩어리로 피어나며 부드러운 타원형의 잎을 으깨면 독특한 아로마가 방출된다. 헬리크리섬은 햇빛을 좋아하며 척박한 땅에서도 잘 자란다; 그래서 다른 식물들은 살아남을 수 없는 버려진 땅에서도 헬리크리섬을 종종 볼 수 있다. 임모탈 또는 에버래스팅이라는 이름은 마른 상태에서도 꽃이 노란색을 유지하기 때문에 붙여졌다.

역사와 신화: 아로마테라피에서는 멍과 상처 치료를 위해 헬리크리섬 에센셜 오일을 사용한다. 헬리크리섬의 전통적 이용에 대한 정보는 거의 없는 것으로 보여진다.

추출 정보

원산지:	이탈리아, 프랑스, 유고슬라비아
이용되는 식물 부분:	꽃와 플라워링 탑
추출 방법:	증기 증류
오일 함유량:	알려지지 않음
오일 색:	노란색에서 붉은색

블렌딩 정보

향기 묘사:	나무향, 싸한, 따뜻한, 풀향기
블렌딩 계수:	5

안전 정보:

- ▶ 희석하거나 희석하지 않고 적용했을 때 안전하다고 여겨짐(하스, 2004)

화학적 특성

6%의 디케톤에 의해 지지되는 에스테르가 풍부함(하스, 2004, 36쪽): 이탈리디온

화학 분석

모노테르펜:	피넨
알코올:	네롤, 제라니올, 리나롤
에스테르(30~50%):	네릴아세테이트, 제라닐아세테이트
케톤:	이탈리디온

치료적 효능

항염, 점액용해, 상처 치료

키워드: 멍, 피부 질환, 항염

핵심 아로마 적용:

순환기 계통: 정맥류, 멍, 모세혈관 파열

근골격 계통: 통풍, 관절염

신경 계통: 신경통, 대상포진, 통증

호흡기 계통: 기관지염, 일반 감기, 누 감염

피부: 여드름, 만성 아토피 피부염, 습진, 반흔 조직, 화상, 피부염, 베인 곳과 상처, 멍, 방사선 화상, 단순 포진

정신과 감정: 슬픔과 사별, 역경을 치료하고 극복할 수 없음

창의적/정력적 아로마테라피: 헬리크리섬은 *기 에너지*와 혈액의 흐름을 조절한다. 이것은 또한 열기를 정화하고 염증을 줄이는데 유용하다(모제이, 1997). 모제이(1997)에 의하면 헬리크리섬은 깊은 곳에 "침체(stuck)"되어 있는 부정적인 감정을 깨트리는 힘이 있으며 타인은 물론 자신을 위한 동정심을 복구한다고 한다. 리히(2001)에 의하면 헬리크리섬은 장수를 촉진하며, 직관과 창조력, 동정심을 높인다고 한다. 리히는 헬리크리섬을 개인의 성장과 세 번째 눈 차트라에 이용할 것을 권한다.

실제 임상 적용: 헬리크리섬을 이용한 샘플 처방

상처 치료/멍	감정적 치유
헬리크리섬	헬리크리섬
라벤딘	로즈
로즈마리 cr. 버베논	만다린
캐럿 씨드	

주니퍼 / Juniper / *Juniperus communis* L.

그림 13-12 주니퍼

식물학과 역사적 정보

기타 일반명: 커먼 주니퍼, 드워프 주니퍼

식물 과: 측백나무과 (Cupressaceae)

식물학: *Juniperus communis*은 상록 침엽을 가진 나무 같은 관목으로 25피트까지 자라는 것도 있기는 하지만 대부분 약 6피트까지 자란다. 주니퍼는 펼쳐진 가지를 갖고 있으며 거기에 바늘 같은 잎이 촘촘하게 달려 있다. 주니퍼 나무에는 장과처럼 생인 솔방울이 열린다. 주니퍼는 건조하고 돌이 많은 언덕 중턱이나 고원에서 주로 자란다. 주니퍼 열매는 익는데 2년에서 3년이 걸린다.

역사와 신화: 주니퍼 열매는 역사적으로 진을 만드는데 이용되었다. 주니퍼는 네덜란드어로 "genever"인데 이는 술을 만드는데 흔하게 이용되었다는 것을 의미라고 한다. 이 술은 유럽인들에게 강장제이자 원기를 회복시키는 음료로 애용되었다. 전통 의학에서 주니퍼 열매는 소화 불량과 관절통, 근육통에 이용되었다. 미국 인디언들은 주니퍼를 감기와 독감, 관절염, 근육통 치료에 이용했다.

추출 정보

원산지:	발칸 반도
이용되는 식물 부분:	열매
추출 방법:	증류
오일 함유량:	0.5~1.5%
오일 색:	연한 노란색

블렌딩 정보

향기 묘사:	신선한, 파인향, 과일향
블렌딩 계수:	4

안전 정보:

- 신장염이 있을 경우에는 복용은 피하라(블루멘탈, 1998)

화학적 특성

알코올과 에스테르에 의해 지지되는 모노테르펜이 풍부함

화학 분석

모노테르펜(60~80%): 알파피넨 (26.5~70.82%), 베타피넨 (1.7~13.67%), **리모넨** (0.68~40%), 델타-3-카렌 (0.03~20.2%)

알코올: 테르피넨-4-올, 알파테르피네올, 보르네올, 제라니올, 엘레몰, 알파유데스몰, 카디놀

에스테르(30~50%): 보닐 아세테이트, 테르페닐 아세테이트

치료적 효능

항염, **항류머티즘**, 살균, 진경, 항바이러스, 정화, **독소배출**, 소화, **이뇨**, 자극

키워드: 독소배출, 정화, 자극, 강화, 클렌징

핵심 아로마 적용:

순환기 계통: 순환 부진

소화기 계통: 식욕 부진, 위장에 가스가 참/가스, 소화불량, 식욕 감퇴

근골격 계통: 근육통, 류머티즘, 셀룰라이트, 관절통과 경직, 삠과 접질림, 수근관 증후군, 좌골신경통, 경련, 정강이 통증

피부: 피부의 배출 부진, 천천히 회복되는 상처

정신과 감정: 낮은 에너지 레벨, 걱정, 추움, 두려움, 떨림, 감정적인 냉담, 방해받는다는 느낌, 동기 결여

창의적/정력적 아로마테라피: 주니퍼는 독소를 제거하고 부정적인 에너지를 정화하는데 도움이 된다. 주니퍼는 여섯 번째 차크라 또는 세 번째 눈에 권장된다(리히, 2001). 모제이(1997)에 의하면 주니퍼는 인체를 따뜻하게 하는 강력한 강장제이며 특히 *신장의 음(Kidney-yang)* 에너지를 자극한다고 한다. 모제이는 주니퍼가 심리학적인 정체를 깨고 의지력을 강화하는데 도움을 준다고 주장한다. 주니퍼는 클렌징과 정화, 공상적인 일에 효과적이며 신경성 또는 감정적 탈진, 자존심 결여, 공허함, 무기력에 시달리는 사람들에게 도움이 된다(워우드, 1996).

연구 결과와 부가적 정보

블루멘탈 등(1998)에 의하면, "주니퍼의 치료 작용은 일차적으로 테르피넨-4-올 성분이 함유된 휘발성 오일에 기인한다. 테르피넨-4-올에 의해 이뇨 작용이 자극되면 사구체의 여과율이 증가하지만 전해질 배출은 늘어나지 않는다"고 한다. 따라서 신장염이 있을 때는 복용을 피하는 것이 좋다(블루멘탈, 1998). 외부 적용은 안전한 것으로 여겨진다.

실제 임상 적용: 주니퍼를 이용한 샘플 처방

림프 강장제	월경 불순
주니퍼	주니퍼
레몬	클라리 세이지
로즈마리	페퍼민트
그레이프프루트	라벤더

라벤더 / *Lavandula angustifolia* P.Mill. syn. *L. officinalis* Chaix syn. L. *vera* DC.

그림 13-13 라벤더

Source: Reprinted by permission of Kent Goodwin Mckay

그림 13-14 라벤딘

Source: Reprinted by permission of Kent Goodwin Mckay

식물학과 역사적 정보

기타 일반명: 라벤더, 잉글리시 라벤더, 트루 라벤더

식물 과: 꿀풀과(Lamiaceae syn. Labiatae)

식물학: *Lavandula angustifolia*는 작은 관목으로 회색빛이 나는 길쭉한 녹색 잎을 갖고 있다. 가지가 없는 긴 줄기가 한여름에서 늦여름까지 향기가 나는 연한 보라색에서 진한 보라색의 꽃을 수상 꽃차례에서 피워낸다. *Lavandula angustifolia*는 키가 2~3피트까지 자란다. 라벤더는 약 20종이 있으며 변종과 재배종도 상당히 다양하다. 라벤더 종은 모두 지중해 지역에서 많이 자란다.

역사와 신화: 라벤더는 고대부터 이용되었으며 1세기에 쓰인 그리스의 박물학자 디오스코리데스의 책에도 등장한다. 라벤더라는 단어는 중세 라틴어인 "*Lavo*" 또는 "*Lavare*"에서 파생된 것으로 여겨진다. 이 단어는 '씻다' 또는 '목욕하다'라는 의미이다. 라벤더는 중세와 르네상스 시대에 흑사병을 막는데 이용되었다. 영국에 라벤더를 소개한 것은 로마인인 것으로 추정된다. 라벤더는 전통적으로 두통과 불면증, 그리고 신경 쇠약으로 인한 소화 불량에 이용되었다. 또한 세탁물에 향을 입히는데도 이용되었다. 하이하쉐미 등(2003)에 의하면, "이란의 민간인들은 *Lavandula angustifolia*의 잎에서 얻어낸 추출물을 다양한 염증성 질환 치료에 이용한다"고 한다.

추출 정보

원산지:	프랑스, 불가리아, 영국, 미국
이용되는 식물 부분:	플라워링 탑
추출 방법:	증류
오일 함유량:	0.5 ~ 3%
오일 색:	투명

블렌딩 정보

향기 묘사:	신선한, 꽃향, 달콤한, 풀향
블렌딩 계수:	7

안전 정보:

- 비자극성, 비광독성, 비독성

화학적 특성

에스테르, 리날릴 아세테이트와 진정 작용이 있는 알코올과 리나롤이 풍부함

화학 분석

세스퀴테르펜: 베타카르요필렌(2.6~12.37%), 베타파네신

알코올: **리나롤**(29.45~49.9%), 테르피넨-4-올, 알파테르피네올, 보르네올, 제라니올, 라벤두롤

에스테르: **리나릴 아세테이트**(46.71~53.8%), 라벤둘릴 아세테이트, 테르페닐 아세테이트

치료적 효능

진통, 항우울, **항염**, 항류머티즘, 살균, **진경**, 항바이러스, 혈압 강화, **신경 진정**, **진정**, **상처 치료**

키워드: 균형, 극도로 불안정한 감정, 신경 탈진, 불안, 상처 치료, CNS 진정

핵심 아로마 적용:

소화기 계통: 스트레스성 배탈, 과민성 장 증후군, 복통, 과민성 위장

근골격 계통: 근육통, 관절염, 삠, 접질림, 근육 경련, 성장통, 족저근막염, 건염, 정강이 통증, 류머티즘 질환, 관절통과 경직, 활액낭염

신경 계통: 불안, 불면증(블루멘탈 등, 1998), 스트레스, 충격, 두통, 편두통, 신경통

생식기/내분기 계통: 분반 중의 평온, 수축의 격렬함을 줄이는데 도움(클라리 세이지와 함께), 통증, 경련, PMS, 회음의 불편함 경감에 도움, 출산 후 회복에 도움(데일과 콘웰, 1994), 출산 후 회음부 치료

피부: 화상, 긁힌 곳, 종기, 여드름, 무좀, 습진, 염증성 피부 질환, 건선(항염제로), 일광화상, 가려움 완화, 두드러기성 구진, 열린 상처 또는 아프고, 잘 낫지 않는 상처

정신과 감정: 우울증(조병 포함), 불안, 과잉행동, 공포와 망상, 극단의 감정, 통증 발작, 히스테리, 기절, 자해, 문제 행동, 제한된 의사 소통 기술, 접촉을 두려워함, 불안한 수면 패턴

창의적/정력적 아로마테라피: TCM에서 라벤더는 열이 많은 간을 조절해 식히며 심장의 *기 에너지*를 진정시키고 지지하는 역할을 한다(모제이, 1997). 리히(2001)에 의하면 라벤더는 낮은 차크라와 높은 차크라의 조화를 이끌어내는 것을 돕는다고 한다. 리히는 네 번째 또는 심장 차크라에 즐거움을 불러오는데 라벤다를 이용하라고 권한다. 워우드(1996)는 육체적, 감정적 문제를 두루 치료하는 능력 때문에 라벤더가 에센셜 오일의 어머니 또는 할머니라고 불린다고 말했다. 또한 라벤더는 불안과 정신적 탈진, 근심, 외상 또는 감정적 폭력, 갈등, 심신증 등과 같은 문제를 겪고 있는 사람들에게 효과가 있다고 말했다.

연구 결과와 부가적 정보

라벤더가 어떤 종류든 위안을 제공하지 않는 건강상의 문제는 사실상 없다(하스, 2004).

실제 임상 적용: 라벤더를 이용한 샘플 처방

슬리피 타임 레머디	이완 블렌드
라벤더	라벤더
로만 카모마일	마조람
만다리	클라리 세이지
	만다린

레몬 / Lemon / *Citrus limon* (L.) Burm. f.

식물학과 역사적 정보

식물 과: 운향과 (Rutaceae)

식물학: *Citrus limon*은 작은 가지와 잔가지들을 갖고 있으며, 연한 녹색부터 중간 녹색을 띠는 약간 뾰족한 톱니 모양의 잎을 갖고 있다. 꽃은 흰색이며 꽃봉오리는 엷은 분홍색이다. 꽃은 하나씩 피거나 작은 무더기로 핀다. 과실은 연한 녹색이나 중간 녹색이었다가 익어가면서 노란색에서 밝은 노란색이 된다. 비교적 얇고 부드러운 껍질은 단단하게 붙어 있다; 반면 거칠고 두꺼운 껍질은 약간 헐겁게 붙어 있다.

그림 13-15 레몬

역사와 신화: 레몬 나무는 다른 감귤류 나무와 비슷하게 아시아에서 발생해 다른 대륙으로 옮겨진 것으로 보인다. 크리스토퍼 콜럼버스가 레몬을 신세계에 1400년대 말에 소개했다. 17세기 동안 레몬은 혈액 세척제와 정화제로 쓰였다. 레몬 주스는 한때 중요한 괴혈병 치료제였다(비타민 C가 발견되기 전까지).

추출 정보

원산지:	이탈리아, 미국, 아르헨티나, 시칠리아, 사이프러스
이용되는 식물 부분:	껍질
추출 방법:	압착
오일 함유량:	냉압착 시 0.5~2.5% 짜낸 껍질을 증류하면 0.05~0.1%
오일 색:	연노랑

블렌딩 정보

향기 묘사:	날카로운, 감귤의, 상쾌한
블렌딩 계수:	4

안전 정보:

- 민감성을 위한 피부 반응 테스트
- 잠재적 광 민감성: 2% 이하로 사용할 것을 권장함
- 목욕 시에 피부 자극을 피하고 싶다면 섞어서 이용하든 단독으로 이용하든 7~10방울 이하의 시트러스 오일을 사용할 것. 목욕 시에는 시트러스 오일 분산제를 이용할 것을 권장함

화학적 특성

모노테르펜, 특히 리모넨이 풍부함

화학 분석

모노테르펜 (90~95%): **리모넨**(66~85%), 알파피넨, **베타피넨**(12.27~17.29%), 감마테르피넨, 사비넨, 알파튜젠, 미르센, 알파펠란드렌, 베타펠란드렌, 알파테르피넨, 로시멘, 캄펜

치료적 효능

제산, 항우울, **살균**, 진경, **수렴**, 구풍, 정화, **독소 배출**, **소화**, **이뇨**, 부식, 해열, 간장약, 혈압 강하제, **면역 강화**, 완화, **건위**, 강장

키워드: 정화, 수렴, 살균, 활력 강화

핵심 아로마 적용:

순환기 계통: 순환 부진, 독소배출

소화기 계통: 소화 불량 또는 소화 부진(슈나우벨트, 1995, 76쪽), 독소 적체

림프/면역 계통: 림프 충혈. 전염성 질병 예방(슈나우벨트, 1995, 76쪽)

근골격 계통: 근육 또는 관절통, 관절염, 셀룰라이트, 류머티즘, 관절 부음, 통풍

피부: 여드름, 불안, 부스럼, 기름기 많은 안색, 구강 궤양, 셀룰라이트, 정맥류(예방을 돕고 더 악화되는 것도 막아줌), 지치고, 늘어지고, 우중충한(흡연자의) 피부, 모세혈관 파열, 많은 양의 괴사 조직 제거

흔적이 있는 종양: 증류수 안에 레몬과 티트리 오일을 1.5%로 희석해 자주 미스트로 뿌려주거나 궤양 전체에 발라준다(바커, 1994, 6쪽).

정신과 감정: 불안, 우울, 운동 혐오, 제한된 의사 소통 기술, 놓아주지 못함

창의적/정력적 아로마테라피: 동양 의학에서 레몬 에센셜 오일은 성질이 차고 건조해서 열기와 습기, 담을 정화하는데 이용된다(모제이, 1997). 레몬은 의식을 강화할 수 있으며 레몬이 가진 냉각, 정화, 새롭게 하는 효능은 잠재적, 감정적 격발 동안 의식을 활성화시키고, 안정시키고, 진정시킨다(검벨, 1993). 레몬은 부진함을 씻어내는 능력이 있으며 부정적인 장애물을 없애고 에너지를 활성화하는 것을 도울 수 있다(리히, 2001). 리히(2001)는 레몬을 척추 차크라의 베이스로 사용하라고 권한다.

실제 임상 적용: 레몬을 이용한 샘플 처방

독소 배출	근육통
레몬	레몬
주니퍼	로즈마리
사이프러스	페퍼민트

만다린 / 탠저린 / *Citrus reticulata* Blanco

그림 13-16 만다린

식물학과 역사적 정보

기타 일반명: 레드 만다린, 탠저린(미국)

식물 과: 운향과 (Rutaceae)

식물학: *Citrus reticulata*은 작게 퍼지는 형상의 나무로 4m까지 자란다. 만다린은 극동지방이 원산지로 특히 남부 중국이 원산지이다. 만다린 나무는 많은 가지와 부드러운 녹색 잎이 달린 중앙 줄기를 갖고 있다. 익었을 때 껍질 색은 노란색부터 진한 주황색까지 다양하며 쉽게 벗겨진다. 껍질에 분포해 있는 선 안에 오일이 들어 있다. 만다린 나무는 뜨겁고, 습기가 많은 기후(열대)와 비옥한 토양을 좋아한다. 하지만 온화한 기후에서 더 천천히 자라는 나무가 오일은 훨씬 더 많이 생산한다. 그리고 반숙 과일일 때 오일이 가장 많이 나온다.

역사와 신화: 탠저린 나무는 원래 중국 남부에서 재배되었다. 존경의 표시로 여겨지던 만다린 실과는 전통적으로 지배자에게 진상되었다. 1800년대에 유럽과 미국에 소개되었다.

추출 정보

원산지:	이탈리아, 아르헨티나
이용되는 식물 부분:	껍질
추출 방법:	압착 또는 증기 증류
오일 함유량:	17 ~ 22%
오일 색:	노랑, 초록

블렌딩 정보

향기 묘사:	달콤한, 신선한, 감귤의,
블렌딩 계수:	7

안전 정보:

- 모든 이들이 사용할 수 있는 가장 안전한 오일 중 하나(적당한 희석도로)
- 비자극성, 비민감성, 비독성
- 목욕 시에 피부 자극을 피하고 싶다면 섞어서 이용하든 단독으로 이용하든 7~ 10방울 이하의 시트러스 오일을 사용할 것. 희석한 시트러스 오일을 욕조에 넣기 전에 확산제에 넣어야 잠재적 피부염을 줄일 수 있다.

화학적 특성

알데하이드에 의해 지지되는 모노테르펜이 풍부함

화학 분석

모노테르펜: **리모넨**(65~95%), 알파피넨, 베타피넨, 미르센, **감마테르피넨**(13.7~21.02%), 캄펜, 로시멘, 알파펠란드렌, 사비넨, 테르페놀렌

알데하이드: 헥사놀, 데카날(0.05~24%), 도데카날(13.5%), 알파시넨살, 페릴알데하이드, 옥타날, 네랄(5%), 제라니알(5.7%), 노나날, 시트로넬랄

치료적 효능

항우울, 살균, 담즙 분비 촉진, 소화, **신경 진정**, 진정

키워드: 고요하면서도 활력 강화, 진정, 순함

> 참고
> **만다린과 탠저린의 차이점**
>
> 아크탠더(1994)에 의하면 탠저린과 만다린은 서로 두 가지 나무에서 열리는 열매지만 둘 다 식물학적으로는 *Citrus reticulata*이라고 한다. 하지만 둘은 이 종의 변종이다. 만다린은 중국이 원산지이며 유럽에서 재배된다. 만다린은 변종 *Citrus reticulata* Blanco var. *deliciosa*인 미국 탠저린에 비해 더 우월한 향을 갖고 있다고 여겨진다. 아크탠더(1994)는 미국 탠저린은 만다린보다 훨씬 크며 이와는 아로마를 갖고 있다고 얘기한다. 탠저린 오일을 만다린 오일 대용으로 사용할 수 없다.

핵심 아로마 적용:

순환기 계통: 일반적인 순환 개선, 필요 없는 체액 제거 도움

소화기 계통: 스트레스로 인한 소화 불량, 식욕 자극
(특히 병을 앓은 후나 우울한 후)

신경 계통: 신경과민, 불면증(라벤더와 함께), 신경 장애, 두통

생식기/내분비 계통: PMS, 호르몬 불균형, 출산 스트레스

피부: 충혈된 피부의 독소 제거, 지성 피부

정신과 감정: 울화, 우울증, 불안, 불안정한 식사 습관, 육체적 접촉에 대한 공포, 운동 혐오, 제한된 의사소통 기술, 어린이의 과잉 행동

창의적/정력적 아로마테라피: 만다린은 어린의 마음에 말을 걸며 개인이 정체된 아이디어에서 벗어날 수 있게 도와준다(리히, 2001).
리히는 만다린을 여덟 번째 차크라 또는 에테르 몸에 이용할 것을 권한다.
만다린은 *간의 기(Liver-Qi)*를 조절하며 억압적인 스트레스를 줄여준다 (모제이, 1997).

실제 임상 적용: 만다린을 이용한 샘플 처방

호르몬 균형제	명상 블렌드
만다린	만다린
클라리 세이지	유향
제라늄	장미
라벤더	

스위트 마조람 / Sweet Marjoram / *Origanum marjorana* L.

그림 13-17 마조람

식물학과 역사적 정보

식물 과: 꿀풀과 (Lamiaceae syn. Labiatae)

식물학: *Origanum marjorana*은 미려하고 작은 관목으로 단단한 줄기와 털이 많으며 연한 타원형의 마주나기 잎을 갖고 있다. 꽃은 흰색이나 분홍색이다. 키는 20인치까지 자라며 포르투갈이 원산지이다. 이 나무는 다년생이나 일년생이며 높은 고도의 토양보다 정원의 가볍고 따뜻한 토양에서 자라는 것을 좋아한다. 마조람은 튀니지에서 많이 자라는데 아몬드 나무 사이에 카펫처럼 깔려있는 것이 특징이다. 대부분의 오일이 유럽에서 생산되지만 변종도 다양하다: 스위트 또는 노티드 마조람, 팟 마조람, 야생 스페인 마조람 등이 있는데 이것은 진짜 마조람이 아니다(같은 과에는 속하지만 질이 떨어진다).

역사와 신화: 아시아가 원산지인 마조람은 이집트의 오시리스, 인도의 비슈누, 로마 신화의 비너스가 신성한 식물로 여겼다. 그리스인과 로마인들은 갓 결혼한 이들을 위해 사랑과 존경을 상징하는 마조람으로 왕관을 만들어 주었다. 그리스인들에게 마조람은 "즐거움의 극치"로 알려져 있었다; 아프로디테가 아들인 아에네아스의 상처 치료에 이것을 사용한 것으로 알려진다. 그리스인들은 또한 떠나간 영혼에게 평화를 주기 위해 마조람을 무덤가에 심었다. 마조람은 소화 허브로 이용되었으며 쥐가 났을 때, 감기, 류머티즘통, 흉부 감염, 수종, 마약 중독 등에도 이용되었다. 마조람은 또한 술, 음식, 향료에 이용되었다.

추출 정보

원산지:	프랑스, 독일, 이집트
이용되는 식물 부분:	플라워링 탑
추출 방법:	증류
오일 함유량:	알려지지 않음
오일 색:	연노랑

블렌딩 정보

향기 묘사:	싸한, 풀향기
블렌딩 계수:	3

안전 정보:

- 천식이 있는 사람에게는 사용하지 말 것(하스, 2004)
- 비자극성, 비민감성

화학적 특성

모노테르펜과 알코올이 풍부함

화학 분석

모노테르펜(40%): 사비넨, 미르센, 로시멘, 테르피놀렌, 알파피넨, 베타피넨, 옥시멘, 카디넨, 3-카렌, 알파테르피넨, 알파팔렌드렌, 베타펠란드렌, 리모넨

알코올(50%): 테르피넨-1-ol-4 (14~20%), 시스-투조날-4 (4~13%), 리나롤, 알파테르피네올(7~27%), 피페리톨

치료적 효능

진통, 성욕 억제, **살균**, **진경**, 구풍, 소화, 통경, 거담, 혈압 강하, **신경 진정**, **진정**, 상처 치료

키워드: 가온, 진경, 편안함, 고요

핵심 아로마 적용:

순환기 계통: 순환 불량, 동상, 레이노 신드롬, 멍, 혈압을 낮출 수 있음(하스, 2004)

소화기 계통: 스트레스성 배탈, 소화 과정 강장제

근골격 계통: 근육 또는 관절 통증, 류머티즘 통증, 관절 부어오름, 근육 경련, 성장통(사춘기), 삠, 좌골 신경통, 수근관 증후군, 족저근막염

신경 계통: 두통, 불면증, 스트레스 경감제, 기면, 신경 탈진

호흡기 계통: 발작적 기침, 기관지염

생식기 계통: 월경 곤란, 월경통

정신과 감정: 과도하게 사용하거나 장기간 사용할 경우 감정에 "치명적 영향"을 미칠 수 있음, 불안, 지나치게 많은 생각, 집착적인 생각(모제이, 1997), 슬픔

창의적/정력적 아로마테라피: TCM에서 마조람은 *기 에너지*를 강화하고 순환시키며 차가운 담을 정화하고 정신을 안정시킨다(모제이, 1997). 리히(2001)에 의하면, 마조람은 슬픔, 불안, 민감으로 인한 감정적 반응이 나타나는 것을 막아주며 두 번째 또는 천골 차크라에 이용될 수 있다고 한다. 마조람은 고통스럽고, 정신적으로 긴장되고 민감한 시간 동안 편안함과 용기, 따뜻함을 제공한다(워우드, 1996).

실제 임상 적용: 마조람을 이용한 샘플 처방

근육 경련	집중
마조람	마조람
클라리 세이지	라벤더
페퍼민트	사이프러스

스위트 오렌지 / *Citrus sinensis* (L.) Osbeck syn. *Citrus aurantium* var. *sinensis* (L.)

그림 13-18 스위트 오렌지

식물학과 역사적 정보

기타 일반명: 오렌지

식물 과: 운향과 (Rutaceae)

식물학: *Citrus sinensis*은 중간 크기의 나무로 8~15 m 정도로 자란다. 오렌지 나무는 일반적으로 하나의 줄기에 많은 가지가 달리는데, 그 가지에 위쪽은 진한 녹색이고 아래쪽은 약간 더 연한 녹색을 띄는 나뭇잎이 달려 있다. 향기가 나는 꽃은 흰색이다. 다 익은 껍질 색은 오렌지색이며 부드럽고, 약간 주름이 있는 질감을 띈다.

역사와 신화: 오렌지색을 위한 영어 단어는 이 과일의 아랍 이름에서 파생된 것이다. 심슨과 오고르잘리(1995)는 다음과 같이 이야기했다: "어떤 이들은 오렌지를 헤라와 제우스가 결혼할 때 풍요의 신이 선물로 주었다는 그리스 신화에 나오는 '황금 사과' 로 여겼다"(121쪽). 무어인들이 오렌지를 스페인으로 가져간 것으로 여겨지며, 스페인과 포르투갈 사람들이 1500년대에 신세계에 오렌지를 소개했다. 오렌지는 카로틴의 형성을 촉진하는 서늘한 기후에서 잘 자란다. 18세기와 19세기에 걸쳐 스위트 오렌지는 부유한 사람들의 진미로 여겨졌다.

추출 정보

원산지:	이스라엘, 미국, 스페인, 이탈리아
이용되는 식물 부분:	껍질
추출 방법:	압착
오일 함유량:	0.5~3.5%
오일 색:	투명에서 연노랑

블렌딩 정보

향기 묘사:	상쾌한, 감귤향, 오렌지
블렌딩 계수:	7

안전 정보:

- 비자극성, 비민감성
- 목욕 시에 피부 자극을 피하고 싶다면 섞어서 이용하든 단독으로 이용하든 7~10방울 이하의 시트러스 오일을 사용할 것. 희석한 시트러스 오일을 욕조에 넣기 전에 확산제에 넣어야 잠재적 피부 염증을 줄일 수 있다.

화학적 특성

모노테르펜이 풍부함.

화학 분석

모노테르펜: 리모넨(94.87~95.37%), 알파피넨, 베타피넨, 사비넨, 미르센, 베타파네센, 발렌센

치료적 효능

항우울, 살균, 진경, 식욕 증진, 구풍, 소화, 해열, 신경 진정, 활기 부여

키워드: 활기 부여, 상쾌, 가온, 행복, 즐거운, 소화

핵심 아로마 적용:

소화기 계통: 소화 불량, 과민성 위장

신경 계통: 불면증, 불안, 우울, 동요

정신과 감정: 우울, 문제 행동, 제한된 의사소통 기술, 식사 습관 장애

창의적/정력적 아로마테라피: 스위트 오렌지는 행복감과 활기를 부여하는 에센셜 오일로 개인의 삶에 햇살을 비춰준다. 리히(2001)는 오렌지가 가슴과 영혼에 있는 싫은 감정을 표현할 수 있게 하면서 행운을 불러온다고 주장한다. TCM에서 오렌지는 특히 간과 위장, 장에 정체된 *기 에너지*의 장애물을 제거해 순환시킨다(모제이, 1997).

실제 임상 적용: 스위트 오렌지를 이용한 샘플 처방

감정 균형	활기 부여
스위트 오렌지	스위트 오렌지
제라늄	라벤더
패출리	일랑일랑

패출리 / Patchouli / *Pogostemon cablin* (Blanco) Benth.

그림 13-19 패출리
Source: Reprinted by permission of Kent Goodwin Mckay

식물학과 역사적 정보

식물 과: 꿀풀과 (Lamiaceae syn. Labiatae)

식물학: 패출리는 다년생 허브로 2피트까지 자란다. 패출리에는 진한 녹색 잎이 나 있으며, 가끔 작은 연한 분홍색의 관상형 꽃이 핀다. 잎에서 강한 향이 난다.

역사와 신화: 보운(2001)에 의하면, "인도에서는 말린 패출리 잎을 옷 사이에 두는 전통이 있는데 그 향기가 빅토리아 여왕 시대에 수입된 숄에 묻어 들어갔다; 1860년에 패출리는 영국 최고의 유행이 되었다"(118쪽)고 한다. 미국에서는 1960년대와 70년대에 마리화나 냄새를 감추는 데 패출리가 이용되기도 했다. 향수 산업에서 패출리는 여전히 정착제와 베이스 노트로 쓰이고 있다. 홈즈(1997)는 패출리가 세계 최대 의료 시스템이라 불리는 전통 중국 의학, 아유르베다, 그리스 의학 세 곳 모두에서 국부적 적용제과 내복용으로 쓰이고 있다고 말했다.

추출 정보

원산지:	인도네시아, 인도, 중국, 브라질
이용되는 식물 부분:	말린 잎
추출 방법:	증류
오일 함유량:	말리지 않은 잎 0.25~0.75%/말린 잎 1.8~5%
오일 색:	붉은색/갈색에서 투명

블렌딩 정보

향기 묘사:	강한, 곰팡내, 뜨거운, 흙내음, 건조한
블렌딩 계수:	5

안전 정보:

- 비독성, 비자극성

화학적 특성

세스퀴테르펜과 알코올이 풍부함

화학 분석

세스퀴테르펜(40~50%): 알파불네센(10~25%), 베타불네센(14~17.2%), 알파과이넨(6~15%), 베타과이넨, 알파패출렌, 베타패출렌, 시첼렌, 싸이클로-시첼렌, 베타카요필렌, 델타카디넨, 아로마덴드렌(10~20%)

알코올(23~55%): **패출롤**(32~46%), 포고스톨, 불네솔, 노르패출레놀, 패출릭 알코올

치료적 효능

항박테리아, **항우울**, **항진균**, **항염**, 살균, 최음, **수렴**, 해충 퇴치, 진정, 상처 치료

키워드: 침착, 집중, 명상, 고요, 스킨케어

핵심 아로마 적용:

순환기 계통: 정맥류

생식기/내분비 계통: 불감증, 월경통, 성욕 감퇴와 부족

피부: 수렴, 노화, 늘어진 피부, 염증선 피부 질환 치료에 유용(반위크와 윙크, 2004, 249쪽), 여드름, 무좀, 갈라진 피부, 습진(삼출), 진균 감염, 주름, 염증성 피부 질환, 상처, 갈라진 상처, 반흔 조직, 진균 또는 기생충 피부 감염(홈즈, 1997), 진정

정신과 감정: 불안, 당황, 집중력 부족, 기분 변화, 문제 행동, 과잉 행동, 지나치게 이완됨, 압도당하는 느낌, 우울, 몸과의 연결 결여

창의적/정력적 아로마테라피: 패출리는 순하지만 완고하고 호색적인 특징이 있어 우리 몸의 요구를 받아들이게 만든다(홈즈, 1997). 패출리는 불감증이나 성적 분리를 겪고 있는 개인이 사용하면 좋다. 패출리는 또한 직관과 감정 이입의 능력을 발전시키거나 높이려는 사람들에게도 도움이 된다. 홈즈(1997)에 의하면, 패출리는 우리가 인접해 있는 환경에 더 잘 통합되도록 도와준다고 한다. 패출리의 끈적이는 느낌의 흙내음은 우울함과 불안, 스트레스, 긴장을 느끼는 사람들을 진정시킨다. 리히(2001)는 매우 침착한 패출리의 아로마가 물리적 몸과의 연결을 유지시키는데 도움이 된다고 썼다. 리히는 패출리를 두 번째 또는 천골 차크라에 사용하라고 권한다.

실제 임상 적용: 패출리를 이용한 샘플 처방

항우울제	지성 피부
패출리	패출리
만다린	레몬
일랑일랑	제라늄

페퍼민트 / Peppermint / *Mentha x piperita* L. (pro sp.)

그림 13-20 페퍼민트

식물학과 역사적 정보

식물 과: 꿀풀과 (Lamiaceae syn. Labiatae)

식물학: 박하는 진짜 종이 약 20개가 있는데 이 종들이 모두 다른 꿀풀과 종들과 합쳐져 잡종을 만들어 냈다. 박하 종에는 수천 가지 변종이 있는데 *Mentha* × *piperita*도 그 중 하나이다. *Mentha spicata*와 *Mentha aquatica*의 잡종이라고 여겨지는 페퍼민트는 다년생으로 3피트까지 자란다. 퍼뜨리는 걸 좋아하는 페퍼민트는 뿌리 조직을 상당히 광범위하게 뻗어 내린다. 잎은 진한 녹색이거나 보라색이 약간 나는 타원형으로 가장자리가 날카로운 톱니 모양이다. 여름엔 작은 라일락 분홍색 꽃을 피운다.

역사와 신화: 플리니에 의하면 페퍼민트는 고대에 향기가 나는 장식품으로 매우 유명했다고 하는데 이것이 13세기에 쓰인 아이슬란드의 약전에 언급된 페퍼민트에 대한 유일한 내용이다(보운, 2001, 170쪽). 페퍼민트라는 이름은 요정 Menthe의 신화에서 왔다. 플루톤이 그녀와 사랑에 빠졌는데 화나 난 그의 아내 페르세포네가 둘을 발견하고 Menthe를 무자비하게 짓밟아 버렸다. 그러자 플루톤이 Menthe를 훌륭한 치료 식물로 만들었다(그리브, 1996, 534쪽). 오늘날 페퍼민트는 사탕, 치약, 젤리, 근육통 약, 검, 구강 청정제와 같은 제품들의 향을 내는데 광범위하게 이용된다. 워싱턴, 오리건, 인디애나가 페퍼민트와 에센셜 오일의 대량 생산지로 유명하다. 페퍼민트와 스피어민트 오일의 최대 생산국인 미국이 세계 공급량의 80% 이상을 생산한다(포스터, 1993, 150쪽).

추출 정보

원산지:	프랑스, 영국, 미국
이용되는 식물 부분:	잎과 플라워링 탑
추출 방법:	증류
오일 함유량:	0.9~3%
오일 색:	연노랑, 투명

블렌딩 정보

향기 묘사:	신선한, 멘톨, 깨끗한, 시원한, 강한
블렌딩 계수:	1~2

안전 정보:

- ▶ 특히 피부의 증발이 금지될 때 멘톨은 농도가 높으면 자극적이다. 페퍼민트 오일은 동결 효과가 있기 때문에 피부에 넓게 바르면 안 된다(슈나우벨트, 2004)
- ▶ 페퍼민트 오일은 경련과 호흡기 막힘을 유발할 위험이 있기 때문에 유아나 어린이의 얼굴 부위나 코 주변에 바르면 안 된다(반위크와 윙크, 2004, 206쪽). 또한 3개월 이하의 유아나 어린이에게는 절대 발라서는 안 된다(슈나우벨트, 2004).
- ▶ 갈라진 상처나 민감한 피부에는 희석하지 않고 바르면 안 된다.
- ▶ 페퍼민트는 강한 에센셜 오일이라 농도에 따라 효과가 다르게 나타난다. 페퍼민트에 대한 반응을 순한 열감에서부터 시원한 또는 화끈거림까지 다양하다.

화학적 특성

알코올과 멘톨과 케톤, 멘톤이 풍부함

화학 분석

알코올(50%): **멘톨**(38~46.2%), 이소멘톨, 네오멘톨, 피페리톨, 피페리테놀, 이소피페리테놀, 알파테르피네올, 리나롤(<1%), 테르핀-4-올, 비리디플로롤, 미르테놀, 네로리돌(미세 원소)

케톤: **멘톤**(16~25%), 이소멘톤, 네오멘톤, 피페리톤, 카요필렌 산화물, 플루곤

치료적 효능

진통, 구토 억제, 항염, 살균, **진경**, 진해, **구풍**, 두부, 충혈 완화, **거담**, 해열, 살충, **건위**, 발한

키워드: 상쾌, 시원함/따뜻함, 자극, 소화, 통증 완화

핵심 아로마 적용:

순환기 계통: 순환 부진(로즈마리 또는 블랙페퍼와 함께), 정맥류, 레이노 신드롬

소화기 계통: 멀미, 배탈, 배앓이, 복통, 소화 불량, 과도한 가스, 메스꺼움, 위장 경련, 과민성 장 증후군(포스터, 1993), 대장 경련, 수술 후 메스꺼움

림프/면역계통: 림프 배농 마사지 지지, 만성 피로 증후군

근골격계통: 근육 경직, 통증, 긴장한 근육, 류머티즘, 섬유근통, 삠, 접질림, 족저 근막염, 수근관 증후군, 좌골 신경통, 점액낭염, 멍, 붓는 것과 통증 감소 (하스, 2004)

신경 계통: 정신적 피로, 두통(고벨 등, 1994), 편두통, 신경통

생식기/내분비 계통: 월경 불순, 월경통

호흡기 계통: 기관지염, 구취, 발작성 기침, 코감기, 일반 감기, 충혈, 부비동염, 독감

정신과 감정: 운동 혐오, 제한된 의사소통 기술, 정신적 피로, 낮은 에너지, 명확함 결여

창의적/정력적 아로마테라피: 페퍼민트는 원기를 돋우고 의식을 확장하는 에센셜 오일이다. TCM에서 페퍼민트는 정력적이며, 시원하고 건조하며 *기 에너지*의 순환을 돕고, 뜨거운 담을 정화하며, 신경과 뇌를 자극한다(모제이, 1997). 페퍼민트는 새로운 생각과 인상의 해석하고 동화, 흡수시키는데 이용될 수 있다(모제이, 1997). 페퍼민트는 개인의 정신적 상태를 정화화고 새롭게 하는데 도움이 된다. 리히에 의하면(2001), 페퍼민트는 열등감을 극복하는데 도움을 주며, 세 번째 또는 태양신경총 차크라에 이용된다고 한다.

> **참고**
>
> 버클 (2003)은 미국과 영국의 화학요법에서 페퍼민트는 메스꺼움을 예방하고 완화시키는데 많이 사용된다고 보고했다. 낮은 농도의 흡입법을 추천한다: 솜에 2방울 내지 3방울 정도 떨어드려서 적용.

실제 임상 적용: 페퍼민트를 이용한 샘플 처방

근육통	두통/편두통
페퍼민트	페퍼민트
유칼립투스	라벤더
레몬	
로즈마리 ct. 캠퍼	

로즈 / Rose / *Rosa × damascena* P. Mill.

그림 13-21 로즈

식물학과 역사적 정보

기타 일반명: 다마스크 로즈

식물 과: 장미과 (Rosaceae)

식물학: 250개가 넘는 종과 수천 가지의 잡종, 교배종이 있다. *Rosa damascena*와 *Rosa centifolia*가 에센셜 오일과 앱솔루트를 추출하는데 제일 흔하게 이용되는 장미 종이다. *Rosa centifolia*는 향이 진한 작은 분홍색 꽃 때문에 캐비지 로즈라고도 불린다. 장미는 6피트까지 자란다. *Rosa damascena*는 흔히 다마스크 로즈라고 불리는데 분홍색에서 빨간색 꽃이 핀다. 모든 장미 종은 5장의 꽃잎이 있는 꽃이 핀다.

역사와 신화: 장미 꽃잎, 실과, 잎과 뿌리는 오랫동안 약과 향수 제조에 이용되었다. 중국, 페르시아, 인도, 아랍, 로마, 그리스 의학에서도 장미를 이용했다. 장미는 치료 효능과 아름다움은 물론 심장을 진정시키는 힘도 갖고 있다. 그리브(1996)는, "*rosa*라는 단어는 그리스어 *rodon*(빨강)에서 온 것으로 고대의 장미는 심홍색인데 여기서 장미가 아도니스의 피라는 설화가 탄생했을 것이다"(684쪽)라고 말했다. 중세에는 장미를 수도원 정원에서 흔히 볼 수 있었는데 주로 의학적 용도로 쓰였다. 장미는 BC 600년에 유명한 시인인 사포에 의해 "꽃들의 여왕"으로 불렸다. 역사 속에서 장미는 아름다움과 사랑, 기쁨, 완전함, 심지어는 불멸의 상징이었다. 장미를 가장 많이 사용한 것은 아마 로마인들일 것이다. 그들은 장미를 축제와 만찬, 결혼식, 장례식 등에 이용했다. 로마인들은 장미 꽃잎은 겨울 동안 와인 속에 넣어 두었으며, 축제 동안 숙취를 막기 위해 장미 화관을 썼다. 장미수를 만들기 위해 처음으로 장미를 증류한 것은 10세기의 아비세나였던 것으로 여겨진다. 그리브(1996)에 의하면, 장미 오일은 Nour-djihan 공주와 Djihanguyr 황제의 결혼식에서 우연히 발견되었다고 한다. 그 정원 주위를 둘러싼 수로에 장미수가 가득 차 있었는데 태양열 때문에 장미의 에센셜 오일이 물과 분리되어 떠올랐고, 그 매혹적인 향기를 맡은 사람들에 의해 발견되었다는 것이다(684쪽).

추출 정보

원산지:	불가리아, 터키, 인도
이용되는 식물 부분:	꽃잎
추출 방법:	증류는 로즈 에센셜 오일이라고도 알려진 로즈 오토를 생산함
오일 함유량:	장미 꽃잎 2000~4000 kg 당 1 kg의 오일
오일 색:	로즈 오토: 투명에서 연노랑; 로즈 앱솔루트: 진노랑/오렌지색에서 투명

블렌딩 정보

향기 묘사:	꽃향기, 풍부한, 따뜻한, 신선한, 여성적
블렌딩 계수:	1

안전 정보:

- 비자극성, 비광민감성, 비광독성

화학적 특성

모노테르펜에 의해 지지되는 알코올이 풍부함.

화학 분석

모노테르펜: 스티어롭텐(16~22% [프라이스와 프라이스, 1995]), 알파피넨, 베타피넨, 알파테르피넨, 리모넨, 미르센, 옥시멘, 로시멘, 캄펜
알코올: 제라니올 (11.87~35%), **시트로넬롤** (33~45.04%), 에탄올, **네롤**(3.6~10%), 리나룰(1% 미만)

치료적 효능

항박테리아, **항우울**, 항진균, 항염, 살균, 항바이러스, 최음, **수렴**, 월경 촉진, **신경 진정**, 진정, 구풍, **상처 치료(세포 재생)**

키워드: 고요, 진정, 여성 질환, 항우울

핵심 아로마 적용:

순환기 계통: 정맥류, 모세혈관 파열

생식기/내분비 계통: 월경 불순, 발기 부전, 불임, 불감증, 성욕 감소 또는 저하, PMS, 월경 곤란, 폐경, 난소 질환, 다낭성난소 증후군, 산후 우울증

피부: 모세혈관 파열, 결막염(장미수), 지성 피부, 노화 피부, 민감성 피부, 피부 노화

정신과 감정: 우울증, 충격, 슬픔, 문제 행동, 육체적 접촉에 대한 공포, 기분 변화, 불감증, 실연, 분노, 무기력, 질투, 후회, 사랑과 믿음의 어려움, 창조력 부족, 용서하지 못함

창의적/정력적 아로마테라피: 에센셜 오일의 여왕인 로즈는 여성적인 물의 요소를 상징하며, 성욕, 자기 돌봄, 자신감을 표현하는 핵심 에센셜 오일이다. 장미는 실연, 감정적 상실, 믿음이 깨졌을 때 편안함을 주는데 이용되며 일반적으로 감정을 휘발시킨다(홈즈, 1994). 로즈 오일은 자신과 타인에 대한 감정적 분리, 냉담함, 가혹함 –정서적 공허함–을 보이는 모든 사람들에게 도움이 된다(홈즈, 1994). TCM에서 로즈는 시원하고 촉촉한 습성이 있으며 열기와 염증을 정화하고 인체의 음 에너지를 복원하는데 도움이 된다(모제이, 1997)

> **참고**
>
> 진짜 로즈 에센셜 오일은 시장에서 가장 비싼 에센셜 오일 중의 하나다. 1 ml 당 평균 가격이 27~39달러로 한 방울 당 가격은 2달러~4달러까지 한다. 진짜 로즈 에센셜 오일 1 온스의 가격은 400달러가 넘는다. 그래서 많은 회사들이 로즈 에센셜 오일은 방울이나 ml 단위로 판매하거나 호호바 오일에 5~10% 정도로 희석해 판매한다. 진짜 로즈 에센셜 오일은 가격을 낮추기 위해 섞음질을 하는 경우가 많기 때문에 구입 시 주의해야 한다. 진짜 로즈 에센셜 오일은 서늘한 실온에서 고체가 된다. 로즈 앱솔루트(용매 추출된)는 약간 더 저렴한데 2 ml에는 30달러, 1 ml에는 15달러이다. 소매상 중에 로즈 앱솔루트를 로즈 에센셜 오일로 파는 곳이 있기 때문에 진짜 로즈 에센셜 오일이라고 하는데 가격이 싸다면 의심을 해봐야 한다. 앱솔루트 역시 향이 좋고 로즈 에센셜 오일과 쓰임새가 많이 비슷하지만, 에센셜 오일을 대신할 수 없으며, 같지도 않다.

실제 임상 적용: 로즈를 이용한 샘플 처방

마음을 진정시키는 블렌드	스킨케어 블렌드(지성 피부)
로즈	로즈
탠저린	패촐리
일랑일랑	

로즈마리 / Rosemary / *Rosmarinus officinalis* L. ct. camphor

그림 13-22 로즈마리

식물학과 역사적 정보

식물 과: 꿀풀과 (Lamiaceae syn. Labiatae)

식물학: *Rosmarinus officinalis*는 향이 나는 상록의 관목으로 꽃이 피며, 3~6피트까지 자란다. 수많은 가지는 잿빛이며 비늘 같은 나무껍질에 둘러싸여 있다. 그리고 그 가지에 위쪽은 어둡지만 광택이 있는 선형의 녹색이고, 아래쪽은 솜처럼 희지만 가죽처럼 두꺼운 마주나기 잎이 달려 있다. 연파랑 또는 연보라의 꽃은 총상 꽃차례에서 자라며 잎과 꽃 모두 향이 아주 강하다. 로즈마리는 지중해 지역이 원산지이며 주로 해안을 따라 자라는데 로즈마리의 라틴 이름은 "바다의 이슬"이다.

역사와 신화: 로즈마리는 이집트 시대부터 기억, 성실과 관련이 있다. 로즈마리는 장례식과 종교적 축제, 결혼식에서 이용되었으며 정절의 상징으로 이용되었다. 셰익스피어의 오필리어는 로즈마리를 이런 말로 표현했다. "기억을 위한 로즈마리가 있네; 기도, 사랑, 기억." *Rosmarinus*라는 단어는 "바다의 이슬"로 해석할 수 있는데 이는 주로 해안 지역을 따라 자라는 로즈마리의 매력을 반영한 것이다. 로즈마리와 주니퍼는 한때 프랑스 병원에서 세균을 줄이고 공기를 정화하는데 이용되었다. 허브 약품을 위한 PDR(2000)은 "로즈마리는 민간의학에서 소화 증후군, 두통, 편두통, 월경 곤란, 무월경증, 희발 생리, 탈진, 현기증, 기억력 부족과 같은 증상에 이용되었다"고 보고했다(645쪽).

추출 정보

원산지:	크로아티아(하스, 2004), 스페인(보운스, 2003)
이용되는 식물 부분:	꽃과 잎
추출 방법:	증류
오일 함유량:	1~2.5%
오일 색:	투명에서 연노랑

블렌딩 정보

향기 묘사:	신선한, 강한, 힘찬, 풀향기
블렌딩 계수:	2

안전 정보:

- 고혈압이나 간질이 있는 사람에게 캠퍼가 풍부한 오일을 사용할 때는 항상 주의를 기울여야 한다. 오일을 내복용으로 사용하는 것은 피하라. 낮은 희석도로 사용하라

화학적 특성

모노테르펜 25%, 산화물 30%, 케톤 30%(캠퍼), 알코올(리나롤) 8% (하스, 2004).

화학 분석

모노테르펜 25~30%: 알파피넨(17.9~25%), 베타피넨(3~7%), 캄펜(8~19%), 미르센(3~5%)

알코올: 리나룰(0.64~4%), 알파테르피네올(1~5%), 보르네올(1~3%)

산화물: 1,8시네올(15~20%), 카오필렌 산화물
케톤: 알파투존, 베타투존, 캠퍼(6.4~30%)

치료적 효능

순한 진통제, 항류머티즘, 항바이러스, 구풍, **두부**, **충혈 완화**, 소화, **점액 용해**, 발적, **자극**, 상처 치료

키워드: 자극, 기억력 증진, 근육 계통

핵심 아로마 적용:

순환기 계통: 순환 부진(반위크와 윙크, 2004, 276쪽), 림프

림프/면역계통: 부진한 림프 흐름

근골격계통: 경련, 쥐, 부음, 관절염, 경직, 통증 완화, 근긴장 부족, 신경성 통증, 섬유근통, 류머티즘 관절염, 족저 근막염, 수근관 증후군, 군 점액낭염, 다리의 쥐어짜는 듯한 통증(바커, 1996), 근육통, 경련, 발작 등이 포함된 신경근 질환과 신경통, 류머티즘 통(Goeb, 1996).

신경 계통: 기억력 부족, 두통, 저혈압, 신경통, 정신적 피로, 신경 탈진, 에너지 결여, 몽롱한 정신/생각

호흡기 계통: 기관지염, 과도한 점액, 독감, 감기, 누 충혈

피부: 정맥류(하스, 2004), 잘 낫지 않는 상처, 잘 자라지 않는 머리카락

정신과 감정: 기억력 부족, 집중력 부족, 학습의 어려움, 탈진, 기면, 우울증, 제한된 의사소통 기술, 운동 혐오, 에너지 부족 또는 생각의 명확성 부족

창의적/정력적 아로마테라피: 모제이(1997)에 의하면, 로즈마리는 원기를 돋우는 가장 가치 있는 에센셜 오일로 인체의 *양(yang)* 에너지의 훌륭한 강장제이며, *기 에너지*와 혈액의 흐름을 촉진한다고 한다. 모제이는 로즈마리는 자신감이 결여되고, 강하고 건강한 자아가 부족한 차갑고 허약한 사람에게 적당한 에센셜 오일이라고 썼다. 리히(2001)는 로즈마리는 마음의 보호자로 명확한 생각과 시야를 확보하는데 도움을 주며, 통찰력을 발달시키는데 도움이 된다고 주장한다. 리히는 로즈마리를 여섯 번째 또는 제 3의 눈 차크라에 추천한다.

실제 임상 적용: 로즈마리를 이용한 샘플 처방

일반적인 순환 부진: 강장제	두피 강장
로즈마리	로즈마리 ct. 캠퍼
블랙페퍼	레몬
진저	페퍼민트

티트리 / Tea tree/*Melaleuca alternifolia* Cheel

그림 13-23 티트리

Source: Reprinted by permission of Kent Goodwin Mckay

식물학과 역사적 정보

기타 일반명: T-tree, Ti tree

식물 과: 도금양과 (Myrtaceae)

식물학: *Melaleuca alternifolia*는 상록수로 15~20피트까지 자란다. 사이프러스 잎과 생김새가 비슷한 잎은 푸른 빛이 나는 초록이며 매우 뾰족하다. 티트리에는 작은 크림 같은 흰색 혹에서 보라색 꽃이 핀다. 티트리는 천연 습지 환경에서 잘 자라며 뉴사우스웨일즈의 번가왈빈에서 많이 발견된다.

역사와 신화: 티트리는 호주 원주민들이 오랫동안 사용한 역사를 갖고 있는데 이들은 티트리를 다양한 피부 질환(멍, 벌레에 물린 데, 피부염)과 그 외의 질환에 이용했다. 유명한 영국 탐험가인 쿡 선장이 선원들이 괴혈병에 걸리는 것을 막기 위해 차로 끓여 마신 뒤 티트리라고 부른 후부터 티트리라고 불리게 되었다고 한다. 호주 육군과 해군은 세계 2차 대전 중에 티트리를 부상병을 위한 살균제와 다양한 피부 질환의 치료제로 이용했다.

추출 정보

원산지:	호주, 뉴질랜드
이용되는 식물 부분:	잎
추출 방법:	증기 증류
오일 함유량:	2.0~5.0%
오일 색:	투명에서 연노랑

블렌딩 정보

향기 묘사:	싸한, 따뜻한, 발삼 같은
블렌딩 계수:	3

안전 정보:

- 비자극성, 비민감성, 비광독성

화학적 특성

산화물 1,8 시네올과 알코올, 테르펜-4-올과 모노테르펜이 풍부함

화학 분석

모노테르펜(25~40%): 알파피넨, 베타피넨, 알파테르피넨(4.6~13%), 감마테르피넨, 로시멘(<12%), 리모넨, 테르피놀렌, 알파투젠, 사비넨, 미르센, 알파펠란드렌, 베타펠란드렌, 테르피놀렌

알코올: **테르피넨-4-올**(1.7~52.9%), 알파테르피네올(5.3~11.8%), 글로불롤, 비리디플로롤, 쿠베놀, 리나룰

산화물: **1,8시네올**(10~64.1%), 1,4-시네올(미량 원소)

치료적 효능

항박테리아, 항생 작용, **항진균**(라일리 등, 2002), 항염, **항균**(라일리, 2005), 살균, 진경, **항바이러스**, **거담**, **면역 자극**, 자극

키워드: 항박테리아, 항진균, 항바이러스, 면역 강화

핵심 아로마 적용:

소화기 계통: 배앓이, 설사, 장염, 장 기생충, 치과 위생(햄머 등, 2002), 잇몸 질환, 구강 궤양, 아구창, 칸디다 알비칸스

림프/면역 계통: 저하되었거나 손상된 면역력, 림프 충혈

근골격 계통: 지치고 아픈 근육과 관절, 관절염, 류머티즘

생식기/내분비 계통: 대하, 질염(햄머 등, 2002)

호흡기 계통: 감기, 독감, 기관지염, 누 감염 또는 충혈, 기침, 인후염, 편도선염, 중이감염

피부: 여드름, 손톱 진균, 지성 피부, 농양, 종기, 입가의 발진(라일리, 2005), 베인 곳, 비듬, 단순 포진(라일리, 2005), 벌레 물린 데, 발진, 대상포진, 감염된 상처, 정맥류성 궤양, 무좀, 염증성 피부 질환(코 등, 2002)

창의적/정력적 아로마테라피: TCM에서 티트리는 만성 무기력, 얕은 호흡, 심계 항진 그리고 순환 부족 시에 기 에너지를 강화한다(모제이, 1997).

참고

티트리의 화학적 성질 중 특히 1,8 시네올과 테르피넨-4-올 성분과 관련된 안전 문제가 엄청난 논란의 대상이 되고 있다. 커(2000)에 의하면 "호주 정부는 1,8 시네올 함량은 15%를 초과해서는 안 되며 트르피넨-4-올 함량은 적어도 30%여야 한다는 티트리 에센셜 오일에 대한 표준을 갖고 있다"(9쪽)고 한다. 버클(2003)은 시네올이 풍부한 티트리보다는 Melaleuca alternifolia CT 테르피네올을 사용해야 한다고 했는데 그 이유는 시네올이 점막에 적용되면 부작용을 일으킬 수 있을 뿐만 아니라 피부 염증이 일어날 가능성이 커지기 때문이다.

하지만, 사우스웰이 실시한 연구에 의하면 "낮은 농도의 테르피넨-4-올 오일을 피하기 위해 낮은 농도의 시네올 오일을 권장할 근거가 없다. 모든 소비자들에게 이에 대한 확신을 심어줄 수 있다면, 더 많은 티트리 오일이 판매를 위해 제공될 것이며 많은 생산자들이 생산량을 늘릴"거라고 한다. 카슨(1999)은 "1,8 시네올은 피부와 점막 자극제라는 이유 때문에 티트리 오일의 불필요한 성분으로 여겨지고 있다. 하지만, 뒤에 이뤄진 2개의 임상 실험(나이츠와 하우센, 1994와 사우스웰 등, 1997)은 이 성분이 민감성 반응 대부분과는 무관한 것으로 밝혀졌다"고 말했다(9쪽).

실제 임상 적용: 티트리를 이용한 샘플 처방

방 정화제	피부 살균
티트리	티트리
레몬	라벤더
유칼립투스	레몬
	로만 카모마일

버티버 / *Vetiveria zizanioides* (L.) Nash ex Small

식물학과 역사적 정보

기타 일반명: 카스카스, 쿠스쿠스

식물 과: 벼과 (Poaceae syn. Gramineae)

그림 13-24 버티버
Source: Reprinted by permission of David Monniaux

식물학: *Vetiveria zizanioides*는 키가 크고 향이 나는 촘촘한 타래 모양의 다년생의 풀로 3m까지 자란다. 이 풀은 일반적으로 뿌리줄기가 있는 커다란 수풀로 자라는데 이 섬유질의 뿌리 시스템에 에센셜 오일이 들어있다. 중앙 뿌리줄기에서 자라 나온 뿌리줄기들은 넓게 퍼지기만 할뿐 깊이 뿌리내리지는 않는다. 뿌리는 어릴 때는 흰빛이 나는 노란색이다가 자라면서 붉은 빛의 갈색으로 바뀐다. 뿌리에서는 매우 적은 양의 에센셜 오일이 나오기 때문에 오일 가격이 비쌀 수밖에 없다; 이것 때문에 합성 오일과 섞음질을 하는 것이다. 버티버는 식물학적으로 레몬그라스와 시트로넬라와 친척이다.

역사와 신화: 버티버는 해충 퇴치에 이용되었던 역사를 갖고 있다. 버티버 뿌리 다발은 옷장과 방을 향기로 물들이는데 이용되기도 했다. 또한 뿌리 섬유를 이용해 깔개와 칸막이를 만들기도 한다. 버티버는 향수의 정착제나 베이스 노트로 오랫동안 사용되었던 역사를 갖고 있기도 하다. 평온함을 불러오는 버티버의 향기는 악령이나 악령의 영향을 막는데 이용된다.

추출 정보

원산지:	아이티, 스리랑카, 인도
이용되는 식물 부분:	풀의 뿌리
추출 방법:	증류
오일 함유량:	2~3%
오일 색:	황금빛 오렌지색에서 어두운 갈색, 점성 강한 오일

블렌딩 정보

향기 묘사:	달콤한, 흙향기, 따뜻한, 나무의, 깊은
블렌딩 계수:	1

안전 정보:

▶ 비광독성, 비자극성, 비민감성

화학적 특성

알코올과 버티베롤이 풍부함

화학 분석

세스퀴테르펜: 버티벤, 버티바줄렌, 트리시클로버티벤
알코올: **버티베롤**(50~70%), 바이시클로버티베롤(12%), 트리시클로버티베롤(3~4%)
에스테르: 버티베롤 아세테이트
케톤: 알파버티베론(3~4%), 베타버티베론(3%)

치료적 효능

항염, 항류머티즘, 살균, 진경, 최음, 수렴, **신경 진정**, 진정

키워드: 평온, 침착, 균형

핵심 아로마 적용:

순환기 계통: 정맥류, 수족 냉증, 순환 부진, 순환 강장

림프/면역 계통: 특히 스트레스로 인해 저하된 면역력

근골격 계통: 근육통, 삠과 경직, 관절염, 류머티즘

신경 계통: 쇠약, 신경과민, 불면증

생식기/내분비 계통: 폐경, 산후 우울증, PMS, 감소되었거나 저하된 성욕

피부: 여드름, 감염성 질환, 지성 피부(약간의 수렴 작용 때문에), 튼살과 주름 예방, 건조 피부에 영양 공급과 균형, 상처 치료, 염증 피부, 발진, 국부의 박테리아 또는 진균 감염(커, 2003)

정신과 감정: 불안, 뿌리를 잃은 듯한 기분, 정서적 탈진, 자신감 결여, 우울증, 집중력 부족, 명확함 결여, 압도당한 생각 또는 기분

창의적/정력적 아로마테라피: 버티버는 가장 침착하고 집중력 있는 에센셜 오일 중 하나이다. 정신적 레벨에서 버티버는 흩어진 아이디어를 하나로 모아 더 실용적인 개념으로 만들어 준다. 감정적 레벨에서 버티버는 변덕스러움과 어리석은 열정을 진정시켜 이것들을 진정한 육체 중심의 감정으로 변환시킨다(홈즈, 1997). 버티버는 에너지를 모아 힘으로 전환시킨다. 버티버는 육체 밖에서 떠도는 경향이 있어 삶에 더 가까이 다가가 집중할 필요가 있는 사람들에게 매우 유용한 에센셜 오일이다. TCM에서 버티버는 시원하고 촉촉한 에너지로 열기를 정화하는 동시에 자양분을 주고, 진정시키고, 활기를 부여하는데 이용된다(모제이, 1997). 리히(2001)는 버티버를 전체 차크라/오라 시스템의 균형을 지키고 과민감성으로부터 태양총을 보호하는데 이용하라고 권한다.

실제 임상 적용: 버티버를 이용한 샘플 처방

심장 집중 블렌드	침착과 집중 블렌드
버티버	버티버
로즈	패출리
만다린	만다린

일랑일랑 / Ylang ylang / *Cananga odorata* (Lam.) Hook. f & T. Thomson or *Cananga odorata* var genuina

그림 13-25 일랑일랑
Source: Reprinted by permission of Kent Goodwin Mckay

식물학과 역사적 정보

기타 일반명: 일랑일랑(ilang ilang)

식물 과: 포포나무과 (Annonaceae)

식물학: 일랑일랑은 열대성 아로마 나무로 필리핀이 원산지이며 현재 열대 아시아 지역에 널리 분포되어 있다. 이 나무는 100피트까지 자란다. 잎은 크고 타원형이며 반짝거린다. 처음 꽃이 피면 녹색을 띈다. 20일 이상 피어 있는 꽃은 꽃이 열리면서 연두색이 되는데 밤에도 강한 향기를 내뿜는다. 꽃은 지속적으로 피며 우기 중에 더 많이 피어난다.

역사와 신화: 일랑일랑이라는 이름은 "꽃 중의 꽃"이라는 뜻이다. 이 이름은 원래 말레이어 "ilang ilang"에서 왔다. 하와이 제도에서는 일랑을 코코넛 오일과 섞어 "보리보리"라고 불리는 혼합물을 만드는데 하와이 사람들은 이것을 이용해 몸을 보호하고 몸에 향기를 더한다. 여성들은 보리보를 햇빛으로부터 머리카락을 보호하기 위해 바른다. 꽃은 머리를 장식하는데 이용한다. 이 오일은 마카사 오일(머리카락 보호제)의 성분 중 하나로, 번들거리는 흔적이 남는 것을 방지하려면 의자에 덮개를 씌워야 한다. 이 오일은 때로 "빈자의 자스민"이라고 불리며 자스민, 네롤리, 샌달우드와 잘 섞인다.

추출 정보

원산지: 레니위농 섬, 코모로, 마다가스카, 코스타리카
이용되는 식물 부분: 꽃
추출 방법: 증류: 분별증류(마지막에 있는 참고를 보라)
오일 함유량: 2.0~2.5%
오일 색: 투명, 연노랑

블렌딩 정보

향기 묘사: 따뜻한, 이국적인, 달콤한, 무거운, 성적인
블렌딩 계수: 4

안전 정보:

▶ 비독성, 비자극성, 비광독성

화학적 특성

알코올과 에스테르에 의해 지지되는 세스퀴테르펜이 풍부함

화학 분석

세스퀴테르펜(28.8~54%): 알파파네센(6.5~18%), 베타카요필렌(6.8~33%), 저마크렌 D(11~25%), 델타카디넨(2~5%)
알코올: 리나룰(18.6~50%)
에스테르(15%): 벤질 아세테이트

치료적 효능

항우울, 살균, 진경, **최음**, 혈압 강하, **신경 진정**

키워드: 행복감, 최음, 항우울, 고요, 조절제

핵심 아로마 적용:

순환기 계통: 고혈압, 심박 급속증, 심계 항진

생식기 / 내분비 계통: 남성 발기 부전, PMS(낮은 자신감), 월경 곤란

피부: 지성/복합성 피부, 노화 또는 스트레스성 피부, 두피 강장(커, 1997)

정신과 감정: 불안, 분노, 놀람, 우울, 내면적 믿음 부족, 감소된 성욕, 자신감 또는 자기 믿음 결여, 슬픔/사별, 외상 후 스트레스 증후군, 신경과민, 불감증

창의적/정력적 아로마테라피: 리히(2001)에 의하면 일랑일랑은 분노와 부정적인 감정 상태를 몰아내는데 도움을 주며 개인이 성 기능 장애 또는 걱정을 극복하는 것을 돕는다고 한다. 리히는 두 번째 또는 천골 차크라에 일랑일랑을 사용할 것을 권한다. TCM에서 일랑일랑은 심장의 열기를 정화시키고, 정신적 조화를 자극한다(*Shen*) (모제이, 1997). 일랑일랑은 심장을 고요하게 만들고 정신을 편안하게 만드는 놀라운 능력이 있다.

연구 결과와 부가적 정보

2005년 밥 해리스는 "일랑일랑이 '조화로운' 에센셜 오일이라는 것이 태국과 오스트리아 연구진이 실시한 임상 실험에서 밝혀졌다. 실험 결과 일랑일랑은 심박수를 줄이는 동시에 경계심과 각성을 증가시키는 것으로 밝혀졌다. 자율신경계의 각성 수치 감소는 행동 수준의 비활성화를 초래하지 않았다; 반면 피실험자의 주의력과 경계심이 더 커졌다"고 말했다(55~56쪽).

참고

완전한 에센셜 오일이 아닌 일랑일랑은 다른 에센셜 오일과 차이가 있다. 증류 과정 동안 다양한 그레이드와 분류가 시간 차이를 두고 제거된다. 증류 처음 한 시간 후에 첫 번째 분류가 제거된다. 이 분류는 "엑스트라"라고 불리는데 다른 분류에 비해 향이 훨씬 우월한 것으로 여겨진다. 이 첫 번째 분류는 에스테르 수치도 40~50% 정도로 매우 높아서 진정 작용도 더 큰 것으로 여겨진다. 그 다음 2~3 시간의 증류 동안 두 번째 분류가 제거되는데 이것은 "일랑일랑 #1" 또는 "컴플리트"로 불린다. 두 번째 분류는 세스퀴테르펜과 에스테르가 풍부한 경향이 있다. 다섯 시간에서 여섯 시간이 되면 두 가지 분류 중 하나가 더 제거되며 (일랑일랑 #3이라고 불림) 9~10시간이 되면 마지막으로 나머지 하나가 제거된다. 일랑일랑 엑스트라, 컴플리트, 그리고 #3은 아로마테라피 시술자에게 도움이 된다. 엑스트라와 컴플리트는 둘 다 #3보다 비싸다.

실제 임상 적용: 일랑일랑을 이용한 샘플 처방

최음	활기 부여
일랑일랑	일랑일랑
로즈	만다린
만다린	패출리

안젤리카 루트 / Angelica root / *Angelica archangelica* syn. *officinalis*

기타 일반명:	가든 안젤리카, 아크에인젤
식물 과:	산형과 (Apiaceae syn. Umbelliferae)
원산지:	헝가리, 벨기에, 독일, 영국, 프랑스
이용되는 식물 부분:	뿌리
향기 묘사:	달콤한, 풀향기, 나무의
블렌딩 계수:	3
화학적 특성:	세스퀴테르펜과 푸라노쿠라민에 의해 지지되는 모노테르펜(70%까지)이 풍부

안전 정보: 광민감성

치료적 효능: 살균, **진경**, 최음, 구풍, 정화, **소화**, 이뇨, 월경 촉진, 거담, 해열, **신경 진정**, 진정, 건위, 강장

키워드: 균형, 강화, 회춘(특히 오래 앓은 후에), 침착

핵심 아로마 적용:

- 소화기 계통의 강장제: 변비, 소화 불량, 과도한 가스, 식욕 부진(식욕 자극)
- 신경과민 또는 혼란, 과민성, 신경 탈진, 스트레스, 심계 항진, 불안, 불면증
- 월경 불순, PMS, 호르몬 불균형, 폐경, 불감증, 경련, 클라리 세이지 지지
- 신경 배열, 침착, 강화, 극도의 감정을 겪는 동안의 치료, 신경 계통의 허약함 완화, 우리의 정력을 발견하는 것을 도움, 내면의 힘, 우리의 상위 자아, 천사 영역과의 연결 제공,

베르가모트 / Berbamot / *Citrus X aurantium* ssp. *bergamia* syn. *Citrus bergamia*

기타 일반명:	비터 오렌지, 세빌 오렌지 트리
식물 과:	운향과 (Rutaceae)
원산지:	칼라브리아, 이탈리아 남부, 시칠리아
이용되는 식물 부분:	껍질
향기 묘사:	풍부한, 이국적인, 신선한, 달콤한, 날카로운, 감귤향에서 시간이 지나면 싸해짐
블렌딩 계수:	7~8
화학적 특성:	에스테르 60%까지(리나릴 아세테이트), 모노테르펜(리모넨, 피넨), 푸라노쿠마린(5~10% 베르갑텐)

안전 정보: 강한 광민감성. • 태양 또는 비슷한 빛에 나가기 전에 이용하지 말 것
• 광독성 문제를 극복하기 위해 베르가모트 오일을 감압 증류하면 테르펜과 베르갑텐이 없는 오일을 얻을 수 있다. 이 과정을 거치면 약간 더 강하고 향이 좋은 에센셜 오일을 얻을 수 있다.

치료적 효능: 진통, **항우울**, **살균**, 진경, 구풍, 방취, 소화, 해열, **신경 진정**, 건위, 강장, 구충, 상처 치료

키워드: "햇빛을 불러옴", 활기 부여, 항우울, 살균, 상쾌함

핵심 아로마 적용:

- ▶ 진정을 시키면서도 활기 부여, 불안, 신경과민, 불면증, 분노, 우울증, 과민, 욕구 불만, 스트레스성 장애
- ▶ 지성 피부, 대상포진, 여드름
- ▶ PMS, 호르몬 관련 변덕스러움, 우울, 월경 동안의 감정의 기복
- ▶ 신경을 이완시키고 영혼을 상쾌하게 만드는 능력이 있음. 스트레스와 억압된 감정으로 인한 우울한 상태에 좋음, 간의 기를 조화롭게 하는 능력이 있음 (모제이, 1997)

버치 / Birch /*Betula lenta* (Sweet birch), *Betula alleghaniensis* (Yellow birch), or *Betula nigra* (Black or River birch)

식물 과:	자작나무과 (Betulaceae)
원산지:	캐나다
이용되는 식물 부분:	나무/나무껍질
향기 묘사:	윈터그린 같은, 민트의
블렌딩 계수:	2
화학적 특성:	멘틸살리실레이트 98%(에스테르)

안전 정보: 임신 중과 수유 중에는 사용을 피할 것 • 유아와 상처난 피부, 살리신산염 약품을 복용 중인 사람에게는 버치나 윈터그린을 사용하지 말 것 • 항응고제를 복용 중인 사람에게는 사용하지 말 것 • 이 오일은 종종 합성 메틸 살리신산염과 섞음질이 됨. 증류된 버치 추출물인지 확인하기 바람 • 메틸 살리신산염은 피부를 통해 흡수될 수 있으며 치명적 일 수 있음 (듀크, 1983). 추가적인 정보는 화학물질 장에서 확인할 것

치료적 효능: **진통**, 살균, 수렴, 이뇨, 강장

키워드: 통증 완화, 자극, 따뜻하지만 시원함

핵심 아로마 적용:

- ▶ 근육통, 좌골 신경통, 류머티즘, 근육 경직 또는 딱딱함, 운동 반경 증가, 관절 통증과 경직, 족저 근막염, 삠, 수근관 증후군, 편달, 경련 또는 쥐, 삠 또는 접질림, 신경통, TMJ
- ▶ 자극, 상쾌함, 정력적인 아로마

카다몸 / Cardamom/ *Elettaria cardamomum*

식물 과:	생강과 (Zingiberaceae)
이용되는 식물 부분:	실과/씨앗
추출 방법:	증류

원산지: 스리랑카, 실론, 과테말라
향기 묘사: 싸한, 비터 레몬, 달콤한
블렌딩 계수: 4
화학적 특성: 산화물(32~50%, 1,8 시네올)과 에스테르(테르피넬 아세테이트)

안전 정보: 알려진 것 없음

치료적 효능: 항박테리아, 살균, 진경, 식욕 증진, **최음**, **구풍**, 두부, 충혈 완화, **소화**, 이뇨, **거담**, **자극**, 건위, 강장

키워드: 최음, 따뜻함, 자극적이지만 편안함

핵심 아로마 적용:

- 변비, 과도한 가스, 배앓이, 감정적 흥분 또는 신경성 질환에 의한 배탈 진정, 침의 흐름 촉진, 메스꺼움, 가슴앓이, 소화불량 진정
- 근육통, 관절 통증과 경직, 스포츠 웜업
- 기관지염, 기침, 폐의 "차가움"에 좋은 가온 효과, 건조한 점액을 액체로 만듦, 천식
- 감정적인 가온, 발기부전, 불감증, 최음
- 소화의 기 움직임 자극, 집중력 부족, 과도한 생각, 걱정, 신경 탈진에 적용, "삶을 위한 식욕" 복원(모제이, 1997)

캐럿 씨드 / Carrot seed / *Daucus carota*

기타 일반명: 버즈스 니트
식물 과: 산형과 (Apiaceae syn. Umbelliferae)
이용되는 식물 부분: 말린 씨앗
원산지: 프랑스, 네덜란드, 헝가리
향기 묘사: 달콤한, 신선한, 집요한, 약간 싸한, 따뜻한 싸함
블렌딩 계수: 6
화학적 특성: 세스퀴테르펜 알코올(카로톨)과 모노테르펜

안전 정보: 알려진 것 없음

치료적 효능: 살균, 진경, **구풍**, **독소배출**, **소화**, 이뇨, 자극, 건위, 강장, **상처 치료**

키워드: 상처 치료, 소화, 자극

핵심 아로마 적용:

- 변비, 과도한 가스, 가슴앓이, 소화불량 진정
- 상처 치료, 습진, 갈색 반점(하스, 2004), 노화 피부, 울혈된 피부, 수술 후 상처 치료, 건조하고 윤기 없는 피부에 활기 부여(슈나우벨트, 1995)
- 부종, 림프 흐름 부진

시더우드 / Cedarwood/ *Cedrus atlantica*

기타 일반명: 아틀라스 시더, 아프리카 시더, 모로코 시더우드
식물 과: 파인과 (Pinaceae)
원산지: 모로코와 알제리에 있는 아틀라스 산맥
이용되는 식물 부분: 나무껍질, 잎, 가지
향기 묘사: 따뜻한 나무 향의 발삼 같은 향이 나며 상당히 끈적이는, 캠퍼 탑 노트
블렌딩 계수: 7~8
화학적 특성: 세스퀴테르펜

안전 정보: 알려진 것 없음

치료적 효능: 항진균, 살균, 항바이러스, 최음, **수렴**, 이뇨, 월경 촉진, 거담, **점액 용해**, 진정(신경), 자극(순환), 강장

키워드: 살균, 보존, 진정, 영적

핵심 아로마 적용:

- 지성 피부, 여드름, 무좀, 블레미쉬, 비듬, 셀룰라이트, 정맥류
- 기관지염, 기침, 천식, 상기도의 과도한 점액
- 신경과민, 스트레스 관련 질환, 불환
- 강화, 인체의 *기 에너지*의 강력한 강장제, 일반적인 기면, 신경 쇠약에 이용, 집중력 부족(모제이, 1997)

시나몬 리프 / Cinnamon leaf/ *Cinnamomum zeylanicum* 또는 *Cinnamomum verum*

식물 과: 녹나무과(Lauraceae)
원산지: 스리랑카, 마가가스카르, 인도 동부, 자메이카
이용되는 식물 부분: 잎
향기 묘사: 따뜻한 나무 향, 싸한, 달콤한 향기
블렌딩 계수: 3~4
화학적 특성: 페놀, 페닐프로파노이드가 포함된 유제놀 70% (시나믹 알데하이드)

안전 정보: 희석하지 않고 적용하지 말 것, 강한 자극 • 피부와 점막 자극제. 목욕 중에 사용하지 말 것 • 잎에서 나온 오일은 껍질에서 나온 오일보다 덜 자극적임 • 민감제. 장기간 사용하지 말 것

치료적 효능: **진통**, **항박테리아**, **항진균**, **항균**, 살균, 진경, **항바이러스**, **최음**, 수렴, 구풍, 소화, 부식, 자극(순환, 심장, 호흡기)

키워드: 항균, 항바이러스, 가온, 자극, 소화

핵심 아로마 적용:

- 감기, 독감, 기관지염
- 식욕 저하, 설사, 소화 불량, 가스가 참, 장 경련, 소화 부진, 메스꺼움
- 쇠약, 신경 탈진, 신경통, 만성 피로
- 류머티즘, 근육 경련, 근육통, 근육 경직, 좌골 신경통
- 월경통, 희발 월경, 발기 부전, 불감증, 경련, PMS

클로브 버드 / Clove bud/ *Syzygium aromaticum* syn. *Eugenia caryophyllata*

식물 과:	도금양과 (Myrtaceae)
원산지:	마다가스카르, 인도네시아, 인도
이용되는 식물 부분:	꽃봉오리
향기 묘사:	싸한 정향, 따뜻한
블렌딩 계수:	5
화학적 특성:	페놀(유제놀 70%까지)

안전 정보: 피부 자극제, 점막 자극을 줄이기 위해서는 항상 희석할 것이 권장됨. "저자는 유제놀이 진행성으로 점막 상피 세포를 파괴하며 급성 염증 반응을 초래한다고 언급했다."[1]

치료적 효능: **진통**, 항박테리아, **항진균**, 살균, 진경, **항바이러스**, **구풍**, 발적, 건위

키워드: 가온, 통증 완화, 최음

핵심 아로마 적용:

- 근육통과 경직, 관절 경직, 좌골 신경통, 통증 완화, 삠, 근육통, 류머티즘, 섬유근통, 족저 근막염, 수근관 증후군
- 지나친 가스, 소화 부진

그레이프프루트 / Grapefruit/ *Citrus* X *paradisi*

식물 과:	운향과 (Rutaceae)
원산지:	이스라엘, 미국
이용되는 식물 부분:	껍질
향기 묘사:	신선한 감귤향, 달콤한
블렌딩 계수:	8
화학적 특성:	모노네르펜 풍부, 95%까지

---

[1] Robert Tisserand and Tony Balacs, *Essential Oil Safety*, Churchill Livingston: New York, 1995, p.60.

안전 정보: 목욕 시 피부 자극을 피하려면 섞거나 단독으로 7~10방울 이하의 시트러스 오일을 사용할 것, 잠재적 피부 자극을 줄이기 위해 목욕물에 넣기 전에 분산제에 시트러스 오일을 희석할 것. 잠재적 광민감제이므로 피부에 적용한 지 24시간 내에는 직접적인 일광이나 태닝 부스에 노출되는 것을 피할 것.

치료적 효능: **항우울제**, **살균**, 항바이러스, 수렴, 독소 배출, 소독, 이뇨, **자극**(림프와 소화), 활기 부여 강장제

키워드: 활기 부여, 상쾌함, 정화, 자극, 공기 정화(미스트 또는 디퓨저)

핵심 아로마 적용:

- ▶ 변비, 소화 부진, 일반적 소화 피로, 소화 관련 편두통
- ▶ 부진한 림프, 부종, 독소 배출 지지
- ▶ 근육통, 류머티즘, 근육 피로
- ▶ 우울증, 신경 탈진, 업무 스트레스
- ▶ 활기 부여, 막힌 에너지 이동에 도움, 정화, 동요, 스트레스성 질환, 불안, 문제 행동
- ▶ 긴장된 느낌 완화, 욕구 불만, 과민성, 변덕스러움(모제이, 1997)

자스민 / Jasmine / *Jasminum grandiflorum* syn. *Jasminum officonale* L. var. *grandiflorum*

기타 일반명:	포우잇 자스민
식물 과:	물푸레나무과 (Oleaceae)
원산지:	프랑스, 인도, 이집트
이용되는 식물 부분:	꽃
추출 방법:	용매 추출 또는 냉침법
오일 색:	진한 오렌지색, 갈색
향기 묘사:	풍부한, 꽃향기, 과일향, 도취시키는, 이국적인
블렌딩 계수:	1
화학적 특성:	복합적 구성(하스, 2004), 에스테르 풍부

안전 정보: 알려진 것 없음

치료적 효능: **항우울제**, **최음**, 신경 진정, 해산, 진정/자극

키워드: 도취시키는, 이국적인, 항우울제

핵심 아로마 적용:

- ▶ 우울증, 신경 탈진, 산후 우울증, 진정, 자신감 결여, 무기력, 불안
- ▶ 불감증과 발기 부전, 분만 중에 유용, 자궁 경련
- ▶ 창조력 고취, 부드럽고 감각적인 방법으로 정신에 활기 부여(*Shen*), 가온, 안심 시킴, 정신 이완, 심장을 조화롭게(모제이, 1997)

월계수 / *Laurel/ Laurus nobilis*

기타 일반명:	베이 로렐, 스위트 베이
식물 과:	녹나무과 (Lauraceae)
원산지:	모로코, 프랑스, 크로아티아
이용되는 식물 부분:	잎
향기 묘사:	크리스마스 같은, 계피향, 싸한, 달콤한, 따뜻한
블렌딩 계수:	2
화학적 특성:	산화물 풍부(1,8 시네올 40%까지), 리나롤(10%)

안전 정보: 알려진 것 없음, 장기간 사용 시 잠재적 피부 자극제

치료적 효능: 진통, 항박테리아, 항균, 살균, **진경**, 수렴, 이뇨, **거담**, 해열, **면역 강화**, 자극, 강장

키워드: 면역 강화(하스, 2004), 림프 흐름 자극

핵심 아로마 적용:

- 림프 충혈, 부종
- 삠, 류머티즘, 근육 또는 관절 경직, 특히 육체적 작업 후에 버치, 라벤더와 함께 사용하면 훌륭한 근육통 치료제, 섬유 근통, 족저 근막염, 수근관 증후군
- 강화, 신경과민 또는 탈진, 집중력 저하, 기억력 부족
- 기관지염, 감기, 독감
- TCM에서 월계수의 주요 효능은 *기 에너지*의 순환과 조절이며 차가운 객담을 정화함(모제이, 1997)

레몬그라스 / Lemongrass/ *Cymbopogon citratus* syn. *Andropogon citratus*

기타 일반명:	서인도 레몬그라스
식물 과:	벼과 (Poaceae syn. Gramineae)
원산지:	네팔, 서인도
이용되는 식물 부분:	풀
향기 묘사:	레몬 같은, 강한
블렌딩 계수:	1
화학적 특성:	알데하이드, 시트랄, 모노테르펜 풍부

안전 정보: 희석하지 않고 피부에 사용하면 자극적. 희석하지 않고 적용하는 것을 피할 것! 시트랄은 민감제로 알려져 있음

치료적 효능: **진통**, **항박테리아**, 항우울, **항진균**, 항염, **항균**, **살균**, **항바이러스**, 수렴, 구풍, 해열, 최유, 면역 자극, 살충, 신경 진정, 말초 진통

키워드: 항균, 공기 정화, 연결 조직 오일 강화(검벨, 1993, 204쪽)

핵심 아로마 적용:

- 부진하거나 느린 순환, 정맥류
- 칸디다(에이브 등, 2003), 저하된 면역 반응, 손상된 면역력, 림프 배농
- 근육통, 지치고 아픈 근육, 삠, 멍, 연결 조직의 약화(검벨, 1993, 204쪽), 관절 통증
- 신경 탈진, 피로, 슬픔의 발전, 약한 감정 기간 동안의 강화, 업무 이완
- 누 충혈, 호흡기 질환에 대해 낮아진 면역 반응, 호흡기 감염 (Inouye 등, 2001)
- 여드름, 지성 피부, 무좀, 단순포진(미나미 등, 2003)

섞음질: 멜리사의 오일 함량이 낮아 생산비가 많이 들기 때문에 멜리사는 시장에서 가장 많이 섞음질이 되는 오일 중 하나로 알려져 있다. 멜리사의 총량을 늘리기 위해 레몬 오일, 레몬그라스 오일, 시트노렐라 오일, 레몬 버베나 오일이나 기타 다양한 격리된 것들을 추가해 섞음질을 한다.

멜리사 / Melissa / *Melissa officinalis*

기타 일반명:	레몬 밤, 스위트 밤, 커몬 밤
식물 과:	꿀풀과 (Laminaceae syn. Labiatae)
원산지:	프랑스
이용되는 식물 부분:	신선한 잎과 탑
향기 묘사:	강한, 달콤한, 레몬 같은, 흙 향기
블렌딩 계수:	1
화학적 특성:	알데하이드

안전 정보: 피부 자극을 일으킬 수 있음; 1%오 희석할 것 • 진짜 멜리사 오일을 얻는 것이 어렵기 때문에 멜리사 오일을 피부에 적용할 때는 주의를 기울일 것을 권함

치료적 효능: 항박테리아, **항우울**, 항염, 살균, 진경, **항바이러스**, 구풍, 해열, 혈압 강하, **신경 진정**, **진정**, 건위, 발한, 강장

키워드: 고요, 진정, 강장(심장, 소화, 신경 계통), 영혼을 회복시키고 강화

핵심 아로마 적용:

- 단순포진, 대상포진
- CNS 진정, 신경과민, 불안, 우울증
- PMS, 배란 조절에 도움
- 과민 반응하는 피부, 또는 부진한 피부, 신경성 또는 알레르기성 피부 질환, 습진, 벌레 물린 데와 벌에 쏘인 데
- 정력적으로 멜리사는 시원하고 건조하며 *기 에너지*의 정체, 간과 심장의 열기, 정신의 혼란 등에 적용(*Shen*) (모제이, 1997)

미르 / Myrrh/ *Commiphora molmol*

식물 과:	감람과 (Burseraceae)
이용되는 식물 부분:	수지
원산지:	모로코
향기 묘사:	사향 냄새, 연기 냄새
블렌딩 계수:	4~5
화학적 특성:	세스퀴테르펜

안전 정보: 알려진 것 없음

치료적 효능: 진통, **항진균**, **항염**, 항박테리아, 살균, 항바이러스, 수렴, 방향성, 구풍, 이뇨, 거담, 건위, 발한, 강장, **상처 치료**

키워드: 건조한, 시원한, 회춘, 수렴

핵심 아로마 적용:

- 신경과민, 불안
- 기관지염, 천식, 카타르, 기침, 잇몸 감염, 구강 궤양, 인후염, 후두염
- PMS, 배란 조절에 도움
- 무좀, 트고, 마르고, 갈라진 피부, 상처 치료(라벤더와 함께 사용), 살균, 지성 피부, 염증 진정, 복합성 여드름, 모세혈관 파열, 피부 노화, 궤양, 욕창, 삼출 상처, 습진, 잘 낫지 않는 상처
- 진정, 집중, 이완, 가온, 기본 차크라 강화, 감정을 식히는 효과, 약하고, 냉담하고 동기가 결여된 감정에 활력을 줌, 감정적, 영적으로 정체되었다고 느낄 때 좋음

네롤리 / Neroli / *Citrus aurantium* syn. *Citrus* x *aurantium* ssp. *aurantium*

기타 일반명:	비터 오렌지 트리, 세빌, 트리
식물 과:	운향과 (Rutaceae)
원산지:	튀니지, 프랑스, 스페인
이용되는 식물 부분:	꽃(오렌지 꽃)
향기 묘사:	신선한, 꽃향기, 달콤한, 가벼운, 이국적인
블렌딩 계수:	2
화학적 특성:	알코올(리나롤), 에스테르(리나릴 아세테이트)와 모노테르펜

안전 정보: 알려진 것 없음

치료적 효능: 항박테리아, **항우울**, 항염, 살균, **진경**, 항바이러스, 최음, 수렴, 구풍, 방취, 소화, 혈압 강하, **신경 진정**, 진정, 강장(심장, 순환), **상처 치료**

키워드: 긴장한, 갑작스러운 충격과 공포, 우울증, 가벼운 최면제, 도취제, 최음제

핵심 아로마 적용:

- 우울증, 불안, 충격, 두통, 동요, 심계 항진, 불면증, 스트레스, 스트레스성 질환, 통증 발작
- 대장염(스트레스성 증상 발현), 지속적인 스트레스 또는 공포로 인한 만성 설사
- PMS, 폐경, 임신과 출산, 성적 신경 진정, 불감증
- 피부에 대한 수렴과 강장 효과, 튼살과 흉터 감소, 여드름, 실핏줄, 건조, 민감, 노화 피부
- 심장에 영양 공급, 영혼 진정, 불안 완화(홈즈, 1995)
- 불안함에 의한 뜨겁고, 동요된 심장 질환에 특히 좋음, 불면증, 심계 항진, 고혈압에 적용(모제이, 1997)

니아울리 / Niaouli/ *Melaleuca quinquenervia* syn. *viridiflora*

식물 과:	도금양과 (Myrtaceae)
원산지:	마다가스카르, 뉴칼레도니아, 호주
이용되는 식물 부분:	잎
향기 묘사:	얼얼한, 쓴, 지독한
블렌딩 계수:	2
화학적 특성:	산화물(60%까지, 1,8 시네올), 알코올

안전 정보: 알려진 것 없음

치료적 효능: 진통, **항박테리아**, **항진균**, 항류머티즘, 살균, 진경, **항바이러스**, 충혈 완화, **거담**, 해열, **면역 강화**, 자극, 구충, 상처 치료

키워드: 살균, 자극, 면역 강화

핵심 아로마 적용:

- 호흡기 감염, 카타르(과도한 점액), 기침, 부비동염, 인후염, 후두염, 기관지염, 감기, 독감
- 여드름, 종기, 화상, 궤양, 아토피 피부염, 상처, 베인 데, 조직을 치료하고 단단하게 하는 것을 도움, 지성 피부, 벌레 물린 데
- 근육통, 지치고 아픈 근육, 아픈 관절

팔마로사 / Palmarosa/ *Cymbopogon martinii*

식물 과:	벼과 (Gramineae)
원산지:	인도, 브라질, 네팔(하스, 2004)
이용되는 식물 부분:	신선한 잎 또는 말린 잎
향기 묘사:	달콤한, 약간 장미 같은 향
블렌딩 계수:	4
화학적 특성:	에스테르에 의해 지지되는 알코올이 80%까지(제라니올)

안전 정보: 알려진 것 없음

치료적 효능: **항박테리아**, **항진균**, 항염, **살균**, **항바이러스**, 소화, 상처 치료

키워드: 고요하면서도 활기 부여, 영감

핵심 아로마 적용:

- ▶ 여드름, 무좀, 습진, 잘 낫지 않는 상처, 욕창, 지성 피부, 아토피 피부염, 상처, 종기
- ▶ 스트레스, 불안, 초초, 신경과민, 긴장
- ▶ 신경통, 좌골 신경통, 류머티즘 통증(모제이, 1997)
- ▶ TCM에서 팔마로사는 시원하고 촉촉한 에너지로 열기를 정화하고 음 *에너지*를 강화한다; 이 오일은 열기와 마음을 가라앉히며 중압감을 없애준다(모제이, 1997)

페티그레인 / Petitgrain / *Citrus* X *aurantium* ssp. *aurantium*

식물 과:	운향과 (Rutaceae)
원산지:	이탈리아
이용되는 식물 부분:	잎과 초록색 가지(비터 오렌지 트리의)
향기 묘사:	나무 같은, 건조한, 꽃향기, 가벼운
블렌딩 계수:	6
화학적 특성:	에스테르가 약 60~65%까지(리나릴 아세테이트 40~50%), 알코올 30~40%

안전 정보: 알려진 것 없음

치료적 효능: 항박테리아, **항우울**, 살균, **진경**, 방취, 소화, **신경 진정**, 진정, 건위

키워드: 즐거운, 흙 내음, 이완, 진정, 섬세한, 상쾌한

핵심 아로마 적용:

- ▶ 소화 촉진, 소화 불량, 신경성 배탈 진정
- ▶ 불안, 긴장, 불안감, 초조, 불면증, 분노, 통증 발작, 심계 항진, 스트레스성 질환
- ▶ PMS, 경련, 호르몬 불안정
- ▶ 여드름, 염증성 피부(네롤리와 라벤더 지지), 지성 피부, 과도한 발한, 지성 두피
- ▶ 근육 경련

스코츠 파인 / Scots Pine / *Pinus sylvestris*

기타 일반명:	파인
식물 과:	파인과 (Pinaceae)
원산지:	프랑스, 캐나다
이용되는 식물 부분:	파인 잎
향기 묘사:	발삼 같은, 나무 향, 파인 향
블렌딩 계수:	6
화학적 특성:	모노테르펜(피넨), 에스테르(보닐 아세테이트)

안전 정보: 알려진 것 없음

치료적 효능: 항염, 항균, 항류머티즘, **살균**, 항바이러스, 진통, **충혈 완화**, 소독, 이뇨, **거담**, 살충, **원기 회복**, 발적, 자극(부신 피질, 순환, 신경), 강장, 구충

키워드: 상쾌, 살균, 활력 강화, 폐와 호흡 공간을 열어줌

핵심 아로마 적용:

- ▶ 근육통, 관절염, 류머티즘, 신경통
- ▶ 상쾌, 이완, 심호흡 촉진, 활기 부여, 정화, 신경과민, 피로
- ▶ 천식, 기관지염, 카타르, 기침, 부비동염, 인후염
- ▶ 육체적 영혼에 대한 영향력을 통해 자신감을 복원(*P' o*), 영혼을 회복시킴, 부정적 예측으로 우울해지는 것을 막음(모제이, 1997)

라벤사라 / Ravensara / *Ravensara aromatica*

식물 과:	녹나무과 (Lauraceae)
원산지:	마다가스카르
이용되는 식물 부분:	잎
향기 묘사:	가벼운, 신선한
블렌딩 계수:	7
화학적 특성:	모노테르펜 35~40%까지(사비넨, 리모넨), 산화물(4~5%, 1,8 시네올)

안전 정보: 알려진 것 없음

치료적 효능: 항박테리아, 살균, 진경, **항바이러스**, 강장, **거담**, **면역 강화**, 자극

키워드: 면역 강화, 항바이러스, 폐를 열어줌

핵심 아로마 적용:

- ▶ 근육통
- ▶ 기관지염, 천식
- ▶ 상쾌, 진정, 호흡기 느려지고 깊어짐
- ▶ 단순포진, 대상포진, 저하되었거나 약한 면역력

세이지 / Sage/ *Salvia officinalis*

식물 과:	꿀풀과 (Lamiaceae syn. Labiatae)
원산지:	프랑스
이용되는 식물 부분:	꽃이 핀 식물/잎
향기 묘사:	강한, 따뜻하면서 싸한, 풀 향기, 약간 캠퍼향의
블렌딩 계수:	4
화학적 특성:	케톤(60%까지), 산화물

안전 정보: 임산부, 유아, 어린이에게는 사용을 피할 것

키워드: 고요, 진정, 강장(심장, 소화, 신경 계통), 영혼을 회복시키고 강화

치료적 효능: 진통, **항박테리아**, 항염, 항류머티즘, 살균, **진경**, **항바이러스**, 수렴, 구풍, 소화, 월경 촉진, **거담**, 해열, 혈압 강하, **점액 용해**, 강장, **상처 치료**

핵심 아로마 적용:

- 기관지염, 독감, 감기
- 잘 낫지 않는 상처, 상처 치료
- 폐경, 안면 홍조(하이드로졸이 이용됨), PMS, 월경통, 경련
- 근육통, 경련

샌달우드 / sandalwood/ *Santalum album* (인도) 또는 *Santalum spicatum* (호주)

식물 과:	단향과 (Santalaceae)
원산지:	인도, 뉴칼레도니아, 호주
이용되는 식물 부분:	나무줄기의 심재
향기 묘사:	부드러운, 나무 같은, 발삼 같은
블렌딩 계수:	6
화학적 특성:	알코올

안전 정보: 알려진 것 없음

치료적 효능: 항박테리아, 항우울, **항염**, 살균(비뇨기와 폐), 진경, **항바이러스**, 최음, **방향**, 구풍, 이뇨, **유화**, 거담, **신경 진정**, 진정, 강장(부신, 비장, 생식기), 상처 치료

키워드: 이완, 진정, 명성, 건조한 질환

핵심 아로마 적용:

- 불면증, 신경과민, 스트레스, 우울증, 분노, 스트레스성 질환, 동요
- 건조한 비부 질환, 건조한 인후 질환, 기관지염, 후두염, 인후염, 마른 기침
- 여드름, 건조하고 갈라지고 튼 피부, 건성 습진, 면도 발진, 피지 균형, 간지럽거나 염증성 피부, 노화 피부, 정맥류, 지성 피부
- 고요, 진정, 균형, 명상 중에 사용하면 좋은 오일(역사적으로도), 내적 각성, 두통, 불면증, 신경 탈진을 초래하는 뜨겁고 동요된 감정적 상태에 적용하면 좋음 (모제이, 1997)

스피어민트 / Spearmint / *Mentha spicata* syn. *Mentha viridis*

식물 과:	꿀풀과 (Lamiaceae syn. Labiatae)
원산지:	유럽, 모로코, 미국
이용되는 식물 부분:	신선한 잎
향기 묘사:	풀 향기, 민트 향의, 상쾌한
블렌딩 계수:	2~3
화학적 특성:	케톤(50%까지), 모노테르펜(리모넨)

안전 정보: 알려진 것 없음

치료적 효능: 살균, 진경, **구풍**, 두부, 월경 촉진, 자극, **건위**

핵심 아로마 적용:

- 메스꺼움, 소화 불량
- 기관지염, 감기, 독감
- 근육 경직, 통증, 딱딱한 근육, 류머티즘, 섬유근통, 삠, 접질림, 족저 근막염, 수근관 증후군, 좌골 신경통, 점액낭염

타임 / Thyme/ *Thymus vulgaris*

기타 일반명:	커먼 타임
식물 과:	꿀풀과 (Lamiaceae syn. Labiatae)
원산지:	프랑스
이용되는 식물 부분:	부분적으로 말린 허브
향기 묘사:	강한, 싸한, 발삼 같은
블렌딩 계수:	1
화학적 특성:	모노테르펜에 의해 지지되는 페놀 (티몰이 30~50%, 카바크롤이 1~5%)

안전 정보: 피부 자극제

치료적 효능: **항박테리아**, **항진균**, 항염, **항균**, 항류머티즘, 살균, 진경, 진해, **항바이러스**, 구풍, 이뇨, 월경 촉진, 거담, 혈압 강하, **면역 강화**, 살충, 발적, 자극, 강장, 구충

키워드: 항균, 면역 강화, 강화

핵심 아로마 적용:

- 저하되었거나 약해진 면역력
- 설사, 소화불량, 가스가 참, 위염, 과도한 가스, 장 기생충
- 관절염, 류머티즘, 근육통, 섬유근통, 삠, 접질림, 좌골 신경통
- 집중력 개선과 기억력 강화, 신경 강장, 정신 쇠약
- 기관지염, 독감, 인후염, 감기
- 농양, 여드름, 멍, 베인 데, 벌레 물린 데, 이, 잇몸 감염, 일반적인 살균제 (0.5~1%의 희석도로 사용; 민감한 피부에는 자극적일 수 있음)
- 자극, 정력적, 강화, 활기 부여, 의식적인 지적인 사고에 이용, 도전에 맞서는 용기 강화, 특히 회복기 중에 좋음

참고문헌 / References

Abe, S., et al. (2003). Anti-Candida albicans activity of essential oils including Lemongrass (Cymbopogon citratus) oil and its component, citral. *Nippon Ishinkin Gakkai Zasshi*, *44* (4): 285–291.

Arctander, S. (1994). *Perfume and Flavor Materials of Natural Origin*. Carol Stream, Illinois: Allured Publishing Corp.

Barker, A. (1996). Exploring the Chemotypes of Rosemary. *Aromatherapy Quarterly*, 51, 9.

Barker, A. (1994). Pressure Sores. *Aromatherapy Quarterly*, 41, 5–7.

Blumenthal M., et al., Klein, S., and Rister, R.S. (trans.). (1998). *The Complete German Commission E Monographs: Therapeutic Guide to Herbal Medicines*. Austin: American Botanical Council; Boston: Integrative Medicine Communications. Retrieved on August 10, 2005, from www.herbalgram.org.

Blumenthal, et al. (1998). *Expanded Commission E on Lavender Flower*. Austin: American Botanical Council; Boston: Integrative Medicine Communications. Retrieved on August 10, 2005, from www.herbalgram.org.

Blumenthal, et al. (1998). *Expanded Commission E on Juniperberry*. Austin: American Botanical Council; Boston: Integrative Medicine Communications. Retrieved on August 10, 2005, from www.herbalgram.org.

Blumenthal, et al. (1998). *Expanded Commission E on German chamomile*. Austin: American Botanical Council; Boston: Integrative Medicine Communications. Retrieved on August 10, 2005, from www.herbalgram.org.

Blumenthal, et al. (1996). *Review of Clinical Effects and Management of Eucalyptus Oil Poisoning in Infants and Children*. HerbClip. Retrieved on August 10, 2005, from www.herbalgram.org.

Bowles, E.J. (2003). *The Chemistry of Aromatherapeutic Oils*. Crows Nest, Australia: Allen & Unwin.

Bown, D. (2001). *Herbal*. London: Barnes and Noble.

Buckle, J. (2003). *Clinical Aromatherapy*. Philadelphia: Elsevier Science.

Buckle, J. (1997). *Clinical Aromatherapy in Nursing*. San Diego: Singular Publishing Group.

Carson, C.F. (1999). Tea Tree Essential Oil Fact and Fiction. *Aromatherapy Today*, Vol. 10, June 1999.

Dale, A., and Cornwell, S. (1994). The role of lavender oil in relieving perineal discomfort following childbirth: A blind randomized clinical trial. *J Adv Nurs. 19* (1): 89–96. PMID: 8138636, Retrieved August 10, 2004, from http://www.ncbi.nlm.nih.gov.

Duke, J. (1983). *Betula lenta*. Handbook of Energy Crops. Unpublished. Retrieved June 14, 2006, from http://www.hort.purdue.edu/newcrop/duke_energy/Betula_lenta.html.

Foster, S. (1993). *Herbal Renaissance*. Layton, Utah: Gibbs Smith.

Goeb, P. (1996). Properties and Indications of Rosmarinus officinalis. *Les Cahiers de lAromatherapie—Aromatherapy Records*, 2, 45–51.

Gobel, H., Schmidt, G., and Soyka, D. (1994). *Effect of peppermint and eucalyptus oil preparations on neurophysiological and experimental algesimetric headache parameters*. *Cephalalgia*, *14* (3): 228–234; discussion 182. PMID: 7954745, Retrieved August 15, 2004, from http://www.ncbi.nlm.nih.gov.

Grieve, M. (1996). *A Modern Herbal*. Kent, U.K.: Barnes and Noble.

Grieve, M. (1982). *A Modern Herbal, Vol. I*. New York: Dover Publications.

Gumbel, D. (1993). *Principles of Holistic Therapy with Herbal Essences*. Brussels: Haug International.

Haas, M. (2004). *Quick Reference Guide for 114 Important Essential Oils*. San Rafael, CA: Linda Scent and Image Books.

Hajhashemi, V., Ghannadi, A., and Sharif, B. (2003). Anti-inflammatory and analgesic properties of the leaf extracts and essential oil of Lavendula angustifolia Mill., *J Ethnopharmacol*, *89* (1): 67–71. PMID: 14522434, Retrieved on August 15, 2004, from http://www.ncbi.nlm.nih.gov.

Hammer, K.A., Carson, C.F., and Riley, T.V. (2002). In vitro activity of Melaleuca alternfolia (tea tree) oil against dermatophytes and other filamentous fungi. *Journal of Antimicrobial Chemotherapy* 50, 195–199.

Harris, B. (2005). Research Reports: Harmonizing Ylang Ylang. *International Journal of Aromatherapy, 15* (1): 55–56.

Harris, B. (2001) Fennel and Dysmenorrhea. *International Journal of Aromatherapy, 11* (4): 225–226.

Holmes, P. (1993). Clary sage. *International Journal of Aromatherapy, 5* (1): 15–17.

Holmes, P. (1994). Rose – The Water Goddess. *International Journal of Aromatherapy, 6* (2): 8–11.

Holmes, P. (1995). Neroli – The lightness of being. *International Journal of Aromatherapy,* 7 (2): 14–17.

Holmes, P. (1997). Patchouli—The colours within the darkness. *International Journal of Aromatherapy, 8* (4): 16–19.

Holmes, P. (1997). Vetiver—The power of mother earth. *International Journal of Aromatherapy, 5* (3): 13–15.

Holmes, P. (1996). Ginger. *International Journal of Aromatherapy,* 7 (4): 16–19.

Inouye, S., Yamaguchi, H., and Takizawa, T. (2001). Screening of the antibacterial effects of a variety of essential oils on respiratory tract pathogens, using a modified dilution assay method. *J Infect Chemother*, 7 (4): 251–254.

Kerr, J. (2003). Essential Oil Profile: Vetiver. *Aromatherapy Today*, Vol. 28, December 2003.

Kerr, J. (2001). Essential Oil Profile: Geranium. *Aromatherapy Today*, Vol. 20, December 2001.

Kerr, J. (2000). Essential Oil Profile: Tea Tree. *Aromatherapy Today*, Vol. 13, March 2000.

Kerr, J. (1997). Essential Oil Profile: Ylang ylang. *Aromatherapy Today*, Vol. 4, December 1997.

Koh, K.J., Pearce, A.L., Marshman, G., Finlay-Jones, J.J., Hart, and P.H. (2002). *Regulation of Immune Responses in Human Skin by Tea Tree Oil*. Flinders University. Accessed on August 24, 2005, http://www.rirdc.gov.au/comp00/tto1.htm.

Leigh, I. (2001). *Aromatic Alchemy*. Winchester, MA: Mansion Publishing Ltd.

Lis-Balchin, M. (1996). Geranium Oil. *International Journal of Aromatherapy,* 7 (3): 16–19.

Lis-Balchin, M. (1995). *The Chemistry and Bioactivity of Essential Oils*. Surrey, England: Amberwood Publishing Ltd.

Lu X.Q, et al. (2004). Effect of Eucalyptus globulus oil on lipopolysaccharide-induced chronic bronchitis and mucin hypersecretion in rats. *Zhongguo Zhong Yao Za Zhi*. *29* (2): 168–171. PMID: 15719688, Retrieved August 10, 2004, from http://www.ncbi.nlm.nih.gov.

Mikhaeil, B.R., et al. (2003). Chemistry and immunomodulatory activity of frankincense oil. *Z Naturforsch [C]*. *58* (3–4): 230–238. PMID: 12710734, Retrieved August 10, 2004, from http://www.ncbi.nlm.nih.gov.

Mills, S., and Bone, K. (2000). *Principles and Practice of Phytotherapy*. London: Churchill Livingstone.

Minami, M., et al. (2003). The Inhibitory Effect of Essential Oils on Herpes Simplex Virus Type-1 Replication In Vitro. *Microbiol. Immunol.*, *47* (9): 681–684.

Mojay, G. (1997). *Aromatherapy for Healing the Spirit*. Rochester, VT: Healing Arts Press.

PDR for Herbal Medicines. (2000). Montvale, New Jersey: Medical Economics Company, Inc.

Riley, T. (n.d.). *The antimicrobial activity of tea tree oil.* Australian Government, Rural Industries Research and Development, University of Australia. Retrieved on August 24, 2005, from http://www.rirdc.gov.au/comp00/tto1.htm.

Riley, T. (n.d.). *Antimicrobial activity of tea tree oil against oral microorganisms.* Australian Government, Rural Industries Research and Development, University of Australia. Retrieved on August 24, 2005, from WWW.rirdc.gov.au/comp03/tto1#UWA58A.

Riley, T. (n.d.). *Clinical efficacy of tea tree oil for treating coldsores.* Australian Government, Rural Industries Research and Development, University of Australia. Retrieved on August 24, 2005, from WWW.rirdc.gov.au/comp03/tto1#UWA58A.

Riley, T., Hammer, K.A., and Carson, C.F. *The antifungal activity of tea tree oil.* Australian Government, Rural Industries Research and Development, University of Australia, Retrieved on August 24, 2005 from http://www.rirdc.gov.au/comp00/tto1.htm.

Rose, J.E., and Behm, B.M. (1994). Inhalation of vapor from black pepper extract reduces smoking withdrawal symptoms. *Drug Alcohol Depend. 34* (3): 225–229. PMID: 8033760.

Schnaubelt, K. (1995). *Advanced Aromatherapy.* Rochester, Vermont: Healing Arts Press.

Silva, J., Abebe, W., Sousa, S. M., Duarte, V. G., Machado, M. I., and Matos, F. J. (2003). Analgesic and anti-inflammatory effects of essential oils of Eucalyptus. *J Ethnopharmacol. 89* (2–3): 277–283. PMID: 14611892, Retrieved August 10, 2004, from http://www.ncbi.nlm.nih.gov.

Simon, J.E., Chadwick, A.F., and Craker, L.E. (1984). *Herbs: An Indexed Bibliography. 1971–1980. The Scientific Literature on Selected Herbs, and Aromatic and Medicinal Plants of the Temperate Zone.* Hamden, CT: Archon Books. Retrieved on August 24, 2005, from http://www.hort.purdue.edu/newcrop/medaro/factsheets/CLARY_SAGE.html.

Simpson, B., and Ogorzaly, M.C. (1995). *Plants in Our World.* United States: McGraw-Hill, Inc.

Southwell, I. (n.d.). *Significance of cineole for the bioactivity and irritancy of tea tree oil.* Retrieved on January 15, 2006, from http://www.rirdc.gov.au/comp03/tto1.html#DAN104A.

Van Wyk, B., and Wink, M. (2004). *Medicinal Plants of the World.* Portland, Oregon: Timber Press.

Worwood, V. (1996). *The Fragrant Mind.* Novato, CA: New World Library.

Plant database: http://plants.usda.gov/.

치료 작용과 핵심 에센셜 오일

(Therapeutic activity and core essential oils)

진통제: 통증을 경감시키거나 줄여주는 물질

블랙페퍼, 버치, 시나몬 리프, 클로브 버드, 유칼립투스, 진저, 레몬그라스, 스위트 마조람, 미르, 페퍼민트, 로즈마리 ct. 캠퍼와 시네올

항박테리아제: 박테리아를 죽이는 물질

시나몬 리프, 유칼립투스, 레몬그라스, 니아울리, 팔마로사, 세이지, 티트리, 타임

항우울제: 우울증을 경감해주는 물질

베르가모트, 클라리 세이지, 그레이프프루트, 자스민, 만다린, 멜리사, 네롤리, 오렌지, 패출리, 페티트그레인, 로즈, 일랑일랑

구토방지제: 구토를 막는 물질

진저, 페퍼민트

항진균제: 진균을 죽이거나 억제하는 물질

시나몬 리프, 클로브 버드, 레몬그라스, 미르, 니아울리, 팔마로사, 패출리, 티트리, 타임

항염제: 염증을 가라앉히고 줄여주는 물질

저먼 카모마일, 유향, 헬리크리섬, 라벤더, 미르, 패출리, 샌달우드

항균제: 병원성 세균을 파괴하거나 저항하는 물질

로만 카모마일, 시나몬 리프, 클로브 버드, 유칼립투스, 레몬그라스, 티트리, 타임,

항류머티즘제: 류머티즘 증상 완화를 돕는 물질

주니퍼 베리

살균제: 세균을 파괴하거나 성장을 막는 물질

베르가모트, 로만 카모마일, 사이프러스, 유향, 그레이프프루트, 라벤더, 레몬, 레몬그라스, 스위트 마조람, 스코츠 파인, 티트리

진경제: 민무늬근과 골격근 경련을 완화시키는 물질

안젤리카 루트, 월계수, 저먼 카모마일, 로만 카모마일, 클라리 세이지, 사이프러스, 펜넬, 진저, 라벤더, 스위트 마조람, 네롤리, 페퍼민트, 페티트그레인, 세이지

진해제: 기침을 완화시키는 것을 돕는 물질

사이프러스

항바이러스제: 바이러스의 성장을 억제하는 물질

시나몬 리프, 클로브 버드, 유칼립투스, 레몬그라스, 멜리사, 미르, 니아울리, 팔마로사, 라벤사라, 로즈마리 ct. 시네올, 샌달우드, 타임 ct. 티몰

최음제: 성적 자극와 흥분을 증가시키는 물질

카다몸, 시나몬 리프, 클라리 세이지, 진저, 자스민, 일랑일랑

수렴제: 세포 수축을 일으키는 물질; 조직을 수축하고, 죄고, 묶음

시더우드, 사이프러스, 제라늄, 레몬, 패출리, 로즈

진통제(balsamic): 폐를 진정시키는 물질

유향, 샌달우드

구풍제: 복부 팽만감을 완화하고 위장 안의 잉여 가스를 없어주는 물질

블랙페퍼, 카다몸, 캐럿 씨드, 클로브 버드, 펜넬, 진저, 페퍼민트, 스피어민트

두부: 머리와 관련된 정신을 정화시키는 물질

로즈마리 ct. 시네올 또는 캠퍼

충혈 완화제: 비부의 충혈을 줄이거나 완화시키는 물질

유칼립투스, 스코츠 파인, 로즈마리 ct. 캠퍼

독소 배출: 인체의 독성 물질 제거를 촉진하는 물질

캐럿 씨드, 사이프러스, 펜넬, 그레이프프루트, 주니퍼 베리, 레몬

소화제: 소화를 돕고 소화기계의 강장제로 쓰이는 물질

안젤리카 루트, 바질 ct. 리나롤, 블랙페퍼, 카다몸, 캐럿 씨드, 펜넬, 레몬

이뇨제: 소변의 흐름을 증가시키는 물질

주니퍼 베리, 레몬

월경 촉진제: 규칙적인 월경을 촉진하고 돕는 물질

클라리 세이지, 제라늄

유화제: 피부, 예를 들어 오일과 지방을 부드럽게 하고 진정시키는 물질

샌달우드

거담제: 담 또는 점액 제거를 돕는 물질

카다몸, 유칼립투스, 펜넬, 월계수, 니아울리, 스코츠 파인, 페퍼민트, 라벤사라, 로즈마리 ct. 시네올 또는 캠퍼, 세이지, 티트리

혈압 상승: 혈압을 상승시키는 물질

블랙페퍼, 로즈마리 ct. 캠퍼 또는 시네올, 타임 ct. 티몰

혈압 강하: 혈압을 낮추는 물질

저먼 카모마일, 클라리 세이지, 라벤더, 스위트 마조람, 네롤리, 일랑일랑

면역 강화제: 면역 체계를 자극하거나 세균을 파괴해 면역을 강화시키는 물질

유향, 월계수, 레몬, 레몬그라스, 니아울리, 라벤사라, 티트리, 타임

점액 용해제: 점액을 녹이거나 점액을 파괴하는 물질. 점액 용해제는 과도하거나 굳어진 점액 분비와 관련된 흉부 질환을 치료하는데 이용된다

시더우드, 헬리크리섬, 로즈마리 ct. 캠퍼 또는 시네올 또는 버베논, 세이지

근육 이완제: 근육을 이완시키는 물질

저먼 카모마일, 클라리 세이지, 진저, 라벤더, 페퍼민트

신경 진정제: 신경 계통을 이완시키는 물질; 신경 장애를 줄임

안젤리카 루트, 베르가모트, 저먼 카모마일, 로만 카모마일, 클라리 세이지, 유향, 라벤더, 만다린, 스위트 마조람, 멜리사, 네롤리, 스위트 오렌지, 페티트그레인, 로즈, 샌달우드, 버티버, 일랑일랑

해산: 출산을 도와주는 물질

클라리 세이지, 자스민, 라벤더, 로즈

강장제: 인체 시스템을 강화하고 회복시키는 물질

스코츠 파인

발적제: 피부를 붉게 만들고 따뜻하게 하는 물질

블렉페퍼, 클로브 버드, 진저, 주니퍼 베리, 스위트 마조람, 로즈마리 ct. 캠퍼, 타임

진정제: 진정 효과가 있으며 불안과 긴장을 완화시키는 물질

저먼 카모마일, 로만 카모마일, 클라리 세이지, 라벤더, 스위트 마조람, 멜리사

자극제: 인체 또는 내장의 기능과 활동을 증가시키는 물질

블렉페퍼, 카다몸, 그레이프프루트, 주니퍼 베리, 로즈마리 ct. 캠퍼 도는 시네올

건위: 소화 조력과 강장, 식욕 개선

카다몸, 펜넬, 진저, 레몬, 페퍼민트, 스피어민트

자궁 이완제: 자궁을 이완시키는 물질

클라리 세이지, 자스민, 로즈

혈관 수축제: 혈관을 수축시켜 혈행을 감소시키는 물질

사이프러스, 레몬, 로즈

상처 치료: 상처 치료, 특히 피부의 상처 치료를 촉진시키는 물질

캐럿 씨드, 로만 카모마일, 유향, 헬리크리섬, 라벤더, 미르, 네롤리, 로즈마리 ct. 버베논, 세이지, 저먼 카모마일, 패출리

재료 안전 보건 자료

(Sample material safety data sheet)

섹션 1: 신원 확인

제조 업체명: XX 회사

비상 연락처:

주소:

화학명과 유의어: 페퍼민트 오일

상품명: *Mentha × piperita*

CAS 번호: 8006-90-4

섹션 2: 화재, 폭발, 반응 자료

인화점 밀폐 용기 시험 방법: 151 degrees F

진화 매체: FOG CO_2 yes, FOAM yes, DRY CHEMICAL yes

위험 물질 분류: 인화성 액체

특수 소방과 폭발 위험: 물과 함께 불꽃에 노출된 냉장 용기

분해 생성물의 위험한 연소물: 없음. 재료는 자연 발화성 없음(자연적으로 발화하지 않음), 물과 반응하지 않음, 산소 공여체 아님, 재료는 충격에 안정적.

안정성: 일반적으로 안정적

피해야 할 상황: 과도한 열기

피해야 할 물질: 강한 산화성 작인

위험한 중합 제품: 없음

섹션 3: 물리적 자료

향기, 양상, 물리적 상태: 강하게 스며드는 페퍼민트 향과 자극적인 맛이 있는 무색에서 연노랑 액체

끓는점: 섞임

녹는점: 액체

비중(H_2O = 1): 0.90

증기압: 밝혀진 것 없음

H_2O 용해도: 녹지 않음

증기 밀도(공기=1): 공기보다 큼

섹션 4: 보호 정보

호흡: 모든 재료들처럼 일시적인 증기 흡입 피할 것

통풍: 증기 흡입을 피하기 위해 국소 배기 권장

눈: 직업 안정 위생 관리국이 승인한 보호 안경 이용

피부: 피부 접촉을 피하기 위한 장갑 착용

기타 보호 장비 또는 절차: 제조 및 품질 관리 기준을 따를 것

섹션 5: 직업 노출 한계

허용 한계 농도(TLV): 확립되지 않았음

직업 안전 위생 관리국 허용 노출 한계: 확립되지 않았음

섹션 6: 건강 위험 정보

건강 위험 정보: 유럽 회의 평가가 승인했음; FEMA 평가가 일반적으로 안전하다고 여겨짐

자극 데이터: 액체는 피부에 자극적일 수 있으며 눈과 기타 점막에 자극적일 수 있음

섹션 7: 비상 시 응급 처치 과정

흡입 노출: 환기가 잘 되는 곳으로 옮긴 다음 일반적인 응급 처치 과정을 따른다

눈: 일반적인 응급 처치 과정에 따라 눈을 씻는다. 물로 헹군 다음, 필요할 경우 의사에게 보인다

피부 접촉: 비누와 물로 씻는다

기타: 복용했을 경우, 의사에게 보인다

섹션 8: 흘러서 새는 것과 폐기물 처리 과정

재료가 흐르거나 방출되었을 때 주의 사항: 소량이 흘렀다면 종이 타월로 닦고 오염된 물건들을 철제 쓰레기통에 넣는다; 대량이 흘렀다면 불에 타지 않는 흡수포를 이용한 다음, 동일한 방법으로 처리한다

폐기물 처리 방법: 시, 주, 연방법에 따름

섹션 9: 취급 방법과 보관 과정

밀폐된 용기에 넣어 서늘하고 건조한 곳에 보관하라. 35° 이상의 온도에 노출시키지 말 것

공급처
(Supply Resources)

Organic Essential Oils

Essential Aura Aromatherapy
1935 Doran Road
Cobble Hill, BC V0R 1L0
250.758.9464
www.essentialaura.com
www.organicfair.com

Fragrant Earth
www.Fragrant-earth.com

Florihana
Les Grands Prés, 06460 Caussols, France
+33 (0) 493 09 06 09 -
www.florihana.com

Original Swiss Aromatics
P.O. Box 6842
San Rafael, CA 94903
415.459.3998
www.originalswissaromatics.com

Universal Companies
www.universalcompanies.com

Organic Vegetable Oils

The Aroma Tree
139 South Eastbourne Avenue
Tucson, AZ 85716
866.276.6287
520.327.5456
email: info@thearomatree.com

Omega Nutrition
800.661.3529
www.omeganutrition.com

Base Materials

Essential Wholesale
503.722.7557
http://www.essentialwholesale.com

Jedwards International
39 Broad Street
Quincy, MA 02169
617.472.9300
www.bulknaturaloils.com

Massage Warehouse
2775 Pacific Drive
Norcross, GA 30071
800.910.9955
www.massagewarehouse.com

Mountain Rose Herbs
85472 Dilley Lane
Eugene, OR 97405
800.879.3337
www.mountainroseherbs.com

New Life Systems
2853 Hedberg Drive
Minnetonka, MN 55305-3404
800.852.3082
www.newlifesystems.com

Organic Herbal Oils

Blessed Herbs
109 Barre Plains Road
Oakham, MA 01068
800.489.4372
www.blessedherbs.com

Bottles/Packaging

SKS Bottle
2600 7th Avenue, Building 60
West Watervliet, NY 12189
518.880.6980 ph
518.880.6990 fx
www.sks-bottle.com

Specialty Bottle
5215 5th Avenue South
Seattle, WA 98108
206.340.0459 ph
206.903.0785 fx
www.specialtybottle.com

Bags & Bows
33 Union
Sudbury, MA 01776
800.225.8155
www.bagsandbowsonline.com

Packaging Specialties
515 South Michigan
Seattle, WA 98108
206.762.0540 ph
206.762.4413 fx
www.ps-stores.com

Business/Marketing Support

Information for People
P.O. Box 1038
Olympia, WA 98507
800.754.9790 ph
360.754.9799 fx
www.info4people.com

Sharper Communication Tools
110 Pacific Avenue, Suite 850
San Francisco, CA 94111
800.561.6677 ph
888.251.4454 fx
www.sharpercards.com

Sohnen-Moe Associates
3906 West Ina Road
Tucson, AZ 85741
520.743.3936
www.sohnen-moe.com

VistaPrint
800.961.2075
www.vistaprint.com

Indie Beauty Network
(704) 843-9877
www.indiebeauty.com

Diffusors

Leyden House Limited
200 Brattleboro Road
Leyden, MA 01337
413.772.0858 and Toll-Free 800.754.0668
www.leydenhouse.com/

교육기관, 협회 및 출판사
(Education, Associations, and Publications)

Aromatherapy Education

East-West School for Herbal and Aromatic Studies
Jade Shutes
335 Amber Lane
Willow Spring, NC 27592
919.892.7230
www.TheIDA.com

Zsuzsana Davidson
Zobiana Aromatherapy
7280 Candleshine Court
Columbia MD 21045
443.283.1462
http://www.zobiana.com/

Cheryl's Herbs
Cheryl Hoard
7159 Manchester Road
Maplewood, MO 63143
314.645.2165 or 800.231.5971
http://www.cherylsherbs.com/

Pacific Institute of Aromatherapy
Kurt Schnaubelt
P.O. Box 6723
San Rafael, CA 94903
415.479.9120
www.pacificinstituteofaromatherapy.com

Essential Oil Resource Consultants
Bob and Rhiannon Harris
Au Village
83840 La Martre
Provence, France
http://www.essentialorc.com/

Michelle Thibert
EWSHAS-WA State
Bonney Lake, WA
253.221.7312
www.TheIDA.com

Aromatherapy Associations

USA

National Association for Holistic Aromatherapy
3327 West Indian Trail Road PMB 144
Spokane, WA 99208
509.325.3419 or 888.Ask.NAHA
www.NAHA.org

Canada

Canadian Federation of Aromatherapists (CFA)
#103-1200 Centre Street
Thornhill, ON L4J 3M9
905.886.2567
www.cfacanada.com | www.aromascentsjournal.ca

Massage Therapy Associations

American Massage Therapy Association
500 Davis Street, Suite 900
Evanston, IL 60201-4695
Toll-Free 1.877.905.2700
http://www.amtamassage.org

Associated Bodywork & Massage Professionals
1271 Sugarbush Drive
Evergreen, CO 80439
800.458.2267 or 303.674.8478 ph
800.667.8260 fx
email: expectmore@abmp.com
www.abmp.com

National Certification Board for Therapeutic Massage and Bodywork (NCBTMB)
1901 South Meyers Road, Suite 240
Oakbrook Terrace, IL 60181
www.NCBTMB.com

Aromatherapy Publications

The International Journal for Clinical Aromatherapy
http://www.ijca.net/index.php

용어 해설 / GLOSSARY OF TERMS

앱솔루트(absolutes): 용매 추출을 통해 생산된 방향 추출물

산성막(acid mantle): 피부 감염을 막아주는 피부에 있는 약산성 층

적극적 듣기(active listening): 수동적 청취가 아닌, 우리의 지성과 지식을 동원해 정력적으로 대화에 참여하고 있다는 것을 보여주기

급성 스트레스(acute stress): 매일 겪는 가장 흔한 형태의 스트레스로 단기간 겪음

알코올(alcohols): 포화된 탄소에 부착된 수산기족(-OH)을 갖고 있는 유기 복합체

알데하이드(aldehydes): 적어도 한 개의 수소 원자와 수소 또는 탄소 원자에 직접 연결된 다른 카르보닐기가 있는 카르보닐기(C=O)를 갖고 있는 유기 화합물

타감 물질(allelochemics): 테르펜과 같은 성장 경쟁을 방해하는 화학물질

타감 작용(allelopathy): 같은 공간 안에 있는 경쟁 식물의 성장을 방해하기 위해 식물이 화학물질을 내뿜는 작용

무월경(amenorrhea): 월경이 없거나 중지되어 있는 상태

편도체(amygdala): 측두엽 깊은 곳에 자리 잡고 있는 아몬드 모양의 덩어리로 시상하부 와 해마 근처에 있음

진통제(analgesic): 통증을 경감시키거나 줄이는 물질

마취제(anesthetic): 감각 상실을 일으키는 물질

속씨식물(angiosperm): 꽃이 피는 식물

후각상실(anosmia): 모든 방향 물질의 냄새를 맡는 능력을 전적으로 상실함

항알레르기제(anti-allergenic): 알레르기 증상을 줄이는 물질

항박테리아제(antibacterial): 박테리아를 파괴하는 물질

항응고제(anticoagulant): 혈액 응고를 막는 물질

항경련제(anticonvulsive): 경련을 막아주거나 줄이는 물질

항우울제(antidepressant): 우울증을 완화시키는 물질

항이뇨제(antidiuretic): 인체에서 제거되는 물의 양을 줄이는 물질

구토 억제제(antiemetic): 구토를 막아주는 물질

항진균제(antifungal): 진균의 성장을 막거나 방해하는 물질

항염제(anti-inflammatory): 염증을 진정시키고 줄이는 물질

항균제(antimicrobial): 병원성 세균을 파괴하거나 격퇴하는 물질

항산화제(antioxidants): 활성 산소의 파괴 요소로부터 세포 손상을 막아줄 수 있는 물질

발한 억제제(antiperspirant): 과도한 발한을 줄여주는 물질

항류머티즘제(antirheumatic): 류머티즘의 증상 완화를 돕는 물질

살균제(antiseptic): 세균의 성장을 막거나 방해하는 물질

진경제(antispasmodic): 민무늬근과 골격근의 경련을 완화시키는 물질

진한제(antisudorific): 땀이 나는 걸 막는 물질

진해제(antitussive): 기침이 줄어드는 걸 돕는 물질

항바이러스제(antiviral): 바이러스의 성장을 방해하는 물질

식욕증진제(aperitive): 식욕을 자극하는 물질

최음제(aphrodisiac): 성적 자극과 흥분을 증가시키는 물질

아로마(aroma): 향신료, 식물, 요리 등에서 나는 냄새로 특히 좋은 향기를 말함

아로마테라피(aromatherapy): 개인의 육체적, 감정적, 정신적 영적인 건강 증진을 위해 순정의 에센셜 오일을 전인적, 치료적으로 적용하는 것

아로마테라피 블렌드(aromatherapy blend): 베이스나 캐리어 제품에 에센셜 오일을 넣어 섞은 것

아로마테라피 시너지(aromatherapy synergy): 베이스나 캐리어 제품 없이 에센셜 오일만 섞은 것으로 에센셜 오일 100%임

아로마의(aromatic): 아로마가 있는; 향기 또는 달콤한 향이 나는; 향기로운

아로마 경험(aromatic experience): 마사지, 바디워크, 스파 트리트먼트를 위한 아로마 또는 향이 있는 제품을 창조자기 위해 미리 섞어 놓은 식물을 기반으로 한 재료나 에센셜 오일을 이용하는 것을 말함

아로마 미스트(aromatic spritzer): 에센셜 오일과 물을 섞거나 에센셜 오일, 물과 분산제를 섞은 것

방향성(aromaticity): 방향의 질이나 상태

향기롭게 하다(aromatize): 방향이 되게 하거나 향이 나게 하다

수렴제(astringent): 세포 수축을 일으키는 물질; 조직을 수축하고, 죄고, 묶음

습진(아토피성 피부염)(atopic eczema): 건초열 또는 천식과 같은 알레르기 반응 가족력이 있는 사람들에게서 종종 발견됨

응대(attending): 고객과 함께 있을 때 테라피스트가 보여주는 육체적, 심리적 태도

온천 요법(balneotherapy): 목욕을 치료적 목적으로 이용하는 것으로 조직과 혈관 확장을 통해 면역 계통 강화와 림프와 혈액 순환을 포함한 순환 과정 자극, 세포 활동 촉진을 목적으로 목욕을 이용해 자기 치유 능력을 자연스럽게 활성화시킴

발삼(balsamic): 허파를 진정시키는 물질

기저 세포(basal cells): 상피 아래에서 발견됨; 신경 발생 기능이 있음

배치 넘버(batch number): 특정한 배치 또는 에센셜 오일이 담겨 있던 통, 특정한 공급자, 담겨 있었던 특정한 연도를 확인하는데 이용되는 숫자

생화학적 특이성(biochemical specificity): 특정한 에센셜 오일의 화학족의 신원 증명

생합성(biosynthesized): 식물에 의해 창조되었거나 만들어진 다양한 유기 화합물들

블렌드(blends): 식물성 오일 또는 크림 베이스와 같은 베이스 제품과 에센셜 오일을 섞은 것을 말함

블렌딩 계수(blending factor): 아로마 강도 척도로 주어진 블렌드 또는 시너지에 들어갈 각각의 에센셜 오일의 적당한, 특정한 방울 수를 결정하는데 이용되는 도구

식물학적 특이성(botanical specificity): 주어신 에센셜 오일/식물의 특정한 라틴 이명식

기관지 확장제(bronchodilator): 기관지 근육을 이완해 기도를 확장시키는 물질

낭염(bursitis): 활액의 염증; 흔히 "하녀의 무릎"과 "학생의 팔꿈치"라고 불림

악취증(cacosmia): 지속적으로 악취를 맡음

발암 물질(carcinogenic): 종양 발생을 일으키는 화학물질, 체세포의 무제한적인 악성 증식으로 비정상적인 조직 덩어리가 진행성으로 자라남

구풍제(carminative): 위장에 가스가 차는 증상이나 위의 과도한 가스를 완화시키는 물질

수근관 증후군(carpal tunnel syndrome): 손목 정중 신경의 염증; 습진 또는 반복성 움직임에 의해 발생될 수 있음

캐리어 오일(carrieer oils): 에센셜 오일을 희석하고, 이것들은 피부와 인체 내로 옮기는데 이용되는 식물, 나무열매, 또는 씨앗의 어일

두부(cephalic): 머리와 관련되어 정신을 맑게 해주는 물질

화학 수용기(chemoreceptors): 화학적 지각 신호를 등록하는 후각 수용기 뉴런

화학종(chemotype): 지리적 위치, 기후, 고도, 곤충과 환경적 상화 작등의 이유로 특정한 속과 종의 식물이 특정한 화학 물질을 정상적인 양보다 더 많이 생산할 때

만성 스트레스(chronic stress): 급성 스트레스가 장기간 지속될 때

섬모(cilia): 후각 상피에 있는 후각 수용기 뉴런의 가는 털과 같은 돌기

CO_2추출법(CO_2 extraction): 아로마 산물을 추출해내는데 이용되는 비교적 새로운 과정. 기본적인 콘셉트는 CO_2 하에서 압력을 가하면, 기체가 액체가 되는데 이것이 비활성 액체 용매로 이용됨

냉침법(cold pressing): 탠저린, 레몬, 베르가모트, 스위트 오렌지, 라임과 같은 시트러스 에센셜 오일 추출에 특별히 이용되는 방법

콜라겐(collagen): 질기고 쉽게 늘어나지 않는 복합적인 긴 고리 모양의 단백질

콘크리트(concrete): 식물의 밀랍 또는 지방과 망향 물질을 함유하고 있는 농축된 추출물

결합조직(connective tissue): 피부에 강도와 탄력, 유연성을 주는 인체 내의 조직 중 하나

접촉성 습진(contact eczema): 화학물질, 고무, 쇠, 비누, 가루 세제와 같은 자극적 물질에 대한 알레르기 반응

냉온 테라피(contrast therapy): 인체의 동일한 부위에 뜨거운 것과 차가운 것을 반복적으로 적용하는 것

핵심 에센셜 오일(core essential oil): 첫 번째 목적, 목표에 의거해 선택되며 시너지의 핵심으로 여겨짐

충혈 완화제(decongestant): 누의 충혈을 줄이거나 완화하는 물질

방취제(deodorant): 불쾌한 체취를 줄이거나 없애는 물질

정화제(depurative): 혈액을 맑게 하는 물질

피부 자극제(dermal irritant): 피부 염증 반응을 즉각적으로 일으키는 물질; 그 반응으로 피부에 반점이나 발적이 일어나며 어떤 이들에게는 아플 수 있다

피부 민감제(dermal sensitizer): 이 반응이 일어나려면 에센셜 오일과 같은 물질이 피부 속으로 들어가 림프 조직과 결합된 다음, T 임파구의 민감화를 일으켜야 한다. 동일한 또는 화학적으로 관련이 있는 물질에 다시 노출이 되면 면역 체계는 그물질을 침략자로 간주하는 반응을 보이게 되어 피부 염증과 같은 동일한 반응이 나타남

독소 제거(detoxicant): 독성 물질이 제거되거나 독성 반응이 중화되는 과정

독소 제거제(detoxifier): 독성 물질을 인체에서 제거하는 것을 돕는 물질

발한제(diaphoretic): 땀의 양을 늘리는 물질

소화제(digestive): 소화를 돕는 물질, 강장제

반상 습진(discoid eczema): 손발에서 발견되는 비늘처럼 갈라지고, 가려운, 원형 반점

소독제(disinfectant): 박테리아와 기타 세균을 파괴하거나 없애는 물질

확산제(dispersant): 폴리소르베이트 20, 우유, 꿀 등 에센셜 오일과 물을 섞는데 이용되는 물질

이뇨제(distillation): 소변의 흐름을 증가시키는 물질

희석도(dosage/dilution): 특정한 양의 베이스 물질에 첨가하는 에센셜 오일의 방울 수

월경통(dysmenorrhea): 생리통을 이르는 기술 용어로 가임기 여성의 행동을 방해하고 제한할 수 있을 정도로 심한 통증

ecuelle a piquer: 에센셜 오일 방출을 위한 찌르고, 쑤시는 과정

습진(eczema): 외부 요인에 의해 야기되는 염증성 피부 질환

부종(edema): 세포 사이에 체액이 쌓이는 것; 가끔 염증이나 순환 부진과 관련되어 있음

엘라스틴(elastin): 섬유의 단백질 성분으로 피부에 탄력–늘어났다 원래 모양으로 돌아오는 능력–을 줌

전해질(electrolytes): 용액 내에서 전류를 전도하는 소금 또는 물질

월경 촉진제(emmenagogue): 월경을 촉진하고 주기적으로 할 수 있게 돕는 물질

연화제(emollient): 오일과 지방과 같은 피부를 부드럽게 하고 진정시키는 물질

감정 이입(empathy): 고객의 얘기를 듣고 그들과 그들의 걱정을 가능한 한 많이 이해하며, 이해했다는 고객에게 알려 고객들이 자신을 더 깊이 이해할 수 있게 하고 그 이해를 바탕으로 행동할 수 있게 함

냉침법(enfleurage): 수확 후에도 아로마가 나는 꽃으로부터 향기 나는 물질을 추출하는 방법. 냉침법은 동물성 지방의 뛰어난 흡수 능력을 이용하는 것으로 산패에 비교적 안정적이어야 함

강화 에센셜 오일(enhancer essential oil): 핵심 에센셜 오일의 목적과 치료 작용을 강화하는 오일

에피소드적 급성 스트레스(episodic acute stress): 개인이 항상 서두르며, 너무 흥분하고, 할 일이 지나치게 많고, 항상 뭔가를 하고 있거나 어디를 가고 있는 것처럼 보임

부식제(escharotic): 피부를 건조하게 만드는 부식성 물질

에센셜 오일(essential oil): 물이나 증기로 증류해 만들어낸 물질 또는 감귤류의 껍질을 기계적으로 처리해 만들어 낸 물질, 천연 재료를 건식 증류해서 만들어낸 물질; 꽃, 플라워링 탑, 실과/껍질, 풀, 잎, 침엽과 나뭇가지, 수지, 뿌리, 씨앗, 나무 등과 같은 다양한 아로마 식물로부터 압착하거나 증류한 아로마 추출물 농도가 매우 높음

에센셜 오일 세포(essential oil cells): 식물 조직 내에서 발견되며 다른 세포와는 용량과 크기가 다름

에스테르(esters): 알코올과 유기산 사시의 화학적 반응에 의해 생성되는 유기화합물

발정제(estrogenic): 에스트로겐과 유사한 작용을 하는 물질

도취제(euphoric): 행복감, 웰빙의 느낌을 유도하는 경향이 있는

거담제(expectorant): 가래나 점액 제거를 돕는 물질

짜냄(expression): 탠저린, 레몬, 베르가모트, 스위트 오렌지, 라임과 같은 시트러스 에센셜 오일을 추출하는 특정한 방법

외분비 기관(exteranl secretory structures): 식물의 표면에서 발견되는 에센셜 오일 구조

외부적 스트레스 요인(external stressors): 통증, 추운 날씨, 더운 날씨 등 불리한 물리적 상황 또는 스트레스가 심한 심리학적 환경

해열제(febrifuge): 열을 내리거나 막아주는 물질; 체온을 내려줌

섬유근통(fibromyalgia): 광범위한 근골격 통증과 피로 장애; 원인은 여전히 밝혀지지 않았음

위장에 가스가 참(flatulence): 위에 가스가 차거나 공기가 있는 것

향기(fragrance): 향수, 콜로뉴, 화장수, 등; 향기가 나는 성질

향기가 나는(fragrant): 좋은 냄새나 아로마가 있는

작용기(functional group): 특정한 화학물질과 물리적 성질을 분자에 주는 원자 또는 원자 무리

푸라노쿠마린(furanocoumarins): 쿠마린의 한 종류

최유제(galactogogue): 모유의 흐름을 자극하거나 모유 흐름을 증가시키는 물질

기체 크로마토그래피(gas chromatography): 화학물질 분석 도구로 주어진 에센셜 오일 안에서 발견되는 개별 성분들을 분리하고 확인하는데 이용됨

속(genus): 식물학적 구조가 유사한 식물 무리 또는 범주

선모(glandular trichomes): 식물 내의 외분비 구조

겉씨식물(gymnosperm): 꽃은 피지 않지만 구과와 같은 씨앗을 생산함

할레아칼라 레드(haleakala red): 붉은 색이 나는 치료 효능이 있는 클레이로 미량 원소와 철산화물이 풍부함

경수(hard water): 마그네슘, 철, 황, 칼슘과 같은 광물이 풍부한 물

조화 에센셜 오일(harmonizing essential oil) : 시너지 전반의 활력과 목적을 지지하고 고양하는 오일

간장의(hepatic): 간과 관련된

허브 오일(herbal oils): 허브 약용 식물을 식물성 오일에 넣고 우려낸 것

종속 영양 생물(heterotrophs): 생명 유지를 위해 필요한 에너지를 공급하기 위해 식물이 내놓는 산소에 의지하는 인간과 기타 생명체들

히말라야 핑크(himalayan pink): 자연적으로 만들어진 순수한 소금으로 히말라야 산맥 깊은 곳에서 손으로 채굴함

해마(hippocampus): 측두엽 안에 자리 잡고 있는 회색의 굽은 띠(인간은 두 개의 해마를 갖고 있는데 뇌 양쪽에 각각 하나씩 있다); 변연계의 일부를 구성하며 학습과 기억에 관여함

히아루론산(hyaluronic acid): 피부의 수분과 유연성을 유지하기 위해 물을 끌어당겨 함유함

잡종(hybrid): 두 가지 다른 종 간의 잡교 수정 또는 한 종 안의 두 가지 변종

탄화수소(hydrocarbons): 수소와 탄소로만 구성된 가장 단순한 유기 화합물

하이드로졸(hydrosol): 증류의 부산물인 물; 에센셜 오일의 수용성 원소를 함유하고 있음

수치료(hydrotherapy): 모든 형태의 물(고체, 액체, 기체)를 질병 치료나 부상 치료, 건강 유지를 위해 이용하는 것

후각 과민(hyperosmia): 향에 대해 극도로 예민함

과민감성(hypersensitivity): 특정 항원에 대해 비정상적으로 반응하는 경향; 다양한 조직 반응을 일으킬 수 있음

혈압 상승제(hypertensive): 혈압을 상승시키는 물질

후각 감퇴(hyposmia): 냄새를 맡는 능력을 부분적으로 상실함

혈압 강하제(hypotensive): 혈압을 낮추는 물질

시상하부(hypothalamus): 시상 아래에 있으며 뇌의 중심인 뇌하수체 위에 있는 뇌의 부분; 다양한 기능을 갖고 있는데 주로 내분비 계통과 자율 신경 계통 조절을 담당함

특이체질성 염증(idiosyncratic irritation): 일반적으로 사용되는 에센셜 오일에 대한 특징이 없거나 이상한 반응

면역 강화제(immune enhancer): 면역 계통을 자극하거나 세균을 파괴해 면역력을 강화하는 물질

살충제(insecticide): 벌레나 다른 위협을 죽이거나 쫓는 물질

내분비 기관(internal secretory structures): 식물 재료 안에서 발견되는 에센셜 오일 구조

내적인 스트레스 요인(internal stressors): 물리적(감염, 염증) 또는 심리학적 요인

과민성 장증후군(irritable bowel syndrome): 소화기 계통의 흔한 질환으로 장기간의 불안이나 스트레스와 관련된 상황으로 인해 발생함

자극제(irritant): 피부에 발적, 가려움, 부어오름, 물집 등을 일으키는 물질

이소프렌 단위(isoprene unit): 탄소 원자 5개와 수소 원자 8개를 갖고 있음

케톤(ketones): 알데하이드와 유사한 유기화합물로 탄소만 카르보닐기(C=O)와 직접 연결되어 있다는 점이 다름

랑거한스 세포(langerhans' cells): 식세포(미생물 또는 파편과 같은 외부 물질을 섭취하고 파괴하는 세포)로 면역에서 중요한 역할을 함

라틴 이명식(latin binomial): 다른 식물들과 결정적으로 구별되는 한 종류의 식물을 말함; 두 가지 용어, 종과 속으로 구성이 된 생물학적 종의 이름을 말함

변연계(limbic system): 감정의 뇌로 알려짐; 인간 뇌의 가장 오래된 부분으로 여겨지고 있으며 편도체와 전측 시상, 중격의지핵, 시상하부, 중격, 그리고 대상 이랑과 해마 이랑이 포함된 해마상 융기가 있음

친유성(lipophilic): 지방성 물질에 끌리며 용해되는 물질

마그네슘(magnesium): 뇌에서 웰빙과 이완의 감정을 방출하는 화학 물질인 적절한 양의 세로토닌을 인체의 능력을 유지하는데 필요한 화합물

질량분석기(mass spectrometry): 이온을 독특한 질량으로 구분해 화합물(화학적 조성)을 검출하는 기술

마사지 전달 시스템(massage delivery systems): 식물성 오일과 겔, 로션, 연고, 크림 등과 같은 캐리어 물질

기억 기반 반응(menory-based response): 특정한 향을 맡거나 그와 관련된 결합이 일어나는 동안의 경험과 감정에 기반을 둔 학습된 반응

유사분열(mitosis): 세포 재생산

모노테르펜(monoterpenes): 두 가지 이소프렌 단위 결합으로 형성되는 화합물; 탄소 원자 10개와 수소 원자 16개를 갖고 있음($C_{10}H_{16}$)

형태학적 구조(morphological structures): 잎과 씨앗, 뿌리, 또는 꽃과 잎과 같은 식물 부분

MSDS: 재료 안전 보건 자료

점액 용해제(mucolytic): 점액을 녹이거나 파괴하는 물질; 과도하거나 진한 점액 분비와 같은 흉부 질환을 치료하는데 이용됨

점막 자극제(mucous membrane irritant): 입과 코, 생식기관의 점막이 화끈거리거나 건조해지는 영향을 미치는 물질

근육 이완제(muscle relaxant): 근육을 이완시키는 물질

"순수한" 적용("neat" application): 에센셜 오일이나 시너지를 베이스 제품 없이, 희석시키지 않거나 직접 적용하는 것

신경 진정제(nervine): 신경 계통을 이완시키는 물질; 신경 장애를 줄여줌

신경통(neuralgia): 신경 통증; 일반적으로 다른 신경 계통 장애나 질환의 신호이거나 증상으로 통증이 감각 말초 신경 통로를 따라 돌아다님

신경 생성(neurogenesis): 오래된 것을 대체할 새로운 신경 조직을 생성하는 능력

후각(olfaction): 냄새를 맡는 감각

후구(olfactory bulb): 사골의 사상판 위에 있으며 후각로를 따라 위치한다; 냄새가 후각로를 따라 이동하기 전에 처음으로 냄새를 감지하는 곳

후각 상피(olfactory epithelium): 상부 비강 꼭대기와 양쪽에 위치함; 작은 우표 크기이며 후각 "기관"으로 여겨짐

후각신경 쇠퇴(olfactory fading): 후각기관이 냄새에 적응이 되어서 더 이상 향을 인지하지 못하게 되는 것

후각 피로(olfactory fatigue): 후각 계통이 짧은 시간 동안 많은 냄새에 노출되었을 때 일어남

후각 수용기 뉴런(olfactory receptor neurons): 냄새를 전기 신호로 변환하는 뉴런

후각로(olfactory tract): 위로 살짝 움직이는 흰색의 띠로 두 개의 뿌리로 나눠지는데 바깥쪽 뿌리는 변연계와 직접 맞닿아 있으며 특히 편도체와 중격에 닿아 있음; 안쪽 뿌리는 후각 피질에 맞닿은 다음, 측두엽과 전두엽까지 뻗어 있음

유기 화학(organic chemistry): 탄소를 기반으로 하는 화합물을 연구함

산화물(oxides): 탄소 분자 두 개 사이에 산호 분자가 위치해 있는 유기화합물

착후각(parosmia): 상상된 향기 왜곡

해산제(parturient): 출산이 쉽도록 도와주는 물질

Peng-Tzao-Kan-Mu: 중국에서 2,700 BC에 출간된 가장 최초라고 알려진 약리학 서적, 40개가 넘는 종류의 소금과 추출 과정에 관한 정보가 실려 있음

삼출법(percolation): 증류법과 유사하지만 증기가 아래쪽이 아닌 위쪽에서 침투함

식세포(phagocytic cells): 미생물 또는 파편과 같은 외부 물질을 섭취하고 파괴하는 세포

페놀(phenols): 벤젠 고리 또는 아로마 고리라고 알려진 것의 탄소에 부착되어 있는 -OH기 한 개 갖고 있는 유기 화합물

페닐프로파노이드(phenylpropanoids): 벤젠 고리에 부착되어 있는 기본적인 3-탄소 사슬을 갖고 있는 유기화합물

독립영향 광합성 생물(photoautotrophs): 광합성을 위해 태양에 의존하는 식물로 그 결과 생명을 유지하는데 필요한 복합적인 유기화합물을 생산함

광민감제(photosensitizer): 태양이나 그와 유사한 광선(자외선)에 노출되었을 때 화상 또는 태닝과 같은 피부 색소 변화를 일으키는 물질

족저근막염(plantar fasciitis): 발의 족저 근막의 부상으로 인해 발생하는 통증과 염증

포인트 블렌드(point blend): 특정한 반사점이나 압점에 이용되는 에센셜 오일과 캐리어 오일의 아로마테라피 블렌드

미리 섞어놓은 시너지(pre-blended synergies): 두 가지 또는 그 이상의 에센셜 오일을 베이스 없이 섞어 놓은 것으로 일반적인 증상이나 목적을 위해 미리 준비함

1차 대사물(primary metabolites): 효소, 단백질, 지질, 탄수화물, 엽록소처럼 식물의 생명에 필수적인 물질/영양소

건선(psoriasis): 빠른 세포 분열로 인해 경계가 확실한 부풀어 오른 붉은 반점이 생기거나, 피부가 두꺼워지는 피부 질환

레이노 증후군(raynaud' s syndrome): 손가락과 발가락의 동맥이 연속적으로 수축하는 현상

수용기 세포(receptor cells): 후각 상피에 있는 세포로 화학적 지각 신호를 등록함

강장제(restorative): 인체 시스템을 강화하고 회복시키는 물질

발적제(rubefacient): 국소 부위의 피부를 해치는 혈액 흐름을 증가시키는 물질; 피부가 붉어지며 열이 남

포화된(saturated): 탄소 하나가 두 개나 세 개의 결합이 아닌 단일 결합만을 통해 다른 원자와 결합할 때

냄새(scent): 프랑스어 "*sentir*"에서 파생된 단어로 느끼고, 냄새 맡는다는 의미임

피지선(sebaceous glands): 피부에 있는 오일선으로 모낭에 연결되어 있으며 피지라 불리는 오일을 생산함

2차 대사물(secondary metabolites): 알칼로이드, 플라보노이드, 에센셜 오일처럼 생명유지에 필수적이라고 여겨지지 않는 구성 성분

분비강과 도관(secretory cavities and ducts): 커다란 세포 간 공간으로 이웃해 있는 세포들의 벽이 분리되어 형성되거나 세포의 분산으로 형성됨

진정제(sedative): 진정 효과가 있는 물질로 불안과 긴장을 완화시킴

세스퀴테르펜 락톤(sesquiterpene lactones): 세스퀴테르펜의 하위범주로 근본적으로 파르네실 피로인산에서 파생된 특징적인 락톤 고리 구조를 갖고 있음

세스퀴테르펜(sesquiterpenes): 탄소 15개로 이뤄진 화합물; 세 개의 이소프렌 단위 결합을 기반으로 함($C_{15}H_{24}$)

염화나트륨(sodium chloride): 소금

용매 추출(solvent extraction): 식물로부터 향기 나는 친유성 물질을 추출하기 위해 석유 에테르, 메타놀, 에타놀, 또는 헥산과 같은 용매를 사용함

종(species): 특정 속 안에 있는 정확한 식물을 구별함; 잎의 구조, 꽃의 구조, 생식, 식물 과 안의 기타 특징 등 식물의 직접적인 특징과 관련이 있음

자극제(stimulant): 인체 또는 내장 기능과 활동을 증가시키는 물질

건위제(stomachic): 소화를 돕는 강장제, 식욕을 증진시킴

구조적 에너지 시스템(structure energy system): 각각의 화학족의 일반적인 특징에 기여하는 시스템

지혈제(styptic): 출혈 조절을 돕는 물질

시너지(synergies): 베이스 또는 캐리어 없이 에센셜 오일만 섞어놓은 것

한선(sudoriferous glands): 피부에 있는 땀선으로 땀을 배출해 체온을 유지하는 것을 도움

발한제(sudorific): 땀을 발생시키는 물질

지지 세포(supporting cells): 후각 상피에 있는 세포로 수용기 뉴런을 보호하고, 점액을 분비하며, 점액과 죽은 세포를 제거함

시너지(synergy): 3가지에서 5가지 에센셜 오일을 캐리어 오일 또는 크림이나 로션과 같은 베이스 제품 없이 섞어 놓은 것

해수요법(thalassotherapy): 일종의 수치료로 해수, 해초, 또는 다양한 해수 추출물을 치료적 목적으로 이용하는 것을 말함

턱관절 장애(tempuromandibular joint disorder): 지속적인 긴장, 스트레스, 턱의 부정교합으로 인해 발생되는 턱 안과 주변의 다수의 장애

테르펜(terpenes): 탄화수소 화학물로 분자가 함유하고 있는 이소프렌 단위 숫자에 의해 분류됨

강장제(tonic): 인체의 능력을 향상시킴

희석하지 않은(undiluted): 에센셜 오일을 캐리어 또는 베이스 오일 없이 피부에 직접 적용함

자궁 이완제(uterine relaxant): 자궁을 이완시키는 물질

정맥류 습진(varicose eczema): 정맥류가 있는 사람이나 노인들에게 흔히 나타남

혈관 수축제(vasoconstrictor): 혈관을 줄여 혈액 흐름을 감소시키는 물질

구충제(vermifuge): 장에 있는 기생충을 구제하는 물질

점도(viscosity): 에센셜 오일의 농도 측정법

휘발성(volatility): 에센셜 오일이 액체에서 기체로 변하는 능력

상처 치료제(vulnerary): 상처, 특히 피부 상처 치료를 촉진하는 물질

복습 문제 정답

1장

1. c. 르네 모리스 가트포시
2. b. 라벤더
3. 다음 중 아무거나: 관절염, 면역 기능 장애, 천식, 기관지염, 불면증, 수근관 증후군, 근막 통증, 만성과 급성 통증, 순환 장애, 운동 반경 축소, 위장 장애, 운동 부상, 스트레스, 두통, TMJ 기능 장애, 스파 테라피, 암 간호, 호스피스 간호, 또는 노인 간호
4. 참
5. a. 개인
6. 다음 중 5개: 스트레스/불안, 두통/편두통, 불면증, 근골격계 질환, 호르몬 이상, 호흡기 이상, 관절염과 류머티즘, 피부 질환, 만성 피로, 누 질환
7. 참
8. 흡입
9. 참
10. 거짓

2장

1. c. 2차 물질 대사
2. c. 유칼립톨
3. b. 아로마
4. c. 타감 작용
5. d. 선모상체
6. b. 탠저린
7. c. 라임
8. a. 앱솔루트
9. b. 로즈
10. c. 증류

3장

1. b. 속과 종
2. c. 특정한 화학종
3. d. 오일의 농도
4. a. 오일의 순도와 화학적 구성
5. a. 에센셜 오일에 대한 즉각적인 반응 안에서
6. c. 베르가모트
7. b. 시나몬 껍질
8. 거짓
9. 거짓
10. 거짓

4장

1. c. 탄화수소
2. d. 10
3. b. 제라니알
4. d. 알코올
5. a. 벤젠 고리
6. d. 레몬그라스
7. c. 광민감화
8. b. 유칼립톨
9. c. 티몰
10. b. 광민감제

5장

1. a. 현재의 건강 상태, b. 일반적인 삶의 방식(다이어트와 운동 포함),
c. 감정적인 웰빙, d. 현재/과거의 병력
2. 참
3. a. 아로마의 세기
4. 사이프러스 24방울,
유칼립투스 22방울,
로즈마리 14방울
5. c. 먼저 유리병에 넣고 섞을 때
6. a. 화학물질과 c. 알려진 치료 작용
7. b. 기분 좋다
8. a. 덜 강력하다
9. c. 3~5
10. d. 2.5%

6장

1. b. 각질층
2. c. 면역
3. 다음 중 아무거나: 피부의 온도, 피부의 수분, 적용된 에센셜 오일의 친유성과 분자 구조, 모낭/피부의 두께, 또는 폐쇄
4. d. 모리
5. b. 사이프러스
6. c. 라벤더
7. d. 비타민 A
8. b. 올레인산
9. c. 카렌둘라
10. d. 활성 산소

7장

1. c. 후각
2. 다음 중 아무거나: • 스트레스와 불안 감소/ • 통증 완화/
   • 수면과 이완 촉진/ • 각성과 전반적인 수행 능력 증가/
   • 체중 조절에 이용/ • 불안과 고민 경감/
   • 수면 패턴 조화와 조정/ • 메스꺼움 경감 조력/
   • 기분에 영향을 미쳐 개선시킴, 전반적인 감정적 웰빙 증가/
   • 공포증, 우울증, 수면 장애, 중독을 더 효과적으로 치료/
   • 자율신경계에 영향을 주며 스트레스 조절 도구로 이용됨/
   • 육체적 질환 완화/
   • 자신과 타인에 대한 인상 형성에 도움
3. 참
4. b. 급성
5. a. 화학수용기
6. 거짓
7. d. 신경 생성
8. c. 감정의 뇌
9. 참
10. 참

8장

1. b. 로션, 겔, 또는 오일
2. c. 0.5~1%
3. d. 물
4. b. 알로에 베라
5. c. 티트리와 라벤더
6. c. 흉터 테라피
7. b. 반사점에만
8. a. 스트레스와 불안 경감
9. d. 순환 촉진
10. c. 1%

9장

1. 거짓
2. c. 75%
3. b. 로즈
4. c. 메스꺼움
5. b. 황산마그네슘과 사해 소금
6. a. 만성 근육 경련
7. b. 최근에 당한 부상 또는 급성 부상
8. c. 105~110
9. a. 항상 냉수로 끝내야 한다
10. 거짓

10장

1. b. 저먼 카모마일, 헬리크리섬, 라벤더
2. a. 블랙페퍼, 버치, 클로브 버드
3. b. 아급성 또는 화농 단계
4. d. 머리와 목 통증이 포함됨
5. c. 펜넬, 진저
6. c. 에센셜 오일과 림프 마사지 기술에 의해 성공적으로 촉진됨
7. d. 라벤더, 제라늄, 클라리 세이지
8. c. 니아울리, 티트리, 타임
9. a. 유칼립투스, 라벤사라, 로즈마리 ct. 시네올
10. b. 로즈마리, 블랙페퍼

11장

1. b. 적절한 훈련을 받아야 한다
2. d. 페니로얄과 웜우드
3. 참
4. a. 바디워크와 접촉을 즐긴다
5. b. 부드럽고 조심스럽게 케어한다
6. 거짓
7. d. 탠저린과 라벤더
8. 다음 중 아무거나: 메스꺼움, 다리의 쥐, 요통, 불안, 우울증, 튼살, 정맥류, 부종, 변비, 산후 우울증
9. 거짓
10. c. 셀프 케어를 배울 필요가 있다

찾아보기 / INDEX

【 A 】

Aromacere ·····12

【 R 】

RICE ·····193

【 ㄱ 】

각질층 ·····104
감기 ·····237
감정 이입 ·····84
거담제 ·····73
건선 ·····121
건염 ·····216
결합조직 ·····106
경련 ·····213
고혈압 ·····145, 225
골관절염 ·····218
과립층 ·····105
과민성 장 증후군 ·····233
광천 요법 ·····190
구조적 에너지 시스템 ·····77
그레이프프루트 ·····337
급성 스트레스 ·····143
기관지염 ·····234
기저 세포 ·····135
기저층 ·····105
꿀 ·····119

【 ㄴ 】

냉온 테라피 ·····193
네롤리 ·····341
뉴런 ·····135
니아울리 ·····342

【 ㄷ 】

다발성 경화증 ·····219
데스티네이션 ·····259
데이 스파 ·····259
두통 ·····220

【 ㄹ 】

라벤더 ·····309
라벤사라 ·····344
랑거한스 세포 ·····105
레몬 ·····311
레몬그라스 ·····339
레이노 증후군 ·····224
로만 카모마일 ·····289
로즈 ·····323
로즈마리 ·····325
류마티스 관절염 ·····218

【 ㅁ 】

만다린 / 탠저린 ·····313
만성 스트레스 ·····143
만성 습진 ·····124
멜리사 ·····340
면역 ·····227
무월경 ·····229
미르 ·····341
밀랍 ·····119

【 ㅂ 】

배탈 ·····234
버치 ·····334
버티버 ·····329
베르가모트 ·····333
베타카로틴 ·····112

변비 ······145, 232
변연계 ······136
부종 ······226
분산제 ······195
불안 ······145, 221
불임 ······231
블랙페퍼 ······285
블렌딩 ······283
블렌딩 관찰 ······96
비강 ······133
비대 ······122
삠과 접질림 ······215

【 ㅅ 】

사이프러스 ······293
산성막 ······104
산전 ······246
산후 ······246, 248
샌달우드 ······345
생리불순 ······228
생리적 접근 ······85
생리전 증후군 ······230
생합성 ······76
섬모 ······135
섬유근통 ······213
섭식 장애 ······145
세이지 ······344
세인트 존스 워트 ······118
셀룰라이트 ······228
소금 글로우 ······202
소금의 종류 ······201
수근관 증후군 ······216
수욕 ······195
수용기 ······135
수용기 세포 ······135
수치료 ······190, 191
스위트 마조람 ······315
스위트 오렌지 ······317
스코츠 파인 ······343
스트레스 ······124
스트레스 반응 ······143
스피어민트 ······345
습포 ······197
시나몬 리프 ······336
시너지 디자인 ······87
시더우드 ······336
시상하부 ······137
식세포 ······105
신경 생성 ······135
신경통 ······222
심혈관 질환 ······145

【 ㅇ 】

아로마 기억 ······140
아로마 긴장 완화 마사지 ······169
아로마 목욕 ······203
아로마 미스트 ······190
아로마 반사 요법 마사지 ······172
아로마 스포츠 마사지 ······171
아로마 워터 ······189
아로마 족욕 ······203
아로마 트리트먼트 마사지 ······170
아로마 페이셜 마사지 ······173
아로마 페이셜 크림 ······166
아로마 핫스톤 마사지 ······173
아로마테라피 ······258
아로마틱(향기로운) ······9
아르니카 ······117
안젤리카 루트 ······333
알로에 베라 ······165
암 ······145
압박 붕대 ······193
얼음 ······193
에피소드적 급성 스트레스 ······143
엘라스틴 ······106
염화나트륨 ······199
영아 ······249
오심 ······234
우울증 ······145
월계수 ······339

유극층 ……105
유칼립투스 ……295
유향 ……299
이완 반응 촉진 ……144
일랑일랑 ……331
일반 감기 ……145

【 ㅈ 】

자기 면역 장애 ……145
자스민 ……338
작용기 ……67
잠재적 간독성 ……69
저먼 카모마일 ……287
저혈압 ……225
적극적 듣기 ……84
전기 마이크로 디퓨저 ……150
전염병 ……227
점액용해제 ……74
정맥류 ……224
제라늄 ……301
족욕 ……195
족저 근막염 ……214
좌골신경통 ……215
주니퍼 ……307
증기 흡입 ……196
지지 세포 ……135
진저 ……303

【 ㅊ 】

천식 ……145, 236
추출 정보 ……283

【 ㅋ 】

카다몸 ……334
카렌둘라 ……116
캐럿 씨드 ……335
캐리어 오일 ……88
켈로이드 ……122
코코넛 오일 ……118
코코아 버터 ……118
콘크리트 ……29
콜라겐 ……106
클라리 세이지 ……291
클로브 버드 ……337

【 ㅌ 】

타감 물질 ……23
타임 ……346
턱관절(측두하악관절) 장애 ……219
테라피스트 셀프케어 ……256
투명층 ……105
티트리 ……327

【 ㅍ 】

팔마로사 ……342
패출리 ……319
페이셜 마사지 ……175
페티그레인 ……343
페퍼민트 ……321
펜넬 ……297
편도체 ……136
편두통 ……220
편타성 손상 ……214
피지선 ……106
피하 ……107
필수 지방산 ……112

【 ㅎ 】

하이드로졸 ……25, 189
학명 ……282
핫타월 캐비넷 ……198
해마상 융기 ……138
해수 요법 ……190
허브 오일 ……116
헬리크리섬 ……305
협심증 ……145
호스피스 간호 ……256
호스피스 블렌드 ……255

화학 수용기 ······135
확산 ······150
활액낭염 ······216
후각 ······133
후각 감퇴 ······148
후각 상피 세포 ······134
후각 수용기 뉴런 ······135
후각 아로마테라피 ······132
후각 연습 ······148
후각 이상 ······147
후각 피로 ······148
휴식 ······193
흡입 ······149
희석도 ······257
히아루론산(hyaluronic acid) ······106

FLASH CARDS

Black pepper	German Chamomile
Roman Chamomile	Clary sage
Cypress	Eucalyptus
Fennel	Frankincense
Geranium	Ginger
Helichrysum	Juniper

Matricaria recutita

항염, 진정, 스트레스와 불안 완화,
상처/피부 치료제

BF: 1

Piper nigrum

순환 촉진, 진통제, 가온, 강화

BF: 3 to 4

Salvia sclarea

연약, 도취, 최음제, 항우울제, 진경제,
신경 진정제, 호르몬 균형제

BF: 2 to 3

Chamaemelum nobile

진정, 항염, 분노, 불끈하기(어린이),
상처 치료, 강력한 진경제

BF: 1

Eucalyptus globulus

청량감, 자극, 정화, 항박테리아제,
거담제

BF: 4 to 5

Cupressus sempervirens

수렴, 화도한 발한, 정맥에 대한
강장 효과

BF: 5

Boswellia carterii

상처 치료, 다목적 치료제, 진정, 명상

BF: 3 to 4

Foeniculum vulgare

소화제기 계통, 월경 불순, 소화제 자극

BF: 3

Zingiber officinale

진통제, 가온, 소화제

BF: 4

Pelargonium graveolens

균형 (특히 호르몬), 조화, 사기 충전,
이완, 순환 촉진, 상쾌함, 클렌징

BF: 3

Juniperus communis

독소 제거, 정화, 자극, 강화, 클렌징

BF: 4

Helichrysum italicum

멍, 피부 질환, 항염, 상처 치료

BF: 5

Lavender	Lemon
Mandarin/Tangerine	Marjoram
Sweet Orange	Patchouli
Peppermint	Rose
Rosemary	Tea Tree
Vetiver	Ylang ylang

Citrus limon

클렌징, 수렴, 살균, 사기 충전

BF: 4 to 5

Lavandula angustifolia

균형, 신경 탈진, 불안, 상처 치료, 진정제

BF: 7

Origanum marjorana

가온, 진경제, 편안함, 위로, 진정제

BF: 3

Citrus reticulata

위로과 사기 충전, 진정, 순함

BF: 7

Pogostemon cablin

차분함, 집중, 명상, 위로, 스킨케어,
항우울제

BF: 5

Citrus sinensis

사기 충전, 생쾌함, 가온, 행복, 명랑, 소화제

BF: 7

Rosa x damascena

위로, 진정, 여성 질환,
항우울제

BF: 1

Mentha x piperita

상쾌함, 시원함/ 가온, 자극, 소화제,
통증 완화

BF: 1 to 2

Melaleuca alternifolia

항박테리아제, 항진균제, 항바이러스제,
면역 강화

BF: 3

Rosmarinus officinalis

특히 순환을 자극함, 기억력 증진,
근육 계통

BF: 2 to 3

Cananga odorata

도취, 최음제, 항우울제, 위로,
조화

BF: 4

Vetiveria zizanioides

위로, 침착, 균형

BF: 1

Angelica root	Bergamot
Birch	Cardamom
Carrot seed	Cedarwood
Cinnamon leaf	Clove bud
Grapefruit	Jasmine
Laurel	Lemongrass

Citrus bergamia

"햇빛을 불러옴", 사기 충전. 항우울제, 살균제, 상쾌함

BF: 7

Angelica archangelica

균형, 강화, 회춘(특히 오래 앓고난 후), 침착

BF: 2 to 3

Elettaria cardamomum

최음제, 가온, 자극적이면서도 편안함

BF: 4

Betula lenta

통증 완화, 자극, 가온이 되면서도 시원함

BF: 2

Cedrus atlantica

살균제, 방부제, 진정, 영적

BF: 4

Daucus carota

상처 치료, 소화제, 자극

BF: 4 to 5

Syzygium aromaticum

가온, 통증 완화, 최음제

BF: 3 to 4

Cinnamomum zeylanicum

항균제, 항바이러스제, 가온, 자극, 소화제

BF: 3 to 4

Jasminum grandiflorum

돌봄, 이국적, 항우울제

BF: 1

Citrus x paradisi

사기 충전, 생쾌함, 클렌징, 자극

BF: 6

Cymbopogon citratus

항균제, 공기 정화, 연결 조직 강화

BF: 1

Laurus nobilis

면역 지지제, 자극제, 림프 흐름

BF: 2

Melissa	Myrrh
Neroli	Niaouli
Palmarosa	Petitgrain
Scots Pine	Ravensara
Sage	Sandalwood
Spearmint	Thyme

Commiphora molmol 치료, 회춘, 수렴 BF: 4 to 5 	***Melissa officinalis*** 위로, 진정, 강장 (심장, 소화기, 신경기 계통), 영혼을 회복시키고 강화, 항바이러스 (포진 바이러스) BF: 1
Melaleuca quinquenervia 살균제, 자극, 면역 강화제 BF: 3 	***Citrus aurantium*** 지나치게 흥분함, 갑작스러운 쇼크와 공포, 우울, 약한 수면제, 도취, 최음제 BF: 2
Citrus aurantium 즐거움, 소박함, 이완, 진정, 섬세함, 상쾌함 BF: 4 to 5 	***Cymbopogon martinii*** 위로를 하면서도 사기 충전, 영감, 스킨 케어, 항균제 BF: 3 to 4
Ravensara aromatica 면역 강화, 항바이러스제, 폐를 열어줌 BF: 7 	***Pinus sylvestris*** 상쾌함, 살균제, 정력적, 폐와 호흡 공간을 열어줌 BF: 4 to 5
Santalum album or S. spicatum 이완, 진정, 명상, 건조한 상태, 유화제 BF: 6 	***Salvia officinalis*** 전신에 대한 강장 효과, 여성의 생식기 계통 BF: 3 to 4
Thymus vulgaris 항균제, 면역 강화, 강화 BF: 1 	***Mentha spicata*** 메스꺼움, 근육 계통, 소화 강장제 BF: 1 to 2